C++编程从入门到实践

第2版

王石磊◎编著

人民邮电出版社
北京

图书在版编目（CIP）数据

C++编程从入门到实践 / 王石磊编著. -- 2版. --
北京 : 人民邮电出版社, 2021.3
ISBN 978-7-115-53969-4

Ⅰ. ①C… Ⅱ. ①王… Ⅲ. ①C++语言－程序设计
Ⅳ. ①TP312.8

中国版本图书馆CIP数据核字(2020)第077888号

内容提要

本书由浅入深地讲解了C++开发技术的核心内容，并通过具体实例演练了各个知识点在实践中的具体使用方法。全书共23章：第1～2章讲解了C++技术的基础知识，包括C++的重要特性和开发环境搭建；第3～7章分别讲解了C++语法、变量、常量、流程控制、运算符和表达式等知识；第8～11章分别讲解了输入、输出、函数、指针和复合类型的基本知识，包含了C++开发技术的重点和难点；第12～20章分别讲解了面向对象、类、继承、派生、多态、内存管理和异常等内容；第21～23章通过3个综合实例，介绍了C++技术在综合项目中的开发流程。全书内容循序渐进，以“范例演练”和“技术解惑”贯穿全书，引领读者全面掌握C++语言。

本书不但适合C++的初学者，也适合有一定C++基础的读者，还可以作为大专院校相关专业师生的学习用书和培训学校的教材。

◆ 编　　著　王石磊
责任编辑　张　涛
责任印制　王　郁　焦志炜

◆ 人民邮电出版社出版发行　　北京市丰台区成寿寺路11号
邮编　100164　　电子邮件　315@ptpress.com.cn
网址　https://www.ptpress.com.cn
山东百润本色印刷有限公司印刷

◆ 开本：787×1092　1/16
印张：24.5
字数：658千字　　2021年3月第2版
印数：6 001－8 500册　　2021年3月山东第1次印刷

定价：99.00元

读者服务热线：(010)81055410　印装质量热线：(010)81055316
反盗版热线：(010)81055315
广告经营许可证：京东市监广登字20170147号

前　言

对于一名程序开发初学者来说，究竟如何学习并提高自己的开发技能呢？答案之一就是选择一本合适的程序开发图书进行学习。本书包含了入门类、范例类和项目实战类 3 类图书的内容，并且对实战知识不是点到为止地讲解，而是深入地探讨。用纸质书＋配套资源（视频和源程序）＋网络答疑的方式，实现了“基础＋范例＋项目案例”的完美呈现，可以帮助读者从入门平滑过渡到项目实战。

本书的特色

1．Visual C++（VC++）和 Visual Studio（VS）双工具实现

本书中的所有实例都提供了两个版本（VC++和 Visual Studio）的解决方案和对应源代码。

2．以“入门到实践”的写作方法构建内容，让读者入门容易

为了使读者能够完全看懂本书的内容，本书遵循“入门到实践”基础类图书的写法，循序渐进地讲解 C++语言开发的基本知识。

3．破解语言难点，“技术解惑”贯穿全书，绕过学习中的陷阱

本书不是编程语言知识点的罗列式讲解。为了帮助读者学懂基本知识点，每章都会有“技术解惑”板块，让读者知其然又知其所以然，也就是看得明白学得通。

4．全书提供丰富的实例，与“实例大全”类图书的实例数量相当

书中提供丰富的实例与范例，通过对这些实例及范例的练习，本书实现了对知识点的横向切入和纵向比较，让读者有更多的演练机会，并且可以从不同的角度学习一个知识点的用法，真正实现了举一反三。

5．视频讲解，降低学习难度

作者还提供配套教学视频，这些视频能够引导初学者快速入门，增强学习的信心，从而快速理解所学知识。

6．贴心提示和注意事项提醒

本书根据需要在各章安排了很多“注意”“说明”和“技巧”等提示板块，让读者可以在学习过程中更轻松地理解相关知识点，更快地掌握个别技术的应用技巧。

7．源程序＋视频＋PPT 的丰富学习资料，让学习更轻松

因为本书涉及的内容非常多，不可能用一本书的篇幅囊括“基础+范例+项目案例”的诸多内容，所以需要配套资源来辅助实现。在本书的配套资源中不但有全书的源代码，而且精心制作了实例讲解视频。

8．通过 QQ 群+网站论坛实现技术答疑，形成互帮互学的朋友圈

本书作者为了方便给读者答疑，特提供了网站论坛、QQ 群等技术支持，并且随时在线与读者互动，让大家在互学互帮中形成一个良好的学习编程的氛围。

本书配套资源（视频文件、源程序和 PPT）获取方式：加入 QQ 群 347459801 即可获取。

各章的内容构成

本书的最大特色是实现了入门知识、实例演示、范例演练、技术解惑、课后练习五大部分内容的融合。各章内容由以下模块构成。

（1）入门知识：循序渐进地讲解了C++语言开发的基本知识点。

（2）实例演示：遵循理论加实践的教学模式，用丰富实例演示了各个入门知识点的用法。

（3）范例演练：为了达到对知识点融会贯通、举一反三的效果，每个正文实例配套了两个演练范例，从多角度演示了各个知识的用法和技巧。

（4）技术解惑：把读者容易混淆的部分单独用一个板块进行讲解和剖析，对读者所学的知识实现了“拔高”处理。

（5）课后练习：对本章所学的知识进行练习巩固，帮助读者打下扎实的基础。

致谢

十分感谢我的家人给予的巨大支持。感谢您选择本书，希望本书能成为您编程路上的领航者。祝您阅读快乐！

本人水平有限，书中存在疏漏之处在所难免，诚请读者提出意见或建议，以便修订并使之更臻完善。联系邮箱：zhangtao@ptpress.com.cn。

作者

目　　录

第 1 章　C++语言介绍 …… 1

1.1　什么是 C++ …… 2

1.1.1　C++的发展历史 …… 2

1.1.2　C++的优点和缺点 …… 2

1.2　C++语言的现状 …… 3

1.3　面向对象 …… 4

1.4　标准库介绍 …… 4

第 2 章　搭建 C++开发环境 …… 5

2.1　使用 Visual C++ 6.0 …… 6

2.1.1　Visual C++ 6.0 的特点 …… 6

2.1.2　安装 Visual C++ 6.0 …… 6

2.2　使用 Microsoft Visual Studio …… 9

2.2.1　Visual Studio 2017 的新功能 …… 9

2.2.2　安装 Microsoft Visual Studio 2017 …… 10

2.3　编写第一个 C++程序 …… 12

2.3.1　使用 Visual C++ 6.0 实现 …… 13

2.3.2　使用 Visual Studio 2017 实现 …… 15

2.4　使用手机开发 C++程序 …… 17

2.4.1　GCC 和 C4droid …… 18

2.4.2　在手机中搭建 C++开发环境 …… 18

2.4.3　在 iPhone 中使用 Mobile C/C++ …… 18

2.5　技术解惑 …… 19

2.5.1　初学者经常不知道自己该学什么 …… 19

2.5.2　初学者需要知道的正确观念 …… 19

2.6　课后练习 …… 19

第 3 章　C++语言开发基础 …… 20

3.1　面向对象 …… 21

3.1.1　两种对象的产生方式 …… 21

3.1.2　C++面向对象编程的流程 …… 21

3.2　C++语言的程序结构 …… 21

3.2.1　初识 C++程序结构 …… 21

3.2.2　看 C++程序的文件组织 …… 23

3.3　C++编码规范 …… 24

3.3.1　养成良好的风格 …… 24

3.3.2　必须使用的注释 …… 24

3.3.3　代码也需要化妆 …… 25

3.4　输入和输出 …… 26

3.4.1　标准输入与输出对象 …… 27

3.4.2　一个使用 I/O 库的程序 …… 27

3.4.3　使用 using 声明命名空间 …… 29

3.5　算法 …… 30

3.5.1　算法的概念 …… 30

3.5.2　流程图表示算法 …… 31

3.5.3　计算机语言表示算法 …… 32

3.6　技术解惑 …… 33

3.6.1　C++是面向对象，C 是面向过程，那么这个对象和过程是什么意思 …… 33

3.6.2　面向对象和面向过程的区别 …… 33

3.6.3　学好 C++的建议 …… 34

3.7　课后练习 …… 34

第 4 章　C++语言的基础语法……35
4.1　标识符……36
4.1.1　C++中的保留字……36
4.1.2　标识符的命名规则……36
4.2　数据类型……38
4.2.1　数字运算型……38
4.2.2　逻辑运算型……41
4.2.3　字符型和字符串……42
4.3　标准类型库……43
4.3.1　C++标准库介绍……43
4.3.2　标准库中的主要成员……44
4.4　技术解惑……45
4.4.1　C++的标识符长度的“min-length && max-information”原则……45
4.4.2　字符和字符串的区别……45
4.4.3　C++中 string 类字符串和 C 中 char*/char[]型字符串的差别……45
4.4.4　C++字符串和 C 字符串的转换……45
4.4.5　C++字符串和字符串结束标志……46
4.5　课后练习……46
第 5 章　变量和常量……47
5.1　变量……48
5.1.1　定义变量……48
5.1.2　声明变量……48
5.2　变量的作用域……49
5.2.1　作用域和生存期……49
5.2.2　作用域限定符……51
5.2.3　存储类型……51
5.2.4　C++变量初始化……53
5.3　常量……54
5.3.1　什么是常量……54
5.3.2　使用常量……55
5.4　使用 C++ 11 标准处理复杂的类型……56
5.4.1　定义类型别名……56
5.4.2　使用 auto 实现类型推导……57
5.4.3　使用 decltype 推导类型……58
5.4.4　使用常量表达式……59
5.5　技术解惑……60
5.5.1　C++常量的命名是否需要遵循一定的规范……60
5.5.2　在 C++程序中用 const 还是用#define 定义常量……60
5.5.3　const 是个很重要的关键字，在使用时应该注意哪些……60
5.5.4　关于全局变量的初始化，C 语言和 C++是否有区别……61
5.5.5　C/C++变量在内存中的分布……61
5.5.6　静态变量的初始化顺序……61
5.6　课后练习……61
第 6 章　运算符和表达式……62
6.1　运算符和表达式详解……63
6.1.1　赋值运算符和赋值表达式……63
6.1.2　算术运算符和算术表达式……64
6.1.3　比较运算符和比较表达式……66
6.1.4　逻辑运算符和逻辑表达式……67
6.1.5　++/--运算符和表达式……67
6.1.6　位运算符和位表达式……68
6.1.7　求字节数运算符和求字节表达式……70
6.1.8　条件运算符和条件表达式……72
6.1.9　逗号运算符和逗号表达式……72
6.1.10　运算符的优先级和结合性……73
6.2　类型转换……76
6.2.1　使用隐式转换……76

6.2.2　使用显式转换 …… 77
6.3　技术解惑 …… 81
6.3.1　避免运算结果溢出的一个方案 …… 81
6.3.2　运算符重载的权衡 …… 81
6.3.3　运算符重载是对已有运算符赋予多重含义 …… 81
6.4　课后练习 …… 82
第7章　流程控制语句 …… 83
7.1　语句和语句块 …… 84
7.1.1　最简单的语句 …… 84
7.1.2　语句块 …… 84
7.2　顺序结构 …… 86
7.3　选择结构 …… 86
7.3.1　单分支结构语句 …… 87
7.3.2　双分支结构语句 …… 87
7.3.3　使用多分支结构语句 …… 90
7.4　循环结构详解 …… 91
7.4.1　循环语句的形式 …… 92
7.4.2　for 语句循环 …… 92
7.4.3　使用 while 语句 …… 94
7.4.4　使用 do-while 语句 …… 95
7.5　使用跳转语句 …… 96
7.5.1　使用 break 语句 …… 96
7.5.2　使用 continue 语句 …… 97
7.5.3　使用 goto 语句 …… 97
7.6　C++ 11 新规范：基于范围的for 循环语句 …… 98
7.7　技术解惑 …… 99
7.7.1　循环中断的问题 …… 99
7.7.2　分析循环语句的效率 …… 100
7.7.3　几种循环语句的比较 …… 100
7.7.4　C++中的 for 循环该怎么读 …… 100
7.7.5　一个 C++循环结构嵌套的问题 …… 100
7.7.6　break 语句和 continue 语句的区别 …… 101
7.8　课后练习 …… 101
第8章　指针 …… 102
8.1　指针的基本概念 …… 103
8.2　定义指针 …… 103
8.2.1　定义指针的方式 …… 103
8.2.2　识别指针 …… 104
8.2.3　指针的分类 …… 104
8.3　指针的初始化 …… 105
8.3.1　指针初始化时的类型 …… 106
8.3.2　指针地址初始化 …… 106
8.3.3　变量地址初始化 …… 106
8.3.4　使用 new 分配内存单元 …… 107
8.3.5　使用函数 malloc 分配内存单元 …… 107
8.4　指针运算 …… 108
8.4.1　算术运算 …… 108
8.4.2　关系运算 …… 110
8.5　指针的指针 …… 112
8.6　使用指针 …… 113
8.6.1　指针赋值 …… 114
8.6.2　使用“*”操作符 …… 114
8.7　分析指针和引用的关系 …… 115
8.8　特殊指针 …… 117
8.8.1　void 型指针 …… 118
8.8.2　空指针 …… 119
8.8.3　C++ 11：使用 nullptr 得到空指针 …… 120
8.9　C++ 11：使用标准库函数 begin 和 end …… 120
8.10　技术解惑 …… 121
8.10.1　指针的命名规范 …… 121
8.10.2　指针和引用的区别 …… 122
8.10.3　变量的实质 …… 123
8.10.4　避免和解决野指针 …… 123
8.10.5　常量指针常量和常量引用常量 …… 125
8.10.6　指针常量和引用常量的对比 …… 125
8.10.7　常量指针和常量引用的对比 …… 125

8.11 课后练习……126
第9章 数组、枚举、结构体和联合……127
9.1 使用数组……128
9.1.1 定义数组……128
9.1.2 高级数组……129
9.1.3 分析数组的完整性……130
9.2 动态数组……131
9.2.1 在堆上分配空间的动态数组……131
9.2.2 在栈上分配空间的“假动态”数组……132
9.3 字符数组……133
9.3.1 定义字符数组……133
9.3.2 字符数组和字符串指针变量……134
9.4 数组初始化……135
9.4.1 定义时的初始化……135
9.4.2 初始化赋值语句……136
9.5 指针和数组……137
9.5.1 基本原理……137
9.5.2 指向数组的指针……137
9.5.3 指针数组……138
9.6 枚举……139
9.6.1 枚举基础……139
9.6.2 使用枚举……140
9.7 结构体……141
9.7.1 定义结构体……142
9.7.2 指向结构体的指针……142
9.7.3 使用结构体……143
9.8 联合……144
9.9 C++ 11 新特性：数组的替代品——array……145
9.10 技术解惑……146
9.10.1 字符数组和字符串的区别……146
9.10.2 字符数组和字符串可以相互转换……147
9.10.3 静态数组的速度快于动态数组……147
9.10.4 Arrays 与 Vector 的区别……147
9.10.5 一道关于数组的面试题……147
9.10.6 数组名不是指针……149
9.10.7 作为一个用户自定义类型，其所占用内存空间是多少……149
9.11 课后练习……150
第10章 函数……151
10.1 函数基础……152
10.1.1 定义函数……152
10.1.2 函数分类……153
10.2 参数和返回值……158
10.2.1 什么是形参实参……158
10.2.2 使用数组作函数参数……159
10.3 调用函数……160
10.3.1 单独调用……160
10.3.2 函数表达式……160
10.3.3 调用实参……161
10.3.4 参数传递……161
10.4 函数的基本操作……162
10.4.1 函数递归……162
10.4.2 指向函数的指针……163
10.4.3 将函数作为参数……164
10.5 技术解惑……165
10.5.1 用 typedef 定义一个函数指针类型……165
10.5.2 const 关键字在函数中的作用……166
10.5.3 C++函数的内存分配机制……167
10.5.4 主函数和子函数的关系……167
10.5.5 函数声明和函数定义的区别……168
10.5.6 使用全局变量的注意事项……168

10.5.7 使用寄存器变量的注意事项 …… 168
10.5.8 自动变量的特点 …… 169
10.6 课后练习 …… 169
第 11 章 输入和输出 …… 170
11.1 使用 iostream 对象 …… 171
11.1.1 库 iostream 的作用 …… 171
11.1.2 标准的 I/O 接口 …… 171
11.1.3 文件 I/O …… 173
11.1.4 字符串 I/O …… 174
11.2 输出 …… 175
11.2.1 预定义类型输出 …… 175
11.2.2 自定义类型输出 …… 176
11.3 输入 …… 177
11.3.1 预定义类型输入 …… 177
11.3.2 自定义类型输入 …… 177
11.4 输入/输出的格式化 …… 178
11.4.1 使用 ios 类成员函数 …… 179
11.4.2 使用操纵函数 …… 180
11.5 文件操作 …… 181
11.5.1 打开和关闭 …… 181
11.5.2 随机读写 …… 183
11.5.3 二进制文件 …… 184
11.5.4 检测 EOF …… 185
11.6 技术解惑 …… 187
11.6.1 输入/输出时数的进制问题 …… 187
11.6.2 数据间隔 …… 187
11.6.3 内存文件映射 …… 188
11.6.4 get 和 put 的值的差异 …… 188
11.6.5 使用控制符控制输出格式 …… 188
11.7 课后练习 …… 189
第 12 章 面向对象的类和对象 …… 190
12.1 类 …… 191
12.1.1 声明类 …… 191
12.1.2 类的属性 …… 192
12.1.3 类的方法 …… 192
12.1.4 构造函数 …… 193
12.1.5 析构函数 …… 194
12.1.6 静态成员 …… 195
12.1.7 友元 …… 196
12.1.8 使用修饰符 …… 198
12.2 对象 …… 199
12.2.1 定义对象 …… 199
12.2.2 对象数组 …… 200
12.2.3 对象指针 …… 201
12.2.4 使用 this 指针 …… 201
12.3 C++ 11 标准的新变化 …… 203
12.3.1 定义一个类内初始值 …… 203
12.3.2 使用 initializer_list 处理多个实参 …… 204
12.4 技术解惑 …… 208
12.4.1 浅复制和深复制 …… 208
12.4.2 构造函数的错误认识和正确认识 …… 209
12.4.3 保护性析构函数的作用 …… 209
12.5 课后练习 …… 210
第 13 章 命名空间和作用域 …… 211
13.1 命名空间基础 …… 212
13.1.1 命名空间介绍 …… 212
13.1.2 定义命名空间 …… 212
13.2 使用命名空间 …… 214
13.2.1 使用域限定符 …… 214
13.2.2 使用 using 指令 …… 215
13.2.3 使用 using 声明 …… 216
13.2.4 使用别名 …… 216
13.3 作用域 …… 217
13.3.1 与作用域相关的概念 …… 217
13.3.2 作用域的分类 …… 218
13.4 技术解惑 …… 220
13.4.1 using 指令与 using 声明的比较 …… 220
13.4.2 为什么需要命名空间 …… 220
13.4.3 命名空间的作用 …… 221

13.4.4 C++中头文件的使用方法……222

13.5 课后练习……222

第 14 章 继承和派生……223

14.1 继承与派生基础……224

14.2 C++的继承机制……224

14.2.1 定义继承……224

14.2.2 派生类的继承方式……226

14.2.3 公有派生和私有派生……227

14.3 派生类……228

14.3.1 使用基类……228

14.3.2 使用派生……228

14.3.3 构造函数……230

14.3.4 析构函数……232

14.3.5 使用同名函数……233

14.3.6 使用同名属性……235

14.4 单重继承和多重继承……236

14.4.1 单重继承……236

14.4.2 多重继承……236

14.4.3 多重继承下的构造函数和析构函数……237

14.5 虚继承和虚基类……239

14.5.1 虚基类介绍……240

14.5.2 使用虚基类……240

14.6 技术解惑……241

14.6.1 通过虚继承解决二义性问题……241

14.6.2 使用 C++虚基类的注意事项……242

14.6.3 虚基类的子对象的初始化……243

14.6.4 允许派生类中的成员名与基类中的成员名相同……243

14.7 课后练习……243

第 15 章 多态……244

15.1 什么是多态……245

15.2 宏多态……245

15.3 虚函数……246

15.3.1 虚函数基础……246

15.3.2 纯虚函数……248

15.4 抽象类……249

15.4.1 什么是抽象类……249

15.4.2 抽象类的派生……249

15.5 运算符重载和函数重载……251

15.5.1 运算符重载基础……251

15.5.2 重载一元运算符……251

15.5.3 重载二元运算符……252

15.5.4 参数类型不同的重载……253

15.6 流的重载……254

15.6.1 流插入重载……254

15.6.2 流提取重载……255

15.7 覆盖……257

15.7.1 覆盖函数……257

15.7.2 覆盖变量……258

15.8 技术解惑……259

15.8.1 重载、覆盖和隐藏的区别……259

15.8.2 在重载运算符时要权衡实施的必要性……260

15.8.3 为什么需要函数重载……260

15.8.4 重载函数的调用匹配……260

15.8.5 另一种虚方法查找方案……261

15.8.6 两种重载方法的比较……262

15.9 课后练习……262

第 16 章 使用模板……263

16.1 模板基础……264

16.2 类模板……265

16.2.1 什么是类模板……265

16.2.2 定义类模板……265

16.2.3 使用类模板……266

16.2.4 类模板的派生……268

16.2.5 类模板和模板类的区别……268

16.3 函数模板……270

16.3.1 定义函数模板……270

16.3.2 使用函数模板……271

16.3.3 模板实例化……271
16.3.4 模板组合……273
16.4 技术解惑……273
16.4.1 在函数模板中使用多个类型参数时要避免类型参数的二义性……273
16.4.2 函数模板和模板函数的区别……274
16.4.3 函数模板和类模板的区别……274
16.4.4 仿函数的用处……275
16.5 课后练习……275
第 17 章 异常处理……276
17.1 什么是异常处理……277
17.2 C++的异常处理……277
17.2.1 使用 throw 抛出异常……277
17.2.2 使用 raise 抛出异常……279
17.2.3 使用 try catch 异常捕获……279
17.2.4 异常处理中的构造和析构……281
17.3 C++的异常处理总结……282
17.4 技术解惑……284
17.4.1 编写软件的目标……284
17.4.2 关于 C++关键字 new 的异常处理……284
17.4.3 C++语言异常处理和结构化异常处理有什么区别……285
17.4.4 C++抛出异常不捕获，程序的空间会释放吗……285
17.4.5 throw 抛出异常的特点……286
17.4.6 关于 C++异常处理的体会……286
17.4.7 慎用 catch(...)……286
17.4.8 慎用继承体系里的类作为 catch 的参数……287
17.4.9 对象析构函数被调用的 3 种场合……287
17.4.10 不要在异常处理体系中寄希望于类型转换……287
17.4.11 是否有 C++异常处理体系捕获不到的东西……288
17.4.12 set_unexpected 函数的用处……288
17.4.13 不要让异常逃离析构函数……289
17.5 课后练习……289
第 18 章 内存管理……290
18.1 内存分类……291
18.2 栈内存管理……291
18.2.1 申请栈内存……291
18.2.2 使用栈内存……292
18.2.3 释放栈内存……294
18.2.4 改变内存大小……294
18.3 堆内存管理……295
18.3.1 申请堆内存……295
18.3.2 使用堆内存……296
18.3.3 释放堆内存……296
18.3.4 改变内存大小……297
18.4 技术解惑……298
18.4.1 堆和栈的区别……298
18.4.2 常见的内存错误及其对策……299
18.4.3 防止发生溢出错误……300
18.5 课后练习……300
第 19 章 预处理……301
19.1 预处理基础……302
19.1.1 什么是预处理……302
19.1.2 C++中的预处理……302
19.2 使用宏时的常见陷阱……308
19.3 技术解惑……309
19.3.1 预处理的未来……309
19.3.2 两者的意义……310
19.3.3 一个初学者的问题……310
19.4 课后练习……310
第 20 章 错误和调试……311
20.1 什么是错误……312

20.1.1　Bug的由来……312
20.1.2　程序设计方面的解释……312
20.2　常见的错误分析……312
20.3　程序调试常见错误……317
20.4　C++编程中的调试技巧……322
20.4.1　调试标记……322
20.4.2　运行期间调试标记……322
20.4.3　把变量和表达式转换成字符串……323
20.4.4　C++语言的assert()……323
20.5　技术解惑……323
20.5.1　编写规范易懂的代码……323
20.5.2　编写安全可靠的代码……324
20.5.3　Visual C++调试技术……326
20.5.4　常见的非语法错误……328

第21章　初入江湖——图书借阅系统的实现过程……329
21.1　项目要求……330
21.2　需求分析……330
21.3　系统具体实现……330
21.3.1　数据结构设计……331
21.3.2　系统主文件rent.cpp……331
21.3.3　菜单处理文件mainfunction.h……332
21.3.4　函数定义文件subfunction.h……332
21.3.5　菜单处理实现文件mainfunction.cpp……333
21.3.6　功能函数实现文件subfunction.cpp……337

第22章　开始闯关——C++实现网络应用项目……353
22.1　项目要求……354
22.1.1　客户机/服务器模式介绍……354
22.1.2　客户机/服务器模式的运作流程……355
22.2　实现原理……355
22.2.1　什么是Winsocket编程接口……355
22.2.2　Winsocket中的函数……355
22.3　具体实现……360
22.3.1　客户端和服务器端的公用文件……360
22.3.2　实现服务器端……363
22.3.3　实现客户端……364

第23章　开始闯关——C++实现游戏项目……366
23.1　计算机游戏基础……367
23.1.1　游戏的基本流程……367
23.1.2　游戏元素……367
23.1.3　游戏层次……368
23.2　项目分析……368
23.2.1　游戏的角色……368
23.2.2　游戏界面表现……369
23.3　具体实现……369
23.3.1　实现相关位图……369
23.3.2　变量与函数……369
23.3.3　实现全屏……371
23.3.4　类初始化……371
23.3.5　实现具体显示界面……372
23.3.6　信息提示……374
23.3.7　与时间段相关的操作……374
23.3.8　键盘操作……375
23.3.9　我方发射子弹……376
23.3.10　敌机出现……378
23.3.11　敌机发射子弹……378
23.3.12　敌机子弹移动……378
23.3.13　火力实现……379

第1章

C++语言介绍

C++语言是对 C 语言的重大改进，C++的最大特点是通过“类”成为一门“面向对象”的语言。在本章的内容中，将先介绍学习 C++语言应必备的基础知识和常见问题，为读者步入本书后面知识的学习打下基础。

1.1　什么是 C++

视频讲解：视频\第 1 章\什么是 C++.mp4

C++是在 C 语言基础上发展起来的一种面向对象编程语言，支持过程化程序设计、数据抽象、面向对象程序设计、制作图标、泛型等多种程序设计风格。

1.1.1　C++的发展历史

C++和 C 语言确实有很大的渊源。C 语言之所以起名为“C”，是因为它主要参考了那时候的一门名为 B 的语言，它的设计者认为 C 语言是 B 语言的进步，所以就起名为 C 语言；但是 B 语言并不是因为之前还有 A 语言，而是 B 语言的作者为了纪念他的妻子，他妻子名字的第一个字母是 B；当 C 语言发展到顶峰的时刻，出现了一个版本叫 C with Class，这就是 C++最早的版本。其特点是在 C 语言中增加了关键字 class 和类，那时有很多版本的 C 语言希望增加类的概念。后来 C 标准委员会决定为这个版本的 C 起个新的名称，在那个时候征集了很多个名称，最后采纳了其中“C++”这个名称，以 C 语言中的运算符“++”来体现它是 C 语言的进步，所以就叫作 C++，并成立了 C++标准委员会。

在成立 C++标准委员会后，美国 AT&T 公司贝尔实验室的本贾尼 · 斯特劳斯特卢普博士在 20 世纪 80 年代初期发明并实现了 C++（最初这种语言被称作“C with Class”）。一开始 C++是作为 C 语言的增强版出现的，从给 C 语言增加类开始，不断地增加新特性，到后来的虚函数（virtual function）、运算符重载（operator overloading）、多重继承（multiple inheritance）、模板（template）、异常（exception）、RTTI、命名空间（name space）等逐渐被加入标准。1998 年，国际标准化组织（ISO）颁布了 C++程序设计语言的国际标准 ISO/IEC 1488-1998。C++是具有国际标准的编程语言，通常称作 ANSI/ISO C++。1998 年是 C++标准委员会成立的第一年，以后每 5 年视实际需要更新一次标准。2011 年 8 月 12 日，国际标准化组织（ISO）和国际电工委员会（IEC）旗下的 C++标准委员会（ISO/IEC JTC1/SC22/WG21）公布了 C++ 11 标准，并于 2011 年 9 月出版。

1.1.2　C++的优点和缺点

C++支持多种编程范式，包括面向对象编程、泛型编程和过程化编程。其编程领域众多且广泛，常用于系统开发、引擎开发等，是至今为止最受广大程序员欢迎的编程语言之一，支持类、封装、重载等特性。C++语言有很多优点，下面只是列出了几条比较重要的优点。

（1）C++语言灵活，数据结构丰富，具有结构化控制语句，程序执行效率高，而且同时具有高级语言与汇编语言的优点。与其他语言相比，C++可以直接访问物理地址；与汇编语言相比，C++又具有良好的可读性和可移植性。

（2）C++语言具备了 C 的简洁、高效等特点，对 C 的类型系统进行了改革性的扩充，因此 C++比 C 更安全，C++的编译系统能检查出更多的类型错误。另外，由于 C 语言广泛使用，因而极大地促进了 C++的普及和推广。

（3）C++语言支持面向对象的特征，虽然与 C 的兼容使得 C++具有双重特点，但它在概念上完全与 C 不同，更具面向对象的特征。

（4）出于保证语言的简洁和运行高效等方面的考虑，C++的很多特性是以库（如 STL）或其他的形式提供的，而没有直接添加到语言本身里，这样使得 C++更加容易上手。

（5）C++引入了面向对象的概念，使得开发人机交互类型的应用程序更为简单、快捷。很多优秀的程序框架，像 Boost、Qt、MFC、OWL、wxWidgets、WTL 等，使用的就是 C++。

但是对于广大初学者来说，C++的最大缺点是难学。C++由于语言本身复杂，其编译系统受到 C++的复杂性的影响。对于很多没有编程基础的读者来说，会感觉 C++比较难以入门。

1.2 C++语言的现状

视频讲解：视频\第 1 章\C++语言的现状.mp4

在编程世界中，C++虽然不是使用率最高的语言，但却是一门能吸引众多程序员学习的语言。其实在编程世界中也有一个排行榜：TIOBE 编程语言社区排行，榜单每月更新一次，榜单的排名客观公正地展示了各门编程语言的地位。

截止到 2020 年 12 月，在 TIOBE 编程语言社区排行榜中，Java 语言和 C 语言依然是最大的赢家。其实在最近几年的榜单中，程序员们早已习惯了 C 语言和 Java 的“二人转”局面。表 1-1 是 2020 年 12 月榜单中的前 5 名排名信息。

表 1-1 2020 年 12 月语言使用率统计

2020 年排名	语言	占有率
1	C	17.38%
2	Java	11.96%
3	Python	11.72%
4	C++	7.56%
5	C#	3.95%

通过上述统计表可以非常直观地看出， C++语言排名稳居第四，可谓当今程序员使用得最多的编程语言之一。

由此可见，虽然 C++推出的时间比较久远，但现在还是深受广大开发者的喜爱，其具体优势主要体现在如下 4 个方面。

（1）是一门全能的语言。

C++是一门接近于全能的语言，因为 C++是兼容 C 的，所以 C 能实现的，C++也能实现。因为 C++面向对象，所以还可以实现 C 语言所不能实现的功能。无论是桌面领域还是嵌入式领域，C++都拥有无可比拟的优势。例如，腾讯旗下的聊天软件 QQ、工业设计工具 AutoCAD、著名游戏《魔兽世界》、著名办公工具 Office 等都是用 C++开发的。

（2）桌面应用优势巨大。

所谓的桌面应用，我们狭义一点讲就是桌面应用程序，例如 Office、Photoshop 等。总的来说，目前在桌面应用领域，C++始终占有一席之地。

（3）嵌入式领域的乐土。

在嵌入式领域，C++是永远的王者。例如，在移动智能设备市场，如果打开 Android 系统源码，会发现其底层和内核都是用 C/C++实现的。

（4）广泛应用于游戏开发领域。

对于一款游戏产品而言，因为需要同时供海量网络用户使用，所以运行速度是最重要的用户体验。因为 C++的高效率在 IT 界众人皆知，所以当前的主流游戏都使用 C++来实现，用 C++设计的游戏更加健全和高效。无论是计算机游戏还是手机游戏，C++都能占据极高的地位。

1.3　面向对象

视频讲解：视频\第 1 章\面向对象.mp4

面向对象程序设计简称 OOP，是 Object-Oriented Programming 的缩写。面向对象编程技术起源于 60 年代的 Simula 语言，是一种发展已经将近 40 多年的程序设计思想。面向对象编程技术的自身理论已经十分完善，并被多种面向对象程序设计语言（Object-Oriented Programming Languages，简称 OOPL）实现。由于种种原因，国内大部分程序设计人员并没有很深的 OOP 以及 OOPL 理论，很多人从一开始学习到工作很多年都只是接触到 C/C++和 Java 等静态类型语言，而对纯粹的 OOP 思想以及作为 OOPL 根基的 Smalltalk 以及动态类型语言知道得较少，其实市面上还有一些可以针对变量不绑定类型的编程语言。

（1）对象。

对象是人们要进行研究的任何事物，从最简单的整数到复杂的飞机等均可看作对象，它不仅能表示具体的事物，而且能表示抽象的规则、计划或事件。

（2）对象的状态和行为。

① 对象具有状态，一个对象用数据值来描述它的状态。

② 对象还有操作，用于改变对象的状态，对象及其操作就是对象的行为。

③ 对象实现了数据和操作的结合，使数据和操作封装于对象的统一体中。

（3）类。

① 具有相同特性（数据元素）和行为（功能）的对象的抽象就是类。因此，对象的抽象是类，类的具体化就是对象，也可以说类的实例是对象，类实际上就是一种数据类型。

② 类具有属性，它是对象的状态的抽象，用数据结构来描述类的属性。

③ 类具有操作，它是对象的行为的抽象，用操作名来实现该操作的方法来描述。

1.4　标准库介绍

视频讲解：视频\第 1 章\标准库介绍.mp4

C++标准程序库是由类库和函数组成的，在标准程序库中提供了很多泛型容器、函数对象、泛型字符串和流（包含交互 I/O 和文件 I/O），支持部分语言特性和常用的函数，例如平方根。C++标准程序库也吸收了 ISO C90 C 标准程序库。

标准库是 C++官方编写的，在里面包括多个程序文件，在程序文件中包含了很多个库函数。程序员可以直接调用这些库函数，从而提高开发效率。例如，当我们希望计算一个数字的平方根时，不用自己编写实现这个功能的代码，只需要调用标准库中的文件 math.h 中的平方根函数 sqrt()即可。在 C++中调用这个函数的方法，是在程序开始通过如下代码调用标准库文件 math.h：

```
#include<math.h>
```

然后可以通过下面的代码计算变量 x 的平方根。

```
sqrt(x)
```

如果 C++官方没有提供这个现成的平方根库函数 sqrt()，当我们希望计算一个数字的平方根时，就需要编写很多代码来实现，这样将很不方便。

第 2 章

搭建 C++开发环境

古人云：工欲善其事，必先利其器。由第 1 章的内容我们可以了解到，C++语言开发工作需要使用专业的开发工具，这样才能达到事半功倍的效果。在本章的内容中，将简要介绍常用的几种 C++语言开发工具，详细介绍它们的安装和使用方法，为读者步入本书后面知识的学习打下基础。

2.1　使用 Visual C++ 6.0

视频讲解：视频\第 2 章\使用 Visual C++ 6.0.mp4

Visual C++ 6.0 是一个功能强大的可视化软件开发工具，在某个时间段内，Visual C++ 6.0 是程序员进行 C++开发的首选工具，也是最常用的一个版本。截止到目前，依然可以在开发企业和大中专院校发现 Visual C++ 6.0 的身影。

2.1.1　Visual C++ 6.0 的特点

（1）Visual C++ 6.0 的源程序要求用 C++语言编写，它支持面向对象的程序设计方法。

（2）通过使用 Microsoft 的基础类库 MFC，使得开发 Windows 应用程序比以往任何时候都要容易。利用 Visual C++ 6.0 可以编制各种类型的 Windows 应用程序，从最简单的单文档、对话框程序到复杂的多文档和组合界面程序。

（3）Visual C++ 6.0 源代码编辑器提供了自动语句完成功能，在编辑输入源程序时能自动显示当前对象的成员变量和成员函数，并指明函数的参数类型。

（4）Visual C++ 6.0 程序调试器功能更强大，提供了诊断映射机制、无须重新编译的调试、远程调试和实时调试等功能。

（5）Visual C++ 6.0 联机帮助 MSDN 采用当前流行的 HTML 格式，它既能与集成开发环境有机地结合在一起，使得用户在编程时随时查询需要的内容，又能脱离集成开发环境而独立地运行。用户还可以通过网络获取实时的帮助信息和实例。

（6）Visual C++ 6.0 可以通过 Visual Studio 为用户提供一些实用的工具，如 Spy++查看器、ActiveX Control Text Container 控件测试容器及 Register Control 控件注册程序，从而扩展 Visual C++ 6.0 的功能。

2.1.2　安装 Visual C++ 6.0

（1）读者可以自行前往 Visual C++官网下载所需版本。将下载的安装包解压，并用鼠标双击“.exe”格式的安装文件。会弹出图 2-1 所示的安装界面。

（2）弹出的对话框中告诉了当前 Visual C++ 6.0 的版本信息。单击 Next 按钮弹出用户许可协议对话框界面，如图 2-2 所示。在此选择“I accept the agreement”项，表示接受用户许可协议，然后才可以单击 Next 按钮进入下一步。

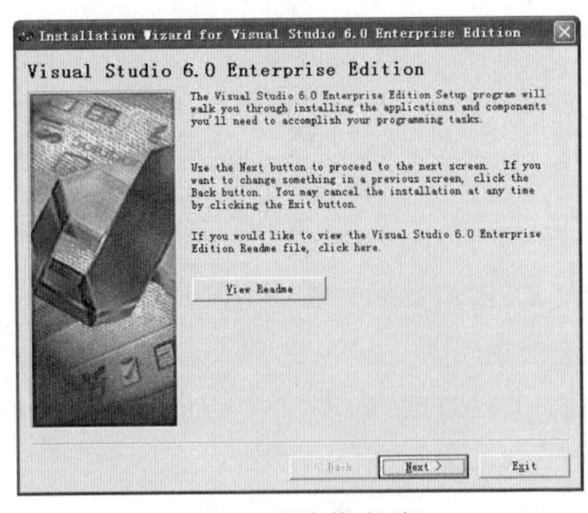

图 2-1　开始安装对话框

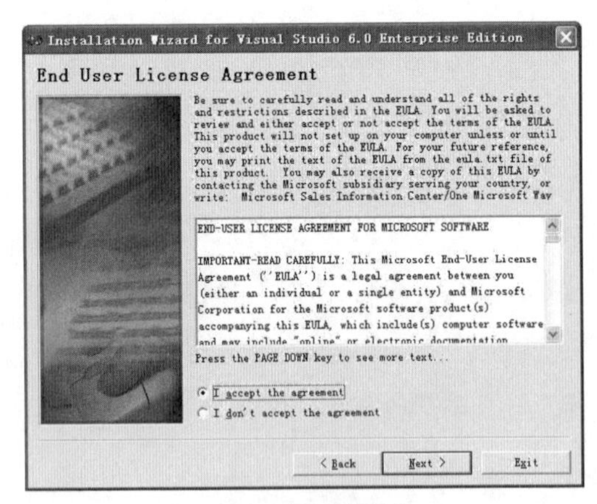

图 2-2　同意安装协议

（3）进入图 2-3 所示的对话框中，填入产品序列号和用户信息，单击 Next 按钮进入下一步。

（4）进入图 2-4 所示的对话框中，选择 Custom 项，单击 Next 按钮进入下一步。

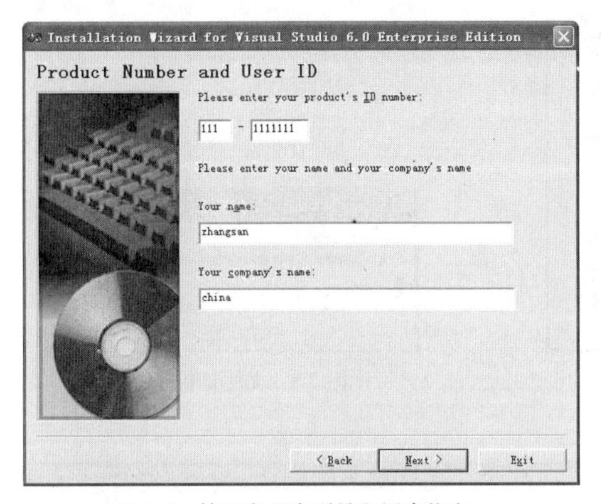

图 2-3　填写产品序列号和用户信息

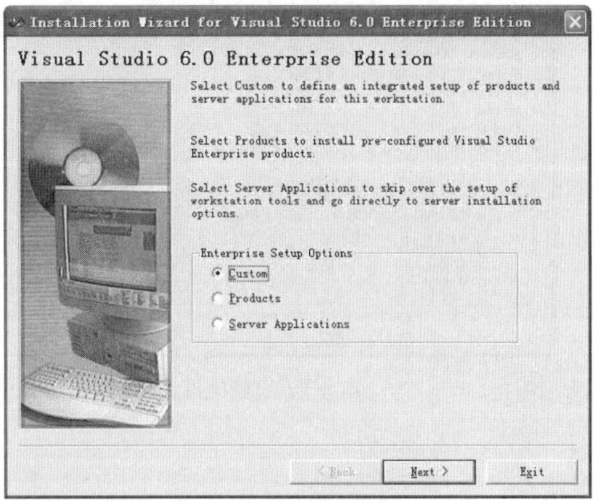

图 2-4　选择安装选项

（5）进入图 2-5 所示对话框中，选择设置 Visual C++ 6.0 文件的安装路径，单击 Next 按钮进入下一步。

（6）进入图 2-6 所示的安装确认界面，单击 Continue 按钮继续。

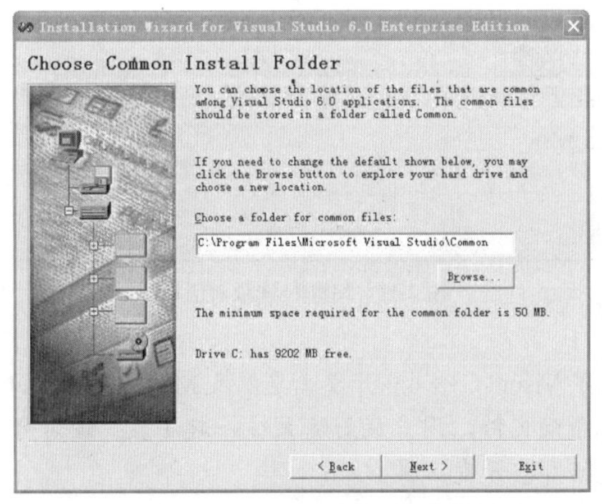

图 2-5　选择安装文件路径

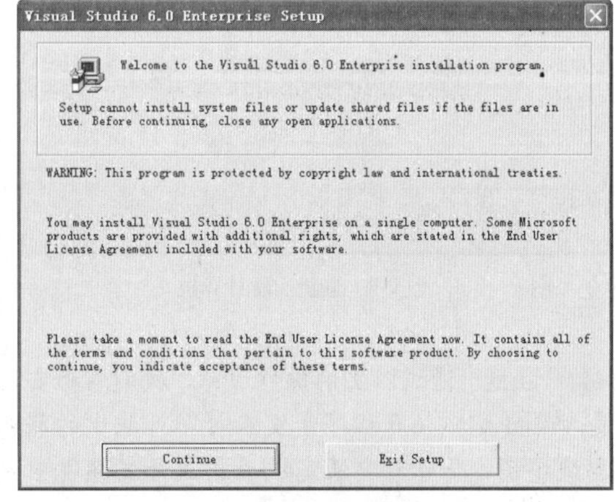

图 2-6　安装确认界面

（7）弹出图 2-7 所示的对话框，此界面把所有的安装项目都列了出来。选择需要的安装项目，然后单击 Continue 按钮进入下一步。

（8）安装程序计算所需要的硬盘空间是否足够。如果满足要求，则安装程序开始复制文件到用户的计算机中，如图 2-8 显示进度条。

（9）当所有文件都复制完毕后，需要用户重新启动计算机。单击默认选项 Restart Windows（见图 2-9），重新启动计算机完成安装。

（10）Visual C++ 6.0 安装完成后，可以继续安装 MSDN 帮助文件，具体步骤不再详述。需要提醒用户注意的是，图 2-10 选项中，选择 MSDN 的运行方式时，一般情况下是选择 Full 选项，将文件全部复制到硬盘中。

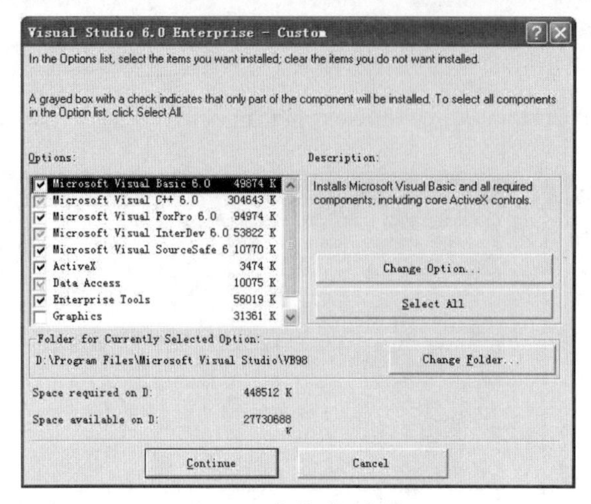

图 2-7　安装项目选项

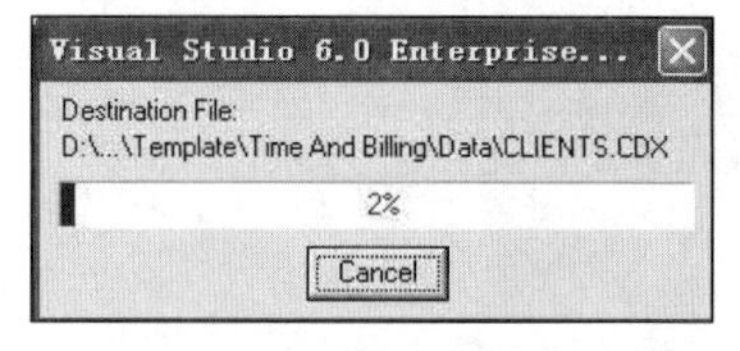

图 2-8　文件复制进度条

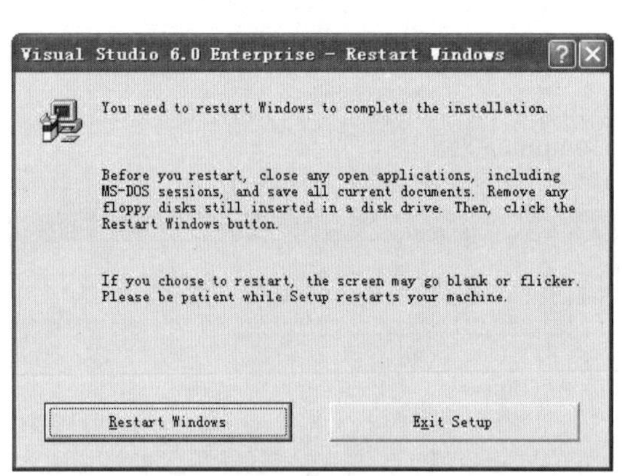

图 2-9　重新启动计算机

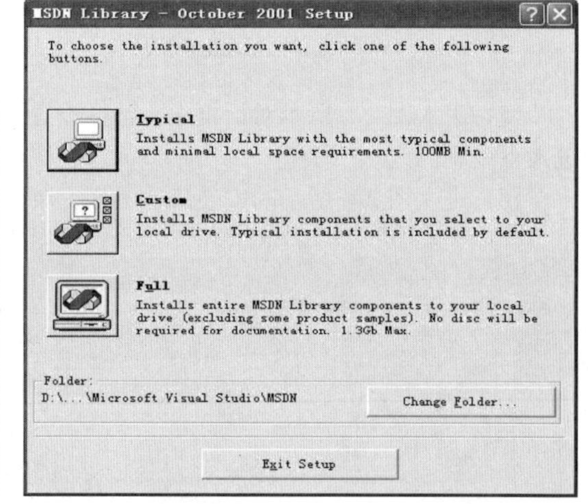

图 2-10　MSDN 选项对话框

注意：通过以上的操作步骤，我们成功安装了 Visual C++ 6.0 开发工具以及 MSDN。MSDN 是 Visual C++ 6.0 程序开发人员不可缺少的联机帮助文件，用户最好随系统一起安装。读者可尝试安装，并查看安装完成后集成开发环境中包括哪些开发工具。

（11）安装完成，打开 Visual C++ 6.0 后的界面效果如图 2-11 所示。

上述 Visual C++ 6.0 集成开发环境的主窗口界面，可以分为以下 5 个部分。

① 窗口最顶端为标题栏，显示当前项目的名称和当前编辑文档的名称，如“MySDIDemo - Microsoft Visual C++ - [MySDIDemoView.cpp]”。在名称后面有时会显示一个星号（*），表示当前文档在修改后还没有保存。

② 标题栏下面是菜单栏和工具栏。菜单栏中的菜单项包括 Visual C++ 6.0 的操作命令，工具栏以位图按钮的形式显示常用操作命令。

③ 工具栏下面的左边是工作区（Workspace）窗口，其中包括类视图（ClassView）、资源视图（ResourceView）和文件视图（FileView）3 个页面，分别列出了当前应用程序中所有的类、资源和源文件。

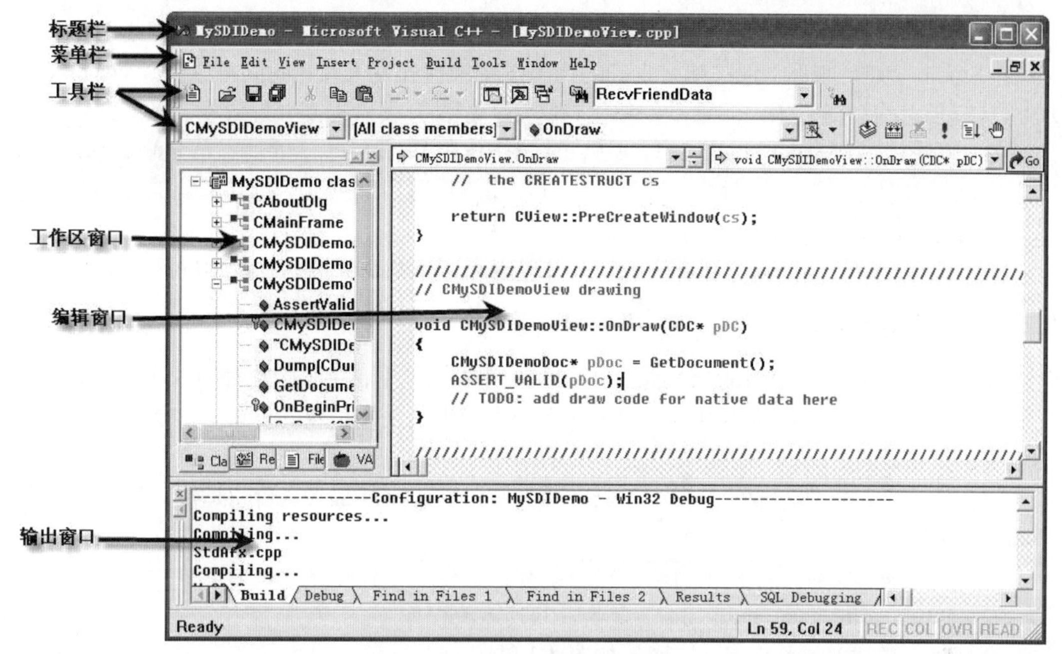

图 2-11　集成开发环境的主窗口

④ 工具栏下面的右边是编辑窗口，用来显示当前编辑的 C++程序源文件或资源文件。编辑窗口是含有最大化、最小化、关闭按钮和系统菜单的普通框架窗口。当打开一个源文件或资源文件时，就会自动打开对应的编辑窗口。在 Developer Studio 中可以同时打开多个编辑窗口。编辑窗口可以通过平铺或层叠方式显示。

⑤ 编辑窗口和工作区窗口的下面是输出窗口。当编译、链接程序时，输出窗口会显示编译和链接信息。

2.2　使用 Microsoft Visual Studio

视频讲解：视频\第 2 章\使用 Microsoft Visual Studio.mp4

前面介绍的 Visual C++ 6.0 毕竟是 20 世纪推出的开发工具，尽管影响力大，使用者众多，但是随着 C++的不断进步和计算机水平的发展，Visual C++ 6.0 对 64 位的 Windows 7、Windows 8 和 Windows 10 的支持显得十分有限，并且不支持新推出的 C++ 11 标准。正是由于这些原因，广大开发者已将 Visual Studio 作为 C++开发的工具。

2.2.1　Visual Studio 2017 的新功能

Microsoft Visual Studio 2017 是微软推出的全新专用开发工具，它是一个集成的开发环境工具。它是一款功能齐全且可扩展的免费 IDE，适用于个人开发人员、学术研究、教育和小型专业团队，能够创建适用于 Windows、Android 和 iOS 的应用程序，以及 Web 应用程序和云服务。

(1) 代码导航：在过去的版本中当开发者需要解决 Bug 时，会因为重构而影响处理效率。Visual Studio 2017 改进了代码导航体验，在 References、GoTo 和 Indent Guides 缩进指南等模块实现改进，可以更加快捷的从一段代码到另一段代码。这样开发者可以将精力专注于开发，减少了因为跨代码操作带来的分散注意力的影响，提高了开发效率。

（2）写入和读取代码：因为在大多数时间内，开发者的主要工作是写代码和读代码，所以 Visual Studio 2017 侧重于促进编写正确的代码以及维持开发人员代码的可读性。Visual Studio 2017 具有强大的智能感知，注重重构和代码修复，帮助开发者提高开发效率。

（3）测试代码：Visual Studio 2017 提供了针对 C#和 Visual Basic 的动态单元测试功能，Live Unit Testing 可以在运行生成时分析数据，可以在修改代码后仅测试运行受影响部分，并通过编辑器中实时测试功能查看修改结果，提高开发效率。

（4）调试代码：当所有方法都失效后，开发者可以依靠调试以帮助确定问题的来源。

2.2.2　安装 Microsoft Visual Studio 2017

在微软公司推出的 Microsoft Visual Studio 2017 安装包中，主要包含如下 3 个版本。

（1）企业版：能够提供点对点的解决方案，充分满足正规企业的要求。这是功能最为强大的版本，价格最贵。

（2）专业版：提供专业的开发者工具、服务和订阅。功能强大，价格适中，适合于专业用户和小开发团体。

（3）社区版：提供全功能的 IDE，完全免费，适合于一般开发者和学生。

安装 Microsoft Visual Studio 2017 企业版的具体流程如下。

（1）登录微软 Visual Studio 官网，如图 2-12 所示。

图 2-12　微软 Visual Studio 官网

（2）单击“下载 Visual Studio”下的“Enterprise 2017”链接下载，如图 2-13 所示。下载后得到一个 exe 格式的可安装文件“vs_enterprise__2050403917.1499848758.exe”，如图 2-14 所示。

（3）鼠标右键单击下载文件“vs_enterprise__2050403917.1499848758.exe”，选择使用管理员模式进行安装。在弹出的界面中单击“继续”按钮，这表示同意许可条款，如图 2-15 所示。

图 2-13　“Enterprise 2017”链接

图 2-14 可安装文件

图 2-15 单击“继续”按钮

（4）在弹出的“正在安装”界面选择要安装的模块。本书内容需要选择安装以下模块：

① 通用 Windows 平台开发；

② .NET 桌面开发；

③ ASP.NET 和 Web 开发；

④ 数据存储和处理；

⑤ 使用.NET 的移动开发。

上述各模块的具体说明在安装界面中也进行了详细说明，如图 2-16 所示。在左下角可以设置安装路径，单击“安装”按钮后开始安装。

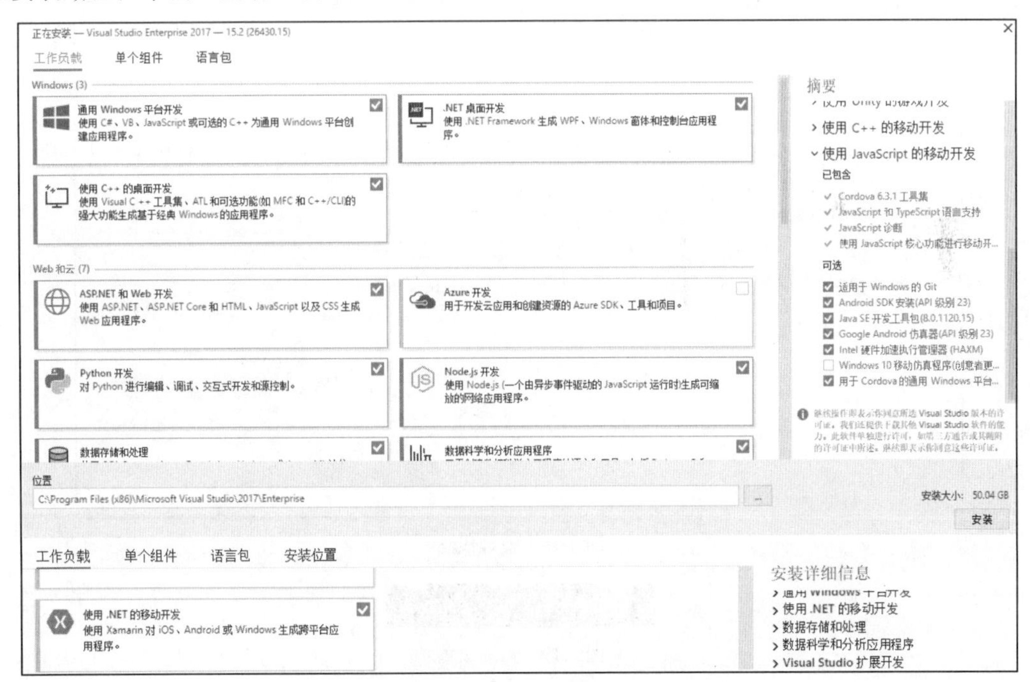

图 2-16 “正在安装”界面

（5）单击“安装”按钮后弹出安装进度界面，如图 2-17 所示。这个过程比较耗费时间，读者需要耐心等待。

（6）安装成功后的界面效果如图 2-18 所示。

（7）依次单击“开始”“所有应用”中的 Visual Studio 2017 图标就可启动 Visual Studio 2017，如图 2-19 所示。

图 2-17　安装进度对话框

图 2-18　安装成功

图 2-19　启动菜单

2.3　编写第一个 C++程序

视频讲解：视频\第 2 章\编写第一个 C++程序.mp4

在接下来的实例中，将分别用 Visual C++ 6.0 和 Visual Studio 2017 编写一段 C++程序，帮

助读者初步了解 C++程序结构、语法规则和表达方式，并初步体验两种开发工具的魅力。

实例 2-1 在屏幕中输出指定的字符串

源码路径：daima\2\2-1（Visual C++版和 Visual Studio 版）

2.3.1 使用 Visual C++ 6.0 实现

（1）打开 Visual C++ 6.0，依次选择 Flie | New 命令，弹出 New 对话框，在此选择要创建的工程类型、工程文件的保存位置和工程名称，如图 2-20 所示。

（2）选择 Win32 Console Application 选项，在“Project name”框中输入工程名称“first”，在“Location”框中输入工程的保存位置。最后单击 OK 按钮，弹出图 2-21 所示的对话框。

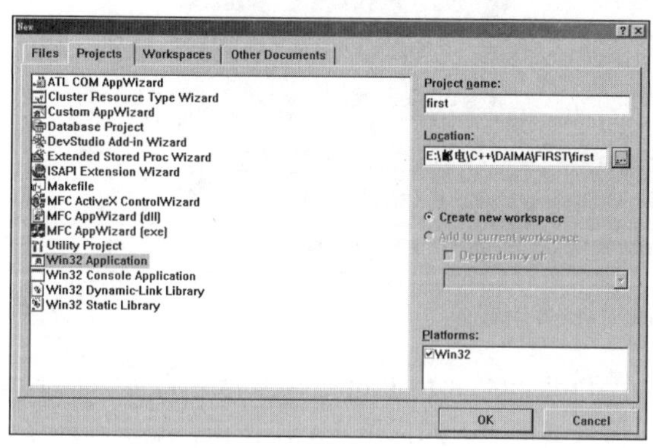

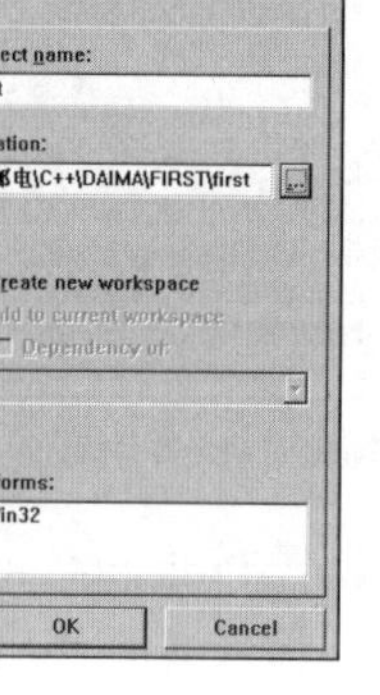

图 2-20 设置新建工程

图 2-21 选择控制台程序类型

在此选择设置控制台程序的类型，此时会有以下 4 个选项。

An empty project：创建一个空工程，不会自动生成程序文件，只包含环境配置文件。

A simple appliction：创建一个简单程序，只是一个简单的程序框架，不包含任何有用的代码。

A “Hello，World” application：创建一个有输出语句的简单程序。

An application that supports MFC：创建带有 MFC 支持的框架程序。

此处选择 A “Hello，World” application 项，单击 Finish 按钮，弹出图 2-22 所示的对话框。

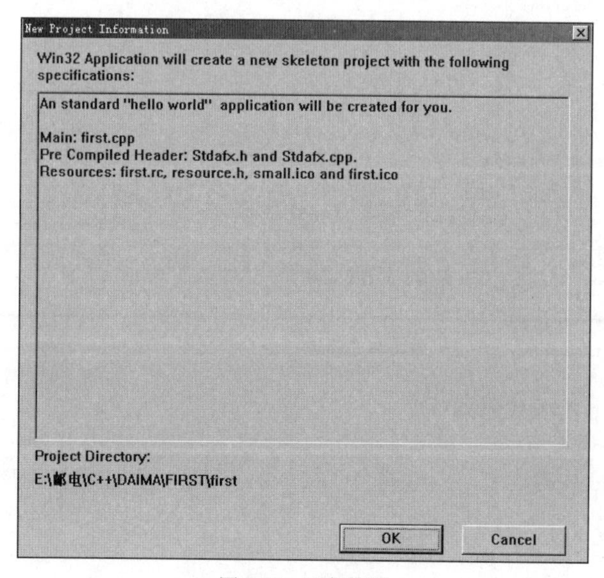

图 2-22 工程摘要

（3）此窗口是摘要说明窗口，说明了里面包含哪些文件。单击 OK 按钮后会成功创建一个简单的控制台程序。此时返回 Visual C++ 6.0 的主界面，左侧 ClassView 选项卡显示了文件结构图，右侧是编写代码的地方。如图 2-23 所示。

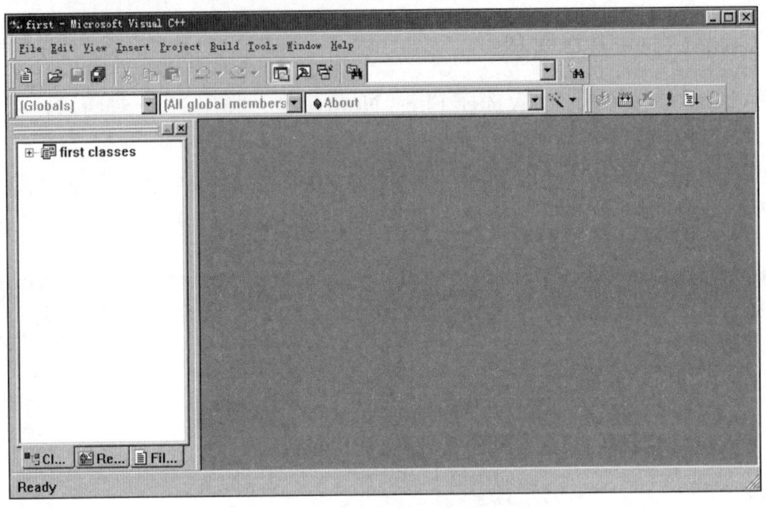

图 2-23　Visual C++ 6.0 主界面

（4）建立和编辑 C++源程序文件，依次执行 Project|Add to Project|New 菜单命令，在 New 对话框的 File 页面中选择 C++ Source File 项，输入文件名，然后单击 OK 按钮，编辑源程序代码。具体如图 2-24 所示。

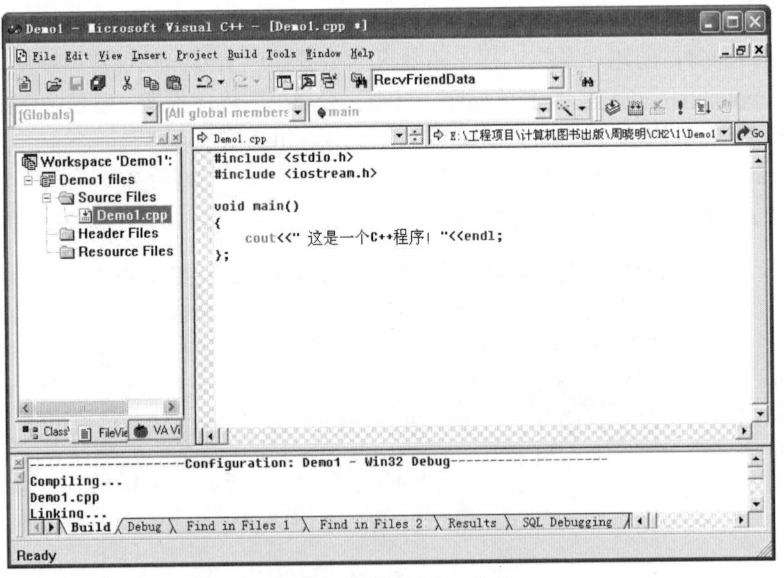

图 2-24　新建一个 C++文件

实例文件 first.cpp 的源代码如下。

```
#include "stdafx.h"
#include "iostream.h"
void main(){
    cout<<" 这是第一个C++程序! "<<endl;
    cout<<" 这是第一个C++程序! "<<endl;
};
```

（5）编译程序、生成可执行程序。执行 Build|Build 命令，即可建立可执行程序。若有语法错误，编译器会在窗口下方的输出窗口中显示错误信息。

（6）依次单击顶部菜单中的 Bulid|Execute 菜单命令即可在伪 DOS 状态下运行程序，执行效果如图 2-25 所示。

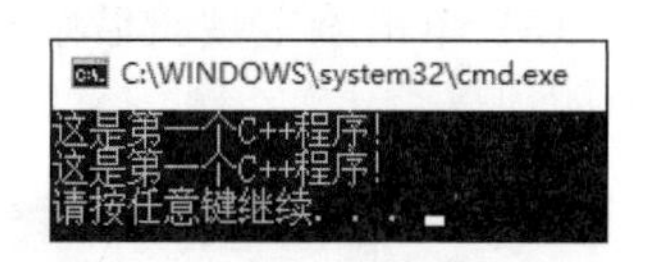

图 2-25　Visual C++ 6.0 版的执行效果

注意：以上步骤引导读者使用 Visual C++ 6.0 创建、编译和运行了一个最简单的 C++程序，请读者在课后练习，尝试实现自己的 C++程序。上面的实例比较简单，实际的应用程序开发过程中，要编写的程序将比这复杂得多，也会出现各种各样的错误。

2.3.2 使用 Visual Studio 2017 实现

（1）打开 Visual Studio 2017，依次单击顶部菜单中的“文件”“新建”“项目”命令，如图 2-26 所示。

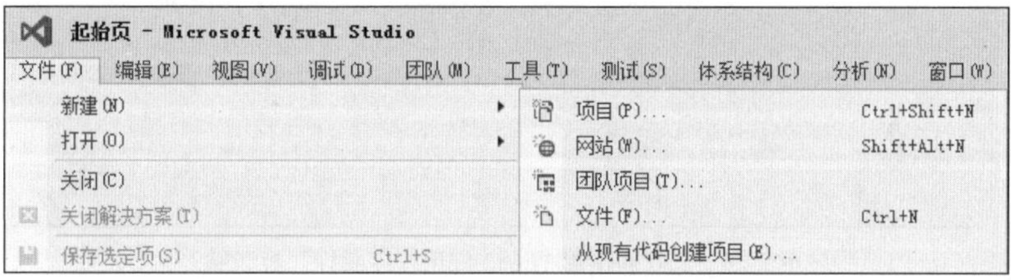

图 2-26　新建一个项目

（2）在弹出的“新建项目”对话框中，选择左侧“模板”中的“Visual C++”选项，以及右侧中的“Win32 控制台应用程序”，在下方“名称”中填写本项目的名称为“C++1”，如图 2-27 所示。

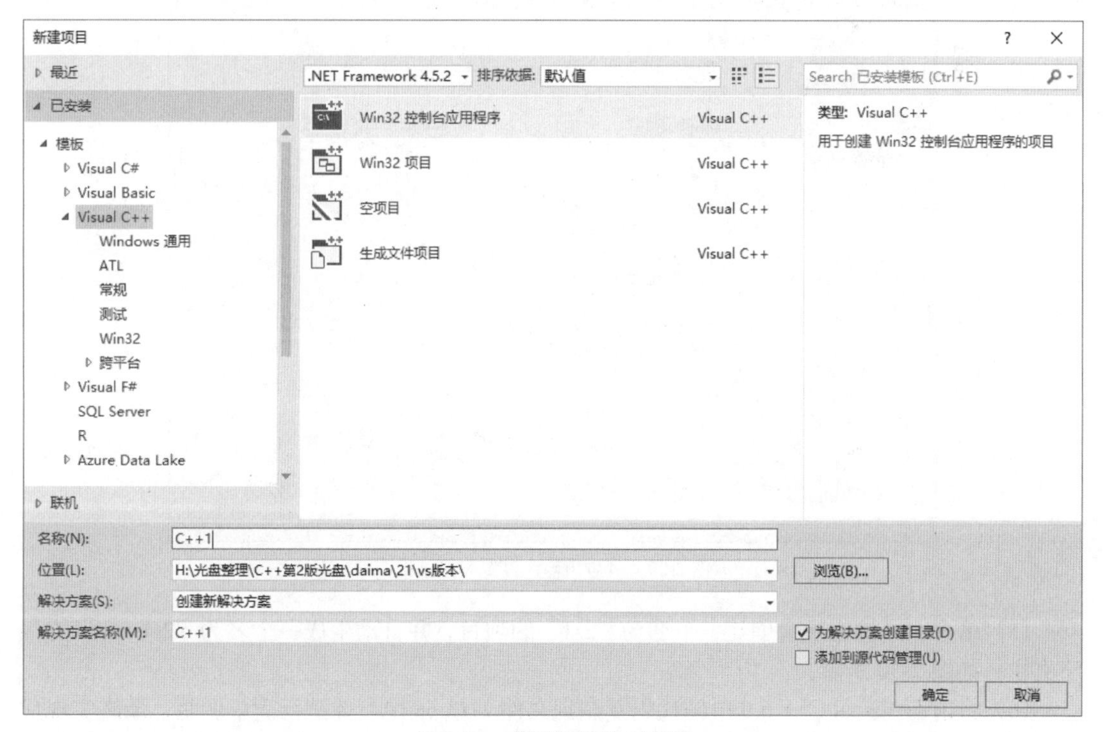

图 2-27　“新建项目”对话框

（3）单击确定按钮后来到“欢迎使用 Win32 应用程序向导”对话框界面，如图 2-28 所示。

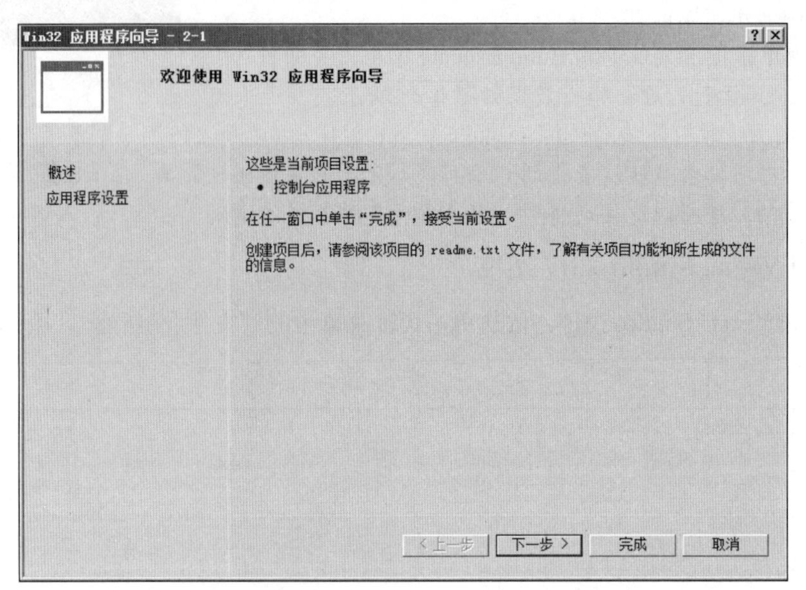

图 2-28　“欢迎使用 Win32 应用程序向导”对话框

（4）单击“下一步”按钮后来到“应用程序设置”对话框界面，在上方的应用程序类型中勾选“控制台应用程序”复选框，在下方的附加选项中勾选“预编译头”复选框。如图 2-29 所示。

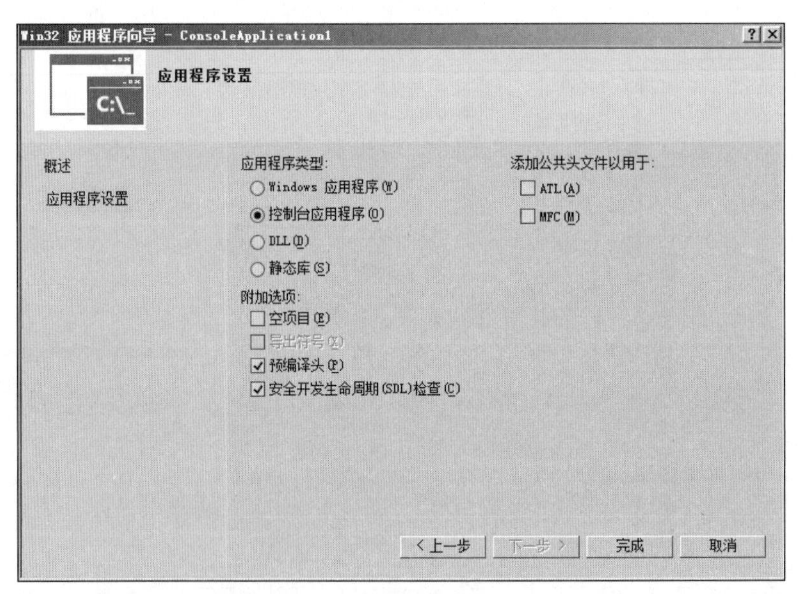

图 2-29　“应用程序设置”对话框

（5）单击完成按钮后会创建一个名为“2-1”的项目，并自动生成一个名为“2-1.cpp”的程序文件，如图 2-30 所示。

（6）将前面 Visual C++ 6.0 中的代码复制到文件 2-1.cpp 中，并进行简单调整，最终实现代码如下。

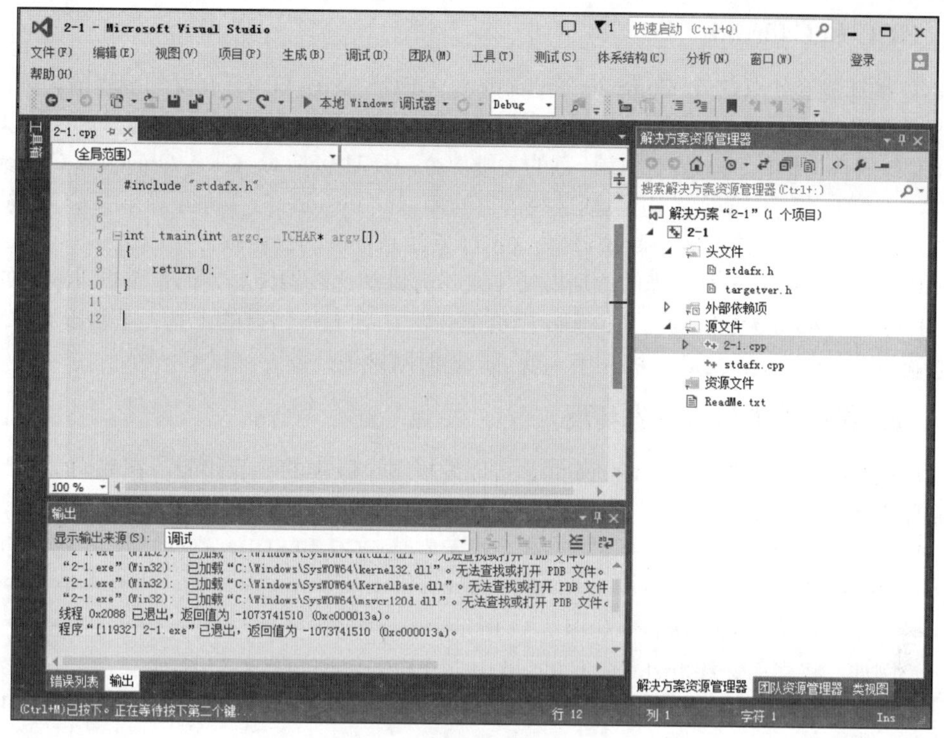

图 2-30　自动生成的文件 2-1.cpp

```
#include "stdafx.h"
#include "iostream"
using namespace std;
int main(){
    cout << "这是第一个C++程序！" << endl;
    cout << "这是第一个C++程序！" << endl;
}
```

通过上述实现代码可知，与前面 Visual C++ 6.0 版的代码相比，Visual Studio 2017 版本代码只多了如下的 using 指令。

```
using namespace std;
```

在 Visual Studio 环境中，namespace 是指标识符的各种可见范围。命名空间用关键字 namespace 来定义。命名空间是 C++的一种机制，用于把单个标识符下的大量有逻辑联系的程序实体组合到一起，此标识符作为此组群的名字。因为 C++标准程序库中的所有标识符都被定义于一个名为 std 的 namespace 中，所以在 Visual Studio 版的 C++程序中都必须引用上述代码。

Visual Studio 版的执行效果与 Visual C++ 6.0 版的执行效果完全一样，如图 2-31 所示。

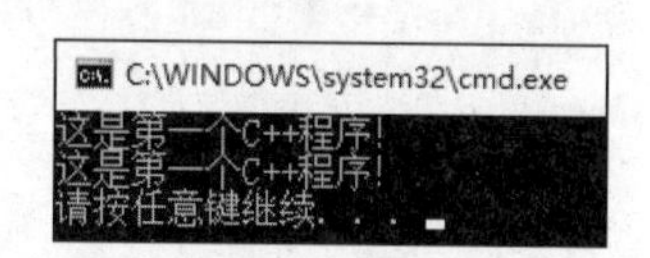

图 2-31　Visual Studio 2017 执行效果

2.4　使用手机开发 C++程序

视频讲解：视频\第 2 章\使用手机开发 C++程序.mp4

随着智能手机的发展，我们可以在上班的路上用手机看视频、浏览网页，甚至可以用手机编写 C++语言程序。

2.4.1　GCC 和 C4droid

GNU 编译器套件（GNU Compiler Collection，GCC）是由 GNU 开发的编程语言编译器。GCC 与前面讲解的 Dev C++、Visual Studio 一样，都是著名的 C 语言开发工具。GCC 是以 GPL 许可证发行的自由软件，也是 GNU 计划的关键部分。GNU 包括 C、C++、Objective-C、Fortran、Java、Ada 和 Go 语言的前端，也包括这些语言的库（如 libstdc++、libgcj 等）。GCC 的初衷是为 GNU 操作系统专门编写的一款编译器，GNU 系统是彻底的自由软件。GCC 在开发 C 语言方面，与前面讲解的 Dev C++类似，所以接下来不再讲解这款编译器，而是重点讲解它的变种工具 C4droid。C4droid 是能够在 Android 手机上开发 C 和 C++语言的工具，是基于 GCC 实现的。也就是说，只要 Android 手机在手，就可以随时随地地开发并测试 C++程序。

2.4.2　在手机中搭建 C++开发环境

（1）在网络中搜索关键字“C4droid”，可以发现各个版本的功能相似。在我们学习群的群文件中有两个版本，都是“.apk”格式的，读者下载后可以以直接打开的方式进行安装。

（2）安装成功后，第一次打开 C4droid 会提示安装 GCC 和 SDL，这两项是必须安装的。

（3）安装成功并打开 C4droid 后，会发现与计算机中的开发工具类似，也具备编码、打开、编译、运行和保存等常见的功能，如图 2-32 所示。

（4）例如，将程序文件 first.c 在 C4droid 中打开后的效果如图 2-33 所示。

（5）依次单击图 2-33 右下角的编译和运行按钮后可以查看运行结果（与在计算机中的运行结果完全一样），如图 2-34 所示。

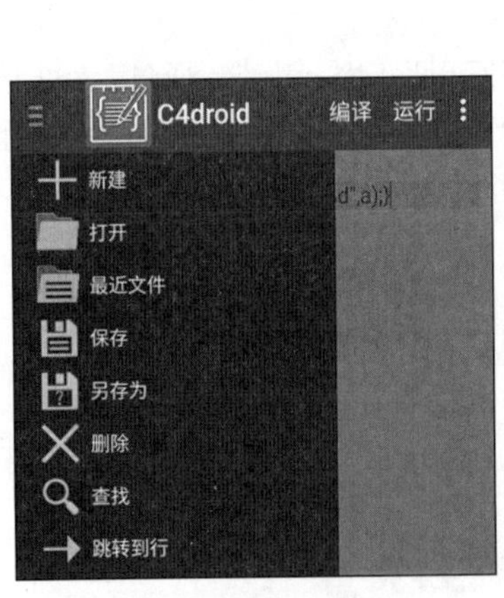

图 2-32　C4droid 界面

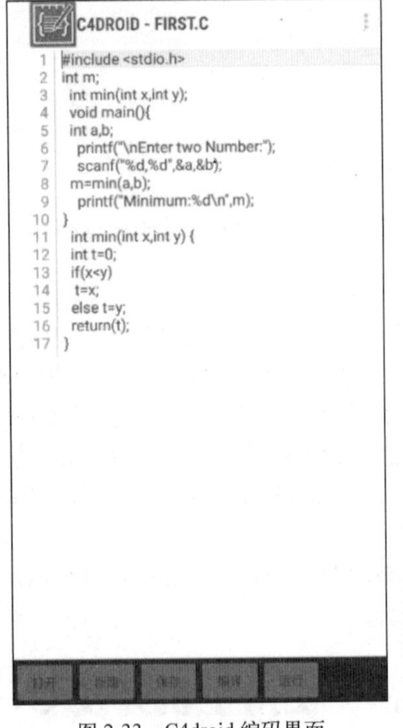

图 2-33　C4droid 编码界面

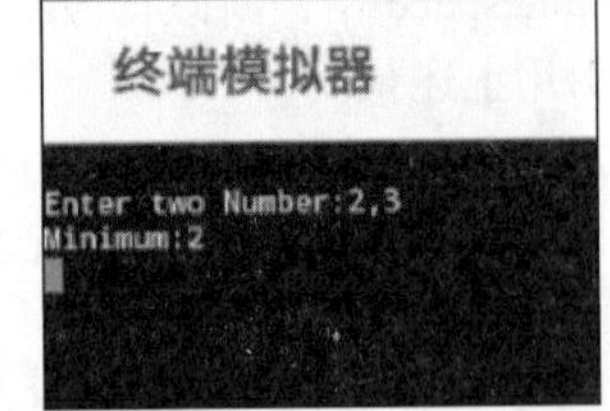

图 2-34　C4droid 调试运行界面

2.4.3　在 iPhone 中使用 Mobile C/C++

在 iPhone 手机中可以考虑使用 Mobile C/C++来开发 C++程序。Mobile C/C++在苹果商店中下载，如图 2-35 所示。

图 2-35 苹果商店中的 Mobile C

Mobile C 是一款收费软件，建议读者尽量不使用，除非需要经常使用 iPhone 手机编写 C 语言程序。

2.5 技术解惑

2.5.1 初学者经常不知道自己该学什么

经常看到一些疑问：我刚学编程，我应该学习什么语言？我想以后找份高薪的工作，我应该学习什么？诸如这类的话题很多，那么学习什么语言好呢？如果你想自己在程序界永葆青春，那就先学习 C++吧，C++语言语法结构简洁精妙，便于描述算法，能够深入底层编程，我们所知道的操作系统，基本上却是用 C++语言写出来的，如 Windows、UNIX、Linux、Mac、Os/2。但是你说现在很多的面向对象语言好不好呢？好，确实好，.NET、C#、Java、Perl……这些语言已经把需要你自己实现的算法打成了包，你直接使用就可以了。但是它们并不适合新手，任何东西都要循序渐进，一定要多动手多实践，我相信你终将成为高手。

2.5.2 初学者需要知道的正确观念

现在，“一个月打造高级程序员”的口号层出不穷，书店里入门、捷径的书销售得同样很火，但看了这类书，往往一无所获，反而可能学到错误的概念。现在很多的 C++书是 C 语言的翻版而已。笔者认为，学习 C++最好的方法之一就是阅读源代码。

请大家好好体会语言在编程风格、算法与数据结构、设计与实现、界面、排错、测试、性能、可移植性这些方面的特色，万万不要浮躁，如果基础打不牢就去学习那些精彩的技巧是无任何用处的。

注意：C++语言从 C 演变而来，它是给那些愿意获得更方便和更产品化的企业开发人员而创造的。C++语言现代、简单、面向对象和类型安全。尽管它借鉴了 C 的许多东西，但是在诸如名字空间、类、方法和异常处理等特定领域，它们之间还是存在着巨大的差异。希望大家遵循函数要小、代码要少、算法要好、命名要清的路线来编写每一个程序。

2.6 课后练习

（1）尝试安装轻量级开发工具 Dev C++，并将本章中的实例用这个工具进行调试运行。

（2）微软的 Visual Studio 包含一个轻量级版本 Visual C++ 2008 Express，使用这个工具可以开发出大多数 C++程序。请读者尝试安装这个工具。

第 3 章

C++语言开发基础

C++语言不但吸取了传统汇编语言的优点，而且开创了全新的面向对象语言世界。从 C++语言诞生之日起，软件领域就开始进入面向对象时代，C++语言的最重要特性是面向对象。当然，除了面向对象外，C++还有很多其他方面的优点。本章将详细讲解 C++语言的基础开发知识，为读者步入本书后面知识的学习打下基础。

3.1　面向对象

> 视频讲解：视频\第 3 章\面向对象.mp4

面向对象（Object Oriented，缩写为 OO）是当今主流的软件开发方法之一，C++语言的最重要特性就是面向对象编程。本节将简要介绍面向对象语言的基础知识。

3.1.1　两种对象的产生方式

在编程语言中，对象的产生通常基于如下两种基本方式。

1. 基于原型

原型的概念已经在认知心理学中被用来解释概念学习的递增特性，原型模型本身就是希望通过提供一个有代表性的对象为基础来产生各种新的对象，并由此继续产生更符合实际应用的对象。而原型—委托也是 OOP 中的对象抽象，代码共享机制中的一种。

2. 基于类

一个类提供了一个或多个对象的通用性描述。从形式化的观点看，类与类型有关，因此一个类相当于是从该类中产生的实例的集合。而在一种所有同对象的世界观背景下，在类模型基础上还诞生出了一种拥有元类的新对象模型，即类的本身也是一种其他类的对象。

3.1.2　C++面向对象编程的流程

面向对象编程方法是学习 C++编程的指导思想。当使用 C++编程时，应该首先利用对象建模技术来分析目标问题，抽象出相关对象的共性，对它们进行分类，并分析各类之间的关系；然后用类来描述同一类对象，归纳出类之间的关系。编程大师 Coad 和 Yourdon 在对象建模技术、面向对象编程和知识库系统的基础之上设计了一整套面向对象的方法，这套方法具体来说分为面向对象分析（OOA）和面向对象设计（OOD）。对象建模、系统分析设计、对象交互分析、面向对象设计与光和对象设计共同构成了系统设计的过程，如图 3-1 所示。

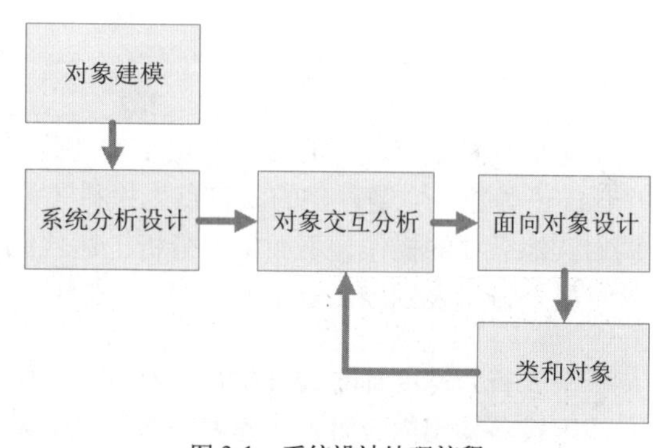

图 3-1　系统设计处理流程

3.2　C++语言的程序结构

> 视频讲解：视频\第 3 章\C++语言的程序结构.mp4

程序结构是程序的组织结构，包括语句结构、语法规则和表达式，内容中包含了代码组织结构和文件组织结构。在编写 C++程序的过程中，必须严格遵循这些规则，才能编写出高效、易懂的程序。

3.2.1　初识 C++程序结构

先看如下的一段 C++代码。

```
//这是一个演示程序，它从命令行读入一个整数，然后加1再输出
#include <stdafx.h>
```

```
#include <iostream.h>
int main(){
   int x;
   cout<<"请输入一个数字：";
   cin>>x;
   x=x+1;
   cout<<"x=x+1="<<x<<endl;
   return 0;
}
```

在上述代码中，整段程序可以划分为以下 3 个部分。

（1）注释部分，即上述代码中的首行，用双斜杠标注。

```
//这是一个演示程序，它从命令行读入一个整数，然后加1再输出
```

注释部分即对当前程序的解释说明部分，通常会说明此文件的作用和版权等信息。

（2）预处理部分，即上述代码中的第 2 行。

```
#include <iostream.h>
```

预处理即在编译前需要提前处理的工作。例如，此段代码表示编译器在预处理时，将文件 iostream.h 中的代码嵌入到该代码指示的地方，此处的#include 是编译命令。在文件 iostream.h 中声明了程序需要的输入/输出操作信息。

（3）主程序部分，即剩余的代码。

```
int main(){
   int x;
   cout<<"请输入一个数字：";
   cin>>x;
   x=x+1;
   cout<<"x=x+1="<<x<<endl;
   return 0;
}
```

此部分是整个程序的核心，用于实现此程序的功能。C++的每个可执行程序都有且只有一个 main 函数，它是程序的入口点。执行 C++程序后，首先会执行这个函数，然后从该函数内调用其他需要的操作。下面依次分析上述代码的主要功能。

第 2 行：表示定义一个 int 类型的变量，并命名为 x，后面的分号表示此条代码到此结束。

```
int x;
```

第 3 行：表示通过 cout 输出一行文字。此处的 cout 是 C++中预定义的系统对象，当程序要向输出设备输出内容时，在程序中需要此对象，输出操作符用“<<”表示，表示将“<<”右边的内容输出到“<<”左边的对象上。例如，此行代码表示在标准输出设备上输出字符串文字“请输入一个数字：”。

```
cout<<"请输入一个数字：";
```

第 4 行：cin 代表标准输入设备的对象，即 C++中的预定义对象。当程序需要从输入设备接受输入时，就会需要在程序中使用该对象。输入的操作符是“>>”，表示将“>>”左边接受的输入放到右边的对象中。当程序执行到该代码时，会停止并等待来自标准输入设备的输入。输入完毕后按下 Enter 键，cin 会接收输入并将输入放到对应的对象中，然后跳到下一行代码开始执行。

```
cin>>x;
```

第 5 行：“+”表示加法运算，将“+”两边的数字相加；“=”表示赋值，即将“=”右边的运算结果放到“=”左边的对象中。

```
x=x+1;
```

第 6 行：这是一条在标准输出设备上输出文字的代码，包含了 3 个输出操作符。第 1 个

操作输入文字 x=x+1；第 2 个操作输出对象 x 保存的值；第 3 个操作的右边是 endl，表示回车换行。

```
cout<<"x=x+1="<<x<<endl;
```

第 7 行：本行表示跳出当前程序，即返回操作系统，使用数字 0 作为返回值。

```
return 0;
```

注意：很多编译器并不特别要求函数 main 必须有返回值，但是为了使读者养成良好的习惯，建议必须都有返回值。

3.2.2 看 C++程序的文件组织

C++程序的文件组织是指在一个 C++项目中的构成文件。如果是一个简单的 C++程序，仅需要几行代码就可以完成，这时 C++程序的文件结构是最简单的，只需一个文件即可保存所有的代码。这种简单情况不需要进行详细讲解。例如，图 3-2 展示了一个简单的 C++程序的文件结构。

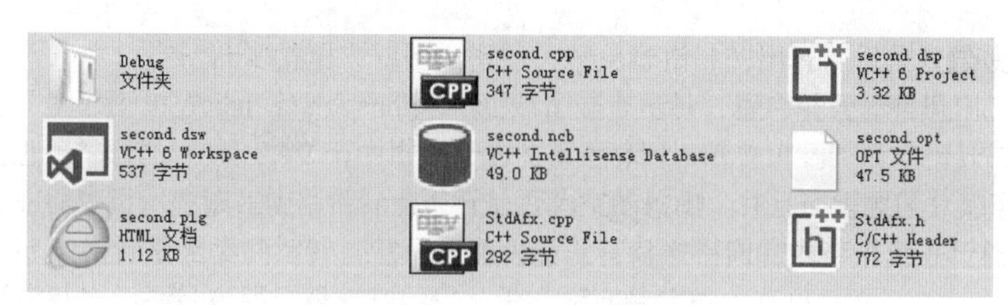

图 3-2 简单 C++项目的结构

在图 3-2 所示的结构中，只有文件 second.cpp 包含了当前项目的核心功能代码。但是在日常应用中，往往一个项目的程序代码会比较复杂，例如经常需要编写多个类和多个函数。为了使项目文件规整有序地排列，需要为文档设置比较合理的安排方法。

下面的 5 条建议，可以为项目合理地规划好整体的文件结构。

（1）每个类的声明写在一个头文件中，根据编译器的要求可以加.h 后缀名，也可以不加。这个头文件一般以类的名字命名。同时，为了防止编译器多次包含同一个头文件，头文件总是以下面的框架组织：

```
#ifndef CLASSNMAE_H_
#define CLASSNAME_H_
在此将你类的声明写在这里面
#endif
```

注意：CLASSNAME_H_ 中的 CLASSNAME 就是在这个文件中声明的类名。

（2）将类的实现放在另一个文件中，取名为 classname.cpp（classname 为我们在类声明文件中声明的类名），并且在该文件的第一行包含类声明的头文件，如#include"classname"（C++新标准不支持带.h 的头文件），然后在此文件中写类的实现代码。一般格式如下：

```
#include"classname"
```

（3）与类相似，在编写函数时，总是把函数的声明和一些常数的声明放在一个头文件中，然后把函数的具体实现放在另一个头文件中。

（4）通常来说，如果在某个源文件中需要引入的头文件很多，或者为了源程序的简洁，可以将头文件的引入功能写在另一个头文件中，然后在源程序的第一行引入这个头文件即可。

（5）当在文件中需要使用函数和类时，只需引入类和函数声明的头文件，而无须包含实现的文件。

一个中型或大型项目通常会包含很多“.cpp”文件和函数文件，例如图 3-3 所示的结构。

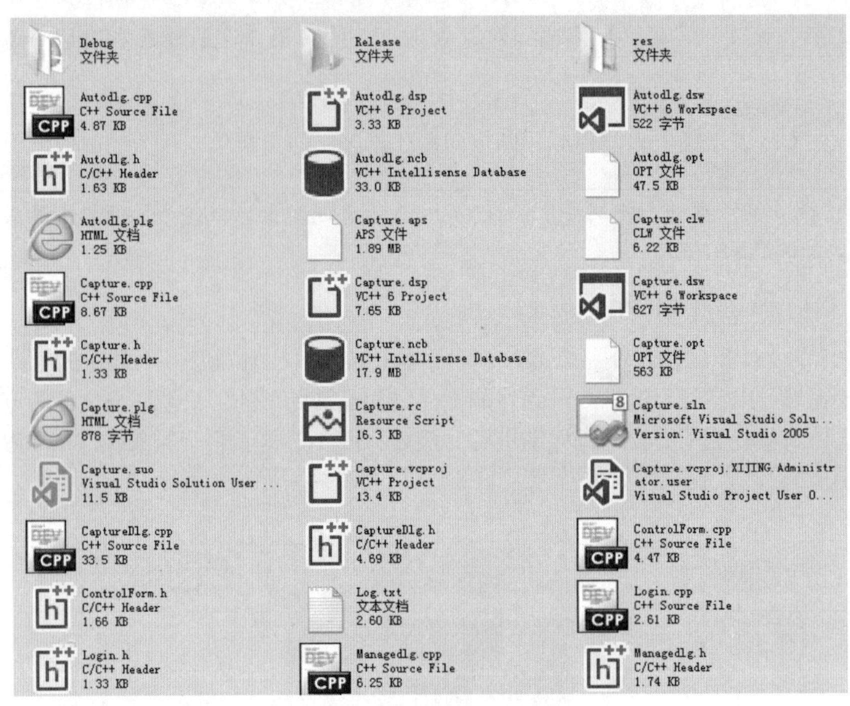

图 3-3　复杂 C++项目的结构

3.3　C++编码规范

视频讲解：视频\第 3 章\C++编码规范.mp4

编码规范即在编写代码时需要遵守的一些规则。同样，在编写 C++程序时需要遵守一些编码规范。好的编码规范，可以提高代码的可读性和可维护性，甚至提高程序的可靠性和可修改性，保证代码的质量。特别是在团队开发大型项目时，编码规范就成为项目高效运作的重要因素。

3.3.1　养成良好的风格

在编写 C++程序时，需要养成如下的风格。

（1）程序块缩进，要使用 Tab 键缩进，不能与空格键混合使用。

（2）函数不要太长，如果太长，建议拆分处理。

（3）不要使用太深的 if 嵌套语句，可以使用函数来代替。

（4）双目操作符号前后加空格，更加醒目。

（5）单目操作符前后不加空格。

（6）不要使用太长的语句，如果太长，可以分行处理。

（7）每个模板中只有一个类。

（8）if、while、for、case、default、do 等语句要独占一行。

（9）一行不能写多条语句。

（10）如果表达式中有多个运算符，要用括号标出优先级。

3.3.2　必须使用的注释

使用注释可以帮助阅读程序，通常用于概括算法、确认变量的用途或者阐明难以理解的代码段。注释并不会增加可执行程序的大小，编译器会忽略所有注释。

在C++中有单行注释和成对注释两种类型的注释。

1. 单行注释

单行注释以双斜线（//）开头，行中处于双斜线右边的内容是注释，会被编译器忽略。例如：

```
//计算m和n的和
z=add(m,n);
```

2. 成对注释

成对注释也叫注释对（/**/），是从C语言继承过来的。这种注释以“/*”开头，以“*/”结尾，编译器把落入注释对“/**/”之间的内容作为注释。任何允许有制表符、空格或换行符的地方都允许放置注释对。注释对可跨越程序的多行，但不是一定要如此。当注释跨越多行时，最好能直观地指明每一行都是注释的一部分。我们的风格是在注释的每一行以星号开始，指明整个范围是多行注释的一部分。例如：

```
/*计算m和n的和
Z只是一个简单函数而已
*/
z=add(m,n);
```

在C++程序中通常混用上述两种注释形式，具体说明如下。

（1）注释对：一般用于多行解释。

（2）双斜线注释：常用于半行或单行的标记。

太多的注释混入程序代码可能会使代码难以理解，通常最好是将一个注释块放在所解释代码的上方。当改变代码时，注释应与代码保持一致。程序员即使知道系统其他形式的文档已经过期，也还是会信任注释，认为它是正确的。错误的注释比没有注释更糟糕，因为它会误导后来者。

在使用注释时必须遵循如下的原则。

（1）禁止乱用注释。

（2）注释必须与被注释内容一致，不能描述与其无关的内容。

（3）注释要放在被注释内容的上方或被注释语句的后面。

（4）函数头部需要注释，主要包含文件名、作者信息、功能信息和版本信息。

（5）注释对不可嵌套，注释总是以“/*”开始并以“/*”结束。这意味着，一个注释对不能出现在另一个注释对中。由注释对嵌套导致的编译器错误信息容易使人迷惑。

3.3.3 代码也需要化妆

化妆可以使人变得更加光彩夺目。对于C++程序代码来说，化妆同样重要。通过对代码进行化妆处理，可以大大提高代码的可视性，充分显示一名程序员的良好素养和编程风格。下面让我们通过一个简单示例的代码，来体会代码的缩进和注释的艺术。本实例的功能是获取3个输入数中的最大数。

实例3-1 获取3个输入数字中的最大数

源码路径：daima\3\3-1（Visual C++版和Visual Studio版）

实例文件second.cpp的主要实现代码如下。

```
#include "stdafx.h"                  //这是必需的头文件
int MaxIn3(int x,int y,int z);      //定义函数MaxIn3
int main(int argc, char* argv[]){
   int x,y,z;                        //定义3个变量

   cout<<"请输入3个得分数";          //显示一段文本
   cin>>x>>y>>z;                     //获取输入的3个数
```

```
    cout<<MaxIn3(x,y,z)<<endl;      //调用函数MaxIn3处理3个数
    return 0;
}
/*
* 函数名称：MaxIn3
* 参　　数：接收3个整型参数
* 返回值　：无
* 函数功能：找出3个整型数中最大的数
* 作　　者：XXX

* 版本号　：0.0.1
* 修改日期：XXXX.XX.XX
*/
int MaxIn3(int x,int y,int z){     //函数MaxIn3的具体实现
    int num=0;                      //存放最大数
    //选择最大数
    if (x>y){                       //如果x大于y
        if (x>z)                    //如果x大于z
            num=x;                  //x是最大数
        else                        //如果x不大于z
            num=z;                  //则z是最大数
    }
    else{                           //如果x不大于y
        if (y>z)                    //如果y大于z
            num=y;                  //则y是最大数
        else                        //如果y不大于z
            num=z;                  //则z是最大数
    }
    return num;                     //返回最大数
}
```

在上述代码中，变量、函数、if 语句等内容都是 C++语言语法中的重要知识点，这些知识点将在本书后面的章节中进行详细讲解。讲解上述实例，目的不是说明代码的语法或功能实现等知识，而是让读者仔细观察代码，分析其中的代码缩进和注释的书写格式。

通过 Visual C++ 6.0 或 Visual Studio 2017 进行调试，运行后将首先提示输入 3 个得分数，如图 3-4 所示；输入 3 个得分数并按下回车键后，将输出其中最大的得分数，如图 3-5 所示。按下回车键将退出当前程序。

图 3-4　提示输入 3 个数

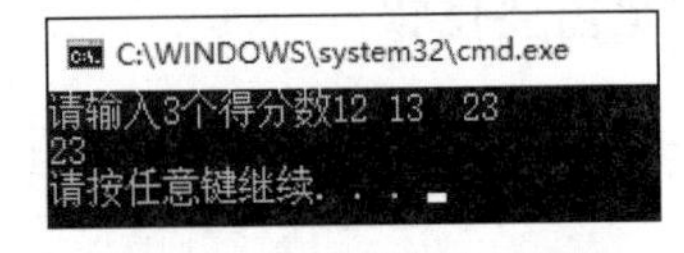

图 3-5　输出其中最大的数

3.4　输入和输出

视频讲解：视频\第 3 章\输入和输出.mp4

在 C++语言程序中，必须通过输入和输出才能实现用户和计算机的交互，才能实现软件程序的具体功能。其实 C++并没有直接定义进行输入或输出（I/O）的任何语句，而是由标准库（Standard Library）提供，标准库为程序员提供了大量的工具。然而对于许多应用，包括本书的例子来说，编程者只需要了解一些基本概念和操作即可。本书中的大多数例子使用了处理格式化输入和输出的 iostream 库。iostream 库的基础是命名为 istream 和 ostream 的两种类型，分别

表示输入流和输出流。流是指要从某种I/O（标准）设备上读入或写出的字符序列。术语“流”试图说明字符是随着时间顺序生成或消耗的。

3.4.1 标准输入与输出对象

在C++标准库中定义了4个I/O对象。在处理输入功能时使用命名为cin（读作see-in）的istream类型对象，这个对象也叫作标准输入（standard input）。在处理输出功能时使用命名为cout（读作see-out）的ostream类型对象，这个对象也称为标准输出（standard output）。在标准库中还定义了另外两个ostream对象，分别命名为cerr和clog（分别读作see-err和see-log）。对象cerr又叫作标准错误（standard error），通常用来输出警告和错误信息给程序的使用者。clog对象用于产生程序执行的一般信息。在一般情况下，系统将这些对象与执行程序的窗口联系起来。这样，当从cin读入时，数据从执行程序的窗口读入，当写到cout、cerr或clog时，输出写至同一窗口。运行程序时，大部分操作系统提供了重定向输入或输出流的方法。利用重定向可以将这些流与所选择的文件联系起来。

3.4.2 一个使用I/O库的程序

接下来将通过一个例子帮助读者深入理解I/O库，下面是一段把两个数相加的处理代码。我们可以使用I/O库来扩充main程序，来实现对用户给出的两个数输出它们的和的功能。主要实现代码如下。

```
#include <iostream>
int main(){
    std::cout << "输入两个数：" << std::endl;
    int v1, v2;
    std::cin >> v1 >> v2;
    std::cout << "它们的和是" << v1 << " and " << v2
              << " is " << v1 + v2 << std::endl;
    return 0;
}
```

上述代码非常简单，首先在用户屏幕上显示提示语“输入两个数：”，输入后按下回车键，将输出两个数的和。

1. 第一行

程序的第一行是一个预处理命令，功能是告诉编译器要使用iostream库。

```
#include <iostream>
```

尖括号里的名字是一个头文件，这是C++标准库中的一个内置文件。当程序使用库工具时必须包含相关的头文件。#include指令必须单独写成一行，头文件名和#include必须在同一行。通常，#include指令应出现在任何函数的外部。而且，习惯上程序的所有#include指示都在文件开头部分出现。

2. 写入到流

main函数体中第一条语句执行了一个表达式（expression）。在C++中，一个表达式由一个或几个操作数和通常是一个操作符组成。该语句的表达式使用输出操作符（<<操作符），在标准输出上输出如下提示语。

```
std::cout << "Enter two numbers:" << std::endl;
```

上述代码用了两次输出操作符，每个输出操作符实例都接受两个操作数，左操作数必须是ostream对象，右操作数是要输出的值。操作符将其右操作数写到作为其左操作数的ostream对象。

在C++中，每个表达式产生一个结果，通常是将运算符作用到其操作数所产生的值。当操作符是输出操作符时，结果是左操作数的值。也就是说，输出操作返回的值是输出流本身。

既然输出操作符返回的是其左操作数，那么就可以将输出请求链接在一起。输出提示语的那条语句等价于下面的代码。

```
(std::cout << "Enter two numbers:") << std::endl;
```

因为（std::cout << "Enter two numbers:"）返回其左操作数 std::cout，所以这条语句等价下面的代码。

```
std::cout << "Enter two numbers:";
std::cout << std::endl;
```

在上述代码中，endl 是一个特殊值，称为操纵符（manipulator），当将它写入输出流时，具有输出换行的效果，并刷新与设备相关联的缓冲区（buffer）。通过刷新缓冲区，可以保证用户立即看到写入到流中的输出。

注意：程序员经常在调试过程中插入输出语句，这些语句都应该刷新输出流。忘记刷新输出流可能会造成输出停留在缓冲区中，如果程序崩溃，将导致程序错误。

3. 使用标准库中的名字

细心的读者会注意到，在上述程序中使用的是 std::cout 和 std::endl，而不是 cout 和 endl。前缀 std::表明 cout 和 endl 是定义在命名空间（namespace）std 中的。命名空间使程序员可以避免与库中定义的名字相同而引起的无意冲突。因为标准库定义的名字是定义在命名空间中，所以我们可以按自己的意图使用相同的名字。

在标准库中使用命名空间的副作用是，当使用标准库中的名字时，必须显式地表达出使用的是命名空间 std 下的名字。std::cout 的写法使用了作用域操作符（scope operator，::操作符），表示使用的是定义在命名空间 std 中的 cout。

4. 读入流

在输出提示语后会读入用户输入的数据，先定义名为 v1 和 v2 的两个变量（variable）来保存输入：

```
int v1, v2;
```

将这些变量定义为 int 类型，int 类型是一种代表整数值的内置类型。这些变量未初始化（uninitialized），表示没有赋给它们初始值。这些变量在首次使用时会读入一个值，因此可以没有初始值。下一条语句读取输入：

```
std::cin >> v1 >> v2;
```

输入操作符（>>操作符）行为与输出操作符相似，功能是接受一个 istream 对象作为其左操作数，接受一个对象作为其右操作数，它从 istream 操作数读取数据并保存到右操作数中。与输出操作符一样，输入操作符返回其左操作数作为结果。由于输入操作符返回其左操作数，所以可以将输入请求序列合并成单个语句。换句话说，这个输入操作等价于下面的代码。

```
std::cin >> v1;
std::cin >> v2;
```

输入操作的效果是从标准输入读取两个值，将第一个存放在 v1 中，第二个存放在 v2 中。

5. 完成程序

剩余代码的功能是打印输出结果：

```
std::cout << "The sum of " << v1 << " and " << v2
          << " is " << v1 + v2 << std::endl;
```

上述代码虽然比输出提示语的语句长，但是在概念上没什么区别，功能是将每个操作数输出到标准输出。有趣的是操作数并不都是同一类型的值，有些操作数是字符串字面值。例如下面的代码：

```
"The sum of "
```

其他是不同的 int 值，如 v1、v2 以及对算术表达式 v1 + v2 求值的结果。iostream 库定义了接受全部内置类型的输入/输出操作符版本。

注意：在写 C++程序时，大部分出现空格符的地方，可用换行符代替。这条规则的一个例外是字符串字面值中的空格符不能用换行符代替，另一个例外是换行符不允许出现在预处理指示中。

实例 3-2 使用 I/O 库输出信息

源码路径：daima\3\3-2（Visual C++版和 Visual Studio 版）

实例文件 main.cpp 的主要实现代码如下。

```
#include <iostream.h>     //引入标准库文件
void main(){              //主函数
  int i=0;                //定义变量i
  cout << i<< endl;       //输出i的值
  cout << "C++语言是一门面向对象的编程语言。" <<endl;
}
```

执行后的效果如图 3-6 所示。

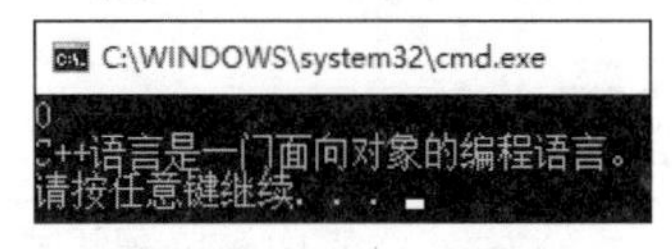

图 3-6 执行后的效果

3.4.3 使用 using 声明命名空间

在 C++中提供了简洁的方式来使用命名空间成员，下面介绍一种最安全的声明机制：using 声明。通过使用 using 声明，允许程序员访问命名空间中的名字，而不需要加前缀 namespace_name::。使用 using 声明的语法格式如下：

```
using namespace::name;
```

在使用了 using 声明后，程序员就可以直接引用后面的名字 name，而不需要引用该名字的命名空间。例如，在下面的演示代码中，如果没有 using 声明，而直接使用命名空间中的名字的无限定符版本是错误的，尽管有些编译器也许无法检测出这种错误。

```
#include <string>
#include <iostream>
using std::cin;
using std::string;
int main(){
    string s;              //正确：string 现在是一个std::string
    cin >> s;              //正确：cin现在是一个std::cin
    cout << s;             //错误：不使用声明；必须使用全名
    std::cout << s;        //正确：明确使用来自std命名空间
}
```

在使用 using 声明命名空间时需要注意，一个 using 声明一次只能作用于一个命名空间成员。using 声明允许程序员在程序中明确指定用到的命名空间中的名字，如果程序员希望使用 std（或其他的命名空间）中的几个名字，则必须给出将用到的每个名字的 using 声明。例如，下面是一个利用 using 声明实现加法功能的演示程序。

```
#include <iostream>
using std::cin;
using std::cout;
using std::endl;
int main(){
    cout << "Enter two numbers:" << endl;
    int v1, v2;
    cin >> v1 >> v2;
    cout << "The sum of " << v1
        << " and " << v2
        << " is " << v1 + v2 << endl;
    return 0;
}
```

在上述代码中，对 cin、cout 和 endl 进行 using 声明，就意味着程序员可以省去前缀 std::，直接使用命名空间中的名字，且使得编写的程序更加易读。

注意：使用标准库类型的类定义

在一种情况下，程序员必须总是使用完全限定的标准库名字：在头文件中。理由是头文件的内容会被预处理器复制到程序员编制的程序中。当用#include 包含文件时，就好像把头文件中的文本当作我们编写的文件的一部分了。如果在头文件中放置了 using 声明，就相当于在包含该头文件的每个程序中都放置了同一 using 声明，不论该程序是否需要 using 声明。通常，头文件中只定义确实必要的东西。应养成这个好习惯。

3.5　算　　法

视频讲解：视频\第 3 章\算法.mp4

做任何事情都有一定的步骤，为了解决一个问题而采取的方法和步骤就称为算法。只有明确算法后，才能使应用程序实现某些功能。所以通常人们会将算法称为程序的灵魂。任何程序语言中都需要进行大量的运算，为达到某个目的以获取指定的结果，这就需要了解算法的基础知识。算法是对操作的描述，是编程语言实现一种功能的操作方法。任何一门语言都有自己的数据类型，通过数据类型，能够实现具体的功能。

3.5.1　算法的概念

一个程序应包括对数据的描述和对操作的描述两个部分。其中，“对数据的描述”在程序中要指定数据的类型和数据的组织形式，即数据结构（data structure）；“对操作的描述”即操作步骤，也就是算法（algorithm）。计算机领域中的算法称为计算机算法，计算机算法可分为如下两类。

（1）数值运算算法：用于求解数值。

（2）非数值运算算法：用于事务管理领域。

看下面的运算过程：

```
1×2×3×4×5
```

为了计算上述运算过程，通常需要按照如下步骤来计算。

第 1 步：求 1×2，得到结果 2。

第 2 步：将第 1 步得到的乘积 2 乘以 3，得到结果 6。

第 3 步：将 6 再乘以 4，得 24。

第 4 步：将 24 再乘以 5，得 120。

上述过程就是一个算法，虽然过程有点复杂。在计算机程序中，对上述算法进行了改进，使用如下算法。

第 1 步：使 t=1。

第 2 步：使 i=2。

第 3 步：使 t×i，乘积仍然放在变量 t 中，可表示为 t×i→t。

第 4 步：使 i 的值+1，即 i+1→i。

第 5 步：如果 i≤5, 返回重新执行第 3 步以及其后的第 4 步和第 5 步；否则，算法结束。

上述算法方式就是数学中的“n!”公式。

继续举例，再看下面的两道数学应用题。

问题 1：有 80 名学生，要求将他们之中成绩在 60 分以上的打印出来。

在此设 n 表示学生学号，n_i 表示第 i 名学生学号；cheng 表示学生成绩，$cheng_i$ 表示第 i 名学生成绩。则对应算法表示如下所示。

第 1 步：1→i。

第 2 步：如果 $cheng_i$≥60，打印 n_i 和 $cheng_i$，否则不打印。

第 3 步：i+1→i。

第 4 步：若 i≤80，返回步骤 2；否则，结束。

问题 2：判定 1900～2500 年中的哪一年是闰年，将结果输出。

闰年需要满足的条件如下。

（1）能被 4 整除，但不能被 100 整除的年份。

（2）能被 100 整除，又能被 400 整除的年份。

在此可以设 y 为被检测的年份，则对应算法如下。

第 1 步：1900→y。

第 2 步：若 y 不能被 4 整除，则输出 y“不是闰年”，然后转到第 6 步。

第 3 步：若 y 能被 4 整除，不能被 100 整除，则输出 y“是闰年”，然后转到第 6 步。

第 4 步：若 y 能被 100 整除，又能被 400 整除，输出 y“是闰年”，否则输出 y“不是闰年”，然后转到第 6 步。

第 5 步：输出 y“不是闰年”。

第 6 步：y+1→y。

第 7 步：当 y≤2500 时，返回第 2 步继续执行；否则，结束。

3.5.2 流程图表示算法

算法的表示方法即算法的描述和外在表现，在第 3.5.1 节中的算法都是通过语言描述来体现的。算法除语言描述外，还可以通过流程图来描述。在现实应用中，流程图的描述格式如图 3-7 所示。

例如有 80 名学生，要求将他们中成绩在 60 分以上的打印出来。对上述问题的算法即可使用图 3-8 所示的流程图来表示。

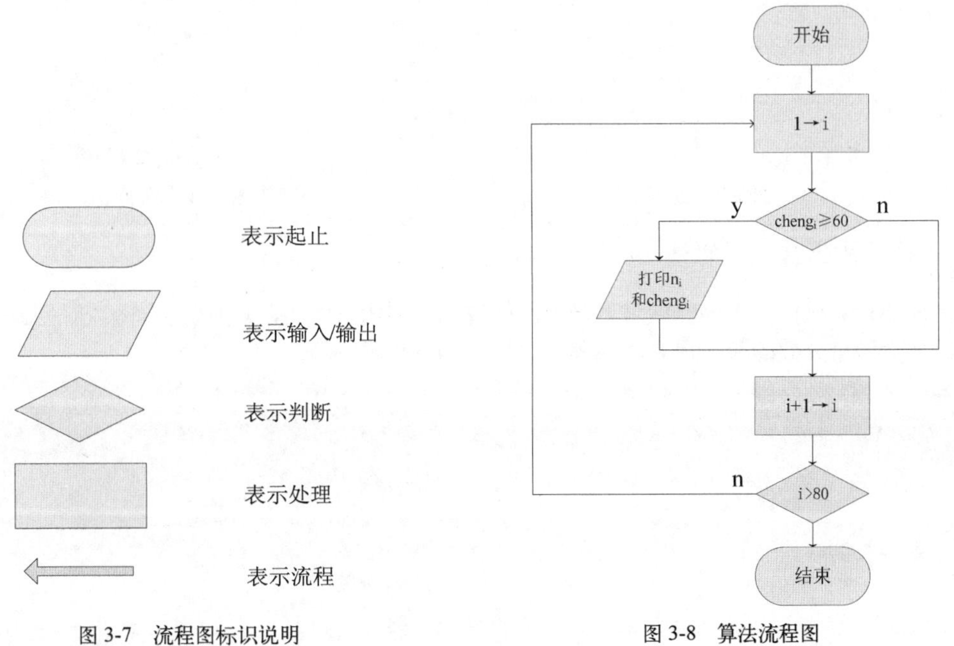

图 3-7 流程图标识说明

图 3-8 算法流程图

在日常流程设计应用中有以下 3 种流程图。

（1）顺序结构：顺序结构如图 3-9 所示，其中 A 和 B 两个框是顺序执行的。即在执行完成 A 以后再执行 B 的操作。顺序结构是一种基本结构。

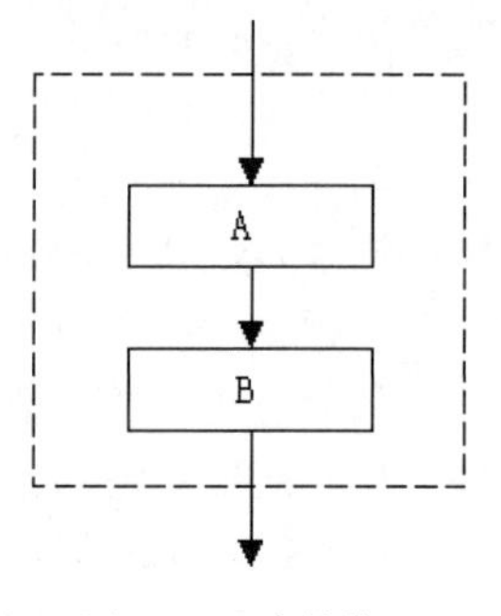

图 3-9　顺序结构

（2）选择结构：选择结构也称为分支结构，如图 3-10 所示。在此结构中必含一个判断框，可以根据给定的条件是否成立来选择是执行 A 框还是执行 B 框。无论条件是否成立，只能执行 A 框或 B 框之一，也就是说只有 A、B 两个框中的一个也必须有一个被执行。若两框中有一框为空，程序仍然按两个分支的方向运行。

（3）循环结构：循环结构分为两种，一种是当型循环，另一种是直到型循环。当型循环是先判断条件 P 是否成立，成立才执行 A 操作；直到型循环是先执行 A 操作再判断条件 P 是否成立，不成立则又执行 A 操作，如图 3-11 所示。

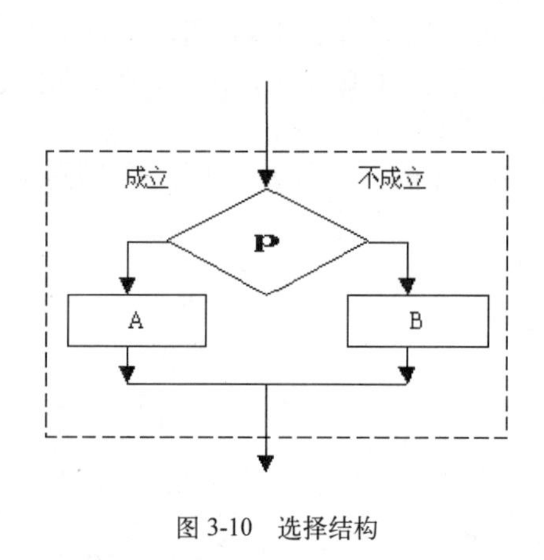

图 3-10　选择结构

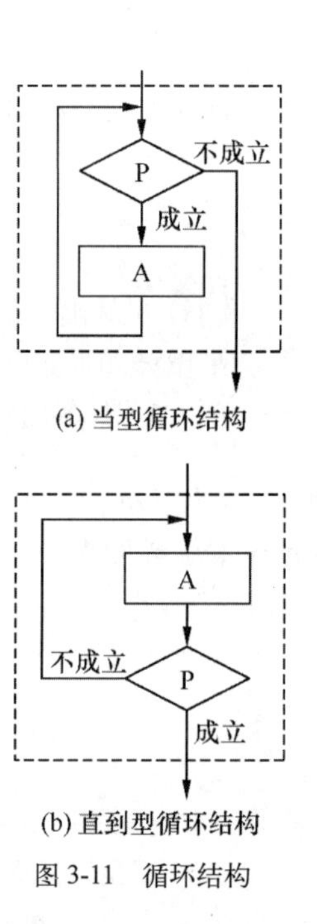

图 3-11　循环结构

3.5.3　计算机语言表示算法

当使用计算机语言表示算法时，必须严格遵循所用语言的语法规则。例如，题目要求计算输入的任意两个分数的和，用 C++编程可以通过如下代码实现。

```
#include<iostream>
using namespace std;
int main(){
    cout<<"请输入两个分数："<<endl;        //提示输入两个分数
    double a,b;                              //定义两个变量a、b，前面的double表示数据类型
    cin>>a>>b;                               //输入两个数字
    cout<<a+b<<endl;                         //输出两个数字的和
    eturn 0;
}
```

至此，与语言相关的算法介绍完毕，目的是让读者了解各种数学问题的解决方法，掌握 C++ 的处理流程，为步入后面的学习打下基础。

3.6 技术解惑

3.6.1 C++是面向对象，C 是面向过程，那么这个对象和过程是什么意思

面向对象指的是把属性和方法封装成类，实例化对象后，要完成某个操作时，直接调用类里面相应的方法；面向过程则不进行封装，要完成什么功能需要详细地把算法写出来。举个例子来说，我要完成买东西这个任务，面向对象的实现方法就是，先对手下的人进行指导，教他们怎么去买（相当于定义类的属性和方法），以后要让他们买东西，只要喊“张三（或者李四，相当于实例化对象），你用上次我教你的方法去买个东西”这样就可以了；面向过程的方法则不进行指导，每次要买东西，都要找张三过来，再教他怎么去买。

3.6.2 面向对象和面向过程的区别

C 语言是一门面向过程的语言，C++是一门面向对象的语言。究竟面向对象和面向过程有什么区别呢？面向过程就是分析出解决问题所需要的步骤，然后用函数把这些步骤一步一步地实现，使用的时候一个一个地依次调用。面向对象是把构成问题的事务分解成各个对象，建立对象的目的不是为了完成一个步骤，而是为了描述某个事务在整个解决问题的步骤中的行为。

例如，开发一个五子棋游戏，使用面向过程的设计思路的步骤如下。

（1）开始游戏。

（2）黑子先走。

（3）绘制画面。

（4）判断输赢。

（5）轮到白子。

（6）绘制画面。

（7）判断输赢。

（8）返回步骤（2）。

（9）输出结果。

把上面每个步骤用各自的函数来实现，问题就解决了。而面向对象的设计则是从另外的思路来解决问题的，开发整个五子棋游戏的基本过程如下。

① 设计黑白双方，这两方的行为是一模一样的。

② 设计棋盘系统，负责绘制画面。

③ 开发规则系统，负责判定诸如犯规、输赢等。

上述 3 个过程分别代表 3 个对象，其中第一类对象（玩家对象）负责接受用户输入，并告知第二类对象（棋盘对象）棋子布局的变化，棋盘对象接收到棋子的变化后在屏幕上面显示这种变化，同时利用第三类对象（规则系统）来对棋局进行判定。

由此可以明显地看出，面向对象是以功能来划分问题，而不是步骤。同样是绘制棋局的行为，在面向过程的设计中分散在了诸多步骤中，很可能出现不同的绘制版本，因为通常设计人员会考虑到实际情况进行各种各样的简化。而面向对象的设计中，绘图只可能在棋盘对象中出现，从而保证了绘图的统一。

功能上的统一保证了面向对象设计的可扩展性，比如要加入“悔棋”这一功能，如果要改

动面向过程的设计，则从输入到判断到显示这一连串的步骤都要改动，甚至步骤之间的顺序也要进行大规模调整。如果是面向对象，则只需要改动棋盘对象，棋盘系统保存了黑白双方的棋谱，简单回溯就可以了，而显示和规则判断则不用顾及，同时整个对对象功能的调用顺序都没有变化，改动只是局部的。

再比如，要把这个五子棋游戏改为围棋游戏，如果使用的是面向过程设计，那么五子棋的规则就分布在了程序的每一个角落，要改动还不如重写。但是如果一开始就使用了面向对象的设计，则只改动规则对象就可以了，五子棋和围棋的区别不就是规则吗？而下棋的大致步骤从面向对象的角度来看没有任何变化。

3.6.3　学好 C++的建议

（1）学得要深入，基础要扎实。

基础的作用不必多说，在此强调“深入”。职场不是学校，企业要求职员能高效完成项目功能，但是现实中的项目种类繁多，所以我们需要掌握 C++技术的精髓。走马观花式的学习已经被社会所淘汰，入门水平不会被开发企业所接受，它们需要的是高手。

（2）恒心，演练，举一反三。

学习编程的过程是枯燥的过程，我们需要将学习 C++当成自己的乐趣，只有做到持之以恒才能有机会学好。每一个语法，每一个知识点，都要反复用实例来演练，这样才能加深对知识的理解。并且要做到举一反三，只有这样才能对知识深入理解。

3.7　课后练习

（1）编写一个 C++程序，在窗体中换行输出两行文本。

（2）编写一个 C++程序，在窗体中输出一个矩形，在矩形里面换行显示两行文本。

（3）编写一个 C++程序，在窗体中分别输出整数和小数。

（4）编写一个 C++程序，尝试使用带有$的标识符。

（5）编写一个 C++程序，尝试将$放在变量的前面。

第 4 章

C++语言的基础语法

语法是任何一门编程语言的基础，一名程序员只有在掌握了编程语言的语法知识后，才能根据语法规则编写出项目需要的代码。C++语法比 C 语言的更加复杂，更加难以理解，这就需要我们以更多的精力来掌握其语法知识。本章将先从 C++语言的基础语法知识讲起，为读者步入本书后面知识的学习打下基础。

4.1　标　识　符

视频讲解：视频\第 4 章\标识符.mp4

标识符是为变量、函数和类以及其他对象所起的名称，但是这些名称不能随意命名，这是因为在 C++系统中已经预定义了很多保留字，这些预定义的保留字不能再被用来定义其他意义。

4.1.1　C++中的保留字

C++中的保留字即我们前面提到的已经预定义了的标识符，常见的 C++保留字如表 4-1 所示。

表 4-1　C++预定义的标识符

asm	default	float	operator	static_cast	union
auto	delete	for	private	struct	unsigned
bool	do	friend	protected	switch	using
break	double	goto	public	template	virtual
case	dynamic_cast	if	register	this	void
catch	else	inline	reinterpret_cast	throw	volatile
char	enum	int	return	true	wchar_t
class	explicit	long	short	try	while
const	export	mutable	signed	typedef	override（C++ 11 新增）
const_cast	extern	namespace	sizeof	typeid	final（C++ 11 新增）
continue	false	new	static	typename	—

表 4-1 中的预留关键字已经被赋予了特殊的含义，不能再被命名为其他的对象，这些对象包括常量、变量、函数等。例如，int 表示整形数据类型，float 表示浮点型数据，我们不能在程序中再定义一个名为 int 的变量或函数。C++语言的标识符经常用在以下情况中：

（1）标识对象或变量的名字；

（2）类、结构和联合的成员；

（3）函数或类的成员函数；

（4）自定义类型名；

（5）标识宏的名字；

（6）宏的参数。

4.1.2　标识符的命名规则

在 C++语言中，标识符需要遵循如下命名规则。

（1）所有标识符必须由一个字母（a～z 或 A～Z）或下划线（_）开头。

（2）标识符的其他部分可以用字母、下划线或数字（0～9）组成。

（3）大小写字母表示不同意义，即代表不同的标识符，如前面的 cout 和 Cout 是有区别的。

（4）在定义标识符时，虽然语法上允许用下划线开头，但是最好避免定义用下划线开头的标识符，因为编译器常常定义一些下划线开头的标识符。

（5）C++没有限制一个标识符中字符的个数，但是大多数的编译器会有限制。不过，我们在定义标识符时，通常并不用担心标识符中字符数会超过编译器的限制，因为编译器限制的数字很大（例如 255）。

（6）标识符应当直观且可以拼读，要达到望文知意。标识符最好采用英文单词或其组合，便于记忆和阅读。切忌使用汉语拼音来命名。程序中的英文单词一般不会太复杂，用词应当准确。例如，不要把 CurrentValue 写成 NowValue。

（7）命名规则尽量与所采用的操作系统或开发工具的风格保持一致。例如，Windows 应用程序的标识符通常采用“大小写”混排的方式，如 AddChild；而 UNIX 应用程序的标识符通常采用“小写加下划线”的方式，如 add_child。不要将这两类风格混在一起用。

（8）程序中不要出现仅靠大小写区分的相似的标识符。例如：

```
int x, X;                    // 变量x 与 X 容易混淆
void foo(int x);
void FOO(float x);           // 函数foo 与FOO容易混淆
```

（9）程序中不要出现标识符完全相同的局部变量和全局变量，尽管由于两者的作用域不同而不会发生语法错误，但是这样会使人产生误解。

（10）变量的名字应当使用“名词”或“形容词＋名词”。例如：

```
float value;
float oldValue;
float newValue;
```

（11）全局函数的名字应当使用“动词”或“动词＋名词”（动宾词组）。类的成员函数应当只使用“动词”，被省略的名词就是对象本身。例如：

```
drawBox();                   //全局函数
box->Draw();                 //类的成员函数
```

（12）用正确的反义词组命名具有互斥意义的变量或相反动作的函数等。例如：

```
int minValue;
int maxValue;
int SetValue(…);
int GetValue(…);
```

（13）尽量避免名字中出现数字编号，如 Value1 和 Value2 等，除非逻辑上的确需要编号。这是为了防止程序员偷懒，不肯为命名动脑筋而导致产生无意义的名字（因为用数字编号最省事）。

因为 C++程序在 Windows 系统中运行，所以还需要注意 C++程序在 Windows 应用程序中的命名规则，即需要遵循如下的命名规则。

（1）类名和函数名用大写字母开头的单词组合而成。例如：

```
class Node;                  //类名
class LeafNode;              //类名
void Draw(void);             //函数名
void SetValue(int value);    //函数名
```

（2）变量和参数用小写字母开头的单词组合而成。例如：

```
bool flag;
int drawMode;
```

（3）常量全用大写的字母，用下划线分割单词。例如：

```
const int MAX = 100;
const int MAX_LENGTH = 100;
```

（4）静态变量加前缀 s_（表示 static）。例如：

```
void Init(…){
static int s_initValue;      // 静态变量
…
}
```

（5）如果不得已需要全局变量，则将全局变量加前缀 g_（表示 global）。例如：

```
int g_howManyPeople;            // 全局变量
int g_howMuchMoney;             // 全局变量
```

（6）在类的数据成员加前缀 m_（表示 member），这样可以避免数据成员与成员函数的参数同名。例如：

```
void Object::SetValue(int width, int height){
   m_width = width;
   m_height = height;
}
```

（7）为了防止某一软件库中的一些标识符与其他软件库中的冲突，可以为各种标识符加上能反映软件性质的前缀。例如，三维图形标准 OpenGL 的所有库函数均以 gl 开头，所有常量（或宏定义）均以 GL 开头。

4.2　数据类型

视频讲解：视频\第 4 章\数据类型.mp4

数据类型是指被计算机存储的对象，我们编写的一系列操作都是基于数据的。但是，不同的项目、不同的处理功能会需要不同的数据，为此 C++推出了数据类型这一概念。数据类型规定了数据的组织和操作方式，它能说明数据是怎么存储的以及怎么对数据进行操作。C++中的数据类型可以分为如下 4 大类。

（1）数字运算型；

（2）逻辑运算型；

（3）字符型和字符串；

（4）复合类型。

4.2.1　数字运算型

数据是人们记录概念和事物的符号表示。例如，记录人的姓名用汉字表示，记录人的年龄用十进制数字表示，记录人的体重用十进制数字和小数点表示，由此得到的姓名、年龄和体重都叫数据。根据数据的性质不同，可以把数据分为不同的类型。在日常开发应用中，数据主要被分为数值和文字（即非数值）两大类，数值又细分为整数和小数两类。

在 C++程序中，数字运算型是指能够进行数学运算的数据类型，可以分为整型、实型、浮点型和双精度型。整型数字可以用十进制、八进制、十六进制等 3 种进制表示。根据整型字长的不同，又可以分为短整型、整型和长整型。表 4-2 列出了在 32 位编译器中的基本数据类型所占空间的大小和值域范围。

表 4-2　数据类型说明

数据类型名称	字节数	别　　名	取 值 范 围
int	*	signed,signed int	由操作系统决定，即与操作系统的“字长”有关
unsigned int	*	unsigned	由操作系统决定，即与操作系统的“字长”有关
__int8	1	char,signed char	–128～127
__int16	2	short,short int,signed short int	–32 768～32 767
__int32	4	signed,signed int	–2 147 483 648～2 147 483 647
__int64	8	无	–9 223 372 036 854 775 808～9 223 372 036 854 775 807
bool	1	无	false 或 true

续表

数据类型名称	字节数	别　名	取值范围
char	1	signed char	–128～127
unsigned char	1	无	0～255
short	2	short int,signed short int	–32 768～32 767
unsigned short	2	unsigned short int	0～65 535
long	4	long int,signed long int	–2 147 483 648～2 147 483 647
long long	8	none (but equivalent to __int64)	–9 223 372 036 854 775 808～9 223 372 036 854 775 807
unsigned long	4	unsigned long int	0～4 294 967 295
enum	*	无	由操作系统决定，即与操作系统的“字长”有关
float	4	无	$-3.4\times10^{-38} \sim 3.4\times10^{38}$
double	8	无	$-1.7\times10^{-308} \sim 1.7\times10^{308}$
long double	16	无	$-1.2\times10^{-4932} \sim 1.2\times10^{4932}$
wchar_t	2	__wchar_t	0～65 535

注意：C++数据类型的范围和占用字节数与具体计算机有关，32 位操作系统和 64 位操作系统的结果不相同。

1．整型

整型用 int 表示，短整型只需在前面加上 short，长整型只需在前面加上 long 即可。根据有无符号，还可以分为有符号型和无符号型，分别用 signed 和 unsigned 来修饰。具体信息如表 4-3 所示。

表 4-3　整型类型说明

类　型	取值范围	类　型	取值范围
signed short int	–32 767～32 768	unsigned int	0～65 535
snsigned short int	0～65 535	uigned long int	–2 147 483 647～2 147 483 648
signed int	–32 767～32 768	long int	0～4 294 967 295

注意：在通常情况下，signed 可以省略不写，系统会默认为有符号类型。但当是无符号型时，如果不写，有的编译器就会报错，有的则不会，例如数字 1。如果被定义为 int，系统会用 16 位来存储；如果定义为 long，则将用 32 位来存储。

为了提高系统的可移植性，在实际中一般不会直接使用表 4-2 中的范围值，因为这些值都是在头文件 limits.h 中以宏定义的形式给出的。具体说明如表 4-4 所示。

表 4-4　整型宏定义

类型/符号	有符号型		无符号型	
	最大值	最小值	最大值	最小值
short int	SHRT_MAX	SHRT_MIN	USHRT_MAX	
int	INT_MAX	INT_MIN	UINT_MAX	
long int	LONG_MAX	LONG_MIN	ULONG_MAX	

注意：对于无符号型的最小值，在文件 limits.h 中没有说明，但很明显的应该是 0。为了防止溢出，建议读者应该小心测试计算得到的数据是否在允许的范围内。

注意：在 C++ 11 标准中新增了一种名为“long long”的长整型，其最小是 64 位。long long 的字符长度是 int 型的两倍，因为现在 int 型一般为 32 位，所以 long long 是 64 位，能支持的最大数为 $2^{63}-1$。

2. 实型

实型即实数类型，我们平常中用到的数可以分为整数和实数，整数可以在计算机上表示，实数则不能直接表示。为解决实数的表示和存储问题，计算机中采用了“浮点”化的方法。在 C++中没有直接使用实型来命名实数类型，而是将其命名为浮点型。所以，在计算机领域中将实数称为浮点数，例如基数是 3，则浮点数的表示方式是：

```
a=b×3^e
```

这里的 b 代表尾数，e 代表阶码。在计算机中，只需保存尾数和阶码即可，具体数据结构格式如下。

阶码	尾数符号	尾数

此处数的精度是由尾数决定的，数的范围由阶码决定，数的符号由尾数符号决定。如果按照精度来分，可以分为单精度型和双精度型。例如，实数 13.75 可以转换为二进制表示：

```
(13.75)10=(1101.11)2
```

然后规格化处理：

```
(13.75)10=(1101.11)2=(0.110111×2100)2
```

因此浮点数就可以表示为：

100	0	110111

注意：具体的转换过程是比较复杂的，因为不是本书的重点，所以请读者参阅相关的资料来简单了解。

3. 浮点型

浮点是单精度实数，表示的是实数的子集。在 C ++程序中，浮点型常量包括单精度（float）数、双精度（double）数、长双精度（long double）数 3 种。浮点型有小数表示法和指数表示法两种表示方式，具体说明如下所示。

（1）小数表示法。

浮点数据的小数表示法，由整数和小数两部分组成，中间用十进制的小数点隔开。字符 f 或 F 作为后缀表示单精度数。例如：

```
2.71988f                //单精度数
7.86                    //双精度数，系统默认类型
5.69L                   //长双精度数
```

（2）指数表示法（科学计数法）。

浮点数据的指数表示法，由尾数和指数两部分组成，中间用 E 或 e 隔开。例如：

```
3.6E2                   //表示3.62×10^2
1E-10                   //表示10^-10
```

指数表示法必须有尾数和指数两部分，并且指数只能是整数。

4. 双精度型

双精度型即双精度浮点数，其表示的范围比单精度浮点数的要大很多。在 C++中用 double 来修饰双精度浮点型，共 64 位字长。双精度浮点数和单精度浮点数的区别只在所表示的范围上，两者的表示方式是一样的。例如，在下面的实例中，使用 3 种方法表示了整型数据。

实例 4-1　演示整型数据的 3 种表示方法

源码路径：daima\4\4-1（Visual C++版和 Visual Studio 版）

本实例的功能是用 3 种方法表示整型数据，实现文件 1.cpp 的具体代码如下。

```
int main(int argc, char* argv[]){
// printf("Hello World!\n");
cout<<"整型数据的十进制表示方法"<<endl;

cout<<"128="<<128<<endl;            //十进制整数
cout<<"50000L="<<50000L<<endl;      //十进制长整数
cout<<"2002u="<<2002u<<endl;        //无符号十进制整数
cout<<"123ul="<<123ul<<endl;        //无符号十进制长整数

cout<<endl<<"整型数据的八进制表示方法，以非0开头，后跟0～7的数"<<endl;
cout<<"0126="<<0126<<endl;                //八进制整数
cout<<"050000L="<<050000L<<endl;          //八进制长整数
cout<<"060002u="<<060002u<<endl;          //无符号八进制整数

cout<<endl<<"整型数据的十六进制表示方法，以0X或0x开头，
后跟0～9的数以及A～F或a～f的字母"<<endl;
cout<<"0x12A="<<0x12A<<endl;              //十六进制整数
cout<<"0x5a000L="<<0x5a000L<<endl;        //十六进制长整数
cout<<"0xF0002u="<<0xF0002u<<endl;        //无符号十六进制整数
return 0;
}
```

编译并运行程序，执行效果如图 4-1 所示。

```
整型数据的十进制表示方法，以非0开头，后跟0～9范围内的数
128=128
50000L=50000
2002u=2002
123ul=123

整型数据的八进制表示方法，以非0开头，后跟0～7范围内的数
0126=86
050000L=20480
060002u=24578

整型数据的十六进制表示方法，以0X或0x开头，后跟0～9范围内的数以及A～F或a～f范围内
的字母
0x12A=298
0x5a000L=368640
0xF0002u=983042
Press any key to continue
```

图 4-1　整型数据的 3 种表示方法

4.2.2　逻辑运算型

逻辑运算型是用来定义逻辑性数据的类型，用关键字 bool 来说明。在 C++中没有提供专门的逻辑类型，而是借用了其他类型来表示，如整型和浮点型。在 C++中用 0 表示逻辑假，1 表示逻辑真，并分别定义了宏 true 表示真，false 表示假。C++提供了 3 种逻辑运算符，具体说明如表 4-5 所示。

表 4-5　C++逻辑运算符

运 算 符	名　字	实　例
!	逻辑非	!(5 = = 5) //结果得出 0
&&	逻辑与	5 < 6 && 6 < 6 //结果得出 0
||	逻辑或	5 < 6 || 6 < 5 //结果得出 1

逻辑非（!）是单目运算符，功能是将操作数的逻辑值取反。也就是说，如果操作数是非零，它使表达式的值为 0；如果操作数是 0，它使表达式的值为 1。逻辑与（&&）与逻辑或（||）的含义如表 4-6 所示。

表 4-6　逻辑与（&&）和逻辑或（||）运算

运　算　符	操作数 1	操作数 2	表达式的值
逻辑与（&&）	true	true	true
	false	true	false
	true	false	false
	false	false	false
逻辑或（||）	true	true	true
	false	true	true
	true	false	true
	false	false	false

下面是一些有效的逻辑表达式。

```
!20                    //结果得出 0
10 &&                  //结果得出 1
10 || 5.5              //结果得出 1
10 && 0                //结果得出 0
```

4.2.3　字符型和字符串

在 C++语言中，字符型包括普通字符和转义字符。

1. 普通字符

普通字符常量是由一对单引号引起来的单个字符。例如，在下面的代码中，a 和 A 是两个不同的常量。

```
'a'                    //字符常量
'A'                    //字符常量
```

字符型表示单个字符，用 char 来修饰，通常是 8 位字长，具体格式如下。

```
char var;
```

其中，char 是说明符，var 是变量名，每个变量只能容纳一个字符，每个字符用一对单引号引起来。

2. 转义字符

转义字符是一种特殊表示形式的字符常量，是以'\'开头，后跟一些字符组成的字符序列，表示一些特殊的含义。在 C++语言中，存在如下的常用转义字符。

\'：指单引号。

\"：指双引号。

\\：指反斜线。

\0：指空字符。

\a：指响铃。

\b：指后退。

\f：指走纸。

\n：指换行。

\r：指回车。

\t：指水平制表符。

\v：指垂直制表符。

\xnnn：指表示十六进制数（nnn）。

我们来看下面使用转义字符的演示代码。

```
printf( "This\nis\na\ntest\n\nShe said, \"How are you?\"\n" );
```

执行上述代码后将输出：

```
This
is
a
test
She said, "How are you?"
```

3. 字符串

字符串与字符数组都是描述由多个字符构成的数据，字符串借用字符数组来完成处理。在使用字符串时需要注意如下 4 点。

（1）表示字符串数据用双引号，表示字符数据用单引号。

（2）字符串的长度可以根据串中字符个数临时确定，而字符数组的长度必须事先规定。

（3）对字符串，系统在串尾加'\0'作为字符串的结束标志，而字符数组并不要求最后一个字符为'\0'。

（4）用字符数组来处理字符串时，字符数组的长度应比要处理的字符串长度大 1，以存放串尾结束符'\0'。例如下面的代码：

```
static char city[9]= {'c', 'h', 'a', 'n', 'g', 's', 'h', 'a', '\0'};
```

可用字符串描述为：

```
static char city[9]={\"changsha\"}或\"changsha\";
```

上述两条语句可分别理解为用字符数组来处理字符串，用字符串对字符数组进行初始化。

其实除了上述类型外，还有复合类型。有关复合类型的具体信息，将在本书后面进行讲解。下面举一个使用字符型和字符串例子。

实例 4-2　使用字符型和字符串

源码路径：daima\4\4-2（Visual C++版和 Visual Studio 版）

实例文件 main.cpp 的具体实现代码如下。

```
#include<iostream>
using namespace std;
void main(){
    char c1,c2;              //定义两个变量c1和c2

    c1='a';                  //设置c1的值是字母a
    c2='b';                  //设置c2的值是字母b
    printf("%c,%d\n%c,%d",c1,c1,c2,c2);
}
```

（1）%c：表示打印单个字符。

（2）%d：表示格式化为整型。

执行后的效果如图 4-2 所示。

```
a,97
b,98Press any key to continue
```

图 4-2　执行后的效果

4.3　标准类型库

视频讲解：视频\第 4 章\标准类型库.mp4

可以将标准类型库看作一个代码仓库，里面有 C++官方提供的现成代码。当需要实现一个功能时，可以直接调用里面的函数来实现，不用程序员自己编写代码。

4.3.1　C++标准库介绍

在 C++标准库里面以功能函数代码居多，例如输入/输出、数学运算等字符操作等常见函数。

在标准库中最重要的标准库类型是 string 和 vector，它们分别定义大小可变的字符串和集合。string 和 vector 往往将迭代器当作伙伴类型（companion type），用于访问 string 中的字符或者 vector 中的元素。这些标准库类型是作为语言组成部分的更基本的数据类型（如数组和指针）的抽象。在 C++程序中，string 类型支持长度可变的字符串，vector 保存一系列指定类型的对象。说它们重要，是因为它们在 C++定义的基本类型的基础上作了一些改进。

在标准库中还有一个重要类型 bitset，此类型提供了一种抽象方法来操作位的集合。与整型值上的内置位操作符相比，bitset 类型提供了一种处理位的更方便方式。bitset 类允许程序员把某个值当作位的集合来处理。与位操作符相比，bitset 类提供操作位更直接的方法。在继续探究标准库类型之前，我们先看一种简化对标准库中所定义名字的访问的机制。

注意：其实前面介绍的类型都是低级数据类型，这些类型表示数值或字符的抽象，并根据其机器表示而定义。除了这些在语言中定义的类型外，C++标准库还定义了许多抽象程度更高的抽象数据类型（abstract data types）。这些标准库类型之所以是高级的，是因为其中反映了更复杂的概念。说它们是抽象的，是因为程序员在使用时不需要关心它们是如何表示的，程序员知道这些抽象数据类型支持哪些操作即可。

4.3.2　标准库中的主要成员

C++标准库主要分为如下两个部分。

1. 标准函数库

这个库是由通用的、独立的、不属于任何类的函数组成的。这个函数库继承自 C 语言。标准函数库分为以下几类：

（1）输入/输出（I/O）；

（2）字符串和字符处理；

（3）数学；

（4）时间、日期和本地化；

（5）动态分配；

（6）其他；

（7）宽字符函数；

（8）面向对象类库。

2. 面向对象类库

这个库是类及其相关函数的集合。标准的 C++ 面向对象类库定义了大量支持一些常见操作的类，比如输入/输出（I/O）、字符串处理、数值处理。面向对象类库包含以下内容：

（1）标准的 C++ I/O 类；

（2）String 类；

（3）数值类；

（4）STL 容器类；

（5）STL 算法；

（6）STL 函数对象；

（7）STL 迭代器；

（8）STL 分配器；

（9）本地化库；

（10）异常处理类；

（11）杂项支持库。

注意：C++语言标准库包含了所有的C标准库，为了支持类型安全，进行了一定的添加和修改。

实例 4-3　使用标准库函数 sqrt(x)计算 x 的平方根

源码路径：daima\4\4-3（Visual C++版和 Visual Studio 版）

实例文件 main.cpp 的具体实现代码如下。

```
#include "stdafx.h"
#include<iostream>
#include <math.h>
using namespace std;
//计算并输出2的平方根
int main(){
    cout << " 2的平方根是" << sqrt(2) << endl;
    return 0;
}
```

在上述代码中，首先使用 include 引用了标准库文件 math.h，然后使用库文件中的内置库函数 sqrt()计算 2 的平方根，执行效果如图 4-3 所示。

图 4-3　执行效果

4.4 技术解惑

4.4.1 C++的标识符长度的"min-length && max-information"原则

以前，旧的 ANSI C 标准规定名字不得超过 6 个字符，现在的 C++/C 规则不再有此限制。一般来说，长名字能更好地表达含义，所以函数名、变量名、类名长达十几个字符不足为怪。那么名字是否越长越好呢？不见得！例如，变量名 maxval 比 maxValueUntilOverflow 好用。单字符的名字也是有用的，常见的如 i、j、k、m、n、x、y、z 等，它们通常可用作函数内的局部变量。

4.4.2 字符和字符串的区别

字符和字符串的差异很小，因为字符串也是由一个个字符组合而成的。两者的主要区别如下。

（1）字符使用单引号‘’标注，而字符串使用双引号“”标注。

（2）字符串需要使用转义字符‘\0’来说明结束位置，而字符则不存在这个问题。

（3）字符是一个元素，只能存放单个字符；字符串是字符的集合，可以存放多个字符。

（4）相同内容的字符数组和字符串都是字符的集合，但是字符数组比字符串少了一个转义字符‘\0’。

4.4.3 C++中 string 类字符串和 C 中 char*/char[]型字符串的差别

在 C 语言中，是没有 string 类型的数据的，但是因为 C 有<string.h>这个头文件，容易让人误认为 C 中有 string 类型的数据。

4.4.4 C++字符串和 C 字符串的转换

C ++提供的字符串得到对应 C 字符串是使用 data()、c_str()和 copy()方法，其中，data()以字符数组的形式返回字符串内容，但并不添加'\0'。c_str()返回一个以'\0'结尾的字符数组，而 copy()则把字符串的内容复制或写入既有的 c_string 或字符数组内。C++字符串并不以“\0”结尾。作者的建议是在程序中能使用 C++字符串就使用，除非万不得已，否则不选用 c_string。

4.4.5　C++字符串和字符串结束标志

为了测定字符串的实际长度，C++规定了一个“字符串结束标志”，以字符“\0”代表。对一个字符串常量来说，系统会自动在所有字符的后面加一个“\0”作为结束符。例如，字符串“I am happy”共有 10 个字符，但是在内存中共占 11 字节，最后一字节“\0”是由系统自动加上的。

在程序中往往依靠检测“\0”的位置来判定字符串是否结束，而不是根据数组的长度来决定字符串长度。当然，在定义字符数组时应估计实际字符串长度，保证数组长度始终大于字符串实际长度。如果在一个字符数组中先后存放多个不同长度的字符串，则应使数组长度大于最长字符串的长度。

4.5　课后练习

（1）编写一个 C++程序，在控制台可以输入登录用户名和密码，然后在后面显示出输入的登录信息。

（2）编写一个 C++程序，尝试分别加密、解密输入的文本内容。

（3）编写一个 C++程序，首先提示用户在控制台中输入性别，然后使用三目运算符判断显示输入的性别。

第 5 章

变量和常量

在 C++语言中，变量和常量用于表示和保存程序中用到的数据，如果保存的变量可变就称为变量，反之就称为常量。变量和常量是 C++程序访问数据的手段，是数据的载体。本章将详细介绍 C++语言变量和常量的基本知识。

5.1 变　量

视频讲解：视频\第 5 章\变量.mp4

变量是指内容可以变化的量，它是访问和保存数据的媒介。C++程序中的变量是可变的，有时值是 A，有时值是 B。

5.1.1　定义变量

变量方便程序可以操作的有名字的存储区。C++中的每一个变量都有特定的类型，该类型决定了变量的内存大小和布局、能够存储于该内存中的值的取值范围以及可应用在该变量上的操作集。变量不仅向编译器声明变量的存在，而且同时也为其分配所需的空间。具体格式如下。

```
type varl[=value1], var2[=value2],……
```

其中，type 是变量类型名，可以是 int、char 等任何数据类型的说明符；varl 和 var2 是变量的名字，可以是任何合法的非保留字标识符，value1 和 value2 是常量值。如果同时定义多个变量，则变量之间必须用逗号“,”隔开，在最后一个变量后加分号“;”。

注意：变量类型决定了怎样理解和操作该变量所对应的数据，变量名为程序提供了内存块的首地址和操作它的媒介。

在下面的实例中分别定义了 5 个变量，并分别初始化赋值处理。

实例 5-1　定义变量并分别初始化赋值

源码路径：daima\5\5-1（Visual C++版和 Visual Studio 版）

本实例的实现文件是 bian.cpp，主要实现代码如下。

```
int main(void) {
    int a=20;           //定义整型变量a
    char ch='a';        //定义字符型变量ch
    double dl,d2;       //定义双精度型变量d1和d2
    double d3;          //定义双精度型变量d3
    /*使用定义的5个变量*/

    dl=25.5;
    d2=35;
    d3=27.5;
    d3=dl+d3;
    cout<<a<<endl;
    cout<<d2<<endl;
    cout<<d3<<endl;
    return 0;
}
```

在上述代码中，分别定义了 a、ch、d1、d2、d3 共 5 个变量，并分别为这 5 个变量进行了赋值处理。编译执行后将输出对应的结果，具体如图 5-1 所示。

```
C:\WINDOWS\system32\cmd.exe
20
35
53
请按任意键继续. . .
```

图 5-1　执行效果

5.1.2　声明变量

在 C++程序中，如果只需向编译器说明一个变量的存在，而不为其分配所需的存储空间，就叫变量的声明。变量声明仅仅是起到了占位符的作用，具体声明格式如下。

```
extern type var1,var2,……
```

其中，extern 是关键字，表示定义的外部变量；type 是变量的类型，var1 和 var2 是变量的名称。所谓外部变量，是指变量在当前程序的外部，或是在另外一个文件中，或是在本文件的后面。

实例 5-2　使用 extern 声明两个变量 a 和 b

源码路径：daima\5\5-2（Visual C++版和 Visual Studio 版）

本实例的功能是使用 extern 声明两个变量 a 和 b，实例文件 wai.cpp 的具体代码如下。

```
#include "stdafx.h"
#include "iostream.h"
#include "a_wai.h"      //变量a所在的头文件
extern int a;           //从外部引入变量a
extern int b;           //从外部引入变量b
int main(void){
    int c=10;           //定义变量c
    cout<<"a在另一个文件内, a="<<a<<endl;

    cout<<"b是声明的, 但在本文件内,b="<<b<<endl;
    cout<<"c是定义的, c="<<c<<endl;
    return 0;
}
int b = 1;          //定义变量b
```

执行后的效果如图 5-2 所示。

```
a在另一个文件内, a=1
b是声明的, 但在本文件内,b=1
c是定义的, c=10
Press any key to continue
```

图 5-2　执行后的效果

在上述代码中，extern 声明一个来自其他文件的变量 a，然后声明一个在主函数后才被定义的变量 b。变量 a 是直接调用的，它在外部文件 a_wai.h 中被定义，具体代码如下。

```
extern int a=1;
```

这样，虽然 a 和 b 都被声明为外部变量，但 a 是在文件 a_wai.h 中定义的，b 是在函数 main 的末尾定义的，c 则只是一个定义。

注意：在上述代码中，变量的声明并没有给变量分配存储空间，所以在声明时不能给其赋值，因为它实际上是不存在的。例如，如果将变量 a 的声明写为如下格式则是错误的。

```
extern int a=1;        //从外部引入变量a
```

上述写法之所以错误，是因为此时的 a 还没有存储空间，数值 1 将无处可放。

5.2　变量的作用域

视频讲解：视频\第 5 章\变量的作用域.mp4

变量的作用域是指变量可以被引用的区域，变量的生存期是指变量的生命周期，变量的作用域与生存周期是密切相关的。通俗来说，变量的作用域就是变量可以起作用的范围和前提。例如，你喜欢的球队是不固定的，这段时期球队 A 表现好就喜欢 A。当以后某时期 A 表现不好时，就转而喜欢另一支球队 B，这样你就不会关心球队 A 成绩的好坏了。

5.2.1　作用域和生存期

变量的作用域决定了变量的可见性和有效性，说明变量在程序哪个区域可用，即程序中哪些语句可以使用变量。作用域有局部、全局和文件作用域 3 种。具有局部作用域的变量称为局部变量，具有全局作用域和文件作用域的变量称为全局变量。大部分变量具有局部作用域，它们声明在函数内部。局部的作用域开始于变量被声明的位置，并在标志该函数或块结束的右括号处结束。下面用例子列出了几种不同的局部变量。

（1）局部变量和函数形参具有局部作用域，如下面代码中的 y 就是一个局部变量。

```
void Myprogram(int x)
{                               //形参的作用域开始于此
int y=3;                        //局部变量的作用域开始于此
{
     int z=x+y;                 //块内部变量z的作用域开始于此，x和y在该语句内可用
}                               //z的作用域结束
}                               //变量y、x的作用域结束
```

全局变量声明在函数的外部，其作用域一般从变量声明的位置开始，在程序源文件结束处结束。全局作用域范围最广，甚至可以作用于组成该程序的所有源文件。当将多个独立编译的源文件链接成一个程序时，在某个文件中声明的全局变量或函数在其他相链接的文件中也可以使用，但使用前必须进行 extern 外部声明。

（2）具有全局作用域的变量，如下面代码中的 x 就是一个全局变量。

```
int x=1;                        //全局变量x的作用域开始于此，结束于整个程序源文件
void Myprogram(int x){
     ……
}
……
```

全局作用域是指在函数外部声明的变量只在当前文件范围内可用，但不能被其他文件中的函数访问。要使变量或函数具有文件作用域，必须在它们的声明前加上 static 修饰符。当将多个独立编译的源文件链接成一个程序时，可以利用 static 修饰符来解决一个文件中的外部变量由于与其他文件中的变量同名而发生冲突的问题。下面的代码演示了具有文件作用域的全局变量。

```
static x=1;                    //全局变量x的作用域开始于此，结束于当前文件
void Myprogram(int x){
     ……
}
```

在同一作用域内声明的变量不可以同名，但是不同作用域声明的变量可以同名。变量的生存期是指在程序执行的过程中，一个变量从创建到被撤销的一段时间，它确定了变量是否存在。变量的生存期与作用域密切相关，一般变量只有在生存后才能可见。但作用域与生存期还是有一些区别：作用域是指变量在源程序中的一段静态区域，而生存期是指变量在程序执行过程中存在的一段动态时间。有些变量（函数参数）没有生存期，但是有作用域；有些变量虽然在生存期，但却不在作用域。下面的实例演示说明了同名变量的屏蔽问题。

实例 5-3　同名变量的屏蔽问题

源码路径：daima\5\5-3（Visual C++版和 Visual Studio 版）

本实例的核心文件是 yu.cpp，主要实现代码如下。

```
#include "stdafx.h"
#include "iostream.h"
int i_sum=100;      //定义全局变量i_sum
void main(){

    int i_sum=47;  //定义同名局部变量i_sum
    cout<<i_sum<<endl;
};
```

执行后的效果如图 5-3 所示。

图 5-3　执行后的效果

注意：在同一作用域内变量同名，在编译阶段编译器会报语法错误，我们可以方便地定位和调试。但是对于不同作用域的变量同名，则不会出现语法错误，但是会出现实例所演示的同名变量屏蔽问题。通过以上步骤，我们演示了不同作用域的同名变量的屏蔽问题，而如何才能够输出正确结果呢？这需要借助第5.2.2节将介绍的作用域限定符。

5.2.2　作用域限定符

从实例5-3可以看出，如果局部变量和全局变量同名，则在局部作用域内只有局部变量才起作用，C语言没有提供这种情况下访问全局变量的途径。在C++中，可以通过作用域限定符“: :”来标识同名的全局变量。下面的实例演示了使用作用域限定符“: :”的过程。

实例5-4　使用作用域限定符“: :”

源码路径：daima\5\5-4（Visual C++版和Visual Studio版）

实例文件xian.cpp的主要实现代码如下。

```
int i_sum=39;                  //定义全局变量i_sum
void main(){
    int i_sum=46;              //定义局部变量i_sum
    cout<<::i_sum<<endl;       //使用作用域限定符“::”
};
```

程序运行后的效果如图5-4所示。

图5-4　执行后的效果

注意：以上步骤演示了使用作用域限定符来解决不同作用域的同名变量屏蔽问题的方法。需要说明的是，作用域限定符“::”只能用来访问全局变量，而不能用来访问一个在语句块外声明的同名局部变量。例如下面的代码是错误的。

```
int main(){
    cout<<" 这是一个C++程序！"<<endl;
    int i_sum=123;{
         int i_sum=456;
         ::i_sum=789;
    }
};
```

编译程序则会弹出以下错误提示信息：

```
error C2039: 'i_sum' : is not a member of '`global namespace''
```

5.2.3　存储类型

在执行C++程序时，系统除了为程序可执行代码分配内存外，还为不同属性的变量分配不同类型的内存空间，系统为变量分配内存的方式决定了变量的作用域和生存期。C++程序中的变量有静态分配、自动分配和动态分配3种内存分配方式。

计算机系统可以为每个程序分配一个固定的静态存储区，静态分配是指在这个固定区域内为变量分配的内存空间。对于静态分配内存空间的变量，在编译时就分配了内存空间，在程序开始执行时变量就占用内存，直到程序结束时，变量释放。在运行程序后，系统将为程序开辟一块称为栈的活动存储区，栈按照“后进先出”的方式使用存储空间。自动分配是指在栈中为变量临时分配的内存空间。对于自动分配内存空间的变量，程序运行后，在变量作用域开始时由系统自动为变量分配内存，在作用域结束后即释放内存。

动态分配是指利用一个被称为堆的内存块为变量分配内存空间，堆使用静态存储区和栈之外的部分内存。动态分配是一种完全由程序本身控制内存使用的分配方式。对于动态分配内存空间的变量，程序运行后，利用 new 运算符自动分配内存，利用 delete 运算符或程序结束运行释放内存。

new 与 delete 是 C++语言特有的运算符，用于动态分配和释放内存。new 用于为各种数据类型分配内存，并把分配到的内存首地址赋给相应的指针。new 的功能类似于 malloc()函数。使用 new 的格式如下。

```
<指针变量> new<数据类型>;
```

其中，<数据类型>可以是基本数据类型，也可以是由基本类型派生出的类型；<指针变量>取得分配到的内存首地址。

在 C++程序中，有如下 4 种使用 new 运算符的形式。

（1）给单个对象申请分配内存。

```
int *ip;
ip=new int;                       //ip指向1个未初始化的int型对象
```

该代码段首先定义了一个指向整型对象的指针，然后为该对象申请内存空间。如果申请成功，则 ip 指向一个 int 型对象的首地址。

（2）给单个对象申请分配内存的同时初始化该对象。

```
int *ip;
ip=new int(68);                   //ip指向1个表示为68的int型对象
```

该代码段首先定义了一个指向整型对象的指针，然后为该对象申请内存空间。如果申请成功，则 ip 指向一个 int 型对象的首地址，并将该地址的内容初始化为 68。

（3）同时给多个对象申请分配内存。

```
int *ip;
ip=new int [5];                   //ip指向5个未初始化的int型对象的首地址
for(int i=0;i<5;i++)
ip[i]=5*i+1;                      //给ip指向的5个对象赋值
```

该代码段首先定义了一个指向整型对象的指针，然后为 5 个 int 型对象申请内存空间。如果申请成功，则 ip 指向一个 int 型对象的首地址。

用 new 申请分配内存时，不一定能申请成功。若申请失败，则返回 NULL，即空指针。因此，在程序中可以通过判断 new 的返回值是否为 NULL 来获知系统中是否有足够的空间来供用户使用。

（4）释放内存空间。

当程序不再需要由 new 分配的内存空间时，可以用 delete 释放这些空间。使用 delete 的格式如下。

```
delete<指针变量>;
```

或：

```
delete [ ] <指针变量>;
```

其中，<指针变量>保存着用 new 申请分配的内存地址；方括号“[ ]”表示用 delete 释放多个对象分配的地址，[ ]中不需要加对象的个数。

注意：在使用 new 和 delete 时应注意以下 4 个方面。

（1）用 new 运算符申请分配的内存空间，必须用 delete 释放。

（2）对于一个已分配内存的指针，只能用 delete 释放一次。

（3）delete 作用的指针对象必须是由 new 分配内存空间的首地址。

（4）用 new 运算符为多个对象申请分配内存空间时，不能提供初始化。

下面通过一个具体实例来说明变量内存空间的动态分配与释放方法。

实例 5-5 说明变量内存空间的动态分配与释放方法

源码路径：daima\5\5-5（Visual C++版和 Visual Studio 版）

本实例的实现文件为 fenpei.cpp，主要实现代码如下。

```
#include "stdafx.h"
#include <iostream.h>
void main(){
    int *p1=new int(34);        //p1指向34
    int *p2=new int[6];         //p2指向6
    for (int i=0;i<6;i++){      //使用for循环
       p2[i]=i*60;              //设置p2的值
    }
    delete p1;
    delete p2;
};
```

以上步骤演示了变量内存空间的动态分配与释放方法。我们必须养成释放内存的编程习惯，否则会造成内存泄漏引起不必要的意外。特别是在实际应用程序开发过程中，对一些要经常改变存储内容的内存空间，在每次使用前最好先释放原有的内存空间，然后重新申请新的内存空间。

5.2.4 C++变量初始化

所谓的变量初始化，就是给变量一个初始的赋值，此操作可以在变量定义时进行，也可以在定义后再进行。在前面的实例中，我们多次实现了变量初始化处理。当定义一个变量时，我们应对它进行初始化的动作。当然除了系统会帮助我们初始化的变量外（如全局变量，静态变量或外部变量，系统会帮助我们初始化成 0、null），对于局部变量，如果在一个堆或栈中不给它进行初始化，那我们再使用它时就会很难决定它的当前状态。

未初始化的变量是 C 和 C++程序中错误的常见来源。养成在使用内存之前先清除的习惯，可以避免这种错误，在定义变量的时候就将其初始化。

关于未初始化变量，其实有一个常见的误解是它们会使程序崩溃，因此通过简单的测试就能很快地发现分布在各处的那些为数不多的未初始化变量。但事实恰恰相反，如果内存布局碰巧满足了程序需求，带有未初始化变量的程序能够毫无问题地运行上数年。在此之后，如果从不同环境中调用，或者重新编译，或者程序的另一个部分进行了修改，都可能导致各种故障发生，轻则出现难以琢磨的行为，重则发生间歇性崩溃。作者的建议是：应在定义变量时即进行初始化操作，或在距离定义变量最近的地方，或在第一次作为右键值使用前。

例如，在下面的实例中，分别初始化了 a、b、c、d、e 共 5 个变量。

实例 5-6 初始化 a、b、c、d、e 共 5 个变量

源码路径：daima\5\5-6（Visual C++版和 Visual Studio 版）

本实例的实现文件为 chushi.cpp，主要实现代码如下。

```
int main(void) {
    int a;                  //定义整型变量a
    float b=1.1;                //定义浮点型变量b

    char c=' ';                 //定义字符型变量c是空格
    bool d;                     //定义逻辑型变量d
    d=true;
    int e=100;                  //定义整型变量e
    char f='x';                 //定义字符型变量f
```

```
    cout << "a、b、c、d、e共5个变量的值是多少？" << endl;
    cout<<b<<endl;              //输出b的值
    cout<<c<<endl;              //输出c的值
    cout<<d<<endl;              //输出d的值
    cout<<e<<endl;              //输出e的值
    cout<<f<<endl;              //输出f的值
    a=0;                        //重新设置a的值
    cin>>a;
    cout<<a<<endl;              //输出a的值
    return 0;
}
```

在上述初始化过程中，a 在需要时才初始化，b、c 和 e 在定义时即初始化，d 是在定义后初始化的。执行后的效果如图 5-5 所示。

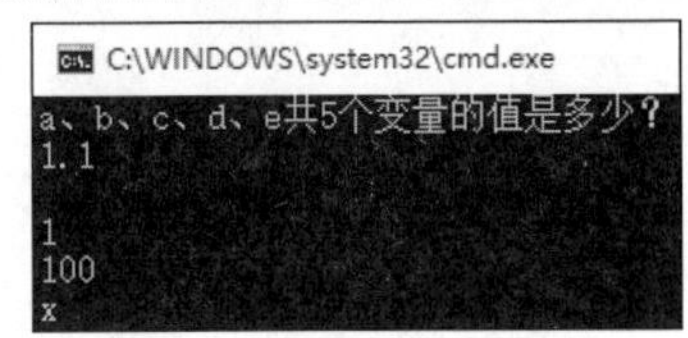

图 5-5　执行后的效果

在 C++ 11 标准中引入了一个新的初始化方式，称为初始化列表（List Initialize）。初始化列表功能是通过大括号实现的，具体的初始化方式如下。

```
int i = {1};
int j{3};
```

在 C++程序中使用初始化列表时，需要注意如下要求。

（1）当初始化内置基本类型的时候，列表初始化不允许出现隐式类型的转换，例如：

```
long double ld = 3.1415926536;
int a{ld}, b = {ld};               //出错，不允许出现精度的丢失
int c(ld), d = ld;                 //非列表初始化，但是会出现精度的丢失
```

（2）初始化列表可以用于初始化结构体类型，例如：

```
#include <iostream>
struct Person{                     //定义结构Person
  std::string name;
  int age;
};
int main(){
    Person p = {"Frank", 25};      //定义结构对象实例p
    std::cout << p.name << " : " << p.age << std::endl;
}
```

（3）在其他一些不方便初始化的地方使用列表初始化，比如“std<vector>”的初始化，如果不使用这种方式，只能用构造函数来初始化会难以达到预期的效果。

```
std::vector<int> ivec1(3, 5);
std::vector<int> ivec2 = {5, 5, 5};
std::vector<int> ivec3 = {1,2,3,4,5};     //不使用列表初始化构造函数难以实现
```

5.3　常　　量

视频讲解：视频\第 5 章\常量.mp4

在 C++语言中，常量是指内容固定不变的量，无论程序怎样变化执行，它的值永远不会变。在编程过程中，常量常用于保存如圆周率之类的常数。

5.3.1　什么是常量

常量是指在程序执行中不变的量，分为字面常量和符号常量（又称标识符常量）两种表示方法。如 25、−3.26、‘a’，“constant”等都是字面常量，即字面本身就是它的值。符号常量是

一个标识符，对应着一个存储空间，该空间中保存的数据就是该符号常量的值，这个数据是在定义符号常量时赋予的，是以后不能改变的。例如，C++保留字中的 true 和 false 就是系统预先定义的两个符号常量，它们的值分别为数值 0 和 1。再例如，cout 语句可以输出字符串，这些带着双引号的字符串的全称是字符串常量，它也是一种文字常量。带着单引号的常量称为字符常量，它与字符串常量是不同的。字符常量只能是一个字符，而字符串常量可以是一个字符，也可以由若干个字符组成。

注意：我们可以认为，声明一个常量与声明一个变量的区别是在语句前加上了 const。但是，声明常量的时候必须对其进行初始化，并且在除声明语句以外的任何地方不允许再对该常量赋值。如果一个实型文字常量没有做任何说明，则默认为双精度型数据。若要表示浮点型数据，要在该文字常量之后加上 F（大小写不限）；若要表示长双精度型数据，则要加上 L（大小写不限）。事实上，只要在不改变变量值的情况下，常量可以由一个变量来代替。但是从程序的安全和严谨角度考虑，并不推荐这样做。

5.3.2 使用常量

在下面的实例中，演示了用常量来保存圆周率 PI 的值的过程。

实例 5-7 使用常量来保存圆周率 PI 的值

源码路径：daima\5\5-7（Visual C++版和 Visual Studio 版）

本实例的实现文件为 changliang.cpp，主要实现代码如下。

```
#include "stdafx.h"
#include "iostream.h"
int main(void) {
    //常量double _PI_表示圆周率
    const double _PI_=3.14159;
    double r=0.0;            //变量r表示半径
    cout<<"请输入一个圆的半径"<<endl;
    cin>>r;                  //从命令行读入半径的值
    double area;             //变量area表示面积
    area=_PI_*r*r;           //计算面积
    cout<<"这个圆的面积是"<<area<<endl;
    return 0;
}
```

在上述代码中，用常量 PI 保存了圆周率 3.14159 的值，编译执行后将首先要求输入一个圆的半径，如图 5-6 所示。

单击回车键后计算并输出这个圆的面积，如图 5-7 所示。

图 5-6　输入圆的半径

图 5-7　输出圆的面积

再看下面的实例，功能是分别定义常量并在控制台中显示常量的值。

实例 5-8 分别定义常量并在控制台中显示常量的值

源码路径：daima\5\5-8（Visual C++版和 Visual Studio 版）

本实例的实现文件为 zonghe.cpp，主要实现代码如下。

```
#include "stdafx.h"
#include <iostream.h>
#define YEARS 365          //一年的天数
#define HOURS 24           //一天的小时数
#define MONTHS 12          //一年的月数
int main()
{
    const float pi=3.1415926;     //圆周率
    const float max=100;          //最大值
    cout<<" 圆周率是: "<<pi<<endl;
    cout<<"一年的天数为: "<<YEARS<<endl;
    cout<<"一天的小时数为: "<<HOURS<<endl;

    cout<<"一年的月数为: "<<MONTHS<<endl;
    cout<<"人民币的最大面额是: "<<max<<endl;
    return 0;
}
```

执行后分别输出各个变量的值，如图 5-8 所示。

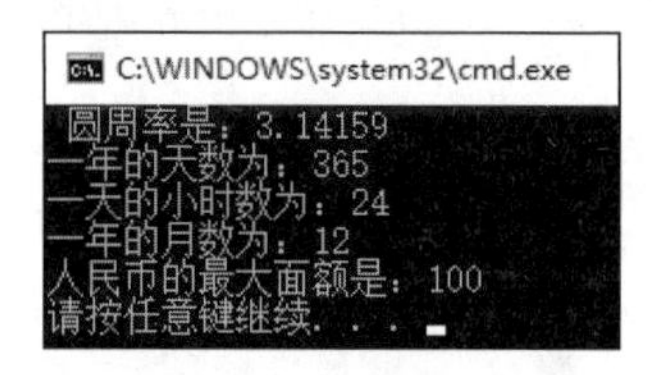

图 5-8　执行效果

5.4　使用 C++ 11 标准处理复杂的类型

视频讲解：视频\第 5 章\使用 C++ 11 标准处理复杂的类型.mp4

在 C++ 11 标准中推出新关键字机制的目的是为了处理程序中比较复杂的数据类型。

5.4.1　定义类型别名

在传统的 C++语言中，可以使用关键字 typedef 自定义一个数据类型。在 C++ 11 标准中，新推出了“别名声明”方法来定义类型别名，具体语法格式如下。

```
using 别名 = 类型;
```

在上述格式中，使用关键字 using 将等号左侧的名字设置为等号右侧类型的别名。例如，在下面的演示代码中，等号左侧的“AA”就是等号右侧类型“guanxijing”的别名。

```
using AA = guanxijing;
```

但是如果某个类型别名指代的是复合类型或常量，那么把它用到声明语句里就会产生意想不到的后果。例如，下面的声明语句用到了类型 pstring，它实际上是类型 char*的别名：

```
typedef char *pstring;
const pstring cstr = 0;         //cstr是指向char的常量指针
const pstring *ps;              //ps是一个指针，它的对象是指向char的常量指针
```

其实上述两条声明语句的基本数据类型都是 const pstring，其中 const 是对给定类型的修饰。pstring 实际上是指向 char 的指针，因此 const pstring 就是指向 char 的常量指针，而并不是指向常量字符的指针。在 C++程序中，当遇到一条使用了类型别名的声明语句时，人们通常会错误地尝试把类型别名替换成它本来的样子，以理解该语句的含义：

```
const char *cstr = 0;           //是对const pstring cstr的错误理解
```

再强调一遍：这种理解是错误的。声明语句中用到 pstring 时，其基本数据类型是指针，可是用 char*重写了声明语句后，数据类型就变成了 char，*为声明符的一部分。这样改写的结果是，const char 为基本数据类型。上述前后两种声明含义截然不同，前者声明了一个指向 char 的常量指针，改写后的形式则声明了一个指向 const char 的指针。

5.4.2 使用 auto 实现类型推导

在 C++程序中，经常需要把表达式的值赋给变量，这就要求在声明变量的时候清楚地知道表达式的类型。然而要做到这一点并非容易，有时甚至根本做不到。为了解决这个问题，在 C++ 11 标准引入了 auto 类型说明符，其功能是让编译器去分析表达式所属的类型。这和原来那些只对应一种特定类型的说明符（如 double）不同，auto 能够让编译器通过初始值来推算变量的类型。在 C++程序中，当使用 auto 定义一个变量时必须有对应的初始值，例如下面的代码。

```
auto i = 0, *p = &i;        // 这行正确：i是整数，p是整型指针
auto sz = 0, pi = 3.14;     // 这行错误：因为sz和pi的类型不一致
```

在 C++程序中，如果编译器推断出来的 auto 类型和初始值的类型如果存在差别，会适当地改变结果类型使其更符合初始化规则，此时的具体推导过程如下。

（1）使用引用的对象的类型作为推导结果，特别是当引用被用作初始值时，真正参与初始化的其实是引用对象的值，此时编译器以引用对象的类型作为 auto 的类型。例如下面的演示代码：

```
int i = 0, &r = i;
auto a = r;                    // a是一个整数（r是i的别名，而i是一个整数）
```

（2）auto 一般会忽略掉顶层的 const，同时底层的 const 则会保留下来。比如在下面的演示代码中，初始值是一个指向常量的指针。

```
const int ci = i, &cr = ci;
auto b = ci;                   // b是一个整数（ci的顶层const特性被忽略掉）
auto c = cr;                   // c是一个整数（cr是ci的别名，ci本身是一个顶层const）
auto d = &i;                   // d是一个整型指针（整数的地址就是指向整数的指针）
auto e = &ci;                  // e是一个指向整数常量的指针（对常量对象取地址是一种底层const）
```

如果此时希望推断出的 auto 类型是一个顶层 const，则需要通过如下代码明确指出。

```
const auto f = ci;             // ci的推演类型是int，f是const int
```

并且还可以将引用的类型设置为 auto，此时原来的初始化规则仍然适用。

```
auto &g = ci;                  // g是一个整型常量引用，绑定到ci
auto &h = 42;                  // 错误：不能为非常量引用绑定字面值
const auto &j = 42;            // 正确：可以为常量引用绑定字面值
```

在 C++程序中，当设置一个类型为 auto 的引用时，其初始值中的顶层常量属性仍然会被保留下来。这将和往常一样，当给初始值绑定一个引用后，常量就已经不是顶层常量了。

另外，在 C++程序中，如果要在一条语句中定义多个变量，则符号“&”和“*”只从属于某个声明符，并不是基本数据类型的一部分，同时初始值必须是同一种类型。例如下面的演示代码。

```
auto k = ci, &l = i;       // k是整数，l是整型引用
auto &m = ci, *p = &ci;    // m是对整型常量的引用，p是指向整型常量的指针
// 错误：i的类型是int而&ci的类型是const int
auto &n = i, *p2 = &ci;
```

下面举一个使用 auto 实现类型推导的例子。

实例 5-9　范加尔独创的大圈战术

源码路径：daima\5\5-9

本实例的实现文件为 AUTOO.cpp，主要实现代码如下。

```
int main() {
    auto name = "这就是我独创的大圈战术！\n";
                              //使用auto定义name
    cout << "范加尔说：" << name;
                              //输出name的值
}
```

执行效果如图 5-9 所示。

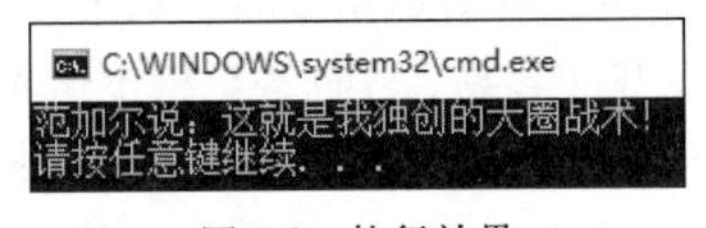

图 5-9　执行效果

5.4.3　使用 decltype 推导类型

在 C++ 11 标准中推出了推导类型 decltype。decltype 有点类似 auto 的反函数，auto 可以声明一个变量，而 decltype 则可以从一个变量或表达式中得到类型，例如下面的演示代码。

```
int x = 3;
decltype(x) y = x;
```

上述代码会存在问题。我们可能会遇到这种情况：希望从表达式的类型推断出要定义变量的类型，但是不希望用该表达式的值初始化变量。这时应该怎么办？通过使用 C++ 11 新标准中的类型说明符 decltype 可以选择并返回操作数的数据类型。在此过程中，编译器分析表达式并得到它的类型，却不实际计算表达式的值，例如下面的演示代码。

```
decltype(f()) sum = x;          // sum的类型就是函数f的返回类型
```

在上述代码中，编译器并不实际调用函数 f，而是使用调用函数 f 时的返回值类型作为 sum 的类型。其实就是假如 f 被调用时将返回的类型。decltype 处理顶层 const 和引用的方式与 auto 有些不同。如果 decltype 使用的表达式是一个变量，则 decltype 返回该变量的类型（包括顶层 const 和引用在内）。例如，在下面的演示代码中，因为 cj 是一个引用，decltype(cj)的结果就是引用类型，因此作为引用的 z 必须被初始化。

```
const int ci = 0, &cj = ci;
decltype(ci) x = 0;                  //x的类型是const int
decltype(cj) y = x;                  //y的类型是const int&，y绑定到变量x
decltype(cj) z;                      //错误：z是一个引用，必须初始化
```

需要指出的是，引用一般都作为其所指对象的同义词出现，只有用在 decltype 处是一个例外。如果 decltype 使用的表达式不是一个变量，则 decltype 返回表达式结果对应的类型。一般来说，当这种情况发生时，意味着该表达式的结果对象能作为一条赋值语句的左值。例如，在下面的演示代码中，因为 r 是一个引用，因此 decltype(r)的结果是引用类型。如果希望让结果类型是 r 所指的类型，可以把 r 作为表达式的一部分，如 r+0，显然这个表达式的结果将是一个具体值而非一个引用。

```
// decltype的结果可以是引用类型
int i = 42, *p = &i, &r = i;
decltype(r + 0) b;                   //正确：加法的结果是int，因此b是一个（未初始化的）int
decltype(*p) c;                      //错误：c是int&，必须初始化
```

注意：在 C++程序中，如果表达式的内容是解引用操作，则 decltype 将得到引用类型。正如我们所熟悉的，解引用指针可以得到指针所指的对象，而且能给这个对象赋值。因此，decltype(*p)的结果类型就是 int&，而不是 int。

下面是一个使用 decltype 推导类型的实例。

实例 5-10 使用 decltype 推导类型

源码路径：daima\5\5-10

本实例的实现文件为 xinte.cpp，主要实现代码如下。

```
using std::cout; using std::endl;
int main(){

    int a = 0;
    decltype(a) c = a;     //c 是int类型
    decltype((a)) d = a;   //d 的类型参考 a
    ++c;                   //c的值递增加1, a 和d的值不变
    cout << "a: " << a << " c: " << c << " d: " << d << endl;
    ++d;                   //d的值递增加1
    cout << "a: " << a << " c: " << c << " d: " << d << endl;

   int A = 0, B = 0;       //分别定义int类型变量A和B
    decltype((A)) C = A;   //C的类型参考A
    decltype(A = B) D = A;//D的类型参考A
    ++C;                   //C的值递增加1
    cout << "A: " << A << " C: " << C << " D: " << D << endl;
    ++D;                   //D的值递增加1
    cout << "A: " << A << " C: " << C << " D: " << D << endl;
    return 0;
}
```

执行后的效果如图 5-10 所示。

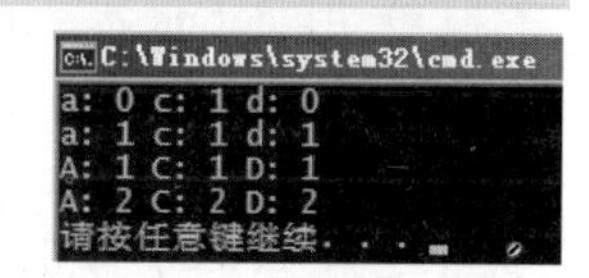

图 5-10 执行后的效果

注意：decltype 和 auto 的另一个重要区别是，decltype 的结果类型与表达式形式密切相关。有一种情况需要特别注意：对于 decltype 所用的表达式来说，如果变量名加上了一对括号，则得到的类型与不加括号时会有不同。如果 decltype 使用的是一个不加括号的变量，则得到的结果就是该变量的类型；如果给变量加上了一层或多层括号，编译器则会把它当成是一个表达式。变量是一种可以作为赋值语句的特殊表达式，所以这样的 decltype 会得到引用类型。例如下面的演示代码。

```
// decltype的表达式如果是加上了括号的变量，结果将是引用
decltype((i)) d;       //错误：d是int&，必须初始化
decltype(i) e;         //正确：e是一个（未初始化的）int
```

在 C++程序中，decltype((variable))（注意是双层括号）的结果永远是引用，而 decltype(variable) 结果只有当 variable 本身就是一个引用时才是引用。

5.4.4 使用常量表达式

新的 C++标准中推出了常量表达式（Const Expression）的概念。常量表达式是指值不会改变并且在编译过程即可得到计算结果的表达式。字面值属于常量表达式，用常量表达式初始化的 const 对象也是常量表达式。在 C++程序中，一个对象（或表达式）是不是常量表达式，是由它的数据类型和初始值共同决定的。请看下面的演示代码。

```
const int max_files = 20;            // max_files是常量表达式
const int limit = max_files + 1;     // limit是常量表达式
int staff_size = 27;                 // staff_size不是常量表达式
const int sz = get_size();           // sz不是常量表达式
```

上述代码非常简单，虽然 staff_size 的初始值是一个字面值常量，但由于它的数据类型只是一个普通 int 类型，而不是 const int，所以它不属于常量表达式。另外，虽然“sz”本身是一个常量，但它的具体值需要直到运行时才能获取到，所以也不是常量表达式。

在一个复杂的 C++程序中，很难（几乎肯定不能）分辨一个初始值到底是不是常量表达式。虽然可以定义一个 const 变量，并把它的初始值设为我们认为的某个常量表达式，但是在实际使用时却常常发现初始值并非常量表达式的情况。在这种情况下，对象的定义和使用根本就是两回事。所以这个时候 C++ 11 及时出现在我们面前。C++ 11 新标准规定，允许将变量声明为 constexpr 类型，以便由编译器来验证变量的值是否是一个常量表达式。声明为 constexpr 的变量一定是一个常量，而且必须用常量表达式初始化，例如在下面的演示代码中，尽管不能使用普通函数作为 constexpr 变量的初始值，但是新标准允许定义一种特殊的 constexpr 函数。这种函数应该足够简单以使得编译时就可以计算其结果，这样就能用 constexpr 函数初始化 constexpr 变量。在 C++程序中，如果认为某个变量是一个常量表达式，那么就把它声明为 constexpr 类型。

```
constexpr int mf = 20;                    //20是常量表达式
constexpr int limit = mf + 1;             //mf + 1是常量表达式
constexpr int sz = size();                //只有当size是一个constexpr函数时才是一条正确的声明语句
```

5.5　技术解惑

5.5.1　C++常量的命名是否需要遵循一定的规范

因为常量属于标识符，所以也需要遵循 C++标识符的命名规范，也与变量的命名规范类似。另外，C++常量还要遵循如下 3 点规范。

（1）用#define 定义的常量最好大写且以下划线开始，例如_PI 和_MAX。

（2）如果用#define 定义的常量用于代替一个常数，则常量名和其常数符号要对应，例如圆周率就用 PI 表示。

（3）用 const 声明的常量应完全遵循第 4.2.5 节中 C++变量的命名规范。

5.5.2　在 C++程序中用 const 还是用#define 定义常量

在 C++程序中，既可以用 const 定义常量，也可以用#define 定义常量，但是前者比后者有如下 4 个优点。

（1）const 常量有数据类型，而宏常量没有数据类型，编译器可以对 const 进行类型安全检查，而对后者只进行字符替换，没有类型安全检查，并且在字符替换中可能会产生意料不到的错误（边际效应）。

（2）有些集成化的调试工具可以对 const 常量进行调试，但是不能对宏常量进行调试。在 C++程序中只使用 const 常量而不使用宏常量，即 const 常量可以完全取代宏常量。

（3）编译器处理方式不同：define 宏在预处理阶段展开，const 常量在编译运行阶段使用。

（4）存储方式不同：define 宏仅仅是展开，有多少地方使用，就展开多少次，不会分配内存；const 常量会在内存中分配（可以是堆中，也可以是栈中）。

5.5.3　const 是个很重要的关键字，在使用时应该注意哪些

在 C++程序中，const 是一个很重要的关键字，能够对常量施加一种约束。有约束其实不是件坏事。应用了 const 之后，就不可以改变变量的数值了，要是一不小心改变了编译器就会报错，你就容易找到错误的地方。不要害怕编译器报错，正如不要害怕朋友指出你的缺点，编译器是写程序人的朋友，编译时期找到的错误越多，隐藏着的错误就会越少。所以，只要你觉得有不变的地方，就用 const 修饰，用得越多越好。 比如你想求圆的周长，需要用到 Pi，Pi 不会变的，就加 const，如 const double Pi = 3.1415926; 比如你需要在函数中传引用，那些只读、不会改变的，前面加 const; 比如函数有个返回值，返回值是个引用，只读且不会改变，则在前面

加 const; 比如类中有个 private 数据，外界要以函数方式读取时是不会改变的，加的 const 是加在函数定义末尾，加在末尾只不过是个语法问题。其实语法问题不用太过注重，主要是一些概念难以理解。试想一下，const 加在前面修饰函数返回值，这时候 const 不放在末尾就没有什么地方放了。

5.5.4 关于全局变量的初始化，C 语言和 C++是否有区别

在 C 语言中，只能用常数对全局变量进行初始化，否则编译器会报错。在 C++中，如果在一个文件中定义了。

```
int a = 5;
```

要在另一个文件中定义 b。

```
int b = a;
```

前面必须对 a 进行声明。

```
extern  int  a;
```

否则编译不通过。即使是这样，int b = a；这句话也是分两步进行的：在编译阶段，编译器把 b 当作未初始化数据而将它初始化为 0；在执行阶段，在 main 被执行前有一个全局对象的构造过程，int b = a；被当作 int 型对象 b 的拷贝初始化构造来执行。

其实在 C++中，全局对象、变量的初始化是独立的。

```
int a =  5;
```

这样的已初始化数据，那么像 b 这样的就是未初始化数据。而 C++中全局对象、变量的构造函数调用顺序是跟声明有一定关系的，即在同一个文件中，先声明的先调用。对于不同文件中的全局对象、变量，它们的构造函数调用顺序是未定义的，取决于具体的编译器。

5.5.5 C/C++变量在内存中的分布

变量在内存地址的分布格式如下。

```
堆-栈-代码区-全局静态-常量数据
```

同一区域的各变量按声明的顺序在内存中依次由低到高分配空间，只有未赋值的全局变量是例外。全局变量和静态变量如果不赋值，默认为 0。栈中的变量如果不赋值，则是一个随机的数据。编译器会认为全局变量和静态变量是等同的，已初始化的全局变量和静态变量分配在一起，未初始化的全局变量和静态变量另分配在一起。

5.5.6 静态变量的初始化顺序

静态变量的初始化顺序是基类的静态变量先初始化，然后是它的派生类，直到所有的静态变量都被初始化。这里需要注意，全局变量和静态变量的初始化是不分次序的。这也不难理解，其实静态变量和全局变量都被放在公共内存区，可以把静态变量理解为带有“作用域”的全局变量。在一切初始化工作结束后，main 函数会被调用，如果某个类的构造函数被执行，那么首先基类的成员变量会被初始化。要注意的是，成员变量的初始化次序只与定义成员变量的顺序有关，与构造函数中初始化列表的顺序无关。因为成员变量的初始化次序与变量在内存中的次序有关，而内存中的排列顺序早在编译期就已经根据变量的定义次序决定。

5.6 课后练习

（1）编写一个 C++程序，分别尝试实现变量的声明、定义和初始化操作。

（2）编写一个 C++程序，要求使用#define 预处理器技术计算矩形的面积。

（3）编写一个 C++程序，要求使用关键字 const 定义常量。

第 6 章

运算符和表达式

在 C++语言中，运算符是指能够运算某个事物的符号，它指定了对操作数所进行的运算类别。由合法的变量、常量和运算符组成的式子称为表达式。本章将详细介绍 C++运算符和表达式的基本知识。

6.1 运算符和表达式详解

视频讲解：视频\第 6 章\运算符和表达式详解.mp4

四则运算符号加、减、乘、除就是一类运算符，算式“35÷5=7”就是一个表达式。事实上，除了加减乘除运算符外，与数学有关的运算符还有>、≥、≤、<、∫、%等。

在 C++语言中，将具有运算功能的符号称为运算符，表达式则是由运算符构成的包含常量和变量的式子，表达式的作用就是将运算符的运算作用表现出来。在 C++中有算术运算符、关系运算符、逻辑运算符、条件运算符等很多运算符。下面详细讲解各个运算符的知识。

6.1.1 赋值运算符和赋值表达式

C++语言提供了两类赋值运算符，分别是基本赋值运算符和复合赋值运算符，具体说明如下。

（1）基本赋值运算符：=。

（2）复合赋值运算符：+=、−=、*=、/=、%=、<<=、>>=、&=、^=、|=。

上述各个运算符的具体说明如表 6-1 所示。

表 6-1 运算符说明

运 算 符	实 例	等 价 于
=	n = 25	n 等于 25
+=	n += 25	n = n + 25
−=	n −= 25	n = n − 25
*=	n *= 25	n = n * 25
/=	n /= 25	n = n / 25
%=	n %= 25	n = n % 25
&=	n &= 0xF2F2	n = n & 0xF2F2
|=	n |= 0xF2F2	n = n | 0xF2F2
^=	n ^= 0xF2F2	n = n ^ 0xF2F2
<<=	n <<= 4	n = n << 4（n<<4 表示将 n 左移 4 位）
>>=	n >>= 4	n = n >> 4

在 C++程序中，赋值运算符的左侧运算对象必须是一个可修改的左值。例如，下面的演示代码只是实现初始化功能而已：

```
int i = 0, j = 0, k = 0;        //初始化而非赋值
const int ci = i;               //初始化而非赋值
```

下面的赋值语句代码都是非法的：

```
1024 = k;                       //错误：字面值是右值
i + j = k;                      //错误：算术表达式是右值
ci = k;                         //错误：ci是常量（不可修改的）左值
```

在 C++程序中，赋值运算的结果赋值给左侧运算对象。相应地，结果的类型就是左侧运算对象的类型。如果赋值运算符的左右两个运算对象类型不同，则右侧运算对象将转换成左侧运算对象的类型。例如下面的演示代码：

```
k = 0;                          //结果：类型是int，值是0
k = 3.14159;                    //结果：类型是int，值是3
```

在下面的实例中，分别定义变量 x 和 y，然后分别对其赋值，最后通过赋值表达式将其值输出。

实例 6-1　输入两个正整数

源码路径：daima\6\6-1（Visual C++版和 Visual Studio 版）

本实例的实现文件是 fuzhi.cpp，具体实现代码如下。

```
int main(void){
    int x=1;                     //赋值变量x的值为1
    int y=2;                     //赋值变量y的值为2
    cout << "请您输入两个正整数："<< endl;
    cin>>x;                      //获取输入的x的值
    cin>>y;                      //获取输入的y的值

    cout<<(x+=y)<<endl;          // x+=y表示x=x+y
    cout<<(x*=y)<<endl;          // x*=y表示x=x*y
    cout<<(x%=y)<<endl;          // x%y表示x=x%y
    cout<<(x<<=y)<<endl;         // x<<=y表示x=x<<y
    cout<<(x=y=100)<<endl;       // x=y=100表示x=100,y=100
    return 0;
}
```

在上述代码中，定义了变量 x 和 y，然后分别进行了赋值处理。执行后我们先输入两个正整数，如图 6-1 所示；按回车键后将分别输出各个赋值处理后的值，如图 6-2 所示。

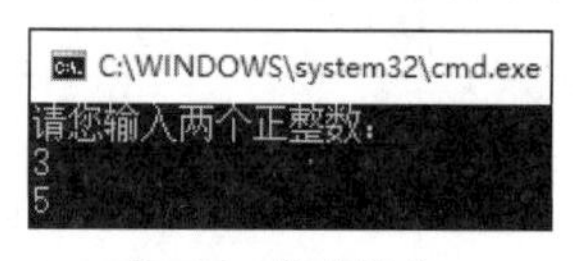

图 6-1　输入数字

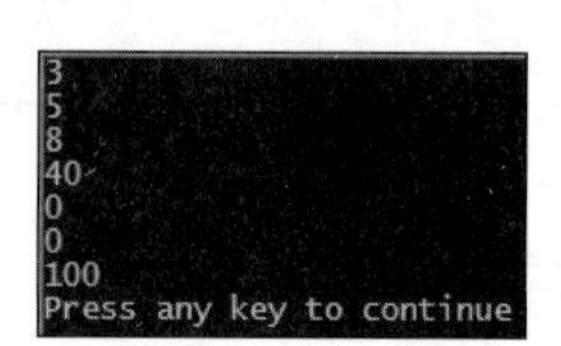

图 6-2　输出效果

6.1.2　算术运算符和算术表达式

C++语言提供了 7 个算术运算符，分别是“+（正）”“-（负）”“+”“-”“*”“/”和“%”。这些运算符的具体说明如下。

（1）加法（+）、减法（-）和乘法（*）运算符：功能分别与数学中的加法、减法和乘法的功能相同，分别计算两个操作数的和、差、积。

（2）除法运算符“/”：要求运算符右边的操作数不能为 0，其功能是计算两个操作数的商。当“/”运算符作用于两个整数时，进行整除运算。

注意：在 C++程序中进行除法运算时，如果两个运算对象的符号相同则商为正（如果不为 0），否则商为负。C++语言的早期版本允许结果为负值的商向上或向下取整，但在 C++ 11 新标准中规定，商一律向 0 取整（即直接切除小数部分）。

（3）“%”取余运算符：要求两个操作数必须是整数，其功能是求余。例如：

```
16/3            //整除运算，结果为5
15.3/3          //普通除法运算，结果为5.1
13%5            //取余运算，结果为3
```

注意：根据取余运算的规则，如果 m 和 n 是整数且 n 非 0，则表达式(m/n)*n+m%n 的求值结果与 m 相等。在背后隐含的意思是，如果 m%n 不等于 0，则它的符号与 m 相同。C++语言的早期版本允许 m%n 的符号匹配 n 的符号，而且商向负无穷一侧取整，这一方式在 C++11 标准中已经被禁止使用了。除了 m 导致溢出的特殊情况外，其他时候(−m)/n 和 m/(−n)都等于

-(m/n)，m%(-n)等于 m%n，(-m)%n 等于-(m%n)。例如下面的演示代码:

```
21 % 6;             /* 结果是3 */
21 / 6;             /* 结果是3 */
21 % 7;             /* 结果是0 */
21 / 7;             /* 结果是3 */
-21 % -8;           /* 结果是-5 */
-21 / -8;           /* 结果是2 */
21 % -5;            /* 结果是1 */
21 / -5;            /* 结果是-4 */
```

在 C++程序中，算术运算符的优先级如下（括号中运算符的优先级相同）。

```
(单目+、-) 高于 (*、/、%) 高于 (双目+、-)
```

定义变量后进行数学运算，并输出计算结果。

实例 6-2 使用算术运算符

源码路径： daima\6\6-2（Visual C++版和 Visual Studio 版）

本实例的实现文件为 suanshu.cpp，具体实现代码如下。

```
int main(){
    //结果保存在浮点变量中
    float f;                //用浮点型变量保存计算结果
    f=16/8;                 //省略小数部分的除法运算
    cout<<"f=16/8="<<f<<endl;
    f=15.0/8;               //除数省略小数部分的除法运算
    cout<<" f=15.0/8="<<f<<endl;
    f=16/8.0;               //被除数省略小数部分的除法运算
    cout<<" f=16/8.0="<<f<<endl;
    f=15.0/8.0;             //不省略小数部分的除法运算
    cout<<" f=15.0/8.0="<<f<<endl;
    //结果保存在整型变量中
    int i;                  //用整型变量保存计算结果，将导致计算结果被截断
    i=16/8;
    cout<<"i=16/8="<<i<<endl;
    i=15.0/8;
    cout<<" i=15.0/8="<<i<<endl;
    i=16/8.0;
    cout<<" i=16/8.0="<<i<<endl;
    i=15.0/8.0;
    cout<<" i=15.0/8.0="<<i<<endl;
    //直接输出计算结果
    cout<<"16/8="<<4/8<<endl;
    cout<<" 15.0/8="<<15.0/8<<endl;
    cout<<" 16/8.0="<<16/8.0<<endl;
    cout<<" 15.0/8.0="<<15.0/8.0<<endl;
    return 0;
}
```

执行后分别输出各个运算结果的值，如图 6-3 所示。

注意：除法的运算比较复杂，假如存在 M=a/b，则有以下 3 个类型。

（1）M 是整型：无论 a 和 b 为何种类型，结果都是整除运算。

（2）M 是浮点型：只要 a 和 b 中存在一个浮点型，结果就是非整除。

（3）M 是浮点型：如果 a 和 b 都是整型，则结果是整除运算。

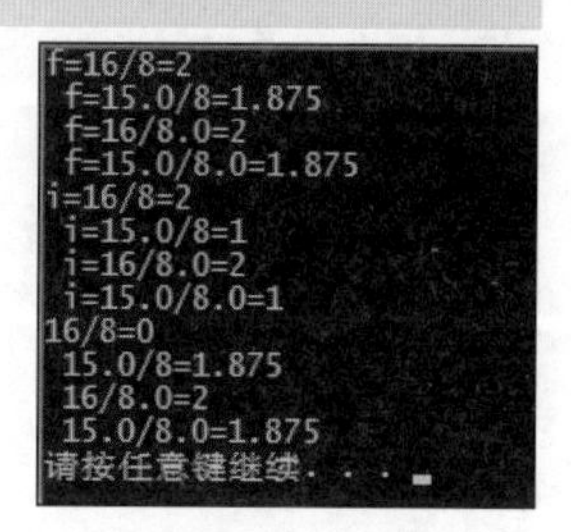

图 6-3　执行效果

6.1.3　比较运算符和比较表达式

比较运算符的功能是对程序内的数据进行比较，并返回一个比较结果。在 C++中有多个比较运算符，具体说明如表 6-2 所示。

表 6-2　C++比较运算符

运　算　符	说　　明
mm==nn	如果 mm 等于 nn 则返回 true，反之则返回 false
mm!=nn	如果 mm 不等于 nn 则返回 true，反之则返回 false
mm<nn	如果 mm 小于 nn 则返回 true，反之则返回 false
mm> nn	如果 mm 大于 nn 则返回 true，反之则返回 false
mm<= nn	如果 mm 小于等于 nn 则返回 true，反之则返回 false
mm >= nn	如果 mm 大于等于 nn 则返回 true，反之则返回 false

看下面的一段演示代码：

```
bool mm=5>10;
bool mm=5>=10;
bool mm=5<10;
bool mm=5<=10;
bool mm=5!=10;
```

在上述代码中，分别为变量 mm 定义了不同的值进行比较处理，具体处理结果如下。

“mm=5>10”：结果是返回 false。

“mm=5>=10”：结果是返回 false。

“mm=5<10”：结果是返回 true。

“mm=5<=10”：结果是返回 true。

“mm=5!=10”：结果是返回 true。

例如，在下面的实例中，定义了 6 个变量来演示 3 个比较运算符的使用方法。

实例 6-3　隔壁同学提出的问题

源码路径：daima\6\6-3（Visual C++版和 Visual Studio 版）

本实例的实现文件为 bijiao.cpp，具体实现代码如下。

```
#include <math.h>                          //在此需要调用数学函数库
#define MIN   0.0001                       //定义最小数
int main(void){
    int a=97;                              //定义变量a的初始值是97
    int b=98;                              //定义变量b的初始值是98
    char ch1='a';                          //定义变量ch1的初始值是字符“a”
    char ch2='b';                          //定义变量ch2的初始值是字符“b”
    float f1=3.14159;                      //定义变量f1的初始值是3.14159
    float f2=3.14160;                      //定义变量f2的初始值是3.14160
    cout<<(a>b)<<endl;                     //输出运算符“a>b”的结果
    cout<<(ch1==a)<<endl;                  //相等比较
    cout<<(fabs(f1-f2)<MIN)<<endl;         //浮点数相等比较的方法，内置库函数fabs能够计算绝对值
    return 0;
}
```

执行后分别输出各个运算结果的值，如图 6-4 所示。

图 6-4　执行效果

6.1.4 逻辑运算符和逻辑表达式

逻辑运算符的功能是表示操作数之间的逻辑关系，C++语言提供了 3 个逻辑运算符，分别是“!”“&&”和“||”。

(1) 逻辑非（!）：单目运算符，其功能是对操作数进行取反运算。当操作数为逻辑真时，“!”运算后结果为逻辑假（0）；反之，若操作数为逻辑假，“!”运算后结果为逻辑真（1）。

(2) 逻辑与（&&）和逻辑或（||）：双目运算符。当两个操作数都是逻辑真（非 0）时，“&&”运算后的结果为逻辑真（1），否则为 0；当两个操作数都是逻辑假（0）时，|| 运算后的结果为逻辑假（0），否则为逻辑真（1）。

例如下面演示代码的计算结果：

```
!(3>5)                //结果为1
5>3 && 8>6            //结果为1
5>3 || 6>8            //结果为1
```

例如，在下面的实例中，演示了使用逻辑运算符的过程。

实例 6-4　演示逻辑运算符的使用方法

源码路径：daima\6\6-4（Visual C++版和 Visual Studio 版）

本实例的实现文件为 luoji.cpp，具体实现代码如下。

```
void main(){
    int iNum1;                    //定义变量iNum1
    cout<<"请输入一个整数！"<<endl;
    cin>>iNum1;                   //获取输入的iNum1值
    cout<<endl;
    if (iNum1>0&&iNum1<100){      //如果输入值在0和100之间
      cout<<"您输入的是一个0到100之间的数！"<<endl;
    }
    else                          //如果输入值不在0和100之间
      cout<<"您输入的不是一个0到100之间的数！"<<endl;
};
```

编译并运行程序，执行效果如图 6-5 所示。

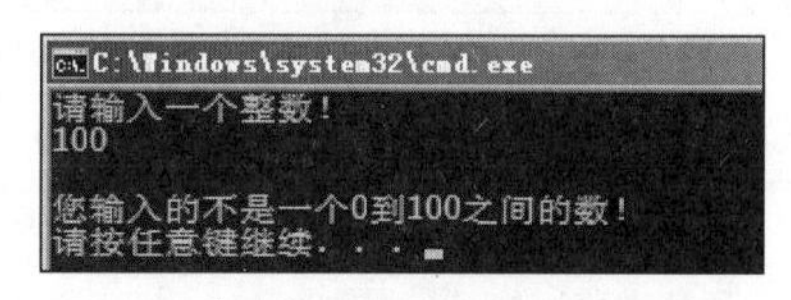

图 6-5　执行效果

6.1.5 ++/--运算符和表达式

自增（++）、自减（--）运算符是 C 和 C++语言中十分重要的运算符，它们属于单目运算符。运算符“++”和“--”是一个整体，中间不能用空格隔开。“++”能够使操作数按其类型增加 1 个单位，“--”能够使操作数按其类型减少 1 个单位。

在 C++语言中，自增、自减运算符既可以放在操作数的左边，也可以放在操作数的右边。放在操作数左边的称为前缀增量或减量运算符，放在操作数右边的称为后缀增量或减量运算符。前缀增量或减量运算符与后缀增量或减量运算符的关键差别，在于表达式在求值过程中增量或减量发生的时间。前缀增量或减量运算符是先使操作数自增或自减 1 个单位，然后使之作为表达式的值；后缀增量或减量运算符是先将操作数的值作为表达式的值，然后再使操作数自增或自减 1 个单位。下面通过实例来演示使用自增、自减运算符的方法。

实例 6-5　演示自增、自减运算符的使用方法

源码路径：daima\6\6-5（Visual C++版和 Visual Studio 版）

本实例的实现文件为 jiajian.cpp，具体实现代码如下。

```
void main(){
//分别声明4个int类型的变量，这是在同一行中同时声明的写法
int count=15,digit=16,number=9,amount=12;
//先使count的值增加1，然后将其加1后的值16作为表达式的值
cout<<++count<<endl;
//表达式的值为没有修改前digit的值16，然后使digit的值增加1
cout<<digit++<<endl;
//先使number的值减1，然后将其减1后的值8作为表达式的值
cout<<--number<<endl;
//表达式的值为没有修改前amount的值12，然后使amount的值减1
cout<<amount--<<endl;
};
```

编译运行后的执行结果如图 6-6 所示。

图 6-6　数据运算运行结果

6.1.6　位运算符和位表达式

在 C++中提供了 6 种位运算符，功能是进行二进制位的操作运算，具体说明如表 6-3 所示。

表 6-3　C++位运算符

运 算 符	名　字	实　例
~	取反	~'\011' // 得出 '\366'
&	逐位与	'\011' & '\027' // 得出'\001'
|	逐位或	'\011' | '\027' // 得出'\037'
^	逐位异或	'\011' ^ '\027' // 得出'\036'
<<	逐位左移	'\011' << 2 // 得出'\044'
>>	逐位右移	'\011' >> 2 // 得出'\002'

注意：在使用位运算符时需要注意如下两点。

（1）在 C++程序中，位运算符要求操作数是整型数，并按二进制位的顺序来处理它们。取反运算符是单目运算符，其他位运算符是双目运算符。取反运算符（~）将操作数的二进制位逐位取反。逐位与运算符（&）比较两个操作数对应的二进制位，当两个二进制位均为 1 时，该位的结果取 1，否则取 0。逐位或运算符（|）比较两个操作数对应的二进制位，当两个二进制位均为 0 时，该位的结果取 0，否则取 1。逐位异或运算符（^）比较两个操作数对应的二进制位，当两个二进制位均为 1 或均为 0 时，该位的结果取 0，否则取 1。

（2）逐位左移运算符（<<）和逐位右移运算符（>>）均有一个正整数 n 作为右操作数，将左操作数的每一个二进制位左移或右移 n 位，空缺的位设置为 0 或 1。对于无符号整数或有符号整数，如果符号位为 0（即为正数），空缺位设置为 0；如果符号位为 1（即为负数），空缺位是设置为 0 还是设置为 1，取决于所用的计算机系统。

位操作运算符是用来进行二进制位运算的运算符，分为逻辑位运算符和移位运算符两类，具体说明如下所示。

1. 逻辑位运算符

按位逻辑运算符包括～、&、^、|，具体说明如下。

（1）单目逻辑位运算符～（按位求反）。

作用是将各个二进制位由 1 变 0 或由 0 变 1。

（2）双目逻辑运算符&（按位与）、|（按位或）、^（按位异或）。

其中优先级&高于^，而^高于|。

① 按位逻辑非（～）：是对一个整数进行逐位取反运算。若二进制位为 0，则取反后为 1；反之，若二进制位为 1，则取反后为 0。

② 按位逻辑与（&）：是对两个整数逐位进行比较。若对应位都为 1，则与运算后为 1，否则为 0。

③ 按位逻辑或（|）：是对两个整数逐位进行比较。若对应位都为 0，则或运算后为 0，否则为 1。

④ 按位逻辑异或（^）：是对两个整数逐位进行比较。若对应位不相同，则异或运算后为 1，否则为 0。

例如下面的运算过程：

```
short int a=0xc3 & 0x6e                //结果为42H
short int b=(0x12 | 0x3d               //结果为3fH
short int m=~0xc3                      //结果为ff3cH
short int c=0x5a ^ 0x26                //结果为7cH
```

2. 移位运算符

移位运算符包括<<、>>，它们是双目运算符，使用的格式如下。

```
operation1<>m
```

运算符“<<”的功能是将操作数 operation1 向左移动 n 个二进制位，“>>”运算符是将操作数 operation2 向右移动 m 个二进制位。移位运算符并不改变 operation1 和 operation2 本身的值。例如：

```
Short int operation1=0x8,n=3;
Short int a= operation1<n              //操作数左移n个二进制位后，右边移出的空位用0补齐
Short int operation2=0xa5,m=3;
Short int b= operation2>>m;            //结果为14H
```

操作数右移 m 个二进制位后，左边移出的空位用 0 或符号位补齐，这与机器系统有关。位运算符的运算优先级为（括弧中运算符的优先级相同）如下。

～高于（<<、>>）高于&高于^高于|。

在下面的实例中，以数字 41 为例实现位运算符的 7 种运算。

实例 6-6 演示位运算符的使用方法

源码路径：daima\6\6-6（Visual C++版和 Visual Studio 版）

本实例的实现文件为 yiwei.cpp，具体实现代码如下。

```
int main(void){
    int x=41;              //二进制为0010 1001
    int mask=0;            //掩码
    //清除x的最低位
    mask=254;              //二进制为1111 1110

    cout<<(x&mask)<<endl; //期望为0010 1000
    //取最低位
    mask=1;                //二进制为0000 0001
```

```
    cout<<(x&mask)<<endl; //期望为1
    //置右边第二位为1
    mask=2;               //二进制为0000 0010
    cout<<(x|mask)<<endl; //期望为0010 1011
    //求反
    cout<<(~x)<<endl;     //期望为1101 0110(补码), 1010 1010(原码)
    //反转最后一位
    mask=1;               //二进制为0000 0001
    cout<<(x^mask)<<endl; //期望为0010 1000
    //左移3位
    cout<<(x<<3)<<endl;   //期望为0001 0100 1000
    //右移3位
    cout<<(x>>3)<<endl;   //期望为0000 0101
    return 0;
}
```

在上述代码中，以数字 41 为例讲解了位运算符的 7 种运算。编译执行后的效果如图 6-7 所示。

图 6-7　执行后的效果

6.1.7　求字节数运算符和求字节表达式

在 C++中提供了一个十分有用的运算符“sizeof”，这是一个单目运算符，用于计算表达式或数据类型的字节数，其运算结果与不同的编译器和机器相关。当编写用于进行文件输入/输出操作或给动态列表分配内存的程序时，如能知道程序给这些特定变量所分配内存的大小将方便程序开发工作。

在 C++程序中，使用运算符“sizeof ”的语法格式如下。

```
sizeof (类型声明符/表达式)
```

例如：

```
size(int)                  //结果为4
size(3+3.6)                //结果为8
```

运算符“sizeof”的功能是，测试某种数据类型或表达式的类型在内存中所占的字节数。当我们进行算术运算时，如果运算结果超出变量所能表达的数据范围，就会发生溢出。表 6-4 给出了常用数据类型的字节数。

表 6-4　常用数据类型的字节数

数 据 类 型	占用字节数
char	1
char *	4
short	2
int	4（VC 5.0）2 (VC 1.5x)
long	4
float	4
double	8

例如，在下面的实例中，演示了使用求字节数运算符的方法。

实例 6-7 使用求字节数运算符

源码路径：daima\6\6-7（Visual C++版和 Visual Studio 版）

本实例的实现文件为 zijie.cpp，具体实现代码如下。

```
int main(int argc, char* argv[]){
    cout <<"整型的字节数是多少？"<< endl;
    cout << "是" <<sizeof(int) << "个" << endl;

}
```

在上述代码中，获取了 int 类型的字节数为 4。编译执行后的效果如图 6-8 所示。

C:\WINDOWS\system32\cmd.exe
整型的字节数是多少？
是4个
请按任意键继续. . .

图 6-8 执行后的效果

注意：求字节数运算符也能获取数组、指针等类型的字节数，具体的相关知识可参阅本书后面的知识。

在 C++程序中，有如下两种使用 sizeof 运算符的形式。

```
sizeof (type)
sizeof expr
```

在第二式中，sizeof 返回的是表达式结果类型的大小，但是 sizeof 并不实际计算其运算对象的值。请看下面的演示代码。

```
Sales_data data, *p;
sizeof(Sales_data);             // 存储Sales_data类型的对象所占的空间大小
sizeof data;                    // data类型的大小，即sizeof(Sales_data)
sizeof p;                       // 指针所占的空间大小
sizeof *p;                      // p所指类型的空间大小，即sizeof(Sales_data)
sizeof data.revenue;            // Sales_data的revenue成员对应类型的大小
sizeof Sales_data::revenue;     // 另一种获取revenue大小的方式
```

重点分析上述代码中的“sizeof *p”。首先，因为 sizeof 满足右结合律并且与*运算符的优先级一样，所以表达式按照从右向左的顺序组合。也就是说，它等价于 sizeof(*p)。其次，因为 sizeof 不会实际求运算对象的值，所以，即使 p 是一个无效（即未初始化）的指针也不会有什么影响。在 sizeof 的运算对象中解引用一个无效指针仍然是一种安全的行为，因为指针实际上并没有被真正使用。sizeof 不需要真的解引用指针也能知道它所指对象的类型。

注意：在 C++ 11 新标准中规定，可以使用作用域运算符来获取类成员的大小。在通常情况下只有通过类的对象才能访问到类的成员，但是 sizeof 运算符无须提供一个具体的对象，因为要知道类成员的大小无须真的获取该成员。

只要确定了数据类型，运算符 sizeof 的计算结果就是固定的。在 C++程序中，sizeof 运算符的结果部分依赖于其作用的类型。具体说明如下。

（1）对 char 或者类型为 char 的表达式执行 sizeof 运算，结果得 1。

（2）对引用类型执行 sizeof 运算得到被引用对象所占空间的大小。

（3）对指针执行 sizeof 运算得到指针本身所占空间的大小。

（4）对引用指针执行 sizeof 运算得到指针指向的对象所占空间的大小。

（5）对数组执行 sizeof 运算得到整个数组所占空间的大小，等价于对数组中所有的元素各执行一次 sizeof 运算并将所得结果求和。注意，sizeof 运算不会把数组转换成指针来处理。

（6）对 string 对象或 vector 对象执行 sizeof 运算只返回该类型固定部分的大小，不会计算对象中的元素占用了多少空间。

因为执行 sizeof 运算能得到整个数组的大小，所以可以用数组的大小除以单个元素的大小得到数组中元素的个数。例如：

```
// sizeof(ia)/sizeof(*ia)返回ia的元素数量
constexpr size_t sz = sizeof(ia)/sizeof(*ia);
```

```
int arr2[sz];   // 正确：sizeof返回一个常量表达式
```

因为 sizeof 的返回值是一个常量表达式，所以可以使用 sizeof 的结果声明数组的维度。

6.1.8　条件运算符和条件表达式

条件运算符又可以称为“?”号运算符，是 C++中唯一的三目运算符，也被称为三元运算符，它有 3 个操作数。使用条件表达式的具体格式如下。

```
操作数1 ? 操作数2 : 操作数3
```

在上述格式中，“操作数 1”一般是条件表达式，若表达式成立，即为真，则整个表达式的值为“操作数 2”，否则为“操作数 3”。例如，下面的代码执行后会输出一个小写字母。

```
cout <<('A'<=ch && ch<='Z')? ('a'+ch-'A'): ch
```

如果第一个操作数非零，表达式的值是操作数 2，否则表达式的值取操作数 3。例如下面的代码：

```
int m = 1, n = 2;
int min = (m < n ? m : n);                    // min 取 1
```

由于条件运算本身是一个表达式，即条件表达式，所以它可以作为另一个条件表达式的操作数。也就是说，条件表达式是可以嵌套的。例如：

```
int m = 1, n = 2, p =3;
int min = (m < n ? (m < p ? m : p): (n < p ? n : p));
```

如下面的例子，min 取值为 20。

```
int a=10,b=20;
int min = (a>=b? a: b);
```

由条件运算符组成的条件表达式，可以作为另一个条件表达式的操作数，即条件表达式是可以嵌套的。例如下面的代码：

```
int a=10,b=20,c=30;
int min=(a>=b ?) (b<=c ? b: c): (a<=c ? a : c)   // 结果为10
```

在下面的实例中，执行后输入一个字符，判断它是否为大写字母。如果是，将它转换成小写字母；如果不是，则不转换。然后输出最后得到的字符。

实例 6-8　使用条件运算符

源码路径：daima\6\6-8（Visual C++版和 Visual Studio 版）

实例文件的具体实现代码如下。

```
int main( ){
 char ch;                  //定义变量ch
 cin>>ch;                  //输入ch的值
 ch=(ch>='A' && ch<='Z')?(ch+32):ch;
 //判别ch是否大写字母，是则转换
 cout<<ch<<endl;           //输出ch的值
 return 0;
}
```

编译执行后的效果如图 6-9 所示。

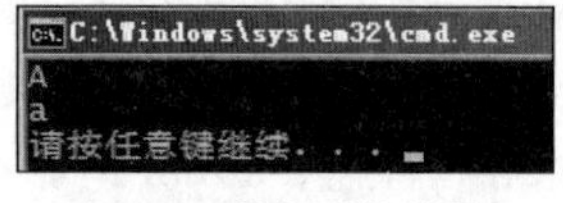

图 6-9　执行后的效果

6.1.9　逗号运算符和逗号表达式

在 C++程序中，逗号“,”也是一个运算符。在多个表达式之间可以用逗号组合成一个大的表达式，这个表达式称为逗号表达式。使用逗号表达式的语法格式如下。

```
"表达式1，表达式2，……，表达式n",
```

逗号表达式的值是取表达式 n 的值。例如，下面代码的运算结果是 a=12。

```
a=10,11,12
```

在 C++程序中，逗号运算符的用途仅在于解决只能出现一个表达式的地方却要出现多个表达式的问题。例如，在下面的代码中，d1、d2、d3、d4 都是一个表达式。整个表达式的值由最后一个表达式的值决定。计算顺序是从左至右依次计算各个表达式的值，最后计算的表达式的值和类型便是整个表达式的值和类型。

```
d1,d2,d3,d4
```

例如，在下面的代码中，当 m 小于 n 时，计算 mCount++，m 存储在 min 中。否则，计算 nCount++，n 存储在 min 中。

```
int m, n, min;
int mCount = 0, nCount = 0;
min = (m < n ? mCount++, m : nCount++, n);
```

注意：除本章介绍的一些常用的基本运算符之外，C++中还有一些比较特殊的运算符，具体如表 6-5 所示。

表 6-5　其他运算符

类　型	运 算 符	例　子
全局变量或全局函数	: :（全局）	: : GetSystemDirectory
类中的域变量或函数	: :（类域）	CWnd::FromHandle
括号及函数调用	( )	(a+b)*(a-b)
指针指向的结构或类种的域变量	- >	(CWnd *wnd)-> FromHandle
结构或类中的域变量	.	(CWnd wnd). FromHandle
数组下标运算符	[]	nYearsMonthsDays[10][12][366]
内存分配运算符	new	new CWnd
内存释放运算符	delete	delete (CWnd *wnd)

实例 6-9 使用逗号运算符

源码路径：daima\6\6-9（Visual C++版和 Visual Studio 版）

本实例的具体实现代码如下。

```
void main(){
    int a=4,b=6,c=8,res1,res2;    //定义5个int类型的变量
    res1=a,res2=b+c;              //给变量res1和res2赋值
    for(int i=0,j=0;i<2;i++){
       printf("y=%d,x=%d\n",res1,res2);
    }
}
```

编译执行后的效果如图 6-10 所示。

图 6-10　执行后的效果

6.1.10　运算符的优先级和结合性

在日常生活中，无论是排队买票还是超市结账，我们都遵循先来后到的顺序。在 C++语言运算中，也要遵循某种运算秩序，这个秩序就是优先级。例如加减乘除，是先计算乘除后计算加减。在 C++程序中，当多个不同的运算符进行混合运算时，运算顺序是根据运算符的优先级

而确定的。优先级高的运算符先运算，优先级低的运算符后运算。在同一个表达式中，如果各运算符有相同的优先级，则运算顺序是从左向右还是从右向左，是由运算符的结合性确定的。所谓结合性，是指运算符可以与左边的表达式结合，也可以与右边的表达式结合。C++运算符的优先级和结合性参见表 6-6。

表 6-6　C++运算符的优先级和结合性

<table>
<tr><th>优先级</th><th>运算符</th><th>描　述</th><th>示　例</th><th>结合性</th></tr>
<tr><td rowspan="7">1</td><td>()</td><td>小括号，分组，调用</td><td>(a + b) / 4;</td><td rowspan="7">从左至右</td></tr>
<tr><td>[]</td><td>中括号，下标运算</td><td>array[4] = 2;</td></tr>
<tr><td>-></td><td>指针，成员选择</td><td>ptr->age = 34;</td></tr>
<tr><td>.</td><td>点，成员选择</td><td>obj.age = 34;</td></tr>
<tr><td>::</td><td>作用域</td><td>Class::age = 2;</td></tr>
<tr><td>++</td><td>后缀自增</td><td>for(i = 0; i < 10; i++) ...</td></tr>
<tr><td>--</td><td>后缀自减</td><td>for(i = 10; i > 0; i--) ...</td></tr>
<tr><td rowspan="10">2</td><td>!</td><td>逻辑非</td><td>if(!done) ...</td><td rowspan="10">从右至左</td></tr>
<tr><td>~</td><td>按位异或</td><td>flags = ~flags;</td></tr>
<tr><td>++</td><td>前缀自增</td><td>for(i = 0; i < 10; ++i) ...</td></tr>
<tr><td>--</td><td>前缀自减</td><td>for(i = 10; i > 0; --i) ...</td></tr>
<tr><td>-</td><td>负号</td><td>int i = -1;</td></tr>
<tr><td>+</td><td>正号</td><td>int i = +1;</td></tr>
<tr><td>*</td><td>解引用</td><td>data = *ptr;</td></tr>
<tr><td>&</td><td>取地址</td><td>address = &obj;</td></tr>
<tr><td>(type)</td><td>强制类型转换</td><td>int i = (int) floatNum;</td></tr>
<tr><td>sizeof</td><td>对象/类型长度</td><td>int size = sizeof(floatNum);</td></tr>
<tr><td rowspan="2">3</td><td>->*</td><td>指向成员指针</td><td>ptr->*var = 24;</td><td rowspan="20">从左至右</td></tr>
<tr><td>*</td><td>取成员指针</td><td>obj.*var = 24;</td></tr>
<tr><td rowspan="3">4</td><td>*</td><td>乘法</td><td>int i = 2 * 4;</td></tr>
<tr><td>/</td><td>除法</td><td>float f = 10 / 3;</td></tr>
<tr><td>%</td><td>模/求余</td><td>int rem = 4 % 3;</td></tr>
<tr><td rowspan="2">5</td><td>+</td><td>加法</td><td>int i = 2 + 3;</td></tr>
<tr><td>-</td><td>减法</td><td>int i = 5 - 1;</td></tr>
<tr><td rowspan="2">6</td><td><<</td><td>位左移</td><td>int flags = 33 << 1;</td></tr>
<tr><td>>></td><td>位右移</td><td>int flags = 33 >> 1;</td></tr>
<tr><td rowspan="4">7</td><td><</td><td>小于比较</td><td>if(i < 42) ...</td></tr>
<tr><td><=</td><td>小于等于比较</td><td>if(i <= 42) ...</td></tr>
<tr><td>></td><td>大于比较</td><td>if(i > 42) ...</td></tr>
<tr><td>>=</td><td>大于等于比较</td><td>if(i >= 42) ...</td></tr>
<tr><td rowspan="2">8</td><td>==</td><td>相等比较</td><td>if(i == 42) ...</td></tr>
<tr><td>!=</td><td>不等比较</td><td>if(i != 42) ...</td></tr>
<tr><td>9</td><td>&</td><td>位与</td><td>flags = flags & 42;</td></tr>
<tr><td>10</td><td>^</td><td>位异或</td><td>flags = flags ^ 42;</td></tr>
<tr><td>11</td><td>|</td><td>位或</td><td>flags = flags | 42;</td></tr>
<tr><td>12</td><td>&&</td><td>逻辑与</td><td>if(conditionA && conditionB) ...</td></tr>
<tr><td>13</td><td>||</td><td>逻辑或</td><td>if(conditionA || conditionB) ...</td></tr>
</table>

续表

优先级	运算符	描　　述	示　　例	结合性
14	? :	条件操作符	int i = (a > b) ? a : b;	从右至左

15	=
	+=
	–=
	*=
	/=
	%=
	&=
	^=
	|=
	<<=
	>>=
		简单赋值
		先加后赋值
		先减后赋值
		先乘后赋值
		先除后赋值
		先按位与后赋值
		先按位后赋值
		先按位异或后赋值
		先按位或后赋值
		先按位左移后赋值
		先按位右移后赋值
			int a = b;
			a += 3;
			b –= 4;
			a *= 5;
			a /= 2;
			a %= 3;
			flags &= new_flags;
			flags ^= new_flags;
			flags |= new_flags;
			flags <<= 2;
			flags >>= 2;	

16	,	逗号运算符	for(i = 0, j = 0; i < 10; i++, j++) ...	从左到右

在下面的实例中，演示了运算符优先级的使用过程。

实例 6-10 演示运算符优先级的使用过程

源码路径：daima\6\6-10（Visual C++版和 Visual Studio 版）

本实例的实现文件为 youxian.cpp，具体实现代码如下。

```
int main(void) {
    int i=-22;                    //定义整型变量
    int k=1;                      //定义整型变量
    k=(k+=-++i/3*2>>1)*3+21;      //复杂表达式
    cout <<"最后结果是" << k << "分" << endl;
                                  //输出计算结果
    return 0;
}
```

在上述代码中，计算了表达式(k+=−++i/3*2>>1)*3+21 的值，具体计算过程如下。

（1）计算括号内的值。

括号内++和−的级别最高，从结合性可知++高于，所以先计算++，然后计算−。即：

```
(k+=- (-21) /3*2>>1)*3+21
```

（2）因为−高于+=和/，所以在此计算−。即：

```
(k+=21) /3*2>>1)*3+21
```

（3）/和*高于+=和>>，同级的/高于*。即：

```
(k+=7*2>>1)*3+21
```

（4）计算括号内的*。即：

```
(k+=14>>1)*3+21
```

（5）因为>>高于+=，所以在此计算：

```
(k+=7)*3+21
```

（6）先计算括号内。即：

```
8*3+21
```

（7）最后得出结果：

```
8*3+21=45
```

编译执行后的运行效果如图 6-11 所示。

图 6-11　执行后的效果

6.2 类 型 转 换

视频讲解：视频\第 6 章\类型转换.mp4

在通常情况下，我们会设定一个具体类型来定义某个变量的数据类型。在 C++程序中，我们不能随意把不同数据类型的变量或常量乱赋值。但是在很多情况下有特殊需要，我们必须把数据转换为需要的类型。C++中的数据类型转换主要有隐式转换和显式转换两种。

6.2.1 使用隐式转换

隐式是指隐藏的、看不到的，这种转换好比把小东西放到大箱子里。这里小和大的主要判别依据是数据类型的表示范围和精度，比如 short 比 long 小、float 比 double 小等。当一个变量的表示范围和精度都大于另一个变量定义时的类型，将后者赋值给前者就会发生隐式转换。显然，这种转换不会造成数据的丢失。

在 C++中定义了一组内置的类型对象之间的标准转换，在必要时它们被编译器隐式地应用到对象上。在算式转换上，加法或乘法的两个操作数被提升为共同的类型，然后再表示结果的类型。两个通用的指导原则如下。

（1）为防止精度损失，如果必要，类型总是被提升为较宽的类型。

（2）所有含有小于整型的有序类型的算术表达式在计算之前其类型都会被转换成整型。

上述规则定义了一个类型转换层次结构，我们从最宽的类型 long double 开始，那么另一个操作数无论是什么类型都将被转换成 long double。如果两个操作数都不是 long double 型，那么如果其中一个操作数的类型是 double 型，则另一个就被转换成 double 型。例如：

```
int ival;
float fval;
double dval;
dval + fval + ival                //在计算加法前，fval和ival都被转换成double
```

同理，如果两个操作数都不是 double 型，而其中一个操作数为 float 类型，则另一个被转换成 float 型。例如下面的代码中，如果两个操作数都不是 3 种浮点类型之一，它们一定是某种整值类型。在确定共同的目标提升类型之前，编译器将在所有小于 int 的整值类型上施加一个称为整值提升的过程。

```
char cval;
int ival;
float fval;
cval + ival + fval                //在计算加法前，ival和cval都被转换成float
```

在进行整值提升时，类型 char、signed char、unsigned char 和 short int 都被提升为类型 int。如果机器上的类型空间足够表示所有 unsigned short 型的值（这通常发生在 short 用半个字而 int 用一个字表示的情况下），则 unsigned short int 也被转换成 int，否则它会被提升为 unsigned int。在下列表达式中，在确定两个操作数被提升的公共类型之前，cval found 和 mval 都被提升为 int 类型。

```
char cval;
bool found;
enum mumber{m1,m2,m3}mval;
unsigned long ulong;
cval + ulong;ulong + found; mval + ulong;
```

一旦整值提升执行完毕，类型比较就又一次开始。如果一个操作是 unsigned long 型，则第二个也被转换成 unsigned long 型。在上面的例子中，所有被加到 ulong 上的 3 个对象都被提升为 unsigned long 型。如果两个操作类型都不是 unsigned long，而其中一个操作是 long 型，则另一个也被转换成 long 型。例如：

```
char cval;
long lval;
cval + 1024 + lval;    //在计算加法前，cval和1024都被提升为long型
```

long 类型的一般转换有一个例外情况。如果一个操作是 long 型而另一个是 unsigned int 型，那么只有机器上的 long 型的长度足以覆盖 unsigned int 的所有值时（一般来说，在 32 位操作系统中 long 型和 int 型都用一个字长表示，所以不满足这里的假设条件），unsigned int 才会被转换为 long 型，否则两个操作数都被提升为 unsigned long 型。若两个操作数都不是 long 型，而其中一个是 unsigned int 型，则另一个也被转换成 unsigned int 型，否则两个操作数一定都是 int 型。

下面的实例，演示了 C++实现隐式转换的过程。

实例 6-11　使用 C++的隐式转换

源码路径： daima\6\6-11（Visual C++版和 Visual Studio 版）

本实例的实现文件为 yinshi.cpp，具体实现代码如下。

```
int main(void) {
    bool bval=false;                //定义bool类型变量bval
    char cval='a';                  //定义char类型变量cval
    short sval=90;                  //短整型
    unsigned short usval=100;       //无符号短整型

    int ival=3;                     //整型
    float fval=3.14;                //浮点型
    double dval=3.1415;             //双精度型
    long double ldval=3.1415927;    //长双精度型
    cout<<bval+dval<<endl;          //bval提升为int，然后转换为double
    cout<<ldval+ival<<endl;         //ival转换为long double
    cout<<cval+sval<<endl;          //提升到int
    cout<<fval+ival<<endl;          //转换为float
    cout<<ival+usval<<endl;         //依unsigned short和int的长度决定提升到哪种类型
    return 0;
}
```

（1）bval+dval：bval 是 bool 类型，首先将其处理为 int 类型；因为 dval 是 double 类型，所以 bval 还需要处理为 double 类型。

（2）ldval+ival：ldval 是 long double 类型，所以 ival 需要转换为 long bool 类型。

（3）cval+sval：变量类型都小于 int，所以均可处理为 int 类型。

（4）fval+ival：fval 是 float 类型，所以 ival 可以处理为 float 类型。

（5）ival+usval：此语句转换依赖于特定机型上 unsigned short 和 int 的长度来决定。

编译执行后的效果如图 6-12 所示。

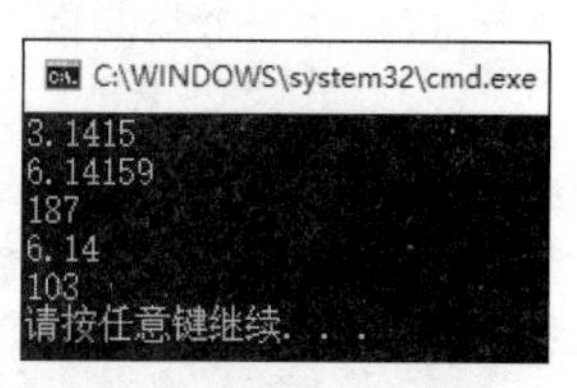

图 6-12　执行后的效果

6.2.2　使用显式转换

在 C++程序中，与隐式转换相反，显式转换会在程序中明显地体现出来。实现显式转换的基本方法有以下 3 种。

```
(类型)表达式;
类型(表达式);
(类型)(表达式);
```

根据上述 3 种转换格式，如下 3 种形式都是合法的。

（1）第一种：

```
s2 = (short)100000;
```

（2）第二种：

```
s2 = short(100000);
```

（3）第三种：

```
s2 = (short)(100000);
```

上述强制转换好比把大东西放到小箱子里，多出来的部分就不得不丢弃。若一个变量的表示范围或精度无法满足另一个变量定义时的类型，将后者赋值给前者就需要进行显式转换。显式转换可能导致部分数据（如小数）丢失。

上面演示的 3 种转换表达方式非常简洁，但是 C++并不推荐使用该方式，而是推荐使用强制类型转换操作符（包括 static_cast、dynamic_cast、reinterpret_cast 和 const_cast）来完成显式转换，它们的具体含义如表 6-7 所示。

表 6-7　强制类型转换操作符

操　作　符	中 文 名 称	含　　义
dynamic_cast	动态类型转换符	支持多态而存在，主要用于类之间的转换
static_cast	静态类型转换符	仅仅完成编译时期的转换检查
reinterpret_cast	再解释类型转换符	完成不同类型指针之间的相互转换
const_cast	常类型转换符	用来修改类型的 const 或 volatile 属性

在下面的内容中，将详细讲解表 6-7 中各个强制类型转换操作符的具体用法。

1. reinterpret_cast（在编译期间实现转换）

reinterpret_cast 能够将一个类型的指针转换成另一个类型的指针。这种转换不用修改指针变量值数据存放的格式（不改变指针变量值），只需在编译期间重新解释指针的类型就可以做到。reinterpret_cast 可以将指针值转换为一个整型数，但是不能用于非指针类型的转换，否则将不会通过编译。可以在如下情况下使用 reinterpret_cast 进行数据类型的转换。

（1）将基本类型指针转换成另一个类型的指针。例如：

```
//基本类型指针的转换
double d = 9.3;
double *pd = &d;
int *pi = reinterpret_cast<int *>(pd);//相当于隐式转换int * pi = (int *)pd;
```

（2）将一个类的指针转换为另一个类的指针。例如：

```
//类指针类型的转换
class A{};
class B{};
A* pa = new A;
B* = reinterpret_ cast<B*>pa;
```

（3）不能转换非指针类型。例如，将 int 类型转换为 float 类型时是不能转换成功的：

```
int i = 8;
double dl = reinterpret_cast<double>(i);
```

（4）不能将一个 const 指针转换成 void*类型的指针。例如：

```
const int* pci = 0;
void *pv = reinterpret_cast<void*>(pci);
```

在下面的例子中演示了 reinterpret_cast 函数的使用方法。

实例 6-12 使用 reinterpret_cast 实现强制转换

源码路径：daima\6\6-12（Visual C++版和 Visual Studio 版）

本实例的实现文件为 reinterpret_cast.cpp，具体实现代码如下。

```
#include "iostream.h"
int main(void){
    char cval[]="mnz";              //定义字符数组变量
    char *p1=cval;                  //定义指针变量
    //强制类型转换
short int *p2= reinterpret_cast<short int*>(p1);
    cout<<cval[0]<<cval[1]<<endl; //输出字符数组的原值
    cout<<p1<<endl;                 //用指针输出字符数组的内容
    cout<<*p2<<endl;                //用指针输出强制转换后的内容
    return 0;
}
```

编译执行后将分别输出结果，如图 6-13 所示。

图 6-13　执行效果

2. const_cast（在编译期间实现转换）

在 C++程序中，const_cast 用于删除指针变量的常量属性，将它转换为一个对应指针类型的普通变量。反过来，也可以将一个非常量的指针变量转换为常量指针变量。这种转换是在编译期间作出的类型更改。

（1）将常量指针变量转换为对应指针类型的普通变量。例如：

```
const int *pci = 0;
int* pj = const_cast<int*>(pci);//相当于隐式转换int* pj = (int*)pci;
```

（2）将普通指针变量转换为一个常量指针变量。例如：

```
int* pi =0;
const int* pcj = const_cast<const int*>(pi);//相当于隐式转换const int* = (int*)pi
```

（3）将类的常量指针变量转换为类的普通指针变量。例如：

```
const A* pca = new A;
A* pa = const_cast<A*>(pca);//相当于隐式转换A* pa = (A*)pca;
```

（4）无法将非指针的常变量转换为普通变量，无法将非指针的普通变量转换为常变量。例如：

```
int i =0;
const int cj = const_cast<const int>(i);//非指针转换，不能通过编译
```

（5）但可以通过隐式转换将非指针的普通变量转换为常变量。例如：

```
int i = 0;
const int ck = (const int)(i);
```

实例 6-13 使用函数 const_cast 实现强制转换

源码路径：daima\6\6-13（Visual C++版和 Visual Studio 版）

本实例的实现文件为 const_cast.cpp，具体实现代码如下。

```
int main(void) {
    int ival=10;                          //定义int类型变量ival
    const int * p1=&ival;                 //引用
    cout<<*p1<<endl;                      //强制输出
    int *p2=const_cast<int *>(p1);        //强制转换
    *p2=8;                                //给转换后的内容赋值
    cout<<ival<<endl;                     //直接输出转换前的内容
    cout<<*p1<<endl;                      //间接输出转换前的内容
    cout<<*p2<<endl;                      //间接输出强制转换后的内容
```

```
    return 0;
}
```

编译执行后的效果如图 6-14 所示。

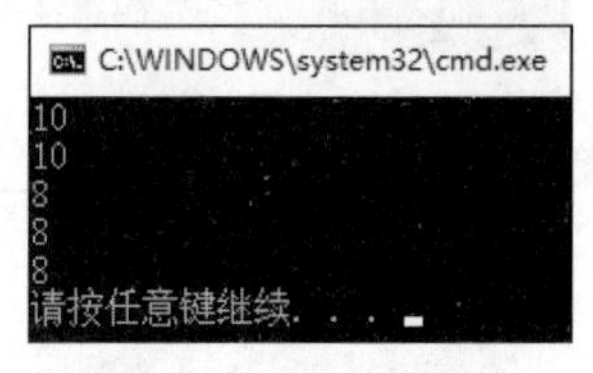

图 6-14　执行后的效果

3. dynamic_cast（在运行期间实现转换，并可以返回转换成功与否的标志）

在 C++程序中，操作符 dynamic_cast 可以针对指针类型和引用类型两种数据类型做强制转换。这两种类型的情况是不一样的。

（1）对指针的强制转换。

```
dynamic_cast<T*>(p);
```

如果 p 的类型为 T*或者 D*，且 T 是 D 的一个可以访问的基类，结果与我们直接将 p 赋给一个 T*是一样的。这是向上类型转换的情况。

dynaimic_cast 的专长是用于那些编译器无法确定转换正确性的情况。在这种情况下 dynamic_cast 将查看被 p 指向的对象（如果有的话），如果这个对象属于类 T 或者有唯一的基类 T，那么 dynamic_cast 就返回指向该对象的类型为 T*的指针，否则就返回 0。如果 p 的值为 0，则 dynamic_cast<T*>(p)也返回 0。

如果要做向下的类型转换或者兄弟类之间做交叉转换，则要求 p 是一个到多态类型的指针或引用。但是转换的目标类型不一定是支持多态的。因为如果 p 的类型不是 T 的，那么返回值为 0，这样的话，我们对 dynamic_cast<T*>(p)的返回值必须做显示的检查。对于指针 p，dynamic_cast<T*>(p)可以看成一个疑问：p 所指向的对象的类型是 T 吗？

（2）对引用的强制转换。

因为我们能合法地假定一个引用总是引用着某个对象，因此对引用 r 做 dynamic_cast<T&>(r)不是提问，而是断言："由 r 引用的对象的类型是 T。"对于引用的 dynamic_cast 的结果，隐式地由 dynamic_cast 去做检查，如果对引用的 dynamic_cast 不具有所需要的类型，就会抛出一个 bad_cast 异常。在对动态指针强制转换和动态引用强制转换结果方面的差异，所反映的正是指针和引用之间的根本性差异。

4. stactic_cast（在编译期间实现转换）

在 C++程序中，操作符 stactic_cast 主要用于基本类型之间和具有继承关系的类型之间的转换，这种转换一般会改变变量的内部表示方式，因此 static_cast 用于指针的转换没有太大的意义。即使允许指针类型的转换，也不如 reinterprret 转换的效率高。

（1）基本类型之间的转换。例如：

```
int i =0 ;
double d  = static_cast<double int>();
```

（2）继承类型转换为基类。例如：

```
class Base{};
class Derived :public Base{};
Derived d;
Base b = static_cast<Base>(d);
```

（3）继承类与基类指针进行转换编译能通过，但是基类转换为继承类指针具有一定的危害性。例如：

```
Dereived* pd = new Derived ;
Base *pb = static_cast<Base*>(pd);
```

（4）不能使用 static_cast 转换基本类型的指针。例如：

```
int* pi = 0;
double* pd = static_cast<double>(pi);
```

（5）不能把基类转换为继承类或转换无继承关系的类的指针。

实例 6-14 使用 static_cast 函数

源码路径：daima\6\6-14（Visual C++版和 Visual Studio 版）

本实例的实现文件为 stactic_cast.cpp，具体实现代码如下。

```
#include "stdafx.h"
#include <iostream.h>
int main(void) {
    double dVal=3.14;       //定义表示圆周率的变量
    int iVal=static_cast<int>(dVal);
                            //静态的类型转换
    cout << iVal << endl; //输出iVal的值
    return 0;
}
```

编译执行后的效果如图 6-15 所示。

图 6-15 执行后的效果

6.3 技术解惑

6.3.1 避免运算结果溢出的一个方案

当我们进行算术运算时，如果运算结果超出变量所能表达的数据范围，就会发生溢出。如果我们能够利用 sizeof 运算符计算变量所占的字节数，就可算出变量的数据范围，从而避免可能出现的错误。

6.3.2 运算符重载的权衡

C++中预定义的运算符的操作对象只能是基本数据类型。但实际上，对于许多用户自定义类型（如类），也需要类似的运算操作，这时就必须在 C++中重新定义这些运算符，赋予已有运算符新的功能，使它能够用于特定类型执行特定的操作。运算符重载的实质是函数重载，它提供了 C++的可扩展性，也是 C++ 最吸引人的特性之一。

一些编程语言没有运算符重载的特性，如 Java。这些语言的设计者认为，运算符重载会增加编程的复杂性，或者由于使用者水平的问题引起功能上的混淆；认为 a.add(b)比 a+b 更加面向对象（这个有点牵强）。但无论如何，这些理由从反面提醒我们，在重载运算符的时候要注意语义，权衡实施的必要性。

运算符重载是通过创建运算符函数实现的，运算符函数定义了重载的运算符将要进行的操作。运算符函数的定义与其他函数的定义类似，唯一的区别是运算符函数的函数名是由关键字 operator 和其后要重载的运算符符号构成的。

6.3.3 运算符重载是对已有运算符赋予多重含义

C++运行时的多态性主要是通过虚函数实现的，而编译时的多态性是由函数重载和运算符重载实现的。在讲解每一个系列之前，都会有与其相关的一些基础知识需要我们理解。而运算符重载的基础就是运算符重载函数。运算符重载是对已有运算符赋予多重含义，使同一个运算符作用域不同类型的数据导致不同行为的发生。例如下面的代码。

```
int i;
 int i1=10,i2=10;
 i=i1+i2;
 std::cout<<"i1+i2="<<i<<std::endl;
double d;
 double d1=20,d2=20;
 d=d1+d2;
 std::cout<<"d1+d2="<<d<<std::endl;
```

在上述代码中，“+”既完成了两个整型数的加法运算，又完成了双精度型的加法运算。为什么同一个运算符“+”可以用于完成不同类型的数据的加法运算呢？这是因为 C++针对预定义基本数据类型已经对“+”运算符进行了适当的重载。在编译程序编译不同类型数据的加法表达式时，会自动调用相应类型的加法运算符重载函数。但是 C++中所提供的预定义的基本数据类型毕竟是有限的，在解决一些实际问题时，往往需要用户自定义数据类型。

6.4　课后练习

(1) 编写一个 C++程序，使用异或运算符实现两个变量的互换操作。

(2) 编写一个 C++程序，实现整数的加减法运算功能。

(3) 编写一个 C++程序，要求使用位运算符实现基本的位运算功能。

第 7 章

流程控制语句

C++程序是由很多个基本结构组成的，每个基本结构又可以包含一条或若干条程序语句。程序中语句的执行顺序称为程序结构。如果程序语句是按照程序的书写顺序执行的称为顺序结构；如果是按照某个条件来决定是否执行的称为选择结构；如果某些语句要反复执行多次，则称为循环结构。本章将详细讲解 C++语言中流程控制语句的基本知识。

7.1　语句和语句块

视频讲解：视频\第 7 章\语句和语句块.mp4

在 C++程序中，语句的功能是指定程序应该做什么，是一个程序所处理的数据元素的基本单元。

7.1.1　最简单的语句

在 C++程序中，大多数语句以分号结尾。C++中的语句种类有多种，其中最基本的语句是把一个名称引入到程序源文件中的语句。最简单的语句只有一条语句，只有一个结束标志，但是可能会有一个或一个以上的表达式。它可能只完成一种运算，也可能完成多种运算。下面的实例演示了最简单语句的执行过程。

实例 7-1　演示最简单语句的执行过程

源码路径：daima\7\7-1（Visual C++版和 Visual Studio 版）

本实例的实现文件为 easy.cpp，具体实现代码如下。

```
#include "stdafx.h"
#include "iostream"

int main(int argc, char* argv[]){
    cout << "演示最简单语句的执行过程" << endl;
    //打印输出
    return 0;
}
```

上述代码是一个最简单的控制台输出程序，编译执行后的效果如图 7-1 所示。

图 7-1　执行后的效果

7.1.2　语句块

在 C++程序中，可以把几个语句放在一对大括号中，此时这些语句称为语句块。函数体就是一个语句块，例如本书前面实例中的主函数 mian()就是一个语句块。语句块也可以称为复合语句，因为在许多情况下，可以将语句块看作是一个语句。其实在 C++程序中，无论把一个语句放在什么地方，都等效于给语句块加上大括号对。因此，语句块可以放在其他语句块内部，这称为嵌套。C++语言规定：语句块可以用大括号“{}”作为标志，括号内所包含的是构成该语句块的多条语句。下面的实例演示了语句块的执行过程。

实例 7-2　使用语句块

源码路径：daima\7\7-2（Visual C++版和 Visual Studio 版）

本实例的实现文件为 kuai.cpp，具体实现代码如下。

```
int main(int argc, char* argv[]){
cout << "使用语句块" << endl;
    int i=11;                  //定义变量i
    if (i>10)                  //语句块1
    {
       for (int j=1;j<10;j++) //语句块2
       {
          cout<<j<<endl;      //输出j的值
       }
```

```
    }
    return 0;
}
```

在上述代码中，大括号中的语句构成了一个语句块。编译执行后的效果如图 7-2 所示。

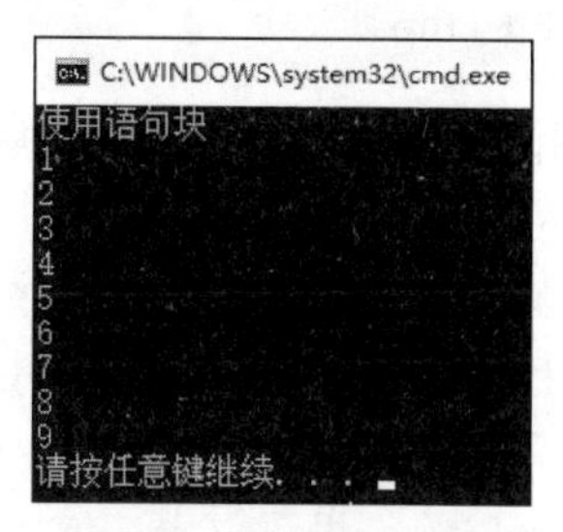

图 7-2 执行后的效果

在 C++程序中，大括号内的语句没有多和少之分，有时可能只包含一条语句。例如，下面的简单代码也是一个语句块。

```
{
    return 0;
}
```

当语句块内只包含一条语句时可以省略大括号。例如，可以省略下面代码中的大括号，可以写为下面的形式。

```
if (i>10)
    cout<<i<<endl;
cout<<"这是例子"<<endl;
```

但是如果大括号内含有多条语句，则大括号必须保留，否则将导致运行错误。

```
if (i>10){
    cout<<i<<endl;
    cout<<"this is a example"<<endl;
}
```

例如，在下面的例子中演示了创建大括号语句块的过程。

实例 7-3 创建大括号语句块

源码路径：daima\7\7-3（Visual C++版和 Visual Studio 版）

本实例的实现文件为 dakuai.cpp，具体实现代码如下。

```
int main(int argc, char* argv[]){
    int i = 17;                          //定义变量i并赋值
    if (i>10)                            //语句块1
    {
        for (int j = 1; j<10; j++){      //语句块2
            cout << j << endl;           //输出j的值
        }
    }
    return 0;
}
```

在上述代码中，for (int j=1;j<10;j++)后的大括号可以省略，但是 if (i>10)后的大括号不可以省略。编译执行后的效果如图 7-3 所示。

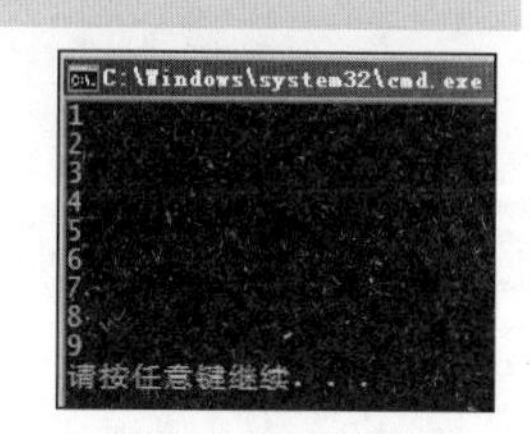

图 7-3 执行后的效果

7.2 顺序结构

视频讲解：视频\第 7 章\顺序结构.mp4

C++语言是一种结构化和模块化通用程序设计语言，结构化程序设计方法可以使程序结构更加清晰，提高程序的设计质量和效率。在 C++流程控制结构中，顺序结构是最简单、最容易理解的一种结构。顺序结构在程序中的特点就是：按照程序的书写顺序自上而下地顺序执行，每条语句都必须执行，并且只能执行一次。具体流程如图 7-4 所示。

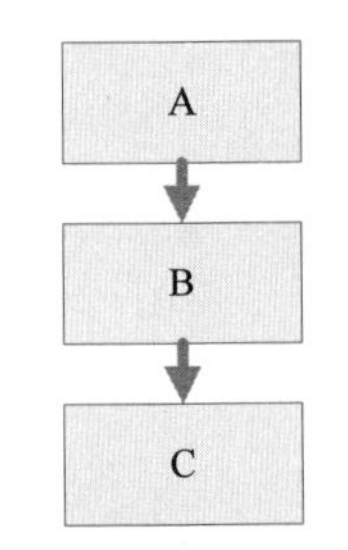

图 7-4　顺序执行

在图 7-4 所示流程中，只能先执行 A，再执行 B，最后执行 C。顺序结构是 C++语言程序中最简单的结构方式，在前面的内容中也已经使用了多次。下面实例的功能是顺序输出数字和文本。

实例 7-4　顺序输出数字和文本

源码路径：daima\7\7-4（Visual C++版和 Visual Studio 版）

本实例的具体实现代码如下。

```
void main(){
  int i=0;              //程序执行第1步：定义变量i
  cout << i<< endl;     //程序执行第2步：输出i的值
  cout << "顺序输出数字和文本" <<endl;
  //程序执行第3步：输出字符串
}
```

编译执行后的效果如图 7-5 所示。

图 7-5　执行后的效果

7.3 选择结构

视频讲解：视频\第 7 章\选择结构.mp4

在 C++程序中，可以根据项目需要而选择要执行的语句。大多数稍微复杂一些的程序会使用选择结构，其功能是根据所指定的条件，决定从预设的操作中选择一条操作语句。具体流程如图 7-6 所示。

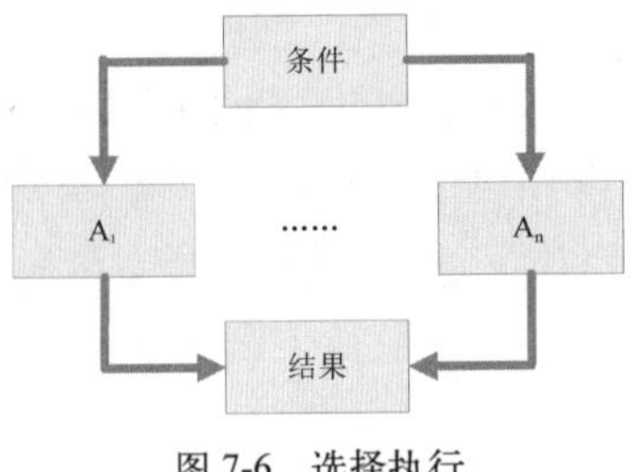

图 7-6　选择执行

在图 7-6 所示流程中，只能根据满足的条件执行 A_1 到 A_n 之间的一条程序。

7.3.1 单分支结构语句

在 C++程序中，单分支结构 if 语句的功能是对一个表达式进行计算，并根据计算结果决定是否执行后面的语句。使用单分支 if 语句的语法格式如下。

```
if(表达式)
语句
```

或：

```
if(表达式) {
语句
}
```

上述格式的含义是，如果表达式的值为真，则执行其后的语句，否则不执行该语句。上述过程可表示为图 7-7 所示。

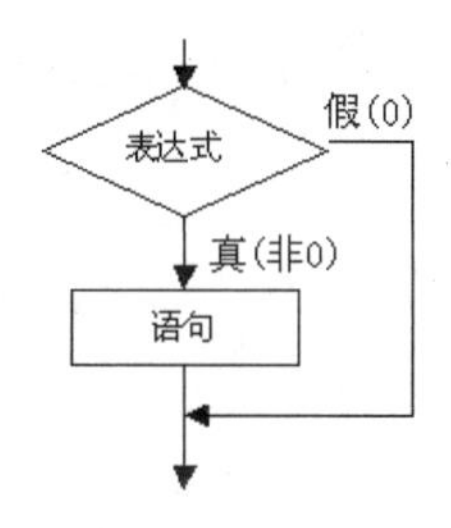

图 7-7 单分支 if 语句

例如，下面的代码就应用了单分支 if 语句。

```
if (i>10){              //如果i大于10，则通过下一行代码输出i的值
    cout<<i<<endl;
}
cout<<"这是例子"<<endl; //如果i不大于10，则输出文本“这是例子”
```

7.3.2 双分支结构语句

在 C++语言中，可以使用 if-else 语句实现双分支结构。双分支结构语句的功能是对一个表达式进行计算，并根据得出的结果执行其中的操作语句。使用双分支 if 语句的语法格式如下。

```
if(表达式)
  语句1;
else
  语句2;
```

上述格式的含义是：如果表达式的值为真，则执行语句 1，否则执行语句 2，语句 1 和语句 2 只能被执行一个。上述过程可以直观地表示为图 7-8 所示。

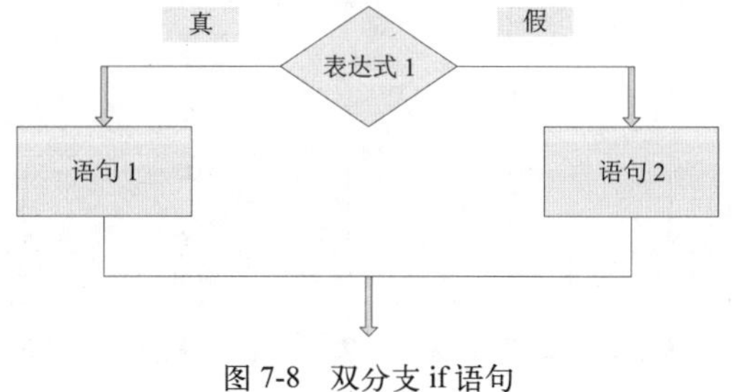

图 7-8 双分支 if 语句

例如，下面的实例演示了使用 if-else 语句的过程。

实例 7-5　判断成绩是否及格

源码路径：daima\7\7-5（Visual C++版和 Visual Studio 版）

本实例的实现文件为 else.cpp，具体实现代码如下。

```
#include "iostream.h"
int main(int argc, char* argv[]){
    int grade=50;                          //定义变量grade的初始值是50
    if (grade>=60)                         //判断分数是否及格
        cout << "及格了！" << endl;
                                           //语句1，输出及格的信息
    else
        cout << "没有及格！" << endl;      //语句2，输出不及格的信息
    return 0;
}
```

编译执行后的效果如图 7-9 所示。

图 7-9　执行效果

为了解决比较复杂的问题，有时需要对 if 语句进行嵌套使用。下面详细介绍两种嵌套 if 语句的用法。

1. 第一种嵌套格式

嵌套的位置可以固定在 else 分支下，在每一层的 else 分支下嵌套另外一个 if-else 语句。具体格式如下。

```
if(表达式1)
    语句1;
else  if(表达式2)
    语句2;
else  if(表达式3)
    语句3;
    …
else  if(表达式m)
    语句m;
else
    语句n;
```

上述格式的含义是：依次判断表达式的值，当出现某个值为真时，则执行其对应的语句，然后跳到整个 if 语句之外继续执行程序。如果所有的表达式均为假，则执行语句 n，然后继续执行后续程序。其过程可表示为图 7-10 所示。

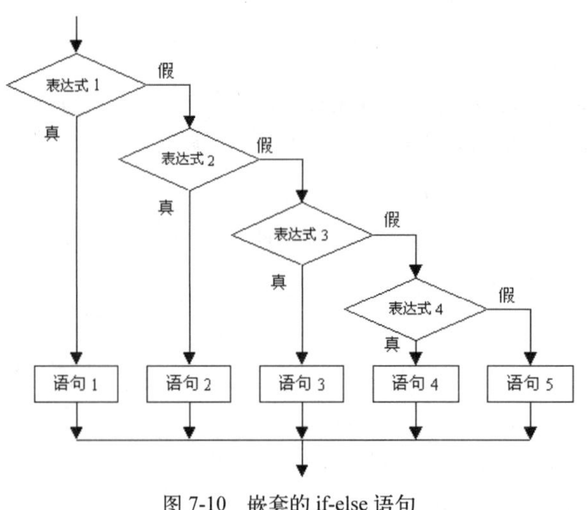

图 7-10　嵌套的 if-else 语句

例如，下面的实例中演示了使用嵌套 if-else 语句的过程。

实例 7-6 使用嵌套 if-else 语句

源码路径：daima\7\7-6（Visual C++版和 Visual Studio 版）

本实例的实现文件为 qiantao.cpp，具体实现代码如下。

```
int main(void){
    int  score;                                //存储成绩
    score = 0;                                 //初始化成绩变量
    cout << "请输入成绩:";
    cin >> score;
    if (score >= 80)                           //第一个判断条件
        cout << "你很优秀!! " << endl;         //语句1
    else if (score >= 60)                      //第二个判断条件
        cout << "你及格了! " << endl;          //语句2
    else
        cout << "不及格!! " << endl;           //语句3
    return 1;
}
```

编译执行后提示用户输入成绩，输入成绩并单击回车键后，系统自动输出判断结果（及格、不及格、优秀）。例如，输入“80”后的执行效果如图 7-11 所示。

```
C:\WINDOWS\system32\cmd.exe
请输入成绩:80
你很优秀！！
请按任意键继续. . .
```

图 7-11 执行效果

2. 第二种嵌套格式

除了上面介绍的嵌套格式外，if 语句还有另外一种嵌套格式。

```
if(表达式1)
  {语句1;
  {    if(表达式2)
          ..........
       }
}
```

在上述格式中，“表达式 1”和“表达式 2”是任意的关系表达式。上述格式的功能是：如果 1 成立，则继续判断表达式 2 是否成立，依此类推。

实例 7-7 密码登录验证系统

源码路径：daima\7\7-7（Visual C++版和 Visual Studio 版）

本实例的实现文件为 new.cpp，具体实现代码如下。

```
#include "iostream.h"
int main(int argc, char* argv[]){
    char *id="mmm";                            //设置用户名为"mmm"
    char *psw="888888";                        //设置密码为"888888"
    if (id="mmm")                              //如果用户名正确
    {
        if (psw="888888")                      //如果密码正确
        {
            cout<<"欢迎光临!"<<endl;           //输出显示“欢迎光临!”
        }
    }
    return 0;
}
```

在上述代码中，设置了用户名和口令，只有分别输入“mmm”和“888888”后，才会输出“欢迎光临”并进入系统。编译执行后的效果如图 7-12 所示。

```
C:\Windows\system32\cmd.exe
欢迎光临!
请按任意键继续. . .
```

图 7-12　执行后的效果

7.3.3　使用多分支结构语句

C++程序经常会选择执行多个分支语句，多分支结构有 n 个操作，实际上前面介绍的嵌套双分支语句可以实现多分支结构，在 C++语言中，专门提供了一种实现多分支结构的 switch 语句。使用 switch 语句的语法格式如下。

```
switch(表达式){
        case常量表达式1:
            语句1;
            break;
        case常量表达式2:
            语句2;
            break;
            …
        case常量表达式n:
            语句n;
            break;
         default:
            语句n+1;
}
```

上述格式的含义是计算表达式的值，并逐个与其后的常量表达式值相比较。当表达式的值与某个常量表达式的值相等时，即执行其后的语句，然后不再进行判断；如表达式的值与所有 case 后的常量表达式均不相同，则执行 default 后的语句；break 语句指终止该语句的执行，跳出 switch 语句。

在 C++程序中经常面临多项选择的情形。在这种情况下，需要根据整数变量或表达式的值，从许多选项（多于两个）中确定执行哪个语句集。例如抽奖，顾客购买了一张有号码的彩票，如果运气好，就会赢得大奖。例如，如果彩票的号码是 147，就会赢得头等奖；如果彩票的号码是 387，就会赢得二等奖；如果彩票的号码是 29，就会赢得三等奖；其他号码则不能获奖。处理这类情形的语句称为 switch 语句。在 C++程序中，switch 语句允许根据给定表达式的一组固定值，从多个选项中选择，这些选项称为 case。在彩票例子中，有 4 个 case，每个 case 对应于一个获奖号码，再加上一个默认的 case，用于所有未获奖的号码。

注意：在 C++程序中，switch 语句描述起来比其使用难一些。在许多 case 中选择取决于关键字 switch 后面括号中整数表达式的值。选择表达式的结果也可以是已枚举的数据类型，因为这种类型的值可以自动转换为整数。开发者可以根据需要，使用多个 case 值定义 switch 语句中的可能选项。case 值显示在 case 标签中，其形式如下。

```
case 标签:
```

如果选择表达式的值等于 case 值，就执行该 case 标签后面的语句。每个 case 值都必须是唯一的，但不必按一定的顺序。

C++规定 case 的值必须是整数常量表达式，即编译器可以计算的表达式，所以它只能使用字面量、const 变量或枚举成员。而且，所包含的所有字面量都必须是整数类型或可以强制转换为整数类型。在上述使用格式中的 default 标签标识默认的 case，它是一个否则模式。如果选择表达式不对应于任何一个 case 值，就执行 default 后面的默认语句。但是，不一定要指定 default，如果没有指定它，且没有选中任何 case 值，switch 语句就什么也不做。

从逻辑上看，每一个 case 语句后面的 break 语句是绝对必需的，它在 case 语句执行后跳出

switch 语句，使程序继续执行 switch 右大括号后面的语句。如果省略了 case 后面的 break 语句，就将执行该 case 后面的所有语句。注意，在最后一个 case 后面（通常是默认 case）不需要 break 语句，因为此时程序将退出 switch 语句，但加上 break 是一个很好的编程习惯，因为这可以避免以后添加另一个 case 而导致的问题。每组 case 语句后面的 break 语句把执行权传送给 switch 后面的语句。break 语句不是强制的，但如果不加上它，就会执行所选 case 之后的所有语句，这通常不是我们希望的操作。

实例 7-8 使用 switch 语句

源码路径：daima\7\7-8（Visual C++版和 Visual Studio 版）

本实例的实现文件为 switch.cpp，具体实现代码如下。

```
int main(void){
    int which;
    which=0;
    cout<<"1--new"<<endl;          //菜单1
    cout<<"2--open"<<endl;         //菜单2

    cout<<"0--quit"<<endl;         //菜单3
    cout<<"your choice:"<<endl;    //提示
    cin>>which;                    //输入选择的菜单项
    /*用switch语句根据which值执行不同的动作*/
    switch(which){
    case 1:                        //选择了菜单1
       cout<<"新建"<<endl;
       break;
    case 2:                        //选择了菜单2
       cout<<"打开"<<endl;
       break;
    case 0:                        //选择了菜单0
       cout<<"关闭"<<endl;
       break;
    default:                       //输入的选项不在菜单项中时
       cout<<"出错"<<endl;
    }
    return 1;
}
```

编译执行后将提示用户选择一个选项，选择并单击回车键后，将输出对应的选项提示。例如，输入“1”后的执行效果如图 7-13 所示。

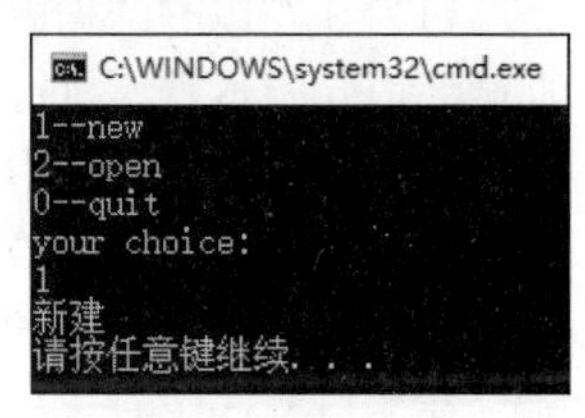

图 7-13 执行效果

如果上述代码中的 which 值不对应于所指定的所有 case 值，就执行 default 标签后面的语句。如果没有包括 default case，且 which 的值不等于所有的 case 值，则 switch 语句就什么也不做，程序继续执行 switch 后面的下一条语句，即 return 语句。

7.4 循环结构详解

视频讲解：视频\第 7 章\循环结构详解.mp4

在 C++程序中，循环结构是程序中一种很重要的结构。其特点是当给定条件成立时，反复执行某程序段，直到条件不成立为止。给定的条件称为循环条件，反复执行的程序段称为循环体。循环是一种机制，它允许重复执行同一个系列的语句，直到满足指定的条件为止。循环中的语句有时称为迭代语句。对循环中的语句块或语句执行一次称为迭代一次。

7.4.1　循环语句的形式

在循环语句中有如下两个基本元素。

（1）组成循环体的、要重复执行的语句或语句块。

（2）决定何时停止重复循环的循环条件。

循环条件有许多不同的形式，提供了控制循环的不同方式。例如：

（1）执行循环指定的次数；

（2）循环一直执行到给定的值超过另一个值为止；

（3）循环一直执行到从键盘上输入某个字符为止。

可以在 C++程序中设置循环条件，以适应使用循环的环境。但循环可以分为两种基本形式，如图 7-14 所示。

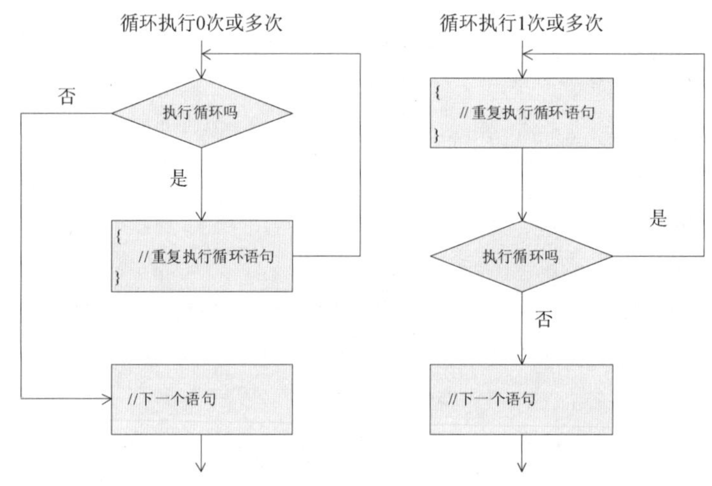

图 7-14　左右两种循环形式

图 7-14 所示两种结构的区别是很明显的，具体说明如下。

（1）在左边的结构中，循环条件在执行循环语句之前测试，因此如果循环条件测试失败，则循环语句根本就不执行。

（2）在右边的结构中，循环条件是在执行循环语句之后测试。其结果是在第一次测试循环条件之前就执行了循环语句，所以这种循环至少要执行一次。

在 C++中提供了多种循环语句，可以组成各种不同形式的循环结构。

在 C++程序中有 3 种常用的循环语句，分别是 for 语句、while 语句和 do-while 语句。

7.4.2　for 语句循环

在 C++程序中，for 循环的功能是对语句或语句块执行预定的次数。可以使用以分号“;”分隔开的 3 个表达式来控制 for 循环，这 3 个表达式放在关键字 for 后面的括号中。在 C++程序中，for 语句也称 for 循环，因为程序通常会执行此语句多次。for 语句的使用方法最为灵活，可以将一个由多条语句组成的代码块执行特定的次数。使用 for 语句的语法格式如下。

```
for(初始化语句; 条件表达式; 表达式) {
    语句;
}
```

在上述格式中，“初始化语句”是初始化变量的语句，通常情况下是初始化循环变量，在首次进入循环时执行；“条件表达式”是任意合法的关系表达式；“表达式”是任意合法的表达式；“语句块”是要执行的语句。自始至终，条件表达式控制着循环的执行：

（1）当条件表达式为真时，执行循环体；

（2）当条件表达式不为真时，退出循环；

（3）如果第一次测试条件表达式为假，则循环一次也不会执行。

“表达式”通常用于修改“初始化语句”，并在条件表达式中测试循环的变量。每次执行完循环体后，都要执行“表达式”修订循环变量。

在 C++程序中，还可以按照下面的格式使用 for 循环语句。

```
for(循环变量赋初值; 循环条件; 循环变量增量) 语句;
```

上述格式是 for 语句中最简单的应用形式，也是最容易理解的形式。“循环变量赋初值”总是一个赋值语句，它用来给循环控制变量赋初值；“循环条件”是一个关系表达式，它决定什么时候退出循环；“循环变量增量”定义循环控制变量每循环一次后按什么方式变化。这 3 个部分之间用“;”分开。例如，在下面的代码中，先给 i 赋初值为 1，然后判断 i 是否小于等于 10，若是则执行语句，之后值增加 1。再重新判断，直到条件为假，即 i>10 时才结束循环。

```
for(i=1; i<=10; i++)
  sum=sum+i;
```

使用 while 循环语句的一般形式如下。

```
表达式1;
while (表达式2) {
        语句
        表达式3;
}
```

在使用上述格式的 for 循环语句时，应该注意如下 9 点。

（1）for 循环中的“表达式 1（循环变量赋初值）”“表达式 2（循环条件）”和“表达式 3（循环变量增量）”都是可选项，可以省略，但是分号“;”不能省略。

（2）如果省略“表达式 1（循环变量赋初值）”，则表示不对循环控制变量赋初值。

（3）如果省略“表达式 2（循环条件）”，则不做其他处理时便形成死循环。例如下面的代码：

```
for(i=1;;i++)sum=sum+i;
```

上述代码相当于：

```
i=1;
while(1){
  sum=sum+i;
  i++;
}
```

（4）如果省略“表达式 3（循环变量增量）”，则不对循环控制变量进行操作。这时可在语句体中加入修改循环控制变量的语句。例如下面的代码：

```
for(i=1;i<=10;){
    sum=sum+i;
    i++;
}
```

（5）可以同时省略“表达式 1（循环变量赋初值）”和“表达式 3(循环变量增量)”，即只给循环条件，但是分号不能省略。

（6）3 个表达式都可以省略，例如“for(；；)语句”，此时这是一个无限循环语句。此时除非有 break 来终止，否则将一直循环下去而成为死循环。

（7）表达式 1 可以是设置循环变量的初值的赋值表达式，也可以是其他表达式。例如下面的代码：

```
for(sum=0;i<=100;i++)sum=sum+i;
```

同样，表达式 3 也可以是与循环无关的任意表达式。

（8）表达式 1 和表达式 3 可以是一个简单表达式，也可以是逗号表达式。例如下面的两行代码：

```
for(sum=0,i=1;i<=100;i++)sum=sum+i;
for(i=0,j=100;i<=100;i++,j--)k=i+j;
```

（9）表达式 2 一般是关系表达式或逻辑表达式，但也可以是数值表达式或字符表达式，只要其值非零就执行循环体。例如下面的代码：

```
for(i=0;(c=getchar())!='\n';i+=c);
```

实例 7-9　使用 for 循环语句求和

源码路径：daima\7\7-9（Visual C++版和 Visual Studio 版）

本实例的实现文件为 for.cpp，具体实现代码如下。

```
int main(int argc, char* argv[]){
    cout << "请输入5个整数：" << endl;
    int sum=0;                              //定义变量sum
    int score;                              //定义变量score
    for (int i=0;i<5;i++)                   //循环控制，输入5个score值
    {
        cin>>score;                         //输入score的值
        sum=sum+score;                      //累计计算score的和
    }
    cout << "总计：" << sum <<"元"<< endl; //输出sum的值
    return 0;
}
```

编译执行后输入 5 个整数，系统将自动累计计算输入数字的和，如图 7-15 所示。

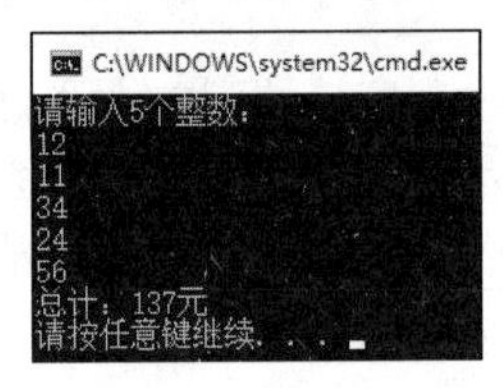

图 7-15　执行效果

7.4.3　使用 while 语句

在 C++程序中，while 语句也叫 while 循环，它能够不断地执行一个语句块，直到条件为假时为止。使用 while 语句的语法格式如下。

```
while表达式{
    语句
}
```

在上述格式中，“表达式”是循环条件，“语句”是循环体。上述格式的含义是：计算表达式的值，当值为真（非 0）时执行循环体语句。其执行过程如图 7-16 所示。

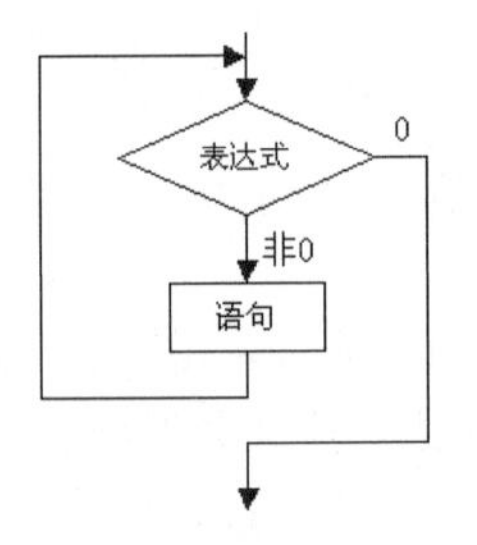

图 7-16　while 语句执行过程

实例 7-10 使用 while 语句

源码路径：daima\7\7-10（Visual C++版和 Visual Studio 版）

本实例的实现文件为 while.cpp，具体实现代码如下。

```
int main(int argc, char* argv[]){
    int i=0;                              //变量i初始值是0
    int sum=0;                            //变量sum初始值是0
    int score[5]={80,49,50,70,90};        //定义包含5个数的数组score
    while (i<5)                           //循环入口，终止条件：如果i小于5则执行循环
    {
        sum=sum+score[i];                 //求成绩的和
        i=i+1;                            //修订循环变量
    }                                     //循环出口
//输出score的和
    cout << "总计" << sum <<"元" << endl; return 0;
}
```

编译执行后将计算并输出 5 个数的和，执行效果如图 7-17 所示。

图 7-17 执行效果

7.4.4 使用 do-while 语句

在 C++程序中，do-while 语句可以在指定条件为真时不断执行一个语句块，且在每次循环结束后检测条件，而不像 for 语句或 while 语句那样在开始前进行检测。使用 do-while 语句的语法格式如下。

```
do{
    语句
}
while(表达式);
```

上述格式与 while 循环的不同点在于，do-while 先执行循环中的语句，然后再判断表达式是否为真。如果为真，则继续循环；如果为假，则终止循环。所以 do-while 循环至少要执行一次循环语句。其执行过程如图 7-18 所示。

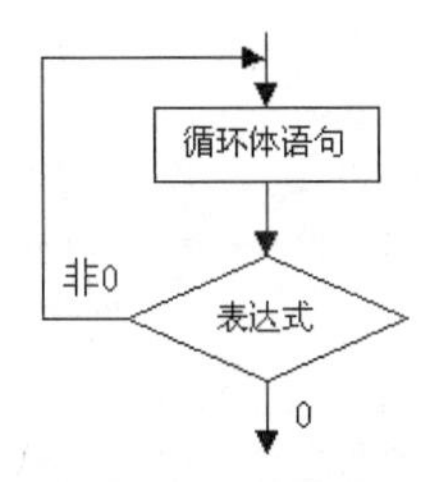

图 7-18 do-while 语句执行过程

实例 7-11 使用 do-while 语句

源码路径：daima\7\7-11（Visual C++版和 Visual Studio 版）

本实例的实现文件为 dowhile.cpp，具体实现代码如下。

```
int main(int argc, char* argv[]){
    int i=0;                                  //变量i的初始值是0
    int sum=0;                                //变量sum的初始值是0
//定义包含5个数的数组sum
    int score[5]={70,30,50,80,90};
    do                                        //循环入口
    {
        sum+=score[i];                            //求成绩的和
        i=i+1;                                //修订循环变量
    }while(i<5);                              //循环出口，终止条件：如果i小于5则执行循环
    cout << "总计" << sum <<"元" << endl;  //输出sum的和
    return 0;
}
```

编译执行后将计算并输出 5 个数的和，执行效果如图 7-19 所示。

图 7-19　执行效果

7.5　使用跳转语句

视频讲解：视频\第 7 章\跳转语句.mp4

在 C++程序中，跳转语句的功能是实现项目内程序的无条件转移控制。通过跳转语句，可以将执行转到指定的位置。常用的跳转语句有 break 语句、continue 语句和 goto 语句 3 种。

7.5.1　使用 break 语句

在 C++程序中，break 语句只能用于 switch、while、do 或 for 语句中，其功能是退出其本身所在的处理语句。但是，break 语句只能退出直接包含它的语句，而不能退出包含它的多个嵌套语句。下面的实例演示了 break 语句的使用过程。

实例 7-12　使用 break 语句停止循环

源码路径：daima\7\7-12（Visual C++版和 Visual Studio 版）

本实例的实现文件为 break.cpp，具体实现代码如下。

```
int main(int argc, char* argv[]){
    int sum=0;          //变量sum的初始值是0
    int d=0;            //变量d的初始值是0
    for (;;)            //因为条件是空，所以for语句构成无限循环
    {
        cin>>d;         //输入d 的值
        sum=sum+d;      //累计求和
        if (sum>100)    //如果和大于100

            break;      //跳出循环
    }
    cout<<sum<<endl;    //输出和
    return 0;
}
```

编译执行后可以输入 n 个数，如果输入数的和大于 100 则退出程序。执行效果如图 7-20 所示。

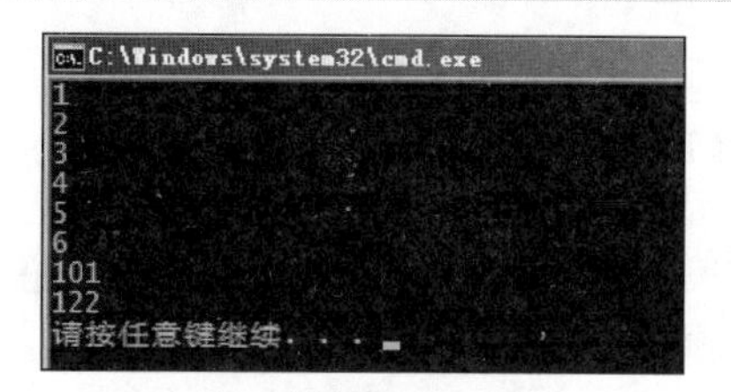

图 7-20 执行效果

7.5.2 使用 continue 语句

在 C++程序中，continue 语句只能用在 while、do 或 for 语句中，功能是忽略循环语句块内位于它后面的代码，从而直接开始另外新的循环。但是，continue 语句只能使直接包含它的语句开始新的循环，而不能作用于包含它的多个嵌套语句。下面的实例演示了 continue 语句的使用过程。

实例 7-13 演示 continue 语句的使用过程

源码路径：daima\7\7-13（Visual C++版和 Visual Studio 版）

本实例的实现文件为 continue.cpp，具体实现代码如下。

```
int main(int argc, char* argv[]){
    int i=0;                        //变量i初始值为0
    float f=0;                      //变量f初始值为0
    do{                             //do循环开始
       cin>>f;                      //输入f值

       if (f<=0)                    //如果f小于等于0
       {
           cout<<"出错"<<endl;      //提示出错
           continue;                //继续执行程序
       }
       i++;                         //i值递加1
       cout<<f<<endl;               //输出f的值
       if (i>2)                     //如果i大于2
           break;                   //终止循环
    }while(true);
    return 0;
}
```

编译执行后可以输入 3 个数，如果输入的数小于 0 则输出“出错”提示，如果输入 3 个合法数后将退出程序。执行效果如图 7-21 所示。

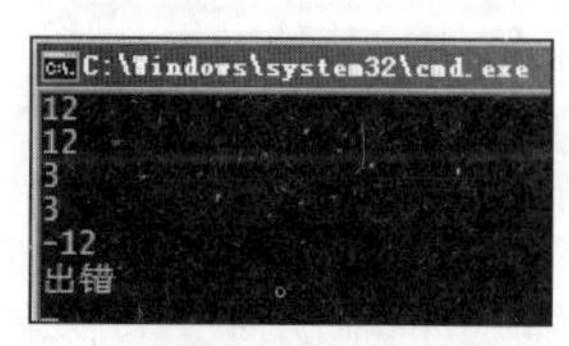

图 7-21 执行效果

7.5.3 使用 goto 语句

在 C++语言中，goto 语句的功能是将执行转到使用标签标记的处理语句。这里的标签包括 switch 语句内的 case 标签和 default 标签，以及常用标记语句内声明的标签。例如下面的格式：

```
goto 标签名;
```

在上述格式内声明了一个标签，这个标签的作用域是声明它的整个语句块，包括里面包含的嵌套语句块。如果里面同名标签的作用域重叠，则会出现编译错误。并且，如果当前函数中不存在具有某名称的标签，或goto语句不在这个标签的范围内，也会出现编译错误。所以说，goto语句与前面介绍的break语句和continue语句等有很大的区别，它不但能够作用于定义它的语句块内部，而且能够作用于该语句块的外部。但是，goto语句不能将执行转到另一个函数语句的内部。例如下面的实例演示了goto语句的使用过程。

实例7-14　演示goto语句的使用过程

源码路径：daima\7\7-14（Visual C++版和Visual Studio版）

本实例的实现文件为goto.cpp，具体实现代码如下。

```
int main(int argc, char* argv[]){
    int k=0;                        //变量k的初始值是0
    int p=0;                        //变量p的初始值是0
    goto BBB;                       //goto设置去BBB位置执行

AAA:cout<<"begin"<<endl;        //AAA:输出文本“begin”
BBB:cout<<k<<endl;              //BBB:输出K的值
cin>>k;                         //输出k的值
    if (k<0)                        //如果k小于0
        goto BBB;                   //去BBB位置执行
        goto AAA;
        goto CCC;                   //去CCC位置执行
        cout<<p;                    //输出p
        CCC:cout<<"end"<<endl;      //CCC:输出文本“end”
    return 0;
}
```

在上述代码中一共有4条goto语句。第一条是向前跳转，跳转到标签BBB；第二条是向后跳转，跳到标签BBB；第三条是向后跳转，跳转到标签AAA；第四条是向前跳转，跳转到标签CCC。在这4个跳转语句中，第一条是错误的，因为超越了变量k定义的语句。执行效果如图7-22所示。

图7-22　执行效果

7.6　C++ 11新规范：基于范围的for循环语句

视频讲解：视频\第7章\基于范围的for循环语句.mp4

在C++ 11新标准规范中提供了一种基于范围的for（range for）循环语句，能够遍历给定序列中的每个元素并对序列中的每个值执行某种操作，其语法格式如下。

```
for (declaration : expression)
    statement
```

在上述格式中，expression部分是一个对象，用于表示一个序列。declaration部分负责定义一个变量，该变量将被用于访问序列中的基础元素。每次迭代时，declaration部分的变量会被初始化为expression部分的下一个元素值。在C++程序中，因为一个string对象表示一个字符的序列，所以string对象可以作为上述范围for语句中的expression部分。下面举一个简单的例子，通过代码可以使用范围for语句把string对象中的字符按每行一个输出。

```
string str("some string");
//每行输出str中的一个字符
for (auto c : str)              //对于str中的每个字符
    cout << c << endl;          //输出当前字符，后面紧跟一个换行符
```

在上述代码中，for 循环把变量 c 和 str 联系了起来，其中定义循环控制变量的方式与定义任意一个普通变量是一样的。通过使用 auto 关键字让编译器来决定变量 c 的类型，这里 c 的类型是 char。每次迭代，str 的下一个字符被复制给 c，因此该循环可以读作“对于字符串 str 中的每个字符 c”执行某某操作，这里的“某某操作”就是输出一个字符，然后进行换行处理。再看下面的实例，功能是逐一输出数组中各个元素的值。

实例 7-15　将数组中的各个元素的值乘以 2

源码路径：daima\7\7-15（Visual C++版和 Visual Studio 版）

本实例的实现文件为 fanfor.cpp，具体实现代码如下。

```
#include <iostream>
using namespace std;
int main() {
    cout << "将数组中的各个元素的值乘以2" << endl;
    int arr[5] = { 1, 2, 3, 4, 5 };    //定义int类型数组arr，包含5个整数
    for (int & e: arr)                 //遍历数组arr中每一个元素
        e *= 2;                        //每一个元素值乘以2
    for (int & e: arr)                 //再次遍历数组arr中每一个元素
        cout << e << '\t';             //输出乘以2后的值
}
```

编译执行后效果如图 7-23 所示。

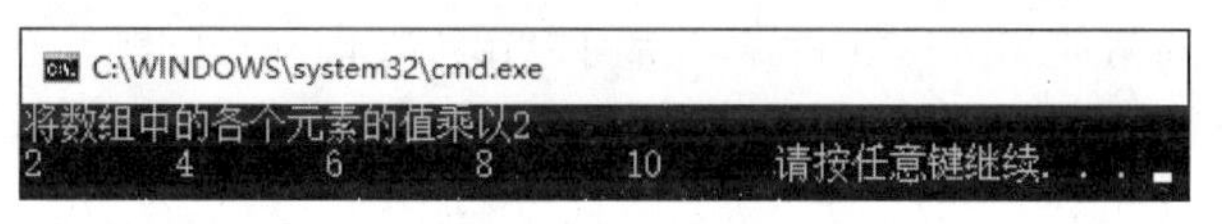

图 7-23　执行效果

7.7 技术解惑

7.7.1 循环中断的问题

有时需要永远地终止循环。当循环语句中没有表示继续执行的代码时，就可以使用 break 语句终止循环。如果在循环中执行 break 语句，循环就会立即终止，程序将继续执行循环后面的语句。break 语句在无限循环中用得最多，下面就来看看无限循环。

无限循环可以永远运行下去。例如，如果省略 for 循环中的测试条件，循环就没有停止机制了。除非在循环块中采用某种方式退出循环，否则循环将无休止地运行。

无限循环有几个实际应用，例如监视某种警告指示器的程序，或在工业园中搜集传感器的数据。在事先不知道需要迭代多少次时，也可以使用无限循环，例如读取的输入数据量是可变的时候。在这类情况下，退出循环的机制应在循环块中编写，而不应在循环控制表达式中设置。

在 for 无限循环的最常见形式中，所有的控制表达式都被省略。

```
for( ; ; ) {
}
```

注意：即使没有循环控制表达式，分号也要写上。

终止该循环的唯一方式是在循环体中编写终止循环的代码。由于继续循环的条件总是 true，所以这是一个无限循环。当然，也可以有 do-while 无限循环，但它没有另外两种循环好，所以不常用。

终止无限循环的一种方式是使用 break 语句。在循环中执行 break 会立即终止循环，程序将继续执行循环后面的语句。这常常用于处理无效的输入，以输入正确的值，或者重复某个操作。

7.7.2　分析循环语句的效率

至此，在前面的内容中已经详细讲解了 C++语言的 3 种循环语句的基本知识。下面对上述循环语句进行总结，以帮助读者进一步加深理解。

对于程序设计的初学者来说，往往以完成题目要求的功能为目的，程序的执行效率是最容易忽略的一个问题。在循环结构中，具体表现为循环体的执行次数。例如，一个经典的素数判定问题。在数学中，素数指那些大于 1，并且除了 1 和它本身外，不能被其他任何数整除的数。根据这一定义，初学者很容易编写出如下的程序。

```
int isprime(int n){
int i;
for(i=2;i<n;i++)
   if(n%i==0) return 0;
return 1;
}
```

上述程序完全可以实现项目要求的功能。但是当对 for 循环的执行次数进行分析时应该发现，当 n 不是素数时，没有任何问题；而当 n 是素数时，循环体就要执行（n−2）次，而实际上是不需要这么多次的。根据数学的知识，可以将次数降为 n/2 或 n 的算术平方根，这样可以大大减少循环体的执行次数，提高程序的效率。

7.7.3　几种循环语句的比较

在 C++程序中，通常使用的这 3 种循环都可以用来处理同一问题，在一般情况下，它们可以互相代替。其中 while 和 do-while 循环是在 while 后面指定循环条件的，在循环体中应包含使循环趋于结束的语句（如 i++，或 i=i+1 等）。而 for 循环可以在表达式 3 中包含使循环趋于结束的操作，甚至可以将循环体中的操作全部放到表达式 3 中。因此 for 语句的功能更强，凡用 while 循环能完成的，用 for 循环都能实现。当使用 while 和 do-while 循环时，循环变量初始化的操作应在 while 和 do-while 语句之前完成。而 for 语句可以在表达式 1 中实现循环变量的初始化。

7.7.4　C++中的 for 循环该怎么读

看下面的一段代码。

```
for(i=0;i<3;i++)
      for(j=0;j<3;j++)
          n[ j ]=n[ i ]++1;
```

在上述代码中有两个 for，这该怎么读呢？首先，从外面的开始，读者要明确一点：外面循环一次，里面循环 3 次。因此这个程序一共循环了 9 次。当 i=0 的时候，里面是 j=0、j=1、j=2，之后每一次都要执行下面的代码。

```
n[ j ]=n[ i ]++1;
```

当 i=1 的时候，里面是 j=0、j=1、j=2，之后每一次都要执行下面的代码。

```
n[ j ]=n[ i ]++1;
```

当 i=2 时，里面是 j=0、j=1、j=2，之后每一次都要执行下面的代码。

```
n[ j ]=n[ i ]++1;
```

7.7.5　一个 C++循环结构嵌套的问题

看如下代码。

```
#include<iostream>
using namespace std;
void main(){
```

```
    int i=1,a=0;
    for(;i<=5;i++){
     do
     {
      i++;
      a++;
     }while(i<3);
     i++;
    }
    cout<<a<<","<<i<<endl;
}
```

执行后的效果如图 7-24 所示。

图 7-24 执行后的效果

i<=5 最后怎么加到 8 了？看上述代码的执行过程：进入循环体后，i=1，a=0，执行 i++，a++；i=2，a=1，i<3，执行 i++，a++；i=3，a=2，执行 i++，i=4，执行 for 语句的 i++，i=5，执行 for 循环体，执行 do-while 循环体“i++，a++”；i=6，a=3，i>3，跳出 do-while，执行 i++；i=7，执行 for 语句的 i++（注意）i=8，最后输出 i=8，a=3。

7.7.6 break 语句和 continue 语句的区别

break 语句常与 switch 语句配合使用。break 语句和 continue 语句也与循环语句配合使用，并对循环语句的执行起着重要的作用。且 break 语句只能用在 switch 语句和循环语句中，continue 语句只能用在循环语句中。下面分别介绍 break 语句和 continue 语句。

根据程序的目的，有时需要程序在满足另一个特定条件时立即终止循环，程序继续执行循环体后面的语句，break 语句可实现此功能。continue 语句实现的功能是，根据程序的目的，有时需要程序在满足另一个特定条件时跳出本次循环。continue 语句的功能与 break 语句不同，它是结束当前循环语句的当前循环而执行下一次循环。在循环体中，continue 语句执行之后，其后的语句均不再执行。

在 while 和 do-while 循环语句中，下一次循环是从判断循环条件开始；在 for 循环语句中，下一次循环是从先计算第三个表达式，再判断循环条件开始的。例如，重复读入一些整数，当该整数为负时忽略，否则处理该整数，而该整数为 0 时则程序执行终止。

7.8 课后练习

（1）编写一个 C++程序，使用 for 循环输出显示乘法口诀表。

（2）编写一个 C++程序，使用循环计算“s=1+1/2+1/3+1/4+…+1/n”的和。

（3）编写一个 C++程序，计算一个正整数的所有因子。

（4）编写一个 C++程序，解决一元钱的零钱兑换方案。假设零钱的面值只有一角、两角和五角。

第8章

指　针

指针是C++程序中最为重要的一种数据类型,运用指针编程是C++语言最主要的风格之一。指针的使用方式非常灵活，通过指针可以对各种类型的数据进行快速处理。有些数据结构通过指针可以很自然地实现，而用其他类型却很难实现。虽然指针的功能十分强大，但是对新手来说有些难以理解，被称为是学习C++语言的最大障碍，本章将详细讲解C++指针的基本知识。

8.1 指针的基本概念

视频讲解：视频\第 8 章\指针的基本概念.mp4

在计算机中，所有的数据都是存放在存储器中的。一般把存储器中的 1 个字节称为 1 个内存单元，不同的数据类型所占用的内存单元数不等，如整型量占 2 个单元、字符量占 1 个单元等（在前面已有详细的介绍）。为了正确地访问这些内存单元，必须为每个内存单元编上号。根据一个内存单元的编号即可准确地找到该内存单元。内存单元的编号也叫作地址。根据内存单元的编号或地址就可以找到所需的内存单元，所以通常也把这个地址称为指针。

内存单元的指针和内存单元的内容是两个不同的概念。可以用一个通俗的例子来说明它们之间的关系：我们到银行存取款时，银行工作人员将根据我们的账号寻找我们的存款单，找到之后在存款单上写入存款、取款的金额。在这里，账号就是存单的指针，存款数是存单的内容。对于一个内存单元来说，单元的地址即为指针，其中存放的数据才是该单元的内容。在 C++语言中，允许用一个变量来存放指针，这种变量称为指针变量。因此，一个指针变量的值就是某个内存单元的地址或称为某内存单元的指针。如图 8-1 所示，设有字符变量 C，其内容为“K”（ASCII 码为十进制数 75），C 占用了 011A 号单元（地址用十六进数表示）。设有指针变量 P，内容为 011A，这种情况称为 P 指向变量 C，或说 P 是指向变量 C 的指针。

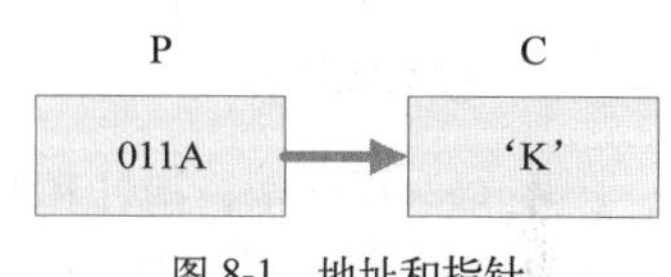

图 8-1 地址和指针

从严格意义上来说，一个指针是一个地址，是一个常量。而一个指针变量却可以被赋予不同的指针值，是变量。但常把指针变量简称为指针。为了避免混淆，我们约定：“指针”是指地址，是常量；“指针变量”是指取值为地址的变量。定义指针的目的是为了通过指针访问内存单元。

既然指针变量的值是一个地址，那么这个地址不仅可以是变量的地址，也可以是其他数据结构的地址。在一个指针变量中存放一个数组或一个函数的首地址有重要的意义，这是因为数组或函数都是连续存放的。通过访问指针变量取得了数组或函数的首地址，也就找到了该数组或函数。这样一来，凡是出现数组、函数的地方都可以用一个指针变量来表示，只要该指针变量中赋予数组或函数的首地址即可。这样做，将使程序的概念十分清楚，程序本身也精练、高效。在 C 语言中，一种数据类型或数据结构往往占有一组连续的内存单元。用“地址”这个概念并不能很好地描述一种数据类型或数据结构，而“指针”虽然实际上也是一个地址，但它却是一个数据结构的首地址，它是“指向”一个数据结构的，因而概念更为清楚，表示更为明确。这也是引入“指针”概念的重要原因。

8.2 定义指针

视频讲解：视频\第 8 章\定义指针的方式.mp4

讲解指针的基本知识后，本节将详细讲解定义指针的基本方式。

8.2.1 定义指针的方式

在 C++语言中，定义指针的语法格式如下。

```
<类型名>*<变量名>;
```

其中，<类型名>是指针变量所指向对象的类型，它可以是 C++语言预定义的类型，也可以是用户自定义类型。<变量名>是用户自定义的标识符。符号*表示<变量>是指针变量而不是普通变量。例如：

```
int *ip1,ip2;          //声明了一个指针变量ip1和一个普通变量ip2
float *fp;             //声明了一个指针变量fp
```

在 C++语言中，主要有“&”和“*”两种指针运算符，其中“&”用于获取一个变量的地址，“*”用于以一个指针作为其操作数，其运算结果表示所指向的变量。由此可以看出，这两个运算符互为逆运算。例如在下面的代码中，第一个指针是整型，第二个指针是字符型，第三个指针是浮点型，第四个是无类型指针，第五个指针是短整型，第六个同时定义了两个指针。

```
int * aa;
char * bb;
float * cc;
void * dd;
shortr *ee;
bool *mm,nn;
```

8.2.2　识别指针

在 C++程序中，指针和变量通常会混淆，在使用时我们可以通过 sizeof 运算符来判断。使用 sizeof 运算符的语法格式如下：

```
sizeof(object)
```

或：

```
sizeof object
```

例如，通过下面的演示代码测试了 int 类型的长度。

```
sizeof int
```

下面的实例演示了定义 C++指针的具体过程。

实例 8-1　定义 C++指针

源码路径：daima\8\8-1（Visual C++版和 Visual Studio 版）

本实例的实现文件为 define.cpp，具体实现代码如下。

```
#include "iostream.h"
int main(void){
    char *pChar;                    //字符指针
    double *pDouble;                //双精度指针
    cout<<sizeof(pChar)<<endl;      //计算字符指针的长度
    cout<<sizeof(*pChar)<<endl;     //计算指针所指内容的长度
    cout<<sizeof(pDouble)<<endl;    //计算指针的长度
    cout<<sizeof(*pDouble)<<endl;   //计算指针所指内容的长度
    return 0;
}
```

执行后的效果如图 8-2 所示。从执行效果可以看出：第二条和第四条语句的输出结果与第一条和第三条不同，竟然分别是 1 和 8。这说明*pChar 和*pDouble 是指针。

注意：虽然不能完全用 sizeof 来确定是否为指针，但是它可以作为一个有用的辅助手段。

图 8-2　执行后的效果

8.2.3　指针的分类

在 C++语言中，指针的划分依据有多种。下面讲解通过两种方式划分指针类型的方法。

1. 指向对象划分

按照指向对象的不同，指针可以划分为整型指针、结构体指针和函数指针。看下面的代码：

```
int *aa;
float * bb;
char * cc;
char (*dd)[2];
char *ee[2];
char (*ff)(int num);
```

在上述代码中定义了如下 6 个指针。

(1) 第 1 个：整型指针。

(2) 第 2 个：浮点指针。

(3) 第 3 个：字符指针。

(4) 第 4 个：数组指针。

(5) 第 5 个：本身是数组，叫指针数组。

(6) 第 6 个：形参是整型的函数指针。

2. 多级性划分

指针多级性是指针所指数据是否仍然为指针。按照这个原则，C++指针可以分为单级间指针和多级间指针。单级间指针直接指向数据对象，多级间指针仍然指向指针。指针的级数由指针定义时的指针标识符表示，每出现一个*就增加一级。

一个星号“*”表示变量的内容是地址，该地址指向的内存单元是数据。当使用两个星号“**”时，第一个星号“*”表示变量的内容是地址，第二个星号“*”表示该地址指向的内容仍然是地址，这个地址指向的才是数据。有几个星号就可以理解为有几个地址变换。加入有 3 个星号则表示经过 3 次地址变换才能定位到真正的存储数据单元。上述具体结构如图 8-3 所示。

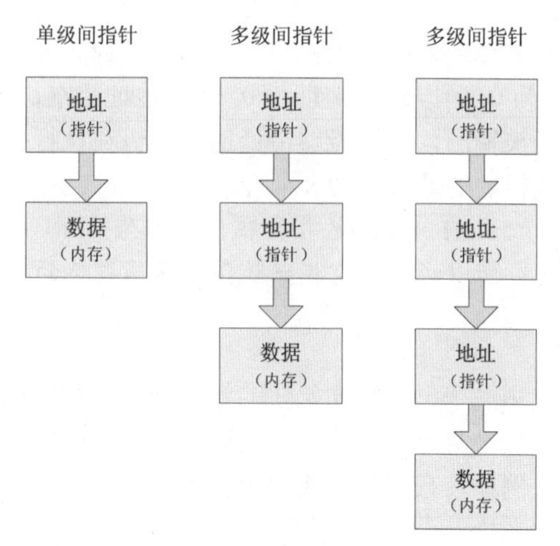

图 8-3　指针指向

8.3　指针的初始化

视频讲解：视频\第 8 章\指针的初始化.mp4

在 C++程序中，当指针被定义后，仅仅被分配了一个 32 位的内存单元，而并没有对指针进行初始化处理。如果没有对指针进行初始化处理，那么指针的指向是随机的、未知的，这通常被称为野指针。在现实中有些编译器会自动将指针初始化为空，但是作为编程人员不能存在这种侥幸心理。如果直接引用了野指针，可能会破坏程序的运行，甚至影响到操作系统的安全。所以在使用指针时，必须进行初始化处理。

8.3.1 指针初始化时的类型

在 C++程序中，当对指针进行初始化处理时存在如下两种类型。

（1）什么都不指：给指针赋予一个值，让其不指向任何地方，即空指针。具体来说可以赋予数值 0 或 NULL。NULL 是宏，与 0 的效果不一样。

（2）内存地址：赋予一个值，指向某个特定的地址。

下面的例子演示了初始化 C++指针的具体过程。

实例 8-2 初始化 C++指针

源码路径：daima\8\8-2（Visual C++版和 Visual Studio 版）

本实例的实现文件为 chushi.cpp，具体实现代码如下。

```
#include "iostream.h"
int main(int argc, char* argv[]){
    int *pInt1=0;           //赋空值
    int *pInt2=NULL;        //赋空值
    cout<<pInt1<<endl;      //输出地址
    cout<<pInt2<<endl;      //输出地址
    cout<<*pInt1<<endl;     //输出内容
    cout<<*pInt2<<endl;     //输出内容
    *pInt1=8;               //赋值为8
    cout<<*pInt1<<endl;     //输出pInt1
    return 0;
}
```

在上述代码中，*pInt1 和*pInt2 两个指针被定义为空指针。因为为空，所以指针的地址都为 0，所以输出地址为 0。因为地址为空，所以内容也为空，内容不能被输出，虽然能够编译通过，但在执行时可能会导致程序出错。执行后的效果如图 8-4 所示。

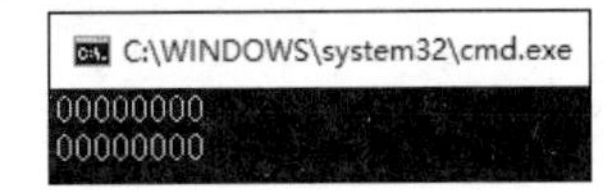

图 8-4 执行后的效果

注意：上述代码中的“*pInt1=8”是给指针赋值，因为 pInt1 被初始化为空，即没有被分配用来存储数据的内存单元，所以对一个空指针赋值也是很危险的，同样会造成程序错误。

8.3.2 指针地址初始化

在 C++程序中，可以使用一个已经被初始化的指针地址来初始化一个指针，也就是说这两个指针将指向相同的单元。如果两个指针的类型相同，可以直接赋值，否则将被转换为与被初始化指针相同类型的指针。例如，在下面的代码中，因为 aa 和 bb 的类型不同，所以需要强制转换类型。

```
char *aa=mm;                //用已有指针mm赋值给aa
int *bb=(int *)mm;          //类型转换
```

8.3.3 变量地址初始化

在 C++程序中，可以使用已经定义的变量来初始化指针，此时需要用到取地址运算符&。使用取地址运算符&的格式如下。

```
指针= & 变量;
```

在上述格式中，指针和变量两者的类型必须相同，否则需要进行强制类型转换。例如下面的代码：

```
char aa;
char *bb=&aa;                          //变量地址给指针bb
```

8.3.4 使用 new 分配内存单元

在 C++程序中，定义指针不是为了指向已经定义好的其他变量，而是为了创建新的存储单元，此时需要动态申请内存单元。在 C++中采用 new 运算符来申请新的存储单元，具体语法格式如下。

```
指针 = new 类型名
```

或：

```
指针 = new 类型名[<n>];
```

new 返回新分配的内存单元地址。上述第一种格式表示申请一个“类型名”长度的存储单元，第二种格式表示申请 n 个“类型名”长度的存储单元。当申请完内存单元后，如果不再需要就应收回这个内存单元，此时需要使用 delete 运算符来完成。具体格式如下。

```
delete 指针;
```

或：

```
delete []指针;
```

在上述格式中，[]表示要删除 new 分配的多个“类型名”的存储单元。例如下面的代码：

```
char *p;
p=new char;                            //申请内存块，将地址赋予p
*p='a';                                //修改p所指向的内容
delete p;                              //释放p所占用的内存
```

8.3.5 使用函数 malloc 分配内存单元

在 C++程序中，除了可以使用 new 或 delete 外，还保留了 C 语言分配动态内存的方法。在 C 语言中使用函数 malloc/free 对来分配和释放动态内存，这与 new/delete 比较类似。使用 malloc 的语法格式如下。

```
extern void *malloc(unsigned int num_bytes);
```

此函数在头文件 malloc.h 中，其功能是申请 num_bytes 字节的连续内存块。如果申请成功，则返回该块的首地址；否则返回空指针 NULL。例如下面的代码，p 是 type 型指针，sizeof(type)是计算一个 type 型数据需要的字节数，n 表示需要存储 n 个 type 型数据，(type*)是对 malloc 的返回值进行强制转换。

```
type *p;  p=(type*)malloc(sizeof(type)*n);
```

上述代码的含义是申请可以存储 n 个 type 型数据的内存块，并且将块的首地址转换为 type 型并赋给 p。

当不再使用 malloc()函数分配的内存时，应使用 free()函数将内存块释放。具体格式如下。

```
free p;
```

其中，p 是不再使用的指针变量。与 delete 一样，free 也没有破坏指针 p 的内容，只是告诉系统收回这片内存单元，可以重新利用。所以 free 后，最好将 p 显示置空指针。例如下面的代码：

```
p=(char*)malloc(sizeof(char)*2);       //申请两个存放char类型数据的内存块
free p;                                //释放p指向的内存单元
```

malloc/free 与 new/delete 的主要区别如下。

（1）前者是 C++/C 语言的标准库函数；后者是 C++的运算符，是保留字。malloc 返回的是无符号指针，需要强制转换才能赋给指针变量；new 可以返回正确的指针。

（2）malloc 只是分配要求的内存单元，new 则可以自动根据类型计算需要的内存空间。如果有构造函数，new 还会自动执行。

实例 8-3　**演示定义 C++指针的综合使用过程**

源码路径：daima\8\8-3（Visual C++版和 Visual Studio 版）

本实例的实现文件为 example.cpp，具体实现代码如下。

```
#include "iostream.h"
#include <malloc.h>
int main(void){
    int *zhizhen1,*zhizhen2,*zhizhen3,*zhizhen4;
    //同时定义4个int类型的指针
    int iVal=100;                                         //定义变量iVal的初始值是100
    zhizhen1=&iVal;                                       //用变量地址来初始化
    zhizhen2=zhizhen1;                                    //用另一个指针来初始化
    //输出地址
    cout<<"address of zhizhen1 "<<zhizhen1<<endl;
    cout<<"value of zhizhen1  "<<*zhizhen1<<endl;
    //输出数据
    cout<<"address of zhizhen2 "<<zhizhen2<<endl;         //输出地址
    cout<<"value of zhizhen2  "<<*zhizhen2<<endl;         //输出数据
    zhizhen3=new int;                                     //用new申请内存
    *zhizhen3=200;
    cout<<"address of zhizhen3 "<<zhizhen3<<endl;         //输出地址
    cout<<"value of zhizhen2  "<<*zhizhen3<<endl;         //输出数据
    zhizhen4=(int*)malloc(sizeof(int));                   //用malloc申请内存
    *zhizhen4=300;
    cout<<"address of zhizhen4 "<<zhizhen4<<endl;         //输出地址
    cout<<"value of zhizhen4  "<<*zhizhen4<<endl;         //输出数据
    delete zhizhen3;                                      //释放用new 申请的内存
    zhizhen3=0;                                           //释放指针
    free (zhizhen4);                                      //释放用malloc申请的内存
    zhizhen4=0;                                           //释放指针
    return 0;
}
```

在上述代码中定义了 4 个变量，分别采用 4 种不同的方法初始化。zhizhen1 被初始化为整型变量 iVal 的地址，因此 zhizhen1 的内容应该是 100；zhizhen2 被直接赋于指针 zhizhen1，两者将指向同一内存单元；zhizhen3 用 new 运算符申请；zhizhen4 用 malloc 申请。执行后的效果如图 8-5 所示。

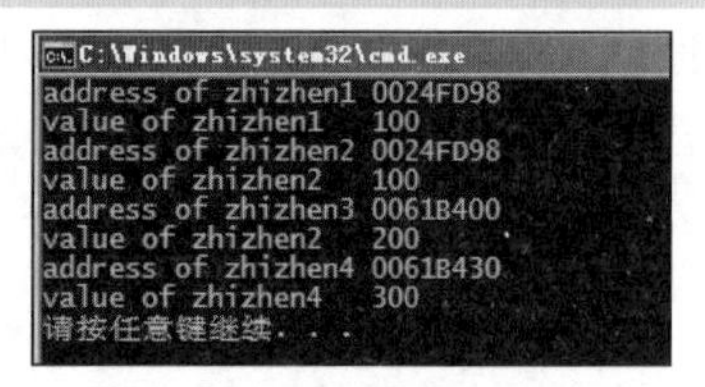

图 8-5　执行后的效果

8.4　指针运算

视频讲解：视频\第 8 章\指针运算.mp4

在 C++程序中，指针是一个变量，指针变量可以像 C++中的其他普通变量一样进行运算处理。但是 C++指针的运算种类很有限，而且变化规律要受其所指向类型的制约。C++中的指针一般会接受赋值运算、部分算术运算、部分关系运算。其中指针的赋值运算在第 8.3 节中已经进行了详细介绍，下面只讲解指针的算术运算和关系运算。

8.4.1　算术运算

在 C++程序中，指针只能完成加和减两种算术运算。指针的加减运算与普通变量的加减运算不一样，指针的加减变化规律要受所指向的类型约束，只能与以整型作为基类型的数据类型进行运算，或者用在指针变量之间。指针的运算都是以元素为单位，每次变化都是移动若干个元素位。如果指针与 0 进行加减运算，则可以保持原来的指向不变。

在 C++程序中，指针的加减运算不是单纯地在原地址基础上加减 1，而是加减一个数据类型的长度。所以，指针运算中“1”的意义随数据类型的不同而不同。例如指针是整型指针，那么每加减一个 1，就表示将指针的地址前或后移动一个整型类型数据的长度，即地址要变化 4 个字节，移动到下一个整型数据的首地址上。这时“1”就代表 4。如果是 double 型，那么“1”就代表 8。

指针的加减运算最好限定在事先申请的内存单元内，不要通过加减运算跨越到其他内存块内。虽然编译器不会对这个问题报错，但这么做是很危险的。有可能在无意识的情况下访问或破坏其他内存单元的数据。在 C++程序中，指针可以进行加减运算，但两指针之间只能进行减运算。两个指针的减法表示计算它们之间的元素个数。如果差为负数，表示地址高的指针需要后移几次才能到地址低的指针处；如果是正数，表示地址低的指针需要移动几次才能前进到地址高的指针处。这个值实际是指针地址的算术差除以类型宽度得到的。下面的实例演示了定义 C++指针算数运算的执行过程。

实例 8-4 实现 C++指针算数运算

源码路径：daima\8\8-4（Visual C++版和 Visual Studio 版）

本实例的实现文件为 math.cpp，具体实现代码如下。

```
/*指针的算术运算*/
int main(){
    int *zhizhen1=0;        //定义指针zhizhen1的初始值是0
    int *zhizhen2=0;        //定义指针zhizhen2的初始值是0
    int k=0;                //定义变量k的初始值是0
    zhizhen1=new int[5];    //申请5个整型存储单元

    zhizhen2=zhizhen1;      //保留存储单元的首地址
    cout<<"step1:填充申请的存储单元"<<endl;
    for(int i=0;i<5;i++){
        cout<<k++<<" -- "<<zhizhen1<<endl;//输出指针的地址
        *zhizhen1=2*i;      //给指针zhizhen1重新赋值
        zhizhen1++;         //移动到下一个存储单元
    }

    //for循环退出后，zhizhen1移出了申请的存储单元一个整型长度的空间
    //为了避免指针指到非法区域，将指针移回申请的存储单元内
    cout<<"step3:移回到存储单元的最后一个元素上"<<endl;
    zhizhen1--;
    cout<<k++<<" -- "<<zhizhen1<<endl;
    cout<<"step2:倒序输出申请的存储单元内容"<<endl;
    for(int j=0;j<5;j++)
    {
        cout<<k++<<" -- "<<*zhizhen1<<endl;
        zhizhen1--;
        cout<<k++<<" -- "<<zhizhen1<<endl;
    }
    //for循环退出后，zhizhen1移出了申请的存储单元一个整型长度的空间
    //为了避免指针指到非法区域，将指针移回申请的存储单元内，zhizhen1又回到了存储块的首地址处
    cout<<"step4:移回到存储单元的第一个元素上"<<endl;
    zhizhen1++;
```

```
    cout<<k++<<" -- "<<zhizhen1<<endl;
    //将zhizhen2移动到第四个元素上
    cout<<"step5:将zhizhen2移动到第四个元素上"<<endl;
    cout<<" 移动前 "<<zhizhen2<<endl;
    zhizhen2=zhizhen2+3;
    cout<<" 移动后 "<<zhizhen2<<endl;
    cout<<k++<<" -- "<<*zhizhen2<<endl;
    //再移动一个元素
    cout<<"step6:将zhizhen2再移动一个元素"<<endl;
    zhizhen2++;
    cout<<" 移动后 "<<zhizhen2<<endl;
    //输出两指针的差
    cout<<"step7:zhizhen2与zhizhen1之差"<<endl;
    cout<<k++<<" -- "<<(zhizhen2-zhizhen1)<<endl;
    delete[] zhizhen1;
    return 0;
}
```

（1）首先，定义了两个指针变量，申请了 5 个单位的整型存储单元，分别考察了指针的加减运算和指针间的减运算。首先用 new 运算符申请了 5 个单位的整型存储单元。由于填充存储单元时，需要移动指针，所以将申请的存储单元的首地址保留下来，这由语句“zhizhen2=zhizhen1;”来完成。然后用 for 循环给每个存储单元赋值，用“zhizhen1++;”实现指针的移动，一次一个元素。在 for 语句内还依次输出了 5 个存储单元的首地址。从第 0～4 个单元的输出可以看出，指针的加法是以元素为单位，加 1 就表示地址要移动 sizeof(int)个字节。

（2）然后，经过分析循环语句可知，从循环退出后指针将移出存储单元一个元素的长度，因此需要移回来。这用语句“zhizhen1--;”实现。接下来又按倒序输出了存储单元中的内容，如图 8-6 中第 6～15 行所示。注意到第 15 个输出的地址不在存储单元内，其原因与前一个循环一样，同样需要移回。

（3）最后将 zhizhen2 后移了 4 个元素。此时，zhizhen2 在第一个元素上。由于计算机中元素的计数是从 0 开始，所以移到第四个元素需对 zhizhen2 加 3，即移动 3 次。对照移动前后的地址和第 0～4 的输出可看出，3 在这里代表 3*sizeof(int)个字节。然后对 zhizhen2 又移动一个元素到存储单元的末尾元素上。此时 zhizhen1 在首元素上，所以两指针的差为 4，表示 zhizhen1 需要移动 4 次才能移到 zhizhen2 处。

编译执行后的效果如图 8-6 所示，0x22ff64 等数字是以十六进制表示的地址。

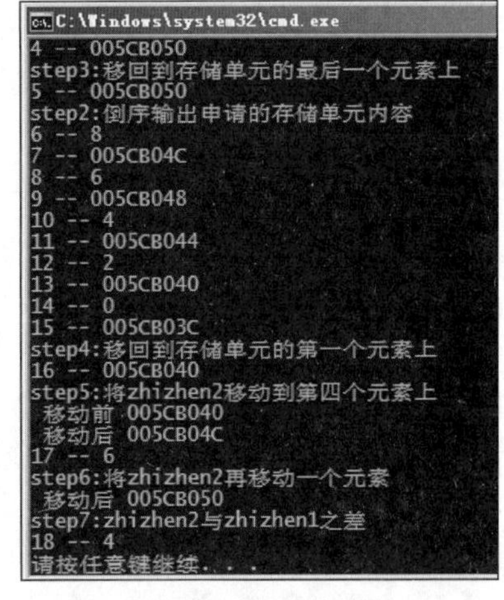

图 8-6　执行后的效果

8.4.2　关系运算

在 C++程序中，指针之间除了可以进行数学运算外，还可以进行关系运算。指针的关系运算是比较地址间的关系，这包括两方面：一方面是判断指针是否为空，另一方面是比较指针的相对位置。进行关系运算的两个指针必须具有相同的类型。假设有相同类型的两个指针 p1 和 p2，则 p1 和 p2 间的关系运算式如下。

p1==p2：判断 p1 和 p2 是否指向同一个内存地址。

p1>p2：判断 p1 是否处于比 p2 高的高地址内存位置。

p1>=p2：判断 p1 是否处于不低于 p2 的内存位置。

p1<p2：判断 p1 是否处于比 p2 低的低地址内存位置。

p1<=p2：判断 p1 是否处于不高于 p2 的内存位置。

以上 5 种是判断两个指针之间的比较，下面 4 种是判断指针是否为空。

p1==0：判断 p1 是否是空指针。

p1==NULL：含义同上。

p1!=0：判断 p1 不是空指针，即指向某个特定地址。

p1!=NULL：含义同上。

上述 4 种是判断指针与空指针之间的关系，这在通过指针遍历链表、数组等连续内存单元时很有用，可以作为遍历终止的条件。

注意：C++标准中并没有规定空指针必须指向内存中的什么地方，具体用什么地址值来表示空指针取决于系统的实现。因此，NULL 并不总等于 0。这就存在了零空指针和非零空指针两种，但是 C++倾向于使用零空指针。

在下面的实例中，演示了实现 C++指针关系运算的过程。

实例 8-5 实现 C++指针关系运算

源码路径：daima\8\8-5（Visual C++版和 Visual Studio 版）

本实例的实现文件为 guanxi.cpp，具体实现代码如下。

```
int main(){
    int *zhizhen1;                              //定义zhizhen1
    int *zhizhen2;                              //定义zhizhen2
    zhizhen1=new int[5];                        //申请5个内存单元
    //输出首地址

    cout<<"zhizhen1 : "<<zhizhen1<<endl;
    zhizhen2=zhizhen1;                          //给zhizhen2赋值
    cout<<"zhizhen2 : "<<zhizhen2<<endl;  //输出首地址
    /*指针比较*/
    cout<<"zhizhen1==zhizhen2 : "<<(zhizhen2==zhizhen1)<<endl;
    cout<<"zhizhen1>zhizhen2 : "<<(zhizhen2>zhizhen1)<<endl;
    zhizhen2++;                                 //下移指针
    cout<<"zhizhen2 : "<<zhizhen2<<endl;  //输出首地址
    /*指针比较*/
    cout<<"zhizhen1==zhizhen2 : "<<(zhizhen2==zhizhen1)<<endl;
    cout<<"zhizhen2>zhizhen1 : "<<(zhizhen2>zhizhen1)<<endl;
    cout<<"zhizhen2==NULL : "<<(zhizhen2==NULL)<<endl;
    /*释放*/
    delete[] zhizhen1;                          //删除内存空间
    zhizhen1=0;                                 /*置空处理*/
    zhizhen2=0;                                 /*置空处理*/
    return 0;
}
```

上述代码定义了两个整型指针变量 zhizhen1 和 zhizhen2，用 new 运算符给 zhizhen1 分配了可存放 5 个整型数据的内存单元。申请时使用了 do-while 循环，循环的出口条件是“zhizhen1==0”，这表示通过判断 zhizhen1 是否为空，从而判断是否成功申请到内存空间。如果为空，表明申请失败，继续申请，直至申请成功为止。申请成功后，将 zhizhen1 的值赋给了

zhizhen2，从输出结果可看出，两者指向了同一个内存单元。因此，运算结果相等时输出为 1，zhizhen1 地址比 zhizhen2 高则输出 0。

然后，zhizhen2 移动了一个位置，从输出可以看出，地址增加了 4 个字节，恰是一个 int 型数据的长度。接着再次对 zhizhen1 和 zhizhen2 判断，显然两者不等，故输出 0。但 zhizhen2 在比 zhizhen1 高的位置上，故下一个比较输出了 1。最后判断 zhizhen1 是否是空指针，输出 0。

程序编译执行后的效果如图 8-7 所示。

图 8-7　执行后的效果

8.5　指针的指针

视频讲解：视频\第 8 章\指针的指针.mp4

指针的指针意味着指针所指向的内容仍然是另一个指针变量的地址。在 C++程序中，声明指针的指针的语法格式如下。

```
type **ptr;
```

为什么要推出指针的指针呢？这得从变量和指针的访问谈起。在 C++程序中，变量是直接访问内存单元，用指针访问内存单元则属于间接访问。如果指针直接指向数据单元，则称为单级间指。单级间指定义时使用一个*号。如果指针指向的内容依然是地址，该地址才指向真正的数据单元，那么这种指针就叫二级间指，在定义二级间指时使用两个“**”实现。假如存在一个字符变量 ch='a'，则让指针 ptr1 指向 ch，指针 ptr2 指向 ptr1 的代码如下。

```
char ch='a';
char ptr1=&ch;
char **ptr2;
*ptr2=&ptr1;
```

指针的指向关系如图 8-8 所示。

在图 8-8 中，ch 存放在 1004 单元中，字符变量占 1 个字节。ptr1 存放在从 1000 开始的 4 个字节内存单元中(指针是无符号整型数，占 4 个字节)，它的内容是 ch 所在单元地址 1004。ptr2 放在从 1006 开始的 4 个字节中，其内容是 ptr1 所在内存块的首地址。它们之间的指向关系如图中的箭头所示。从图 8-8 可见，如果用 ptr1 去访问 ch，则只需要一次跳转就可寻径到 ch。而如果通过 ptr2 来访问 ch，则需要先跳转到 ptr1，再跳转到 ch。在具体 C++程序中，定义中存在几个*号就是几级间指，访问到最终数据单元时就需要几级跳转。例如在下面的代码中，aa 的内容是地址，*aa 是指针。继续向左，又是*，表明*aa 的内容是地址，**aa 是指针。再向左，还是*，表明**aa 内容依然是地址，***aa 是指针。最后再向左是 int，没有了*，表明***aa 的内容是整型数据。

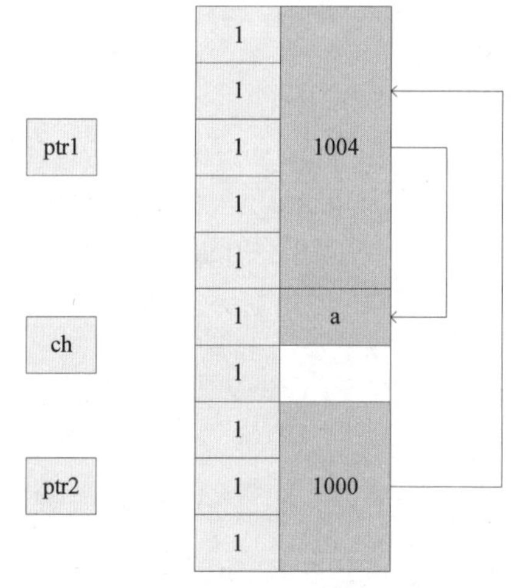

图 8-8　单级间指与二级间指

```
int ***aa;                              //三级间指
int ****aa;                             //四级间指
```

注意：理解间指时要从右向左。指针的指针常常作为函数的参数，使函数能够修改局部指针变量，即在函数内修改局部指针的指向。在数组处理中，可以用指针的指针来代替多维数组。

实例 8-6 指向整型指针的指针

源码路径：daima\8\8-6（Visual C++版和 Visual Studio 版）

本实例实现文件的具体实现代码如下。

```
int main(){
    int a[5] = {1, 2, 3, 4, 5};                        //定义包含5个整数元素的数组a
    int *p = a;                                        //定义指针p
    int **point = &p;                                  //指向指针的指针point
    cout << "a = " << a << endl                        //输出a的值
         << "p = " << p << endl                        //输出p的值
         << "&p = " << &p << endl                      //输出&p的值
         << "point = " << point << endl                //输出point的值
         << "&point = " << &point << endl;             //输出&point的值
    for (int i = 0; i < 5; i++){                       //for循环遍历
        cout << "&a[" << i << "] = " << &a[i] << endl; //遍历输出a[i]的值
    }
    return 0;
}
```

上述代码内存分配的过程如图 8-9 所示。

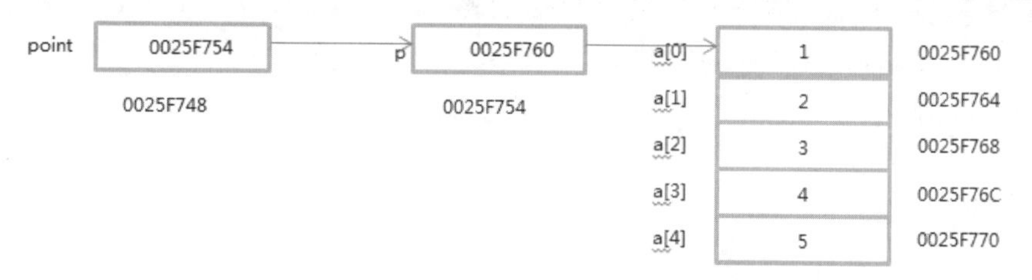

图 8-9 内存分配

从图 8-9 可以看出，point 指针中存放的是 p 指针的地址，而 p 指针中存放的是 a[0]的地址。所以*point 和 p 是一样的，前者是取 point 指针中存放的地址（0025F754）中的值，即取地址 0025F754 中存放的值（0025F760），而后者就是 0025F760，所以两者是等价的。**point 和 a[0]是等价的，前者可以写成*p，*p 是取 p 中存放的地址（0025F760）中的值，即地址 0025F760 中存放的值 1。由此可以得出*point 等于 p，**point 等于 a[0]。通过图 8-9 可以清晰地处理诸如*point++等问题。

编译执行后的效果如图 8-10 所示。

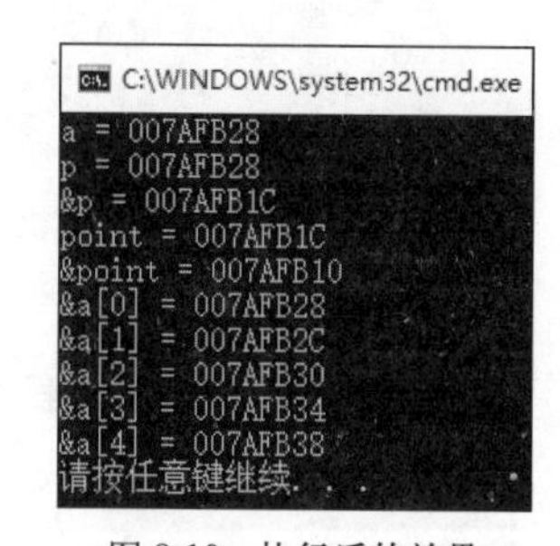

图 8-10 执行后的效果

8.6 使用指针

视频讲解：视频\第 8 章\使用指针.mp4

在 C++程序中，指针与其他变量一样，必须先定义后使用，而且必须先初始化。否则，指针就是一个野指针，使用这样的野指针会造成不可预期的后果。第 8.3 节中已经详细讨论了指针初始化的问题，这一节就来讨论指针使用方面的问题，这包括赋值和取内容两方面。

8.6.1　指针赋值

在前面曾经讲解过指针的初始化知识，赋值与初始化基本类似，初始化方法都适用于赋值。虽然表面看来赋值和初始化是一个意思，但是两者之间也有一些细微的差别。初始化多发生在定义时，而赋值则多发生在定义以后。初始化时如果不是字符串，则右值只能使用地址。因为此时指针还没有指向特定的内存单元，所以不能给它赋数据。字符串实质是字符数组，字符数组是天生的指针。系统会自动为字符串分配存储单元，并且数组的名字就是字符串的首地址指针，此时实质还是地址。赋值可以赋地址或数据，例如下面的代码，第一个式子中，p1 是指针变量，var 是变量。&是取地址运算符（格式参见第 8.4 节），取出变量 var 的地址。所以，第一个式子表示让指针指向变量 var。第二个式子中 p1 和 p2 是同类型的指针，表示让 p1 指向 p2 所指的内存单元。第三个式子中，p1 是指针变量，var 是变量。*是间接操作符，表示间接访问 p1 指向的内存单元。该式表示直接用变量 var 来修改指针所指向内存单元的内容。赋值时，若左值不带*，则只能赋予地址；否则赋予变量的内容。

```
p1=&var;
p1=p2;
*p1=var;
```

下面举例演示给指针的赋值的具体过程。

实例 8-7　演示 C++指针的赋值的具体过程

源码路径：daima\8\8-7（Visual C++版和 Visual Studio 版）

本实例的实现文件为 fuzhii.cpp，具体实现代码如下。

```
#include "iostream.h"
int main(void){
    int zhizhen=5;          //变量zhizhen初始值为5
    int *p1=&zhizhen;       //取变量地址
    int *p2=p1;             //用指针赋值
    int *p3=0;              //指针赋为空

    p3=new int;             //申请内存空间
    *p3=100;                //修改所指内容
    delete p3;              //释放
    p3=0;                   //置空
    return 0;
}
```

在上述代码中，指针变量 p1、p2 的初始化和赋值是一样的过程，而 p3 则是先初始化再赋值。赋给 p1 的是变量 iVal 的地址，由取地址运算符取出。赋给 p2 的则是 p1 的指针，p2 和 p1 都将指向变量 iVal。p3 则是先初始化为空指针，再用 new 申请存储单元，然后再赋值。通过间接访问，将 100 保存到 p3 中。执行后的效果如图 8-11 所示。

```
C:\Windows\system32\cmd.exe
请按任意键继续. . .
```

图 8-11　执行后的效果

注意：在进行赋地址操作时，不要求左值原来必须指向某个内存单元；赋数据则要求指针必须指向某个内存单元，给其赋值只是填充该内存单元的内容。

8.6.2　使用“*”操作符

在 C++程序中，“*”操作符也叫间接访问运算符，用来表示指针所指的变量，结合性为从右到左，属于单目运算。“*”运算符后跟的必须是指针变量。如果作为左值，则是向指针所指单元中写入数据；如果作为右值，则是从指针所指单元中读数据。使用“*”操作符的语法格式如下。

```
*p=常量;
*p=var;
var=*p;
```

上述格式很容易理解，第一个式子能够直接将常量送入到 p 所指的单元，第二个式子是将变量 var 的值送入 p 所指向的单元内，第三个是将指针 p 所指单元的数据读出并赋给 var。

在 C++程序中，“*”操作符还有如下一种常见的用法。其中，&是取地址操作符，*(&var)就是 var 本身。这种写法看起来很古怪，但确实是可以使用的。

```
*(&var)=常量;
*(&var1)=var2;
var2=*(&var1);
```

实例 8-8 使用“*”操作符

源码路径：daima\8\8-8（Visual C++版和 Visual Studio 版）

本实例的实现文件为 caozuofu.cpp，具体实现代码如下。

```
#include "iostream.h"
int main(void){
    int *zhizhen;
    int iVal = 100;
    zhizhen = new int;          //申请内存空间
    *zhizhen = iVal;            //修改所指内容
    cout << "原来的值是: " << *zhizhen << endl;
    //输出所指内容
    *zhizhen = 50;
    iVal = *zhizhen;            //取所指内容
    cout << "后来的值是: " << iVal << endl;
    delete zhizhen;             //释放
    zhizhen = 0;                //置空
    return  0;
}
```

编译执行后的效果如图 8-12 所示。

图 8-12 执行后的效果

注意：在 C++程序中，指针运算符*和间接访问运算符*不同。前者是类型说明符，表示其后的变量是无符号整数，保存的是地址，一次访问 sizeof(type)长度；后者表示间接访问指针所指的单元，用于赋值或取内容。

8.7 分析指针和引用的关系

视频讲解：视频\第 8 章\分析指针和引用的关系.mp4

引用就是别名或同义词，它是同一块内存单元的不同名称。引用常用于替代传值方式，传递参数和返回值，具有指针的特点，可以节省内存复制带来的开销。在 C++程序中，使用引用的语法格式如下。

```
type &ref=var;
```

在上述格式中，type 是类型名称，&是引用的说明符，ref 是引用的名称，var 是与引用同类型的变量名称。该式表示定义一个引用，该引用是 var 的别名，与 var 使用同样的内存单元。

在 C++程序中，引用与指针的区别比较复杂，具体来说主要有如下 7 个方面。

（1）引用只是变量的别名，不开辟新的空间，与原变量使用同一块内存单元；指针则是一个新的变量，有自己的存储空间。例如下面实例的功能是测试引用与变量是否使用同一块内存单元。

实例 8-9 测试引用与变量是否使用同一块内存单元

源码路径：daima\8\8-9（Visual C++版和 Visual Studio 版）

本实例的实现文件为 ceshi.cpp，具体实现代码如下。

```
int main(void){
    short x=100;                //定义变量x的初始值是100
    short &ref=x;               //定义引用ref，引用x
    short *varies1=&x;          //varies1指向x
    short *varies2=&ref;        // varies2指向ref
    cout << "引用与变量是否使用同一块内存单元" << endl;
    cout<<varies1<<endl;        //输出地址
    cout<<varies2<<endl;        //输出地址
    cout<<*varies1<<endl;       //输出内容

    cout<<*varies2<<endl;       //输出内容
    return 0;
}
```

在上述代码中，ref 引用了 x，指针 p1 指向 x，p2 指向 ref。编译执行后的效果如图 8-13 所示。从执行结果可以看出，变量 x 与其引用 ref 使用的内存单元是一样的。而且最后一条语句的输出也表明 ref 与 x 是一样的，p2 和 p1 都指向 x。

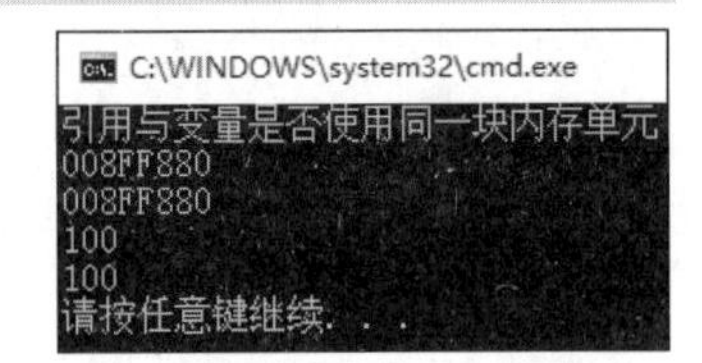

图 8-13 执行后的效果

（2）引用必须在声明时就初始化，指针则可在任何时候初始化。

（3）引用不能为空，必须总是引用一个对象；指针则可以为空，不指向任何地方。例如在下面的代码中，语句 int &ref=NULL 是不允许的；int *p=NULL 是允许的，表示 p 什么都不指。

```
int &ref=NULL;
*p=NULL;
```

（4）引用一旦被初始化，就不能再引用其他对象；指针如果没有用 const 修饰，就可以重新指向不同的变量。例如实例 8-9 中，ref=x 这样的语句只能在初始化时出现。因此，即使希望改变引用的对象，也不会有机会能实现。

（5）如果引用被 const 修饰，则可以直接在初始化时赋常量；指针除了 0 以外，什么时候都不能直接赋未经转换的常量。此时，引用的语义是创建一个临时的对象，并用该常量来初始化，然后对其引用，直到销毁引用才销毁该临时对象；指针则意味着直接赋予一个地址，这是不允许的。

实例 8-10 使用常量给引用赋值

源码路径：daima\8\8-10（Visual C++版和 Visual Studio 版）

本实例的实现文件为 fu.cpp，具体实现代码如下。

```
#include "iostream.h"
int main(void){
    /*用常量初始化引用*/
    const int &ref2=0;
    const int &ref3=10000;
    int * p=0;            //初始化为空
    cout<<ref2<<endl;  //输出ref2的值
    cout<<ref3<<endl;  //输出ref3的值
    return 0;
}
```

在上述代码中，引用 ref2 直接赋值为 0，这表示创建一个临时整型对象 0，并用 ref2 引用它，其值为 0。而 p 被赋为 0，表示将 p 初始化为空。编译执行后的效果如图 8-14 所示。

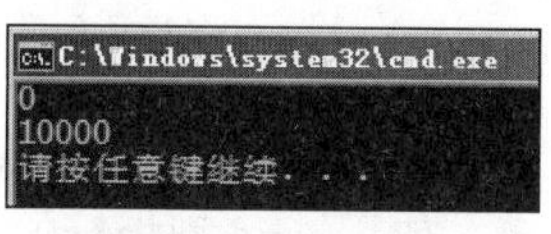

图 8-14 执行后的效果

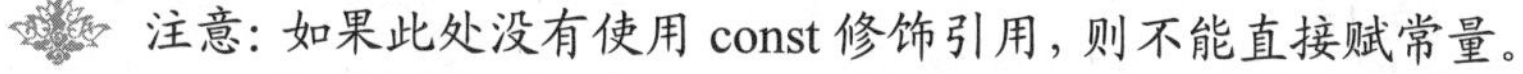
注意：如果此处没有使用 const 修饰引用，则不能直接赋常量。

（6）引用声明时用&作为标识，使用时像变量一样直接使用；指针则用*作为标识，使用时也要用*间接访问。

（7）sizeof 操作施加到引用上时，测试的是被引用对象的宽度；用于指针时，则是测试指针本身的宽度（在同一种机型上，它总是定值）。例如在下面的实例中，演示了测试型变量和指针型变量在 sizeof 运算下的不同。

实例 8-11 测试型变量和指针型变量在 sizeof 运算下的不同

源码路径：daima\8\8-11（Visual C++版和 Visual Studio 版）

本实例的实现文件为 different.cpp，具体实现代码如下。

```
#include "iostream.h"
int main(void){
    short varies1=100;                  //定义varies1初始值为100
    short &ref1=varies1;                //引用
    short *pShort=&varies1;             //指针
    char cVal='a';                      //定义cVal初始值为“a”
    char &ref2=cVal;                    //引用ref2
    char *pChar=&cVal;
    cout<<sizeof(varies1)<<endl;        //输出varies1的大小
    cout<<sizeof(ref1)<<endl;           //计算被引用对象的宽度
    cout<<sizeof(pShort)<<endl;         //计算指针本身的宽度
    cout<<sizeof(cVal)<<endl;           //输出cVal的大小

    cout<<sizeof(ref2)<<endl;           //输出ref2的大小
    cout<<sizeof(pChar)<<endl;          //输出pChar的大小
    return 0;
}
```

在上述代码中，分别定义了两种类型的变量、引用和指针，并分别输出其所占的字节数。编译执行后的效果如图 8-15 所示。

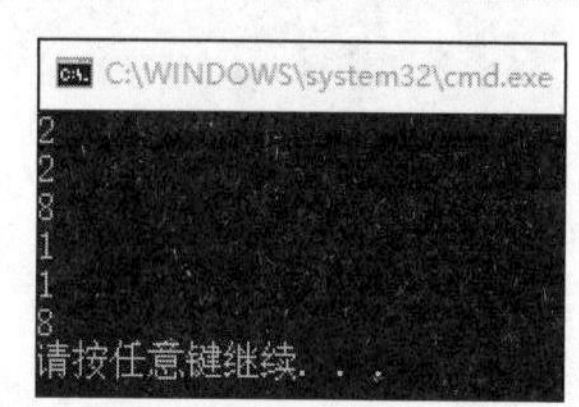

图 8-15 执行后的效果

从执行效果可以看出，两个引用变量与其被引用对象占据相同的字节数，这是因为两者实际上使用的是同一内存单元。两个指针则与被指对象无关，总是 4。这是因为在 32 位机型上，指针的变量占 4 个字节存储单元。由此可以得出引用与指针的共同点如下。

（1）引用的本质也是指针，但是编译器在编译阶段进行了转换。

（2）指针与引用都是间接引用其他对象。指针是通过地址间接地访问指向的对象，引用是用别名去直接访问被引用对象。

注意：当不能决定是选择指针还是选择引用时，可以简单地参照下述两条原则：若指向没有命名的对象，或不恒指向同一个对象，使用指针；若总是指向同一个对象，使用引用。

8.8 特殊指针

视频讲解：视频\第 8 章\特殊指针.mp4

在 C++程序中，除了有明确指向和类型的指针外，有时候还用到一些特殊类型的指针，以应对特殊的用途。本节介绍 void 型指针和空指针，这两种指针在实际应用中经常会用到。

8.8.1　void 型指针

在 C++程序中，void 型指针是指无类型指针，它没有类型，只是指向一块申请好的内存单元。使用 void 型指针的语法格式如下。

```
void *p;
```

在上述格式中，void 表示“无类型”，表示不明确指针所指向的内存单元应该按什么格式来处理。p 是指针变量名。整体的意思是指定义了一个指针 p，但却不规定应该按何种格式来解释其所指向的内存单元的内容。由于 void 只是说明被修饰的对象无类型，却不分配内存，所以除指针外不能定义其他类型变量。因为指针本身的存储空间是定义时就申请好的，所以其指向的内存单元可以在需要的时候再申请。但是其他类型，如 int、float 等，则必须定义，即申请，否则没有内存单元来存放数据。例如在下面的代码中，第一条语句是允许的，但第二条是不允许的。实际上，void 几乎只是在“说明”被定义变量的类型，不涉及内存的分配。

```
void *p;
void x;
```

在前面学习 malloc()函数时，其声明格式中的返回值为 void 型。这表明 malloc 只是按照要求的大小分配了内存单元，不负责解释这些内存单元的格式。因此，在使用 malloc 时，一定要用强制类型转换，转换为需要的类型。否则，使用时会发生错误。

其实在本书的例子中，经常可以看到 main()函数的参数被写为 void，这表示没有参数。在 main()函数的定义中，这是允许的。除了 void 型指针外，还经常用在两种情况下，这两种情况都与函数有关。

（1）如果函数没有返回值，那么应该声明为 void 型。C++不再允许默认为 int 型返回值，要求没有返回值时必须用 void 说明。

（2）如果函数没有参数，应该用 void 说明。C++也允许不用 void 说明，这时该函数相当于某些其他语言中的过程。

下面的实例演示说明了使用 void 型指针的过程。

实例 8-12　使用 void 型指针

源码路径：daima\8\8-12（Visual C++版和 Visual Studio 版）

本实例的实现文件为 void.cpp，具体实现代码如下。

```
#include "iostream.h"
#include <malloc.h>
int main(void){
    void *zhizhen1=0;           //void型指针
    char *zhizhen2=0;           //普通指针zhizhen2
    int *pInt=0;                //普通指针pInt
    zhizhen1=malloc(4);         //申请内存单元
    zhizhen2=(char*)zhizhen1;   //强制转换为char*
    for (int i=0;i<3;i++)
       *(zhizhen2++)='a';       //循环赋值
    *zhizhen2='\0';             //赋字符串的结束符
    cout<<zhizhen2<<endl;       //输出zhizhen2的值
    pInt=(int*)zhizhen1;        //强制转换为int*
    *pInt=100000;               //将pInt赋值为100000

    cout<<*pInt<<endl;          //输出pInt的值
    free (zhizhen1);            //释放zhizhen1
    zhizhen1=0;                 //置空zhizhen1
    return 0;
}
```

在上述代码中定义了 3 个指针，其中一个是 void 型。首先给 void 型指针申请了 4 个字节的内存单元，然后分别强制转换为 char 型和 int 型。从这个示例可以看出，可以用 void 型指针预申请一块内存单元，当需要的时候再告诉系统怎么来解释这片空间。编译执行后的效果如图 8-16 所示。

图 8-16 执行后的效果

8.8.2 空指针

在 C++程序中，空指针就是什么都不指的指针，表示该指针没有指向任何内存单元。构造空指针有下面两种方法。

（1）赋 0 值：这是唯一的允许不经转换就赋给指针的数值。

（2）赋 NULL 值：NULL 的值往往等于 0，两者等价。

下面的代码演示了空指针。

```
p=0;
p=NULL;
```

在 C++程序中，空指针常常用来初始化指针，避免野指针的出现。但是直接使用空指针也是很危险的。例如语句“cout<<*p<<endl;”，如果 p 是空指针，程序就会异常退出。因此，对于空指针不能进行*操作。在第 8.4.2 节中讲指针的关系运算时，就曾讲到判断空指针的方法。作为一名负责任的程序员，应该在使用指针前进行是否为空的检测，并且还需要区分如下几个概念。

（1）void 型指针是无类型指针，它只是说明还没有对被指向的内存单元进行格式化解释。

（2）野指针表示指针声明后没有初始化，没有指向特定的内存单元。

（3）空悬指针表示指针指向的内存单元已经被释放，该指针可能指向任何地方，也可能还指向原单元。

（4）空指针是指指针什么都不指。

注意：在数组、字符串、链表等处理中，有时并不清楚被处理的对象确切有多少个。此时，可以使用判断是否为空来控制遍历的结束。

实例 8-13 使用空指针

源码路径：daima\8\8-13（Visual C++版和 Visual Studio 版）

本实例的实现文件为 kong.cpp，具体实现代码如下。

```
int main(void){
    int *zhizhen=0;              //置空
    cout << "甲和乙之间的暗号：" << endl;
    cout<<zhizhen<<endl;         //输出地址
    zhizhen=new int;             //申请内存空间
    cout<<zhizhen<<endl;         //输出地址
    delete zhizhen;              //释放
    zhizhen=0;                   //置空

    return 0;
}
```

在上述代码中定义了一个指针 pInt，它被初始化为空。然后用 do-while 循环申请内存单元，直到 zhizhen 不为空，即申请成功才结束循环。程序的最后一定要对 pInt 置空，否则会出现指针悬挂。由于 zhizhen 被初始为空指针，所以申请内存前其地址为 0。申请成功后，zhizhen 得到了一个从 0x3e3bf0 开始的 4 个字节单元。编译执行后的效果如图 8-17 所示。

图 8-17 执行后的效果

8.8.3　C++ 11：使用 nullptr 得到空指针

在 C++ 11 标准中推出了字面值 nullptr，这是得到空指针的最直接办法。在 C++程序中，nullptr 是一种特殊类型的字面值，可以被转换成任意其他的指针类型。下面的例子演示了获得空指针值的方法。

实例 8-14　获得空指针的值

源码路径：daima\8\8-14

本实例的实现文件为 kong.cpp，具体实现代码如下。

```
void f(char *p) {                          //定义函数f，参数是指针p
    cout << "invoke f(char*)" << endl;     //输出字符串“invoke f(char*)”
}
void f(int) {                              //函数f的具体实现
    cout << "invoke f(int)" << endl;       //输出字符串“invoke f(int)”
}
int main(){
    f(nullptr);                            //调用函数，f(char*)版本
    f(0);                                  //调用函数，f(int)版本
    return 0;

}
```

编译执行后的效果如图 8-18 所示。

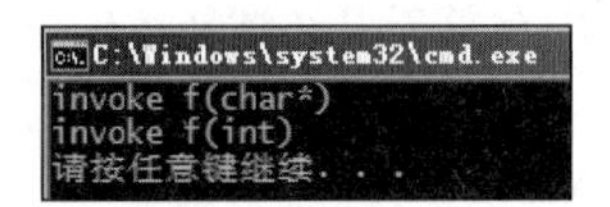

图 8-18　执行后的效果

8.9　C++ 11：使用标准库函数 begin 和 end

视频讲解：视频\第 8 章\使用标准库函数 begin 和 end.mp4

在 C++程序中，为了让数组和指针等类型的使用更简单、更安全，在 C++ 11 新标准规范中引入了名为 begin 和 end 的两个函数。这两个函数与容器中的两个同名成员功能类似，不过数组毕竟不是类类型，因此这两个函数不是成员函数。在 C++语言中，正确的使用形式是将数组作为它们的参数。例如在下面的演示代码中，begin 函数返回指向 ia 首元素的指针，end 函数返回指向 ia 尾元素的下一位置的指针，这两个函数都定义在头文件 iterator 中。

```
int ia[] = {0,1,2,3,4,5,6,7,8,9};      //ia是一个含有10个整数的数组
int *beg = begin(ia);                  //指向ia首元素的指针
int *last = end(ia);                   //指向ia尾元素的下一位置的指针
```

在 C++程序中，经常使用 begin 和 end 可以很容易地写出一个循环并处理数组中的元素。例如，假设 arr 是一个整型数组，通过下面的代码可以找到 arr 中的第一个负数。

```
// pbeg指向arr的首元素，pend指向arr尾元素的下一位置
int *pbeg = begin(arr), *pend = end(arr);
// 寻找第一个负值元素，如果已经检查完全部元素则结束循环
while (pbeg != pend && *pbeg >= 0)
    ++pbeg;
```

在上述代码中，首先定义了名为 pbeg 和 pend 的两个整型指针，其中 pbeg 指向 arr 的第一个元素，pend 指向 arr 尾元素的下一位置。while 语句的条件部分通过比较 pbeg 和 pend 来确保可以安全地对 pbeg 解引用，如果 pbeg 确实指向了一个元素，将其解引用并检查元素值是否为负值，如果是，条件失效，退出循环；如果不是，将指针向前移动一位继续检查下一个元素。

注意：在 C++程序中，如果一个指针指向了某种内置类型数组的尾元素的“下一位置”，则其具备与 vector 的 end 函数返回的与迭代器类似的功能。特别要注意，尾后指针不能执行解引用和递增操作。

实例 8-15　逐一输出数组中的各个元素

源码路径：daima\8\8-15

本实例的实现文件为 kuhanshu.cpp，具体实现代码如下。

```
#include<iterator>
using namespace std;
int main(){
    int ia[] = { 0, 1, 2, 3, 4, 5, 6, 7 };
    //定义包含8个整数的数组ia
    auto b = begin(ia);                //赋值首元素指针
    auto e = end(ia);                  //赋值尾元素的下一位置
    cout << "逐一输出数组中的元素" << endl;
    for (auto k = b; k != e; ++k)      //使用for循环
        cout << *k << endl;            //循环输出k 的值
    return 0;
}
```

编译执行后的效果如图 8-19 所示。

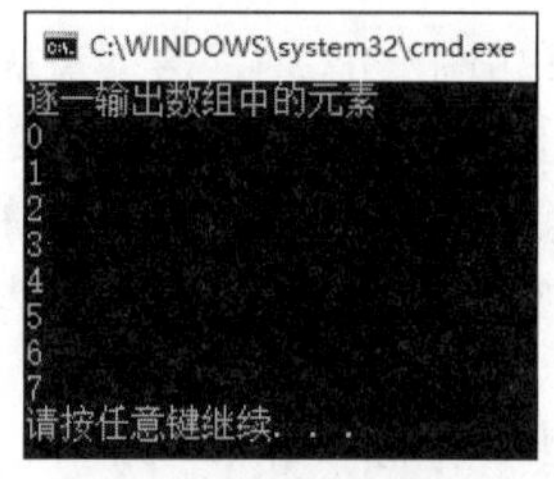

图 8-19　执行后的效果

8.10 技术解惑

8.10.1 指针的命名规范

指针的命名没有什么强制性的规定，一般来说，直观、易读、能够反映指针的性质即可。实际编程情况下，C++的指针变量以 p 或 ptr 开始，以表明这是一个指针。指针后面是变量的名字。变量的名字命名规则比较多，不同的程序员有不同的习惯，大致有以下几种。

（1）用英文单词，单词首字母大写。例如 pInt、pArray、pElement 等。

（2）英文单词全小写，比如 pint，parray 等。这种方式有时阅读起来并不方便，而且容易引起误解。比如，pint 也是一个单词，表示品脱，是容积单位。

（3）在 p 和 ptr 后跟"_"，再写单词。例如 p_Int、p_int 等。

关于命名规则，往往没有一个统一的标准，主要是从便于理解、便于书写角度出发。不同的程序员会有不同的习惯，但一定要清晰、明确，不至于引起误解。

8.10.2　指针和引用的区别

从概念上讲，指针的本质就是存放变量地址的一个变量，在逻辑上是独立的，它可以被改变，包括所指向的地址的改变和所指向的地址中存放的数据的改变。引用是一个别名，它在逻辑上不是独立的，它的存在具有依附性，所以引用必须在一开始就被初始化，而且其引用的对象在其整个生命周期中是不能被改变的（自始至终只能依附于同一个变量）。

在 C++中，指针和引用经常用于函数的参数传递，然而指针传递参数和引用传递参数是有本质上的不同的。具体说明如下。

（1）指针传递参数本质上是值传递的方式，它所传递的是一个地址值。值传递过程中，被调函数的形参作为被调函数的局部变量处理，即在栈中开辟了内存空间以存放由主调函数放进来的实参的值，从而成为实参的一个副本。值传递的特点是被调函数对形参的任何操作都是作为局部变量进行，不会影响主调函数的实参变量的值。

（2）在引用传递过程中，被调函数的形参虽然也作为局部变量在栈中开辟了内存空间，但是这时存放的是由主调函数放进来的实参变量的地址。被调函数对形参的任何操作都被处理成间接寻址，即通过栈中存放的地址访问主调函数中的实参变量。正因为如此，被调函数对形参进行的任何操作都影响了主调函数中的实参变量。

引用传递和指针传递是不同的，虽然它们都是在被调函数栈空间上的一个局部变量，但是任何对于引用参数的处理都会通过一个间接寻址的方式操作到主调函数中的相关变量。对于指针传递的参数，如果改变被调函数中的指针地址，它将影响不到主调函数的相关变量。如果希望通过指针参数传递来改变主调函数中的相关变量，那就得使用指向指针的指针或者指针引用。

为了进一步加深读者理解指针和引用的区别，接下来从编译的角度进行阐述。程序在编译时分别将指针和引用添加到符号表上，符号表上记录的是变量名及变量所对应的地址。指针变量在符号表上对应的地址值为指针变量的地址值，引用在符号表上对应的地址值为引用对象的地址值。符号表生成后就不会再改变，因此指针可以改变其指向的对象（指针变量中的值可以改），而引用对象则不能修改。

综上所述，指针和引用的相同点和不同点如下。

（1）相同点。

都是地址的概念。指针指向一块内存，它的内容是所指内存的地址；引用则是某块内存的别名。

（2）不同点。

① 指针是一个实体，引用仅是个别名。

② 引用只能在定义时被初始化一次，之后不可变；指针可变。引用“从一而终”；指针可以“见异思迁”。

③ 引用没有 const，指针有 const，const 的指针不可变。

④ 引用不能为空，指针可以为空。

⑤“sizeof 引用”得到的是所指向的变量（对象）的大小，“sizeof 指针”得到的是指针本身的大小。

⑥ 指针和引用的自增（++）运算意义不一样。

⑦ 引用是类型安全的，指针不是（引用比指针多了类型检查）。

8.10.3 变量的实质

在理解指针之前，一定要理解“变量”的存储实质，下面先来理解内存编址，如图 8-20 所示。

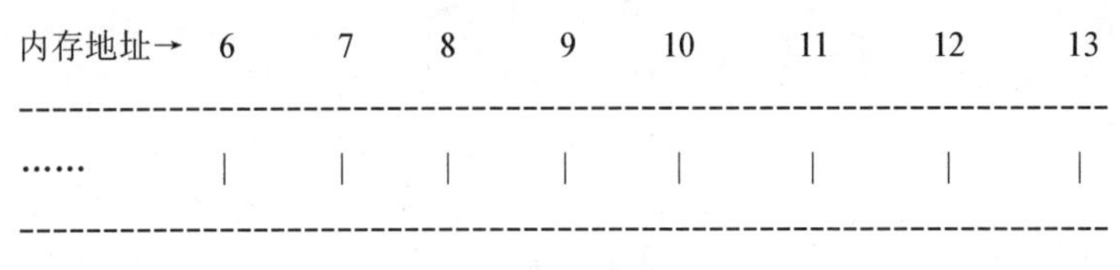

图 8-20 内存编址

内存只不过是一个存放数据的空间，就好像电影院中的座位一样，每个座位都要编号。内存要存放各种各样的数据，当然，我们总要知道这些数据存放在什么位置。所以内存也要像座位一样进行编号，这就是内存编址。座位是按一个座位一个号码从一号开始编号，内存则是按一个字节一个字节进行编址，如图 8-20 所示。每个字节都有个编号，我们称之为内存地址。

继续看下面的 C、C++语言变量声明。

```
int i;
char a;
```

每次我们要使用某变量时都要事先这样声明它，这其实是在内存中申请了一个名为 i 的整型变量宽度的空间（DOS 下的 16 位编程中其宽度为 2 个字节），以及一个名为 a 的字符型变量宽度的空间（占 1 个字节）。

那么如何理解变量是如何存在的呢？当我们进行如下的变量声明时，内存中的映象可能如图 8-21 所示。

```
int I;
char a;
```

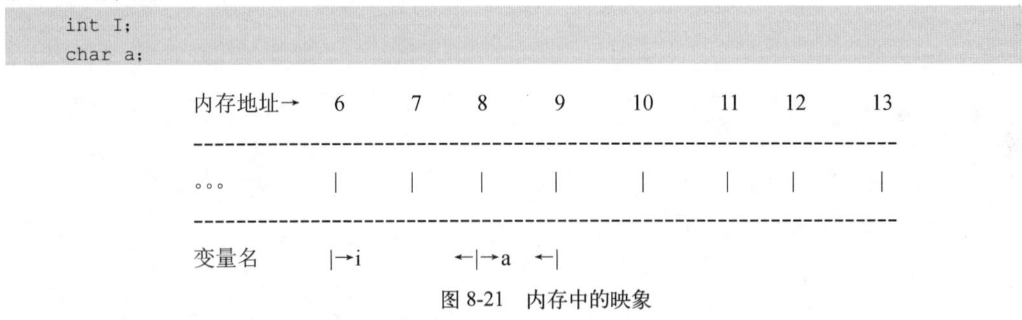

图 8-21 内存中的映象

由图 8-21 可以看出，i 在内存起始地址为 6 上申请了 2 个字节的空间（这里假设 int 的宽度为 16 位，不同系统中 int 的宽度可能是不一样的），并命名为 i。a 在内存地址为 8 上申请了 1 个字节的空间，并命名为 a。这样我们就有了两个不同类型的变量。

8.10.4 避免和解决野指针

野指针的出现会导致程序崩溃，这是每个人都不愿意看到的。Linux 会生成 coredump 文件，可用 gdb 分析。Win 下可以注册 unexception 获取调用堆栈，将错误信息写到文件中。下面先分析出现野指针的场景。

```
class monster_t
{
protected:
    player_t* m_attack;
public:
    void handle_ai()
    {
```

```
        if (m_attack)
        {
            int x = m_attack->get_x();
        }
    }
}
```

问题就在于 m_attack 有值，但是对应的对象已经被销毁。这是大部分野指针出现的原因。分析类之间关系可知，monster_t 和 player_t 是 0-1 的关系，monster_t 引用 player_t，但是 player_t 甚至都不知道有一个（或 N 个）monster 引用了自己。所以当 player 被销毁时，很难做到把所有引用该 player_t 的地方全部重置。这种问题其实比较常见，比如 player 中引用 connection，而 connection 又是被网络层管理生命周期的，同样也容易产生野指针情况。常见的解决方式如下。

```
class monster_t
{
protected:
    long m_attack_id;
public:
    void handle_ai()
    {
        player_t* attack = obj_mgr.get(m_attack_id);
        if (attack)
        {
            int x = attack->get_x();
        }
    }
}
```

另外一种与之相似的方式如下。

```
class monster_t
{
protected:
    player_t* m_attack;
public:
    void handle_ai()
    {
        if (obj_mgr.is_exist(m_attack))
        {
            int x = m_attack->get_x();
        }
        else
        {
            m_attack = NULL;
        }
    }
}
```

梳理野指针的产生原因后，我们其实需要的是这样的指针：引用了另一个对象的地址（不然就不是指针），当目标对象销毁时，该指针自然指向 null，而不需要目标对象主动通知重置。

幸运的是，这种指针已经有了，就是 weak_ptr，在 boost 库中，sharedptr、scopedptr、weakptr 统称为 smartptr。可以尽量使用智能指针，避免野指针。作者建议尽量将 shared_ptr 结合 weak_ptr 使用。平时使用 scoped_ptr 较少，只是在创建线程对象的时候使用，正好符合不能复制的语义。使用 shared_ptr 和 weak_ptr 的示例代码如下。

```
class monster_t
{
protected:
```

```
    weak_ptr<player_t> m_attack;
    shared_ptr<player_t> get_attack()
    {
        return shared_ptr<player_t>(m_attack);
    }
public:
    void handle_ai()
    {
        shared_ptr<player_t> attack = get_attack();
        if (attack)
        {
            int x = attack->get_x();
        }
    }
}
```

也许有读者会问：monster_t 为什么不直接使用 shared_ptr 呢？如果使用 shared_ptr 就不符合现实的模型，monster_t 显然不应该控制 player_t 的生命周期，如果使用 shared_ptr，那么可能导致 player_t 被延迟析构，甚至导致内存暴涨。这也是 shared_ptr 的使用误区，所以作者建议尽量将 shared_ptr 和 weak_ptr 结合使用，否则解决了野指针问题，又会出现内存泄露问题。

8.10.5 常量指针常量和常量引用常量

常量指针常量是指向常量的指针常量，可以定义一个指向常量的指针常量，它必须在定义时初始化。常量指针常量如果定义为：

```
const int* const pointer=&c
```

则是告诉编译器 pointer 和*pointer 都是常量，它们都不能作为左值进行操作，而不存在所谓的“常量引用常量”。C++不区分变量的 const 引用和 const 变量的引用，程序决不能给引用本身重新赋值，使它指向另一个变量，因此引用总是 const 的。如果对引用应用关键字 const，其作用就是使其目标成为 const 变量。即没有下面的格式。

```
Const double const& a=1;
```

只有下面的格式。

```
const double& a=1;
```

8.10.6 指针常量和引用常量的对比

在指针定义语句的指针名前加 const，表示指针本身是常量。在定义指针常量时必须初始化，而这是引用与生俱来的属性，不用在引用指针定义语句的引用名前加 const。

看下面指针常量的定义代码。

```
int* const pointer=&b
```

上述代码的功能是告诉编译器 pointer 是常量，不能作为左值进行操作，但是允许修改间接访问值，即*pointer 可以修改。

8.10.7 常量指针和常量引用的对比

常量指针是指指向常量的指针，在指针定义语句的类型前加 const，表示指向的对象是常量。定义指向常量的指针只限制指针的间接访问操作，而不能规定指针指向的值本身的操作规定性。

看如下常量指针的定义代码。

```
const int* pointer=&a
```

上述代码的功能是告诉编译器*pointer 是常量，不能将*pointer 作为左值进行操作。

常量引用是指指向常量的引用，在引用定义语句的类型前加 const，表示指向的对象是常量。与指针一样，常量引用不能利用引用对指向的变量进行重新赋值操作。

8.11 课后练习

（1）编写一个 C++程序，要求使用指针的指针输出字符串。

（2）编写一个 C++程序，要求将指针作为函数的参数。

（3）编写一个 C++程序，要求将指针作为函数的返回值。

（4）编写一个 C++程序，要求使用指针实现整数排序。

第9章

数组、枚举、结构体和联合

在 C++语言中，可以将基本数据类型进行组合，组合成为更加复杂的类型，这就是复合数据类型。常用的复合数据类型有数组、枚举、结构体和联合。本章将详细介绍 C++数组、枚举、结构体和联合的知识。

9.1　使用数组

视频讲解：视频\第 9 章\使用数组.mp4

在本书前面的内容中，处理的数据都属于“简单的”数据类型，这体现在整数、浮点数、字符等数据类型的每个变量只能存储一个标量值，即单个值。下面将介绍的复杂数据类型的共同特点是，每个变量均可以存储多项信息。

9.1.1　定义数组

数组是许多种程序设计语言的重要组成部分，整数和浮点数之类的数据类型的变量每个只能存储一个值，数组的优点在于一个数组可以把许多个值存储在同一个变量名下。数组仍需要被声明为某一种特定的类型：数组可以用来存储浮点数、字符或整数，但不能把不同类型的数据混杂保存在同一个数组里。在 C++程序中，声明数组的语法格式如下。

```
type name[x];
```

其中，type 代表数组的类型，name 是数组变量的名字（仍须遵守与其他变量相同的命名规则），x 是该数组所能容纳的数据项的个数（数组中的每一项数据称为一个元素）。例如，下面的代码创建了一个能够容纳 10 个浮点数的数组。

```
float myArray[10];
```

因为在一个数组中可以包含多个值，所以对各元素进行赋值和访问时会稍微复杂一些，需要通过数组的下标来访问某给定数组里的各个元素。数组的下标是一组从 0（注意，不是 1）开始编号的整数，最大编号等于数组元素的总个数减去 1。从 0 开始编号的数组下标往往会给初学者带来许多麻烦，所以这里再重复一遍：数组中的第一个元素的下标是 0，第二个元素的下标是 1，最后一个元素的下标是 x-1，其中 x 是数组元素的个数（也叫作数组的长度）。下面的代码演示了如何把一个值赋给数组中的某个元素以及如何输出它。

```
myArray[0] = 42.9;
std::cout << myArray[0];
```

一般来说，只对数组中的个别元素进行处理的程序并不多见。绝大多数程序会利用一些循环语句来访问数组中的每一个元素例如：

```
for (int i = 0; i < x; ++i) {
}
```

这个循环将遍历每一个数组元素，从 0 到 x-1。这里唯一需要注意的是，必须提前知道这个数组里有多少个元素（即 x 到底是多少）。在声明一个数组以及通过循环语句访问它时，最简单的办法是用一个常量来代表这个值。

实例 9-1　给一维数组赋值

源码路径： daima\9\9-1（Visual C++版和 Visual Studio 版）

实例文件的具体实现代码如下。

```
void main(){
    int i, a[10];
    //利用循环，分别为10个元素赋值
    for (i = 0; i<10; i++)
        a[i] = i;
    for (i = 0; i<10; i++)//将数组中的10的元素输出到显示设备
        cout << a[i] << endl;
    cout << "一共有" << i <<  "个" <<endl;
}
```

编译执行后的效果如图 9-1 所示。

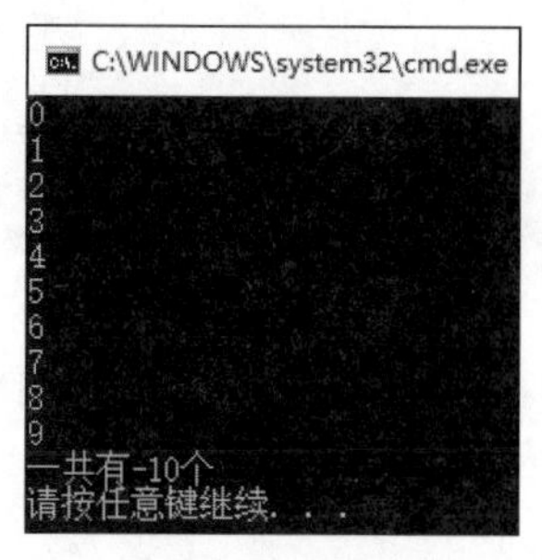

图 9-1　执行效果

9.1.2　高级数组

在 C++程序中，另一个更为高级的概念是多维数组，这类数组的元素还是数组。例如，下面的代码语句声明了一个包含 5 个元素的数组，它的每个元素都包含 10 个整数。

```
int myArray[5][10];
```

其中，在第 1 个中括号里的数字设置了主数组的元素个数，第 2 个中括号中的数字设置了每个子数组的元素个数。如果要指定某个特定的元素，比如第 1 个子数组里的第 3 个元素，需要使用如下的语法。

```
myArray[0][2] = 8;
```

要遍历这样一个数组的所有元素，需要使用两个循环，其中一个嵌套在另一个的内部。外层的循环用来访问每一个子数组（比如从 myArray[0]到 myArray[4]），内层的循环用来访问子数组里的每一个元素（比如从 myArray[x][0]到 myArray[x][9]）。根据具体的编程需要，多维数组的维数可以无限扩大，但保存在多维数组里的每一个值必须是同样的类型（字符、整数、浮点数等）。

注意：可以用如下语法在创建数组时对它的元素进行赋值。

```
int numbers[3] = {345, 56, 89};
```

这只能在声明变量时进行，不能用这种办法来填充一个已经存在的数组。还可以如下进行。

```
int numbers[] = {345, 56, 89}
```

对于这种情况，编译器将根据大括号里的值的个数自动地创建出一个长度与之相匹配的数组。

在 C 语言中，字符串被实际存储为一个字符数组，在 C++中也可以使用这样的数组。但是因为 C++提供了更好的 std::string 类型，所以已经不必再使用那些老式的 C 语言的方法。在 C++程序中，可以每次只输出一个数组元素的值。但是下面这种做法是错误的，虽然有输出，但不是我们希望的效果。

```
int numbers[] = {345, 56, 89};
std::cout << numbers;
```

另外读者需要注意，数组的下标是从 0 开始的，忘记这一点就会犯所谓的“差一个”错误，最严重的后果是使用的数组下标并不存在。例如下面的代码演示了一个常量来代表这个值。

```
const int I = 100;
float nums[I];
nums[I] = 2340.534;            //错误
```

下面的例子演示了置换二维数组的列的过程。

实例 9-2　将二维数组的列对换

源码路径：daima\9\9-2（Visual C++版和 Visual Studio 版）

实例文件的具体实现代码。

```
int fun(int array[3][3]){                              //定义函数，交换列值
    int i,j,t;                                         //定义3个变量
    for(i=0;i<3;i++)                                   //外层循环
        for(j=0;j<i;j++)                               //内层循环
        {
            t=array[i][j];                             //给变量t赋值
            array[i][j]=array[j][i];                   //元素交换
            array[j][i]=t;
        }
        return 0;
}
void main(){
    int i,j;                                           //定义变量i和j
    int array[3][3]={{1,2,3},{4,5,6},{7,8,9}};         //定义二维数组并赋值
    cout << "Converted Front" <<endl;
    for(i=0;i<3;i++)                                   //外层循环
    {
        for(j=0;j<3;j++)                               //内层循环
            cout << setw(7) << array[i][j] ;           //使用函数setw设置7个空格
        cout<< endl;
    }
    fun(array);
    cout << "Converted result" <<endl;
    for(i=0;i<3;i++){
        for(j=0;j<3;j++)
            cout << setw(7) << array[i][j] ;           //使用函数setw设置7个空格
        cout<< endl;
    }
}
```

编译执行后的效果如图 9-2 所示。

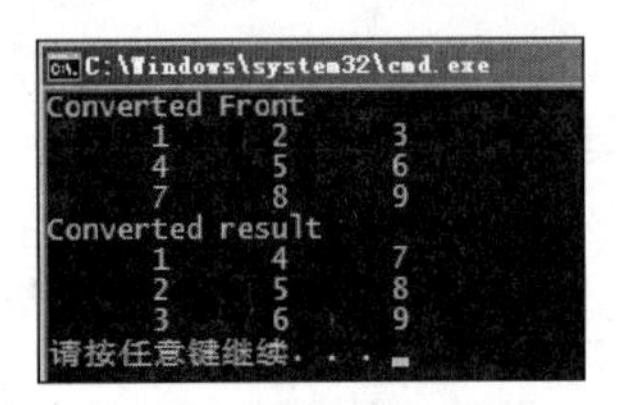

图 9-2　执行后的效果

9.1.3　分析数组的完整性

在 C++程序中，数组的完整性是指每个数组在定义时都指定了数组维数。

1. 一维数组

在 C++程序中定义一维数组时，维数不能省略。例如，在下面的代码中声明了一个一维数组 m，它包含了 9 个整型数。中括号中的“9”表示一维数组 m 的完整维数。

```
int m[9];
```

2. 多维数组

在 C++程序中定义多维数组时，要求维数全部出现。例如，在下面的代码中，第一行声明了一个二维数组 m，第二行声明了一个三维数组 n。

```
float m[5][6];
float n[2][2][5];
```

注意：多维数组可以看作是数组的数组。例如 float m[5][6]可以看作：m 是一个 5 行 6 列的浮点数的数组，即包含了 30 个浮点数。float n[2][2][5]可以看作：包含了 20 个浮点数，2、3、5 表示三维数组 n 的完整维数。

9.2 动 态 数 组

视频讲解：视频\第 9 章\动态数组.mp4

在 C++程序中，动态数组是指在编译时不能确定数组长度，程序需在运行时根据具体情况或条件动态分配内存空间的数组。

注意：在 C++程序中，不能像 Java 中一样定义动态数组“int[] arr = new int[]”。

9.2.1 在堆上分配空间的动态数组

在 C++程序中，堆是一块内存空间，这个空间能够提供对动态内存分配的支持。动态数组如果要在堆上分配空间，在 C++中可以利用指针或关键字 new 来实现。

1. 动态一维数组

在 C++程序中，动态一维数组是指在运行时才分配内存空间的一维数组。下面的实例演示了动态分配一维数组数据的具体过程。

实例 9-3 动态分配一维数组数据

源码路径：daima\9\9-3（Visual C++版和 Visual Studio 版）

本实例的实现文件为 shuzu.cpp，具体实现代码如下。

```
int main(int argc, char* argv[]){
    int* p = NULL;          //定义指针p
    int x;                  //定义变量x
    cout << "请输入x值：" << endl;
    cin >> x;               //输入x值
    //根据用户输入的x值来动态指定数组的维数
    p = new int[x];
    for (int i=0; i< x; i++){
        p[i] = 0;           //赋值
    }
    delete [] p;            //释放
    p = NULL;               //置空
    return 0;
}
```

在上述代码中定义了一个指针 p，然后输入了一个任意整型数值 x，x 将用于指定动态数组的维数。在程序块中定义数组时，使用了关键字 new，其功能是为数组在堆中分配内存，并把内存地址赋给相应的指针 p。例如，输入 2000 后的执行效果如图 9-3 所示。

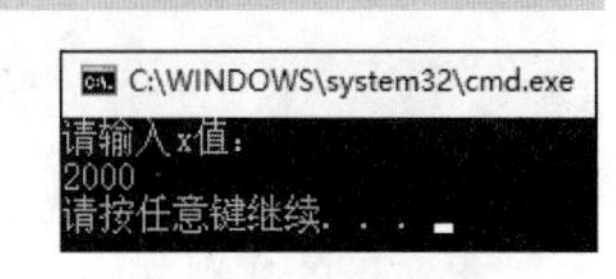

图 9-3 执行效果

2. 动态二维数组

在 C++程序中，动态二维数组是指在运行时才分配内存空间的二维数组。下面的实例演示了动态分配二维数组数据的具体过程。

实例 9-4 动态分配二维数组数据

源码路径：daima\9\9-4（Visual C++版和 Visual Studio 版）

本实例的实现文件为 er.cpp，具体实现代码如下。

```
#include "stdafx.h"
#include "iostream.h"
int main(int argc, char* argv[]){
    double **p = NULL;                          //定义指向指针的指针p
```

```
    int x, y;                                       //定义变量x和y
    cout << "请输入一个整数： " << endl;
    cin >> x;
    cout << "请输入一个整数：" << endl;
    cin >> y;                                       //输入y的值
    p = new double *[x];                            //根据用户输入的x值来动态指定数组的维数
    for (int i = 0; i < x; i++){
        p[i] = new double [y];                      //根据用户输入的y值来动态指定数组的维数
    }
    for (int j = 0;j < x; j++)                      //外层循环赋值
    {
        for (int k = 0; k < y; k++){                //内层循环
            p[j][k] = (j + k + 0.125) * 0.618;      //赋值
        }
    }
   for (int m = 0; m < x; m++)    {
        delete[] p[m];                              //释放

    }
    delete[] p;                                     //释放
    p = NULL;                                       //置空
    return 0;
}
```

在上述代码中定义了一个二维指针 p，然后分别提示用户输入 x 和 y 两个整型数，x 和 y 值分别用于指定动态二维数组的维数。编译执行后的效果如图 9-4 所示。

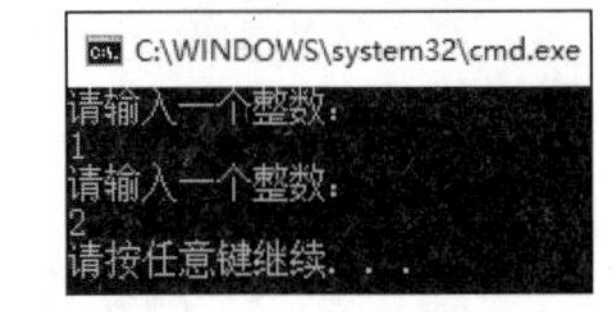

图 9-4　执行效果

9.2.2　在栈上分配空间的“假动态”数组

在 C++程序中，栈是一块内存空间，由编译器在需要的时候分配，并由系统自动回收。在编译的时候已经知道了数组的大小，但是在定义时却看起来像动态的，所以称这种数组为“假动态”数组。通常使用常量表达式和宏定义变量实现“假动态”数组。

1. 常量表达式 const 维数

在 C++程序中，有时数组的维数并不是一个数值，而是一个表达式，但此表达式必须在编译时即可计算出值。下面的实例演示了使用常量作为维数的具体过程。

实例 9-5　使用常量作为数组的维数

源码路径：daima\9\9-5（Visual C++版和 Visual Studio 版）

本实例的实现文件为 chang.cpp，具体实现代码如下。

```
#include "stdafx.h"
#include "iostream.h"
int main(){
//定义一个常量array_size
    const int array_size = 5;

    float x[array_size];  //用常量作维数
    x[0] = 7.5;           //设置第1个元素值
    x[1] = 15.5;          //设置第2个元素值
    x[2] = 3.5;           //设置第3个元素值
    x[3] = 45.5;          //设置第4个元素值
    x[4] = 33.5;          //设置第5个元素值
    for (int i = 0; i < array_size ; i++) //循环输出数组内各个元素的值
```

```
    {
        cout << "x[" << i << "] = " ;
        cout << x[i] << endl;
    }
    return 0;
}
```

在上述代码中，使用 array_size 作为一维数组 x 的元素个数，编译执行后的效果如图 9-5 所示。

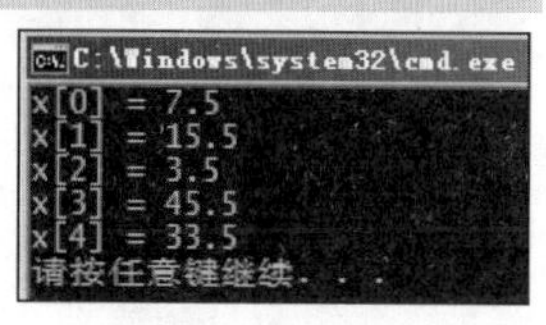

图 9-5　执行效果

注意：如果将上述代码中的 const int array_size = 5 修改为 int array_size = 5 或 static int array_size = 5，在编译 float x[array_size]时将出错。这是因为在 C++中只有 const 常量表达式才能作为数组的维数。

2. 宏定义 define 维数

在 C++程序中可以使用宏定义 define 来作为维数。此种方法比较利于代码的维护，当需要改变数组的维数时，只需修改宏即可。下面的实例演示了宏定义 define 作为维数的具体过程。

实例 9-6　使用宏定义 define 定义数组的维数

源码路径：daima\9\9-6（Visual C++版和 Visual Studio 版）

本实例的实现文件为 hong.cpp，具体实现代码如下。

```
#define DEBUG  1
#define LENGTH_DBG  10          //定义一宏常数1
#define LENGTH_REL   200        //定义一宏常数2
#if DEBUG
#define shuzu_SIZE 25           //定义一宏常数3
#else
#define shuzu_SIZE 500          //定义一宏常数4
#endif
int main(){
#if DEBUG
    int shuzu1[LENGTH_DBG];     //维数为10
#else
    int shuzu1[LENGTH_REL];     //维数为200
#endif
    int shuzu2[shuzu_SIZE];     //维数为25或500
    return 0;
}
```

在上述代码中，定义了两个假动态数组 shuzu1、shuzu2，它们的维数由宏来指定，并且在上面代码中还用到了#if 和#else。编译执行后的效果如图 9-6 所示。

图 9-6　执行后的效果

9.3　字符数组

视频讲解：视频\第 9 章\字符数组.mp4

在 C++程序中，用来存放字符量的数组称为字符数组。定义一个字符数组后，这个字符数组会返回一个头指针，可以根据这个头指针来访问数组中的每一个字符。

9.3.1　定义字符数组

在 C++程序中，字符数组是存放字符型数据的，应定义成“字符型”。由于整型数组元素可以存放字符，所以整型数组也可以用来存放字符型数据。C++语言规定：字符数组的类型必须是 char，维数要至少有一个。字符数组的定义格式如下。

```
char 数组名[维数表达式1][ 维数表达式2]…[ 维数表达式n];
```

实例 9-7　使用字符数组

源码路径：daima\9\9-7（Visual C++版和 Visual Studio 版）

本实例的实现文件为 zifu.cpp，具体实现代码如下。

```
int main(){
    //shuzu1存放5个字符
    char shuzu1[5] = { 'z', 'h', 'a', 'n', 'g' };
    //shuzu2存放6个字符
    char shuzu2[6] = { 'b', 'i', 'c', 'h', 'e', 'n' };
   //输出zhang
   for (int i = 0; i < 5; i++){
       cout << shuzu1[i];
    }
    cout << " ";
    //输出bichen
    for (int j = 0; j < 6; j++){
        cout << shuzu2[j];
    }
    return 0;
}
```

在上述代码中，定义并初始化了 shuzu1 和 shuzu2 两个字符数组，编译执行后的效果如图 9-7 所示。

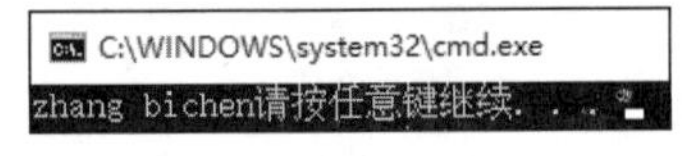

图 9-7　执行后的效果

9.3.2　字符数组和字符串指针变量

在 C++程序中，字符数组和字符串指针变量都能够实现字符串的存储和运算。字符串指针变量本身就是一个变量，用于存放字符串的首地址。字符串本身是存放在以该地址为首的一块连续的内存空间中，并以'\0'作为串的结束。下面的例子演示了使用字符串指针的具体流程。

实例 9-8　演示使用字符串指针的具体流程

源码路径：daima\9\9-8（Visual C++版和 Visual Studio 版）

本实例的实现文件为 zhizhen.cpp，具体实现代码如下。

```
#include "stdafx.h"
#include "iostream.h"
int main(){
    //指针变量，表示zhizhen是一个指向字符串的指针变量
    char *zhizhen  = "C/C++ 语言 ";     //把字符串的首地址赋予zhizhen
    //字符型数组
   char arrSTR[] = {"C/C++ 语言"};
    cout << zhizhen << endl;            //输出C/C++ 语言
    cout << arrSTR << endl;             //输出C/C++ 语言

    zhizhen = zhizhen + 6;
    cout << zhizhen <<  endl;           //输出语言
    int i = 6;                          //定义i的初始值是6
```

```
    while(arrSTR[i] != '\0'){
        cout << arrSTR[i++];            //输出语言
    }
    cout << endl;
    cout << sizeof(zhizhen)  << endl; //输出4
    cout << sizeof(arrSTR) << endl;   //输出11 ,注意需要把'\0'算在内
    return 0;
}
```

在上述代码中，*zhizhen 是指针变量，编译执行后的效果如图 9-8 所示。

图 9-8 执行后的效果

9.4 数组初始化

视频讲解：视频\第 9 章\数组初始化.mp4

在 C++程序中，对数组的初始化操作既可以在定义时实现，也可以在定义后实现。具体说明如下。

(1) 在定义时用逗号分隔，用放在大括号中的数据表示初始化数组中的元素。

(2) 在程序执行时用赋值语句对其进行初始化。

9.4.1 定义时的初始化

在 C++程序中定义数组时，使用大括号来对数组进行初始化处理。在下面的内容中，分别讲解在定义时初始化一维数组和多维数组的知识。

1. 一维数组

一维数组的初始化有两种，一种带维数，另一种不带维数。看下面的代码：

```
int array_1[5] = {1,2,3,4,5}                        //初始化整型数组
int array_2[ ] = {1,2,3,4,5}                        //与array_1相同
float array_3[3] = {1.5,2.5,3.5 }                   //初始化浮点型数组
float array_4[ ] = {1.5,2.5,3.5 }                   //与array_3相同
char array_5[3] = {'w','h','a','t'}                 //初始化字型数组
char array_6[ ] = {'w','h','a','t'}                 //与array_5相同
```

再看下面的代码：

```
char array_str1[ ] ="nihao aaaa"                    //字符串
char array_str2[ ] ={"nihao aaa"}                   //字符串
```

上述两段代码的功能相同。

2. 多维数组

初始化多维数组的方法也有两种，第一种与一维数组的初始化完全相同。看下面的代码：

```
int array_1[2] [3]= {1,2,3,4,5,6}
int array_2[ ] [3]= {1,2,3,4,5,6}
```

当维数表达式为空时，数组大小与一维数组一样将由初始化数组元素的个数来隐式地指定数组的维数。例如上述代码中二维数组 array_2[ ] [3]，列维数被显式地指定为 3，行维被隐式地指定为 2。

第二种方法是使用大括号嵌套来实现，看下面的代码：

```
int array_1[3] [4]= {{1,2,3,4},{5,6,7,8},{9,10,11,12}}   //初始化二维数组
```

在各个嵌套括号间要用逗号来分隔，最后一个除外。

注意：可以只对部分元素赋初值，未赋初值的元素自动取 0 值。

例如，下面代码是对每一行的第一列元素赋值，未赋值的元素取 0 值。

```
int a[3][3]={{1},{2},{3}};
```

上述赋值后各元素的值如下。

```
1 0 0
2 0 0
3 0 0
```

9.4.2　初始化赋值语句

赋值语句初始化的操作比较简单，所以在现实中比较常用。下面的实例演示了使用赋值语句初始化数组的具体流程。

实例 9-9　使用赋值语句初始化数组

源码路径：daima\9\9-9（Visual C++版和 Visual Studio 版）

本实例的实现文件为 yuju.cpp，具体实现代码如下。

```
#include "stdafx.h"
#include "iostream.h"
int main(){
    // 定义一个 12×12 的数组
    const int nRows = 12;      //12行
    const int nCos = 12;
    int arr_ex [nRows ][nCos];
    //初始化数组arr_ex
    for (int nRow1 = 0; nRow1 < nRows; nRow1++) {            //循环赋值
        for (int nCol1 = 0; nCol1 < nCos; nCol1++) {
            arr_ex [nRow1][nCol1] = nRow1 * nCol1;           //赋值语句，初始化数组
        }
    }
    // 输出数组元素的值
    for (int nRow = 1; nRow < nRows; nRow++){                //遍历行
        for (int nCol = 1; nCol < nCos; nCol++){             //遍历列
            cout << arr_ex [nRow][nCol] << "\t";
        }
        cout << endl;
    }
    return 1;
}
```

在上述代码中，定义了一个 12 × 12 的二维数组 nRows 和 nCos，编译执行后的效果如图 9-9 所示。

```
C:\WINDOWS\system32\cmd.exe
1       2       3       4       5       6       7       8       9       10      11
2       4       6       8       10      12      14      16      18      20      22
3       6       9       12      15      18      21      24      27      30      33
4       8       12      16      20      24      28      32      36      40      44
5       10      15      20      25      30      35      40      45      50      55
6       12      18      24      30      36      42      48      54      60      66
7       14      21      28      35      42      49      56      63      70      77
8       16      24      32      40      48      56      64      72      80      88
9       18      27      36      45      54      63      72      81      90      99
10      20      30      40      50      60      70      80      90      100     110
11      22      33      44      55      66      77      88      99      110     121
请按任意键继续. . .
```

图 9-9　执行后的效果

9.5 指针和数组

视频讲解：视频\第 9 章\指针和数组.mp4

在 C++程序中，指针表示一个保存地址的变量，数组表示一个首地址，所以数组名就是指向该数组第一个元素的指针。

9.5.1 基本原理

在此前关于地址和指针的例子里，我们使用的都是标量类型：整数、实数和字符。在遇到一个标量类型的变量时，我们可以创建一个与之类型相同的指针来存放它的地址。可是，在遇到数组时该怎么办呢？计算机把数组保存在一组连续的内存块里，而不是像对待其他变量一样把它保存在一个内存块里。比如，以下代码所定义的数组可能会保存在一组连续的内存块里。

```
int myArray [] = {25, 209, -12};
```

这意味着数组有多个地址，每个地址均对应着数组中的一个元素。读者也许会因此而认为访问数组的地址是一件很困难的事情，但事实恰恰相反。在 C++（以及 C 语言）里，数组的名字同时也是一个指向其基地址（其第一个元素的地址）的指针。以 myArray 数组为例，这意味着下面两条语句可以完成同样的事情。

```
int *ptr1 = &myArray[0];
int *ptr2 = myArray;
```

这两条语句都可以在指针里存放基地址，即数组中第一个元素的地址。使用解引用操作符（*）可以迅速访问数组中的第一个元素。

```
std::cout << *ptr1;
*ptr2 = 98744;
```

如果要使用一个指针访问一个数组元素，问题将变成怎样才能访问数组的其他元素，该怎么解决这个问题？解决方案是通过指针运算来改变在指针里保存的地址。对一个指向某个数组的指针进行递增运算后，该指针将指向下一个元素的地址。现在，如果再次使用*ptr1 指针，将得到保存在第二个元素里的值。指针运算的奇妙之处在于，地址值并不是按数字 1 递增的，它将按照该种数组类型在该台计算机上所需要的字节个数来递增。比如，如果有一个包含 3 个整数的数组、每个整数需要 4 个字节来存储，对一个指向该数组的指针进行递增（加 1）将使地址以 4 个字节为单位进行递增！如果是一个指向某个字符数组的指针（字符数组的每个元素只占用 1 个字节），地址将以 1 个字节为单位进行递增。

9.5.2 指向数组的指针

在 C++程序中可以通过数组名访问数组，也可以定义一个指向数组的指针，通过指针来访问数组。下面的实例演示了使用指向数组的指针的流程。

实例 9-10 使用指向数组的指针

源码路径：daima\9\9-10（Visual C++版和 Visual Studio 版）

本实例的实现文件为 zhizhenshuzu.cpp，具体实现代码如下。

```
#include "stdafx.h"
#include "iostream.h"
int main(void){
    int Arr[5] = {100, 200, 300, 400, 500};
                              //定义数组
    int *zhizhen1;            //定义指针zhizhen1
```

```
    int *zhizhen2;              //定义指针zhizhen2
    zhizhen1 = &Arr[0];    //zhizhen1指向该数组Arr第一个元素

    zhizhen2 = Arr;             // zhizhen2赋值为数组Arr
    //数组名Arr是一个指向该数组第一个元素Arr[0]的地址
    cout << "zhizhen1的地址是:" << zhizhen1 << endl;
    cout << "zhizhen2的地址是:" << zhizhen2 << endl;
    cout << "Arr[0]的地址是:" << &Arr[0] << endl;
    cout << "Arr的地址是:" << Arr << endl;
    return 0;
}
```

在上述代码中，zhizhen1 = &Arr[0]和 zhizhen2 = Arr 是等价的，编译执行后的效果如图 9-10 所示。从执行效果可以看出，zhizhen1、zhizhen2、Arr[0]、Arr 指向的是同一内存地址 012FFE58，由此可以看出 4 个变量都指向了同样的内存块。

```
C:\WINDOWS\system32\cmd.exe
zhizhen1的地址是:012FFE58
zhizhen2的地址是:012FFE58
Arr[0]的地址是:012FFE58
Arr的地址是:012FFE58
请按任意键继续. . .
```

图 9-10　执行效果

注意：指针运算的重要性在高级和抽象的程序设计工作中体现得更加明显。如果有读者现在还体会不到其中的奥妙，也没有关系。就目前而言，只要记住数组的名字同时也是一个指向其第一个元素的指针就可以。数组可以是任何一种数据类型，这意味着我们完全可以创建一个以指针为元素的数组——如果有必要的话。

9.5.3　指针数组

在 C++程序中，如果一个数组的元素均为指针类型数据，则称为指针数组。也就是说，指针数组中每一个元素都相当于一个指针变量。定义一维指针数组的语法格式如下。

```
类型名 *数组名[数组长度]
```

例如：

```
int *p[4]
```

在 C++程序中，定义多维数组的语法格式如下。

```
类型名 *数组名[维数表达式1]……[维数表达式n]
```

由于“[]”比“*”的优先级更高，因此 p 先与[4]结合，形成 p[4]的形式，这显然是数组形式。然后再与 p 前面的*结合，*表示此数组是指针类型的，每个数组元素都指向一个整型变量。

数组指针是指向数组的一个指针，例如下面的代码表示一个指向 4 个元素的数组的一个指针。

```
int (*p)[4]
```

下面的实例演示了使用指针数组的流程。

实例 9-11　演示指针数组的具体使用流程

源码路径：daima\9\9-11（Visual C++版和 Visual Studio 版）

本实例的实现文件为 lizi.cpp，具体实现代码如下。

```
#include "stdafx.h"
#include "iostream.h"
#define True 1          //预定义
#define False 0         //预定义
int main(void){
//指针数组zhizhenshuzu的9个指针，分别依次指向9个字符串
char *zhizhenshuzu[9] =
 {"File", "Edit", "View", "Insert", "Format", "Tools", "Table", "Window", "Help"} ;
    for(int i=0; i< 9; i++){                    //循环输出9个字符串
      cout << zhizhenshuzu[i] << endl;     //输出zhizhenshuzu数组中9个指针指向的9个字符串
```

```
    }
    return True;
}
```

在上述代码中，使用*zhizhenshuzu[9]定义了一个指向 9 个字符串的指针，并依次输出了这 9 个字符串。编译执行后的效果如图 9-11 所示。

图 9-11　执行后的效果

9.6 枚　　举

视频讲解：视频\第 9 章\枚举.mp4

在日常生活中，会遇到很多集合类问题，其所描述的状态为有限几个。例如，比赛的结果只有输和赢两种状态。一周有 7 天，共 7 个状态。以人为中心进行方位描述，可以包括上、下、前、后、左和右几个状态。在计算机中表述这 6 种方位信息，需要定义一组整型常量，例如：

```
#define UP 1
#define DOWN 2
#define BEFORE 3
#define BACK 4
#define LEFT 5
#define RIGHT 6
```

但是从上面的定义来看 6 个常量虽然表达了同一类型的信息，但在语法上是彼此孤立的个体，不是一个完整的逻辑整体。其实 C 语言中所有基本数据类型都是在描述集合信息，例如 int 用于描述具有 1～216 有限元素集合的整数。是否可以引入新的用户自定义类型，描述仅仅具有上述 6 个元素的集合，并作为一个新的数据类型呢？C++中引入了枚举类型来解决这个问题。

9.6.1 枚举基础

在 C++程序中，枚举类型是一种用户自定义类型，是由若干个有名字常量组成的有限集合。在程序中使用枚举常量可以增加程序的可读性，起到“见名思义”的作用。定义枚举类型的语法格式如下。

```
enum<枚举类型名>
{
<枚举元素1>[=<整型常量1>],
<枚举元素2>[=<整型常量2>],
…
<枚举元素n>[=<整型常量n>],
}
```

在上述格式中，enum 是定义枚举类型的关键字，不能省略。<枚举类型名>是用户定义的标识符。<枚举元素>也称枚举常量，也是用户定义的标识符。C++语言允许用<整型常量>为枚举元素指定一个值。如果省略<整型常量>，默认<枚举元素 1>的值为 0，<枚举元素 2>的值为 1，依此类推，<枚举元素 n>的值为 n-1。例如，下面的代码定义了一个枚举类型 season。枚举类型

season 有 spring、summer、autumn 和 winter 共 4 个元素。spring 的值被指定为 1，因此剩余各元素的值分别为 summer=2,autumn=3,winter=4。

```
enum season { spring=1,summer,autumn,winter};        //定义了枚举类型season
```

假设用枚举表示一周的 7 天以及常用的颜色等，可以用下面的代码实现。

```
//定义枚举类型color，枚举常用的颜色
enum color{Red,Yellow,Green,Blue,Black};
//定义枚举类型weekday，每周的7天
enum weekday {Mon=1,Tues,Wed,Thurs,Friday,Sat,Sun=0};
```

注意：

在 C++程序中，在使用枚举时必须注意以下 6 个方面。

（1）枚举类型可以用于 switch-case 语句。

（2）枚举类型不支持直接的 cin>>和 cout<<。例如：

```
cin>>thisMonth;         //错误，接受参数类型
cout<<nextMonth;        //输出为其标号
```

（3）枚举元素之间比较可以用<、>、<=、>=、==、!=6 个操作符

（4）枚举类型可作为函数的返回类型。

（5）枚举是用户自定义类型，所以用户可以为它定义自身的操作，例如++或<<等。但是，在没有定义之前，不能因为枚举像整型就可以默认使用。

（6）由于通过将整型数显式转换就可能得到对应枚举类型的值，所以声明一个枚举来达到限制传递给函数的参数取值范围还是力不从心的。以下是一个例子。

```
enum SomeCities{
  zhanjiang=1,                          //1
  Maoming,                              //2
  Yangjiang,                            //3
  Jiangmen,                             //4
  Zhongshan = 1000                      //1000
};
void printEnum(SomeCities sc){
  cout<<sc<<endl;
}
int main(void){
  SomeCities oneCity = SomeCities(50);  //将50通过显式转换，为oneCity赋值
  printEnum(oneCity);                   //在编译器下得到50
  return 0;
}
```

通过上述代码说明，虽然 SomeCities 的定义里没有赋值为 50 的枚举值，但是由于 50 在该枚举的取值范围内，所以通过显式声明得到一个有定义的枚举值，从而成功传递给 printEnum 函数。

9.6.2 使用枚举

实例 9-12 使用枚举输出今天是星期几

源码路径：daima\9\9-12（Visual C++版和 Visual Studio 版）

本实例的实现文件为 meiju.cpp，具体实现代码如下。

```
#include "stdafx.h"
#include "iostream.h"
int main(void){
//定义表示一周7天的枚举week
    enum week {monday,tuesday,wednesday,thursday,friday,saturday,sunday} w;
    int i;                              //定义变量i
```

```
    do{
       cout<<"please input(0~7,0 for exit):"<<endl;  //输出文本
       cin>>i;                               //输入i
       switch (i){
       case 1:w=monday;                      //如果输入1，则输出下面的内容
            cout<<"enum id: "<<w<<"   week="<<"monday"<<endl;
            break;
       case 2:w= tuesday;                    //如果输入2，则输出下面的内容
            cout<<"enum id: "<<w<<"   week="<<"tuesday"<<endl;
            break;
       case 3:w=wednesday;                   //如果输入3，则输出下面的内容
            cout<<"enum id: "<<w<<"   week="<<"wednesday"<<endl;
            break;
       case 4:w= thursday;                   //如果输入4，则输出下面的内容
            cout<<"enum id: "<<w<<"   week="<<"thursday"<<endl;
            break;
       case 5:w=friday;                      //如果输入5，则输出下面的内容
            cout<<"enum id: "<<w<<"   week="<<"friday"<<endl;
            break;
       case 6:w= saturday;                   //如果输入6，则输出下面的内容
            cout<<"enum id: "<<w<<"   week="<<"saturday"<<endl;
            break;
       case 7:w=sunday;                      //如果输入7，则输出下面的内容
            cout<<"enum id: "<<w<<"   week="<<"sunday"<<endl;
            break;
       case 0: cout<<"Exit!"<<endl;   //如果输入0，则退出控制台
            break;
       default:        //输入其他，值则提示输入错误
            cout<<"wrong! "<<endl;
       }
    }while(i!=0);

    return 0;
}
```

通过上述代码，实现了一个星期枚举的定义和使用。通过从命令行输入一个整数，系统将输出对应的星期几编号。编译执行后的效果如图 9-12 所示。

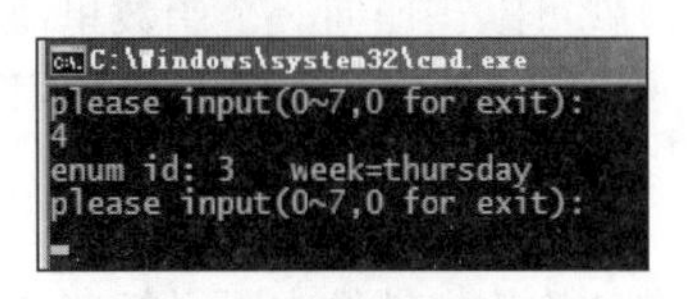

图 9-12　执行后的效果

9.7　结　构　体

视频讲解：视频\第 9 章\结构体.mp4

C++和 C 语言有许多共同的优美之处，其中之一是程序员不必受限于这两种语言自带的数据类型，完全可以根据具体情况定义一些新的数据类型并创建新类型的变量。事实上，这个概念一直贯穿于 C++的核心：对象。一个比较简单的例子是结构，结构（structure）是一种由程序员定义、由其他变量类型组合而成的数据类型。

9.7.1 定义结构体

在 C++程序中，定义一个结构的基本语法格式如下。

```
struct structurename {
     type varName;
     type varName;
     …
  };
```

在定义结构体的时候，需要注意结构的定义必须以一个右大括号和一个分号结束。当需要处理一些具有多种属性的数据时，结构往往是很好的选择。比如，你正在编写一个员工档案管理程序。每名员工有多种信息，例如姓名、胸牌号、工资等。我们可以把这些特征定义为如下的一个结构。

```
struct employee {
     unsigned short id;
     std::string name;
     float wage;
  };
```

C++对一个结构所能包含的变量的个数没有限制，那些变量通常称为该结构的成员，它们可以是任何一种合法的数据类型。在定义了一个结构之后，就可以使用如下的语法来创建该类型的变量。

```
structureName myVar;
employee e1;
```

在创建出一个结构类型的变量之后，可以通过如下的语法引用它的各个成员。

```
myVar.membername = value;
```

假设已经创建了一个 employee 类型的变量 e1，那么就可以像下面一样对这个结构中的变量进行赋值。

```
e1.id = 40;
e1.name = "Charles";
e1.wage = 12.34;
```

如果在创建一个结构类型的新变量时已经知道它各有关成员的值，还可以在声明新变量的同时把那些值赋给它的各有关成员，例如：

```
employee el = {40, "Charles", 12.34};
```

在 C++程序中，在何处定义一个结构体将影响到可以在何处使用它。如果某个结构体是在任何一个函数之外和之前定义的，就可以在任何一个函数里使用这种结构类型的变量。如果某个结构体是在某个函数之内定义的，则只能在这个函数里使用这种类型的变量。

9.7.2 指向结构体的指针

在 C++程序中的指针可以指向结构体，就像它可以指向任何其他变量一样。但接下来的问题是，怎样才能通过指针解引用该结构体里的各个成员（或者说访问存放在结构里的各个值）。先从结构体的定义开始。

```
struct person {
     unsigned short age;
     char gender;
  };
```

接下来创建一个 person 类型的变量。

```
person me = {40, 'M'};
```

再接下来创建一个指向该结构体的指针。

```
person *myself = &me;
```

因为指针的类型必须与由它保存地址的变量的类型相一致，所以 myself 指针的类型也是

person。我们在声明它的同时把它赋值为&me——结构体变量 me 在内存里的地址。

如果是整数、浮点数或其他类型的变量类型，可以通过对指针进行解引用的方式来访问相应的变量值吗？例如下面的代码：

```
int myInt = 10;
int *myPtr = &myInt;
*myPtr = 45;
```

对于指向结构体的指针，我们需要使用上述语法的一种变体实现，例如下面的代码。

```
(*myself).age = 41;
std::cout << (*myself).gender;
```

如果觉得这样的代码不够美观，可以换用下面的语法实现。

```
ptrName->memberName;
```

也就是：

```
myself->age = 41;
std::cout << myself->gender;
```

9.7.3 使用结构体

下面通过一个具体实例来演示 C++结构体的具体使用流程。

实例 9-13 使用 C++结构体

源码路径： daima\9\9-13（Visual C++版和 Visual Studio 版）

本实例的实现文件为 jiegou.cpp，具体实现代码如下。

```
#include "stdafx.h"
#include "iostream.h"
int main(void){
    enum color{white,black};        //定义颜色的枚举类型color
    struct lifangti{                //定义结构体lifangti
        int length;                 //结构体成员length
        int width;                  //结构体成员width
        int height;                 //结构体成员height

        enum color lifangticolor;  //结构体成员是枚举
    }little;                        //定义盒子结构体
    little.length=10;               //设置成员length的值
    little.width=10;                //设置成员width的值
    little.height=10;               //设置成员height的值
    little.lifangticolor=black;    //设置成员lifangticolor的值
    cout<<"Area of lifangti: "<<little.length*little.width*little.height<<endl;
    if (little.lifangticolor == 0)
        cout << "lifangti的颜色是: 白色" << endl;
    else
       cout << "lifangti的颜色是: 黑色" << endl;
    //方式1: 带关键字struct的先定义枚举类型，后声明变量
    struct lifangti s1;
    //方式2: 不带关键字struct的先定义枚举类型，后声明变量
    lifangti s2;
    struct {                        //方式3: 定义一个匿名结构体
        int length;                 //结构体成员length
        int width;                  //结构体成员width
    }s3;
    return 0;
}
```

通过上述代码，首先定义了一个颜色枚举类型 color，然后定义了立方体结构体。结构体内有 4 个成员，前 3 个为整型，第四个为 color 枚举型，然后用此结构体创建了一个白色的正方形盒子，即立方体。编译执行后的效果如图 9-13 所示。

图 9-13　执行效果

9.8　联　　合

视频讲解：视频\第 9 章\联合.mp4

在 C++语言中，联合（union）又称为共用体。联合与结构体有很多相似之处。联合也可以容纳多种不同类型的值，但它每次只能存储这些值中的某一个。比如要定义一个变量来存放某种密码，它可以是你身份证的最后 4 位数字或是你养的宠物的名字，联合将是一个不错的选择。

在 C++程序中，定义联合的具体语法格式如下。

```
union id {
     std::string maidenName;
     unsigned short ssn;
     std::string pet;
  };
```

在定义了这个联合之后，就可以像下面一样创建一个该类型的变量。

```
id michael;
```

接下来，可以像对结构成员进行赋值那样对联合里的成员进行赋值，使用同样的句点语法。

```
michael.maidenName = "Colbert";
```

上述代码会把值 Colbert 存入联合 michael 中的成员 maidenName 里。如果再执行下面的语句：

```
michael.pet = "Trixie";
```

这个联合将把新值 Trixie 存入联合 michael 的 pet 成员，并丢弃 maidenName 成员里的值，不再保存刚才的 Colbert。

实例 9-14　输出联合成员变量

源码路径：daima\9\9-14（Visual C++版和 Visual Studio 版）

本实例的实现文件为 lianhe.cpp，具体实现代码如下。

```
 #include "stdafx.h"
#include "iostream.h"
int main(void){

    union example{                          //定义联合example
        int num;                            //联合成员变量num
        char ch[2];                         //联合成员数组ch
        float f;                            //联合成员变量f
    }u1={100};                              //ASCII码为100的字符是'd'
    cout<<"u1.num="<<u1.num<<endl;          //输出联合成员num的值
    cout<<"u1.ch="<<u1.ch<<endl;            //输出联合成员ch的值
    cout<<"u1.f="<<u1.f<<endl;              //输出联合成员f的值
    u1.num=97;                              //设置联合成员num的值是字符'a'的ASCII码97
    cout<<"u1.num="<<u1.num<<endl;          //输出联合成员num的值
    cout<<"u1.ch="<<u1.ch<<endl;            //输出联合成员ch的值
    cout<<"u1.f="<<u1.f<<endl;              //输出联合成员f的值
    u1.ch[0]='b';                           //设置联合成员num的值是字符'b'的ASCII码为98
    cout<<"u1.num="<<u1.num<<endl;          //输出联合成员num的值
```

```
    cout<<"u1.ch="<<u1.ch<<endl;        //输出联合成员ch的值
    cout<<"u1.f="<<u1.f<<endl;          //输出联合成员f的值
    return 0;
}
```

在上述代码中，首先定义了联合 ul，里面有 3 个成员。因为整型占 2 个字节，字符占 1 个字节，浮点占 4 个字节，所以联合 ul 的长度是 4 个字节。编译执行后的效果如图 9-14 所示。

```
C:\Windows\system32\cmd.exe
u1.num=100
u1.ch=d
u1.f=1.4013e-043
u1.num=97
u1.ch=a
u1.f=1.35926e-043
u1.num=98
u1.ch=b
u1.f=1.37327e-043
请按任意键继续. . .
```

图 9-14　执行后的效果

9.9　C++ 11 新特性：数组的替代品——array

视频讲解：视频\第 9 章\数组的替代品.mp4

在 C++语言中，模板类 vector 和 array 是数组的替代品。模板类 vector 类似于 string 类，是一种动态数组，在本书前面的内容中已经进行了讲解。vector 类则是 C++ 11 标准中新推出的一个功能，虽然其功能比数组强大，但是付出的代价是效率稍低。如果需要的是长度固定的数组，使用数组是更佳的选择，但代价是不那么方便和安全。正是由于上述原因，所以 C++ 11 新增了模板类 array，它也位于名称空间 std 中。与数组一样，array 对象的长度也是固定的，也使用栈（静态内存分配），而不是自由存储区，因此其效率与数组相同，但更方便更安全。要创建 array 对象，需要包含头文件 array。创建 array 对象的语法与 vector 稍有不同，例如下面的代码创建了一个模板类对象 iArray。

```
array<int,10> iArray={1,2,3,4,5,6,7,8,9,10};
```

下面的例子比较了数组、array 和 vector 的用法。

实例 9-15　比较数组、array 和 vector 的用法

源码路径：daima\9\9-15

本实例的实现文件为 leimuban.cpp，具体实现代码如下。

```
#include <iostream>
#include <vector>   // C++ 98标准模板库
#include <array>
int main(){
    using namespace std;
    //定义数组a1，设置包含4个元素
    double a1[4] = {1.2, 2.4, 3.6, 4.8};
    // C++ 98标准模板库
    vector<double> a2(4);                //使用4个元素创建vector
    a2[0] = 1.0/3.0;                     //初始化第一个元素
    a2[1] = 1.0/5.0;                     //初始化第二个元素
    a2[2] = 1.0/7.0;                     //初始化第三个元素
    a2[3] = 1.0/9.0;                     //初始化第四个元素
    //在C++0x标准下创建并初始化array对象
```

```
    array<double, 4> a3 = {3.14, 2.72, 1.62, 1.41};
    array<double, 4> a4;
    a4 = a3;                              //可以使用同样大小的数组表示array对象
    cout << "a1[2]: " << a1[2] << " at " << &a1[2] << endl;
    cout << "a2[2]: " << a2[2] << " at " << &a2[2] << endl;
    cout << "a3[2]: " << a3[2] << " at " << &a3[2] << endl;
    cout << "a4[2]: " << a4[2] << " at " << &a4[2] << endl;
    //非法的用法
    a1[-2] = 20.2;
    cout << "a1[-2]: " << a1[-2] <<" at " << &a1[-2] << endl;
    cout << "a3[2]: " << a3[2] << " at " << &a3[2] << endl;
    cout << "a4[2]: " << a4[2] << " at " << &a4[2] << endl;
    //  cin.get();
    return 0;
}
```

编译执行后的效果如图 9-15 所示。

```
C:\Windows\system32\cmd.exe
a1[2]: 3.6 at 0027F908
a2[2]: 0.142857 at 0038A048
a3[2]: 1.62 at 0027F8C8
a4[2]: 1.62 at 0027F8A0
a1[-2]: 20.2 at 0027F8E8
a3[2]: 1.62 at 0027F8C8
a4[2]: 1.62 at 0027F8A0
请按任意键继续. . .
```

图 9-15　执行后的效果

9.10　技 术 解 惑

9.10.1　字符数组和字符串的区别

字符数组中元素是字符的数组，字符串是数组中最后一个字符为（'\0'）空字符的字符数组，即字符串有结束符（'\0'），这是两者的最显著区别。下面通过一个具体实例来演示字符数组和字符串的区别。本实例的实现文件是 different.cpp，具体代码如下。

源码路径：daima\9\different

```
#include "stdafx.h"
#include "iostream.h"
void main(void)
{
   cout << "HELLO WORLD" <<endl;             //字符串常量
   static char str1[] = "HELLO WORLD";       //它实际上是以'\0'结束的特殊字符型数组，
   //也可以写成static char str1[] = {"HELLO WORLD"};
   cout << str1 << endl;
   char str2[12] = {'H', 'E', 'L', 'L', 'O', ' ', 'W', 'O', 'R', 'L', 'D', '\0'};
   //字符型数组
   cout << str2 << endl;
}
```

在上述代码中，str2 是字符数组，编译执行后的效果如图 9-16 所示。

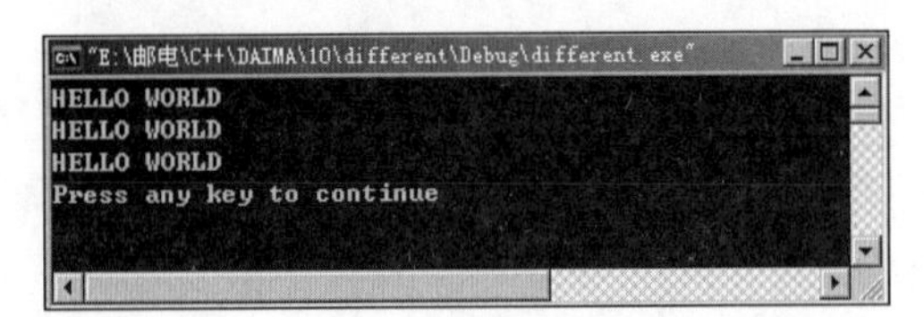

图 9-16　执行后的效果

9.10.2 字符数组和字符串可以相互转换

在日常应用中，C++字符数组和字符串可以相互转换。例如把一个 char 数组转换成一个 string。

```
char *tmp1;
string tmp2;
temp2 = tmp2.insert(0, tmp1);
```

把一个 string 转换到一个 char 数组。

```
char tmp1[];
string tmp2;
strncpy(tmp1,tmp2.c_str(),temp2.length());
```

9.10.3 静态数组的速度快于动态数组

静态数组的速度快于动态数组。因为从理论上，栈在速度上是快于堆的。但是我们使用动态数组是出于节省空间的考虑。另外，要注意静态数组上限变化带来的成本。我们必须重新设定上限以解决这个问题，然后重新编译程序。

现实中，尤其是大型软件系统中，动态数组的使用其实很普遍。而且在 C++的各种库中也有数组的实现的类，通过调用相应的类函数就可以对数组中的元素实现增删，而且也可以通过嵌套实现二维的动态。这些类或类模板使用起来很容易。

9.10.4 Arrays 与 Vector 的区别

数组是 C++语言内建的一个复合结构，与标准库提供 Vector 的功能很相似，它们之间本质区别在于，Vector 经过了详细的封装，使得功能更加丰富，安全性也很好。而 Arrays 是一个较低级的语言级类型，原始的状态（语言级别直接识别）使得使用它的效率可能很高，但是面临的问题就像指针一样，高效却很不安全。所以考虑使用 Arrays 的时候，一定是对性能要求较高的内部程序。

Vector 是一种精心构建的容器，但是数组却不是，数组本质上讲只是一个序列，并且不能改变大小（当然可以使用动态数组 new 来补偿），它甚至不知道自己的长度。

Arrays 和 Vector 是很相似的。就 Arrays 来说，形成一个可实例化的类型，需要指定存储内容和数组长短，并且这个长短需要使用 constant expression 规定。因为我们知道，只有 constant expression 这样的语句，在程序被编译的时候才知道它的实际值，才能知道到底要为该结构分配多少空间。这种需求在很多地方会遇到，而原因大致是这样的，就是系统需要在运行前就知道要分配多少空间，而普通的变量在编译的时候是不知道值的（要等运行的时候才赋值）。而像 integral literal、常变量这样的表达式，在编译的时候就知道值，才符合要求，所以 constant expression 这个概念非常重要。

9.10.5 一道关于数组的面试题

利用一个一维数组解决下列问题。一家公司以底薪加提成的方式付给销售人员工资。销售人员每周获得 200 美元的底薪，外加每周达到一定销售额的 9%的提成。例如：一名销售人员一周的销售额是 5 000 美元，就会得到 200 美元加上 5 000 美元的 9%，即总共获得 650 美元的报酬。编写一个程序（利用一个计数器数组），判断有多少销售人员可以获得以下范围内的报酬（假设报酬都取整）。

（a）$200-$299

（b）$300-$399

（c）$400-$499

（d）$500-$599
（e）$600-$699
（f）$700-$799
（g）$800-$899
（h）$900-$999
（i）$1 000 及以上

下面是面试公司提供的答案。

```
#include <iostream>
using namespace std;

int main()
{
int cnt[9]={0};
int m,n;
cout<<"输入员工的销售额度——输入0或负数结束输入\n";
while(cin>>m,m>0)
{
n=m*0.09+200;
if(n<300) cnt[0]++;
else if(n<400) cnt[1]++;
else if(n<500) cnt[2]++;
else if(n<600) cnt[3]++;
else if(n<700) cnt[4]++;
else if(n<800) cnt[5]++;
else if(n<900) cnt[6]++;
else if(n<1000) cnt[7]++;
else if(n>=1000) cnt[8]++;
}

cout<<endl
<<" 报酬\t\t人数"<<endl
<<"$200-$299\t"<<cnt[0]<<endl
<<"$300-$399\t"<<cnt[1]<<endl
<<"$400-$499\t"<<cnt[2]<<endl
<<"$500-$599\t"<<cnt[3]<<endl
<<"$600-$699\t"<<cnt[4]<<endl
<<"$700-$799\t"<<cnt[5]<<endl
<<"$800-$899\t"<<cnt[6]<<endl
<<"$900-$999\t"<<cnt[7]<<endl
<<"$1000及以上\t"<<cnt[8]<<endl;

return 0;
}
```

执行效果如图 9-17 所示。

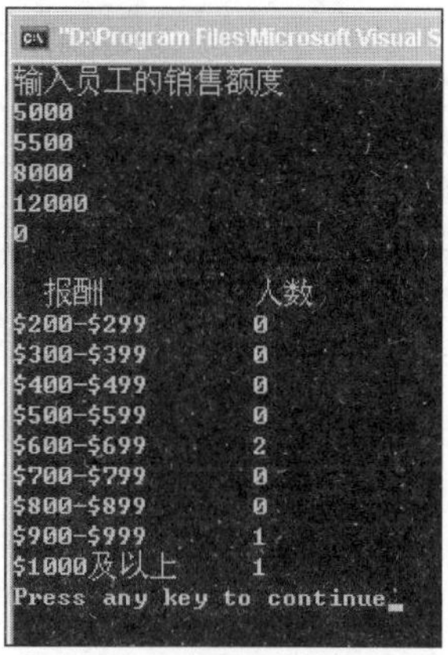

```
"D:\Program Files\Microsoft Visual S
输入员工的销售额度
5000
5500
8000
12000
0

  报酬          人数
$200-$299       0
$300-$399       0
$400-$499       0
$500-$599       0
$600-$699       2
$700-$799       0
$800-$899       0
$900-$999       1
$1000及以上     1
Press any key to continue
```

图 9-17 执行效果

9.10.6 数组名不是指针

我们先看下面的程序（本文程序在 WIN32 平台下编译）。

```
#include <iostream.h>
int main(int argc, char* argv[])
{
  char str[10];
  char *pStr = str;
  cout << sizeof(str) << endl;
  cout << sizeof(pStr) << endl;
  return 0;
}
```

我们先来推翻“数组名就是指针”的说法，用反证法。

证明：数组名不是指针。

假设：数组名是指针。

则：pStr 和 str 都是指针。

因为：在 Win32 平台下指针长度为 4。

所以：第 6 行和第 7 行的输出都应该为 4。

实际情况：第 6 行输出 10，第 7 行输出 4。

所以：假设不成立。

9.10.7 作为一个用户自定义类型，其所占用内存空间是多少

该问题就是 sizeof(EType1)等于多少的问题，是不是每一个用户自定义的枚举类型都具有相同的尺寸呢？在大多数的 32 位编译器下（如 Visual C++、gcc 等），一个枚举类型的尺寸其实就是一个 sizeof(int)的大小，难道枚举类型的尺寸真的就应该是 int 类型的尺寸吗？

其实不是这样的，在 C++标准文档（ISO 14882）中并没有这样来定义，标准中的说明是：“枚举类型的尺寸是以能够容纳最大枚举子的值的整数的尺寸。”同时，标准中也说明了：“枚举类型中的枚举子的值必须能够用一个 int 类型表述。”也就是说，枚举类型的尺寸不能够超过 int 类型的尺寸，但是不是必须与 int 类型具有相同的尺寸呢？

上面的标准已经说得很清楚，只要能够容纳最大的枚举子的值的整数就可以，那么就是说可以是 char、short 和 int，如下。

```
enum EType1 { e1 = CHAR_MAX };
enum EType2 { e2 = SHRT_MAX };
enum EType3 { e3 = INT_MAX };
```

上面的 3 个枚举类型分别可以用 char、short、int 的内存空间进行存储。

```
sizeof( EType1 ) == sizeof( char );
sizeof( EType2 ) == sizeof( short);
sizeof( EType3 ) == sizeof( int );
```

那为什么在 32 位的编译器下都将上面 3 个枚举类型的尺寸编译成 int 类型的尺寸呢？主要是从 32 位数据内存对齐要求进行考虑的，在某些计算机硬件环境下具有对齐的强制性要求（如 sun SPARC），有些则是因为采用一个完整的 32 位字长 CPU 处理效率非常高的原因（如 IA32）。所以不可以简单地假设枚举类型的尺寸就是 int 类型的尺寸，说不定会遇到一个编译器为了节约内存而采用上述的处理策略。

9.11　课 后 练 习

（1）编写一个 C++程序，要求定义一个简单的结构体类型并实现初始化。
（2）编写一个 C++程序，要求将结构作为参数传递并返回。
（3）编写一个 C++程序，要求使用 new 关键字动态创建结构体。
（4）编写一个 C++程序，要求使用指针自增操作输出数组元素。
（5）编写一个 C++程序，要求利用指针表达式操作遍历数组。
（6）编写一个 C++程序，要求使用指针实现逆序存放数组元素值。
（7）编写一个 C++程序，要求使用指针查找数列中的最大值和最小值。

第10章

函　　数

对于一个大型软件程序来说，总体设计原则是模块化设计。模块化设计的指导思想是将程序划分为若干个模块，每个模块完成特定的功能。模块可以作为黑盒来理解，模块之间通过参数和返回值或其他方式相互联系。在 C++程序中，将经常需要的模块组装起来就构成了一个函数。本章将详细介绍 C++函数的基本知识，为读者步入本书后面知识的学习打下坚实的基础。

10.1　函数基础

视频讲解：视频\第 10 章\函数基础.mp4

在 C++程序中，函数定义就是对函数的说明描述，包括接口和函数体两部分。其中，接口说明函数应该如何使用，通常包括函数名、参数和返回值；函数体则是主体部分，能够实现这个函数的具体功能。为了便于理解，我们可以将函数看成零件，每个零件都具有自己的作用。在一个 C++项目中会有很多函数，通过函数可以实现具有不同功能的程序。再讲得通俗一点，函数就好比计算机中的显卡、CPU 和内存条等不同的部件，每个部件具有不同的功能。将这些不同的部件进行搭配后，可以组装成配置不同的计算机。

10.1.1　定义函数

在 C++程序中，函数是语句序列的封装体，每一个函数的定义都是由 4 部分组成，分别是类型说明符、函数名、参数表和函数体。定义函数的语法格式如下。

```
<类型说明符><函数名>(<参数表>){
    <函数体>
}
```

(1) 类型说明符：用于设置函数的类型，即函数返回值的类型。当没有返回值时，类型说明符为 void。

(2) 参数表：由零个、一个或多个参数组成。如果没有参数则称为无参函数，反之则称为有参函数。在定义函数时，参数表内给出的参数需要指出其类型和参数名。

(3) 函数体：由说明语句和执行语句组成，实现函数的功能。函数体内的说明语句可以根据需要随时定义，不像 C 语言一样要求放在函数体开头。

C++不允许在一个函数体内再定义另一个函数，即不允许函数的嵌套定义。在 C++程序中，函数的参数由零个或多个形参变量组成，用于向函数传送数值或从函数返回数值。每一个形参都有自己的类型，形参之间用逗号分隔。下面的例子演示了声明、定义和使用函数的知识。

实例 10-1　声明、定义和使用函数

源码路径：daima\10\10-1（Visual C++版和 Visual Studio 版）

实例文件的具体实现代码如下。

```
void ShowMessage();                              //函数声明语句
void ShowAge();                                  //函数声明语句
void ShowIndex();                                //函数声明语句
void main(){                                     //主函数main
    ShowMessage();                               //调用函数ShowMessage语句
    ShowAge();                                   //调用函数ShowAge语句

    ShowIndex();                                 //调用函数ShowIndex语句
}

void ShowMessage(){                              //编写函数ShowMessage的具体功能实现
    cout << "产品名称：Surface Pro" << endl;     //输出文本
}
void ShowAge(){                                  //编写函数ShowAge的具体功能实现
    int iAge=23;                                 //定义变量iAge
    cout << "诞生年限:" << iAge << endl;         //输出iAge的值
}
```

```
void ShowIndex(){                                    //编写函数ShowIndex的具体功能实现
    int iIndex=10;                                   //定义变量iIndex
    cout << "产品序列号:" << iIndex << endl;       //输出iIndex的值
}
```

编译执行后的效果如图 10-1 所示。

图 10-1 执行后的效果

10.1.2 函数分类

在下面的内容中，将从 7 个方面对 C++函数进行分类。

1. 从函数定义的角度划分

在 C++程序中，从函数定义的角度，函数可分为库函数和用户定义函数两种。

（1）库函数：由 C ++系统提供，用户无须定义，也不必在程序中进行类型说明，只需在程序前包含有该函数原型的头文件即可在程序中直接调用。在前面各章的例题中反复用到的 printf、scanf、getchar、putchar、gets、puts、strcat 等函数均属此类。

（2）用户定义函数：由用户按需要写的函数。对于用户自定义函数，不仅要在程序中定义函数本身，而且在主调函数模块中还必须对该被调函数进行类型说明，然后才能使用。

2. 从是否有返回值角度划分

在 C++程序中，从是否有返回值角度，函数可分为有返回值函数和无返回值函数两种。

（1）有返回值函数：此类函数被调用执行完后将向调用者返回一个执行结果，称为函数返回值。如数学函数即属于此类函数。由用户定义的这种要返回函数值的函数，必须在函数定义和函数说明中明确返回值的类型。

（2）无返回值函数：此类函数用于完成某项特定的处理任务，执行完成后不向调用者返回函数值。这类函数类似于其他语言的过程。由于函数无须返回值，因此用户在定义此类函数时可以指定它的返回为“空类型”，空类型的说明符为“void”。

3. 从是否有参数角度划分

在 C++程序中，从是否有参数角度，函数可分为无参函数和有参函数两种。

（1）无参函数：在函数定义、函数说明及函数调用中均不带参数。主调函数和被调函数之间不进行参数传送。此类函数通常用来完成一组指定的功能，可以返回或不返回函数值。

（2）有参函数：也称为带参函数。在函数定义及函数说明时都有参数，称为形式参数（简称为形参）。在函数调用时也必须给出参数，称为实际参数（简称为实参）。进行函数调用时，主调函数将把实参的值传送给形参，供被调函数使用。

4. 库函数

C++提供了极为丰富的库函数，这些库函数可以从具体的功能角度进行如下分类。

（1）字符类型分类函数：对字符按 ASCII 码进行分类，例如分为字母、数字、控制字符、分隔符、大小写字母等。

（2）转换函数：对字符或字符串的转换，例如在字符量和各类数字量（整型、实型等）之间进行转换，在大、小写之间进行转换。

（3）目录路径函数：对文件目录和路径操作。

（4）诊断函数：用于内部错误检测。

（5）图形函数：用于屏幕管理和各种图形功能。

（6）输入/输出函数：用于完成输入/输出功能。

（7）接口函数：用于与 DOS、BIOS 和硬件的接口。

（8）字符串函数：用于字符串操作和处理。

（9）内存管理函数：用于内存管理。

（10）数学函数：用于数学函数计算。

（11）日期和时间函数：用于日期、时间的转换操作。

（12）进程控制函数：用于进程管理和控制。

（13）其他函数：用于其他各种功能。

在 C++程序中，所有的函数定义，包括主函数 main 在内，都是平行的。也就是说，在一个函数的函数体内，不能再定义另一个函数，即不能嵌套定义。但是函数之间允许相互调用，也允许嵌套调用。习惯上把调用者称为主调函数。函数还可以自己调用自己，这称为递归调用。

在 C++语言中，函数 main 是主函数，它可以调用其他函数，而不允许被其他函数调用。因此，C++程序的执行总是从 main 函数开始，完成对其他函数的调用后再返回到 main 函数，最后由 main 函数结束整个程序。一个 C 源程序必须有也只能有一个主函数 main。

在下面的内容中，将对常见的几种与参数、返回值相关的函数进行讲解。

（1）没有返回值的函数。

如果要定义一个没有返回值的类型那个，则需要将返回值类型指定为 void 类型。下面的实例演示了使用没有返回值函数的流程。

实例 10-2 使用没有返回值函数

源码路径：daima\10\10-2（Visual C++版和 Visual Studio 版）

本实例的实现文件为 wu.cpp，具体实现代码如下。

```
void DisplayWelcomeMsg();
//声明函数DisplayWelcomeMsg
int main(int argc, char* argv[]){
    DisplayWelcomeMsg();
    //调用函数DisplayWelcomeMsg
    return 0;
}
//定义函数DisplayWelcomeMsg的功能实现
void DisplayWelcomeMsg (){
cout << cout << "这是函数输出的：" << endl; << endl;    //输出文本
cout << "这也是函数输出的" << endl;                      //输出文本
}
```

在上述代码中，函数 DisplayWelcomeMsg()既没有返回值，也没有形式参数。编译执行后的效果如图 10-2 所示。

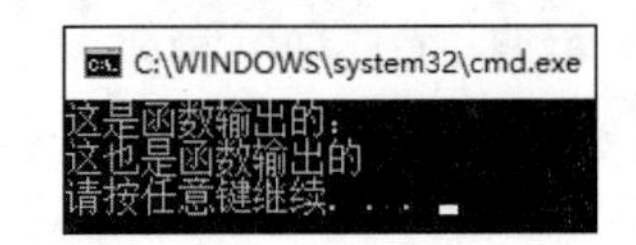

图 10-2 执行效果

（2）有返回值、无形参的函数。

有返回值、无形参的函数是指只有函数名和返回值类型，但是没有形式参数。下面的实例演示了使用有返回值、无形参函数的具体流程。

实例 10-3 使用有返回值、无形参函数

源码路径：daima\10\10-3（Visual C++版和 Visual Studio 版）

本实例的实现文件为 cha.cpp，具体实现代码如下。

```
#include "stdafx.h"
#include "iostream.h"
bool PanDuan();         //声明函数PanDuan
int main(int argc, char* argv[]){
    cout << "请输入你最喜欢的计算机型号: " << endl;
    PanDuan();          //调用函数PanDuan
    return 0;
}
bool PanDuan(){         //编写函数PanDuan的具体功能实现
    int bstate;         //定义变量bstate
    cin >>bstate;       //读入输入的数字作为变量bstate的值
    if (bstate > 0 ){   //如果输入值大于0则返回true
        return true;
    }
    else{               //如果输入值小于0则返回false
        return false;
    }
}
```

在上述代码中，设置了函数的返回值的类型是 bool。编译执行后可以输入文本，执行效果如图 10-3 所示。

图 10-3　执行效果

（3）既有返回值、也有形参的函数。

此类函数十分完整，这是 C++项目中最常见的一类函数。下面的实例演示了既有返回值、也有形参的函数的使用流程。

实例 10-4　计算两个输入数字的乘积

源码路径： daima\10\10-4（Visual C++版和 Visual Studio 版）

本实例的实现文件为 quan.cpp，具体实现代码如下。

```
#include "stdafx.h"
#include "iostream.h"
//定义函数MultTwo的具体功能实现，设置返回类型为整型int，包含两个形参
int MultTwo(int x, int y) {
    return (x*y);                     //返回参数x和y的乘积
}
int main(){
    int x, y;                         //定义变量x和y
    int result;                       //定义变量result
   cout << "输入一个数字: ";           //提示输入整数x
    cin >> x;                         //获取输入的x值
    cout << "\n";                     //回车换行
    cout << "再次输入一个数字:";        //提示输入整数y
    cin >> y;                         //获取输入的y值
    cout << "\n";                     //回车换行
    result = MultTwo(x,y);            //调用函数MultTwo计算两个整数的积
    cout << "两数字的积是" << " : " << result <<endl;       //输出计算后的乘积
    return 1;
}
```

在上述代码中定义了函数 MultTwo，这个函数的功能是计算输入的两个整数的积。编译执行后的效果如图 10-4 所示。

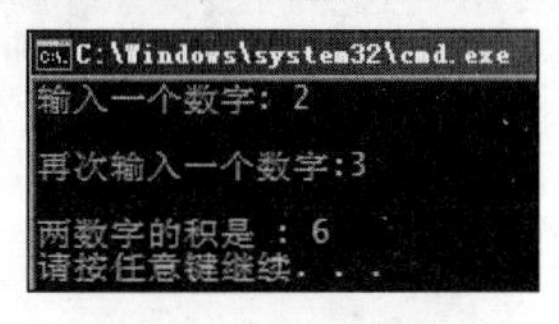

图 10-4　执行后的效果

注意：对于上述代码，不能将函数 MultTwo 的定义部分放到主函数 main 的后面，否则会造成编译错误。在具体应用中，函数定义可以放在主函数后，但是必须在主函数前声明此函数原型。

5. 根据返回值类型划分

在 C++程序中，如果根据返回值类型进行划分，可以将函数分为 void 函数、int 函数、float 函数、指针函数（pointer）等。例如下面的代码：

```
void mm();                          //void函数
int nn(int x,int y);                //int函数
float aa(float x,float y);          //float函数
char * bb(int x);                   //指针函数
bool mm();                          //bool函数
```

6. 根据作用域划分

在 C++程序中，根据作用域，可以将函数划分为内部函数和外部函数两种。

（1）内部函数。

如果一个函数只能被本文件中其他函数所调用，则称为内部函数。在定义内部函数时，在函数名和函数类型的前面加 static。函数首部的一般格式如下。

```
static 类型标识符 函数名(形参表)
```

例如下面的代码：

```
static int fun(int a,int b)
```

内部函数又称静态(static)函数。使用内部函数，可以使函数只局限于所在文件。如果在不同的文件中有同名的内部函数，互不干扰。通常把只能由同一文件使用的函数和外部变量放在一个文件中，在它们前面都冠以 static 使之局部化，其他文件不能引用。

（2）外部函数。

在定义函数时，如果在函数首部的最左端冠以关键字 extern，则表示此函数是外部函数，外部函数可供其他文件调用。例如函数首部可以写为如下格式：

```
extern int fun (int a, int b)
```

这样，函数 fun 就可以为其他文件调用。如果在定义函数时省略 extern，则默认为外部函数。本书前面所用的函数都是外部函数。在需要调用此函数的文件中，用 extern 声明所用的函数是外部函数。

在计算机上运行一个含多文件的程序时，需要建立一个项目文件(project file)，在该项目文件中包含程序的各个文件。使用 extern 声明就能够在一个文件中调用其他文件中定义的函数，或者说把该函数的作用域扩展到本文件。extern 声明的形式就是在函数原型基础上加关键字 extern。由于函数在本质上是外部的，在程序中经常要调用其他文件中的外部函数，为方便编程，C++允许在声明函数时省写 extern。下面的实例演示了使用 C++外部函数的流程。

实例 10-5　使用 C++外部函数

源码路径： daima\10\10-5（Visual C++版和 Visual Studio 版）

本实例的实现文件为 waibu.cpp，具体实现代码如下。

```
#include "stdafx.h"
#include "iostream.h"
#include <string>                          //引入字符串处理函数
using namespace std;
static string Name(int customerId);        //声明内部函数
void call_Name();                          //声明函数call_Name
int main(void){
    call_Name() ;                          //调用函数call_Name
    return 1;
}
void call_Name(){                          //编写函数call_Name的具体功能实现
    cout << Name(98).c_str()<<endl;        //在当前文件中调用
}
```

```
//使用static定义一个内部函数
static string Name(int customerId){
    string ret_name ;                          //定义变量ret_name
    if (customerId >=1 && customerId <= 100){  //如果customerId大于等于1且小于等于100
       ret_name = "使用C++外部函数 ";             //设置变量ret_name的值
    }
    else {                                     //如果customerId是其他值
       ret_name = "你猜猜";                      //设置变量ret_name的值是“你猜猜”
    }
    return ret_name;
}
```

在上述代码中，定义了一个内部函数 Name(int customerId)，它不能从其他文件中被调用。编译执行后的效果如图 10-5 所示。

图 10-5　执行后的效果

7. 根据类成员特性划分

在 C++程序中，根据类成员特性，可以将函数划分为内联函数和外联函数两种。

（1）内联函数。

内联函数是指那些定义在类体内的成员函数，即该函数的函数体放在类体内。引入内联函数的主要目的是解决程序中函数调用的效率问题。

内联函数在调用时不像一般函数那样要转去执行被调用函数的函数体，执行完成后再转回调用函数中，执行其后语句，而是在调用函数处用内联函数体的代码来替换，这样将节省调用开销，提高运行速度。内联函数一般在类体外定义，声明部分在类体内，并使用了一个 inline 关键字。

（2）外联函数。

在 C++语言中，将说明在类体内、定义在类体外的成员函数称为外联函数，外联函数的函数体在类的实现部分。对外联函数的调用会在调用点生成一个调用指令(在 X86 中是 call)，函数本身不会被放在调用者的函数体内，所以代码减小，但效率较低。下面的实例演示了在 C++程序中使用内联函数的流程。

实例 10-6　使用内联函数

源码路径：daima\10\10-6（Visual C++版和 Visual Studio 版）

本实例的实现文件为 neilian.cpp，具体实现代码如下。

```
#include "stdafx.h"
#include "iostream.h"
class JiSuan{                    //定义类JiSuan
public:
   //函数ChuLi在类JiSuan的体内定义
    int ChuLi(int a, int b{       //编写函数ChuLi的功能实现
        return a + b;            //返回a和b的和
    }
};
int main(int argc, char* argv[]){
    JiSuan m;                    //定义JiSuan对象实例m
    cout << "我目前有：" << m.ChuLi(1000, 1900) << "元"<< endl;    //输出1000和1900的和
    return 0;
}
```

在上述代码中，在类 JiSuan 内声明了一个内联函数 ChuLi(int a, int b)。执行效果如图 10-6 所示。

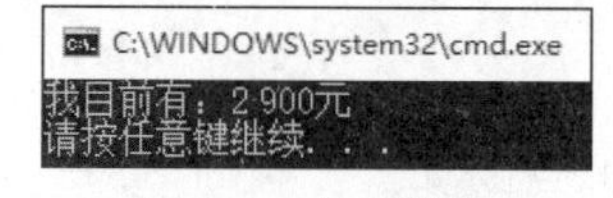

图 10-6　执行效果

10.2　参数和返回值

视频讲解：视频\第 10 章\参数和返回值.mp4

参数是函数的重要组成部分，C++语言中函数的参数分为形参和实参两种。返回值是函数执行后返回的结果。接下来将进一步介绍 C++函数中形参和实参的特点以及两者的关系，然后讲解返回值的基本知识，并通过具体的实例来加深对知识的学习。

10.2.1　什么是形参实参

在 C++程序中，形参在函数定义中出现，在整个函数体内都可以使用，离开当前函数则不能使用。实参在主调函数中出现，当进入被调函数后，实参变量也不能使用。形参和实参的功能是进行数据传送，当发生函数调用时，主调函数把实参值传送给被调函数的形参，从而实现主调函数向被调函数的数据传送。高级语言中函数形参和实参的主要特点如下。

（1）形参变量只有在被调用时才分配内存单元，在调用结束时即刻释放所分配的内存单元。因此，形参只有在函数内部有效。函数调用结束返回主调函数后，则不能再使用该形参变量。

（2）实参可以是常量、变量、表达式、函数等，无论实参是哪种类型的量，在进行函数调用时，它们都必须具有确定的值，以便把这些值传送给形参。因此应预先用赋值、输入等办法使实参获得确定值。

（3）实参和形参在数量、类型、顺序上应严格一致，否则会发生“类型不匹配”的错误。

（4）函数调用中发生的数据传送是单向的。即只能把实参的值传送给形参，而不能把形参的值反向地传送给实参。因此，在函数调用过程中，形参的值发生改变，而实参中的值不会变化。

例如，在下面的代码中，函数 mm 分别定义了 aa 和 bb 两个形参。

```
void mm(float aa, float bb)  {
  cout << ++ aa << endl;
  cout << ++ bb << endl;
}
```

再例如，在下面的代码中，调用了前面定义的函数 mm，调用时传递的参数是实参。

```
int main(int argc, char* argv[]){
    mm(56,34);
    return 0;
}
```

实例 10-7　使用形参和实参

源码路径：daima\10\10-7（Visual C++版和 Visual Studio 版）

本实例的实现文件为 xingshi.cpp，具体实现代码如下。

```
#include "stdafx.h"
#include "iostream.h"
//定义函数GetAxis，里面是形参
void GetAxis(float leftCoord, float topCoord){
  cout << ++ leftCoord << endl;

  cout << ++ topCoord << endl;
}
int main(int argc, char* argv[]){
    cout << "联想E系列和T系列的起步价分别是：" << endl;
    GetAxis(2800, 4300); //调用函数GetAxis，这里是实参
```

```
    return 0;
}
```

在上述代码中，通过函数 GetAxis(float leftCoord, float topCoord)实现了具体的功能。编译执行后的效果如图 10-7 所示。

```
C:\WINDOWS\system32\cmd.exe
联想E系列和T系列的起步价分别是:
2801
4301
请按任意键继续. . .
```

图 10-7 执行效果

10.2.2 使用数组作函数参数

在 C++程序中，当数组作函数参数时可以分为以下 4 种情况。

（1）形参是数组。

当形参是数组时，实参传递的是数组首地址而不是数组的值。

（2）形参和实参都用数组。

调用函数的实参用数组名，被调用函数的形参用数组，这种调用的机制是形参和实参共用内存中的同一个数组。因此，在被调用函数中改变了数组中某个元素的值，对调用函数该数组的该元素值也被改变，因为它们是共用同一个数组的。

（3）形参和实参都用对应数组的指针。

在 C++程序中，数组名被规定为是一个指针，该指针便是指向该数组的首元素的指针，由于它的值是该数组首元素的地址值，因此数组名是一个常量指针。

在实际应用中，形参和实参一个用指针，另一个用数组也是可以的。在使用指针时可以用数组名，也可以用另外定义的指向数组的指针。

（4）实参用数组名，形参用引用。

先用类型定义语句定义一个数组类型，然后使用数组类型来定义数组和引用。

实例 10-8 将数组作为函数的形参

源码路径：daima\10\10-8（Visual C++版和 Visual Studio 版）

本实例的实现文件为 shuzu.cpp，具体实现代码如下。

```
#include "stdafx.h"
#include "iostream.h"
//定义shuzu为包含8个元素的整型数组
typedef int shuzu[8];
int sum_shuzu(shuzu &arr, int n){
    int sum =0;    //定义变量sum的初始值是0
    for(int i=0;i < n; i++){        //循环遍历

        sum += arr [i];             //累加求和
    }
    return sum;
}
int main(int argc, char* argv[]){
    shuzu a;                        //数组变量a
    for(int i=0;i<10;i++){          //i小于10则执行循环
        a[i]=i;                     //赋值各个a元素的值
    }
    cout<<sum_shuzu(a,8)<<endl;     //调用函数sum_shuzu求和
    return 0;
}
```

在上述代码中，因为函数 sum_shuzu 的形参是数组，所以实参传递的是数组的首地址而不是数组的值。编译执行后的效果如图 10-8 所示。

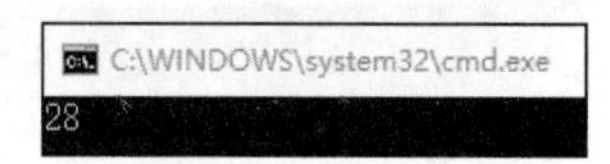

图 10-8 执行后的效果

10.3　调 用 函 数

视频讲解：视频\第 10 章\调用函数.mp4

在 C++程序中，当定义了一个函数后，在程序中需要通过对函数的调用来执行函数体，调用函数的过程与其他语言中的子程序调用相似。下面对 C++中函数调用的基本知识进行详细介绍。

10.3.1　单独调用

在 C++程序中，单独调用即使用基本的函数语句来调用，此时不要求函数有返回值，只要求完成里面的函数体即可。下面的实例演示了单独调用 C++函数的具体过程。

实例 10-9　单独调用 C++函数

源码路径：daima\10\10-9（Visual C++版和 Visual Studio 版）

本实例的实现文件为 yinyong.cpp，具体实现代码如下。

```
#include "stdafx.h"
#include "iostream.h"
#include <string>
using namespace std;
void WenHou(string);            //声明没有返回值的函数WenHou
void main(void) {
    WenHou("调用函数");          //调用函数WenHou作为独立的语句，无返回值
}
void WenHou(string name ) {    //编写函数WenHou的具体功能实现
    cout << "定义函数 " << name.c_str() << endl;
}
```

在上述代码中，函数 WenHou(string)只作为独立的语句，用来显示函数体内的问候功能。编译执行后的效果如图 10-9 所示。

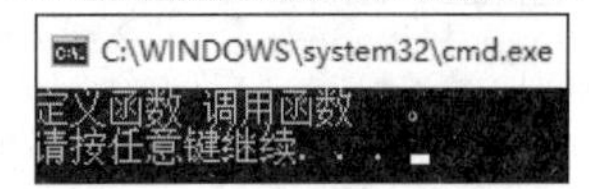

图 10-9　执行后的效果

10.3.2　函数表达式

在 C++程序中，函数作为表达式中的一项出现在表达式中，以函数返回值参与表达式的运算。这种方式要求函数是有返回值的。例如，z=max(x,y)是一个赋值表达式，把 max 的返回值赋予变量 z。下面的实例演示了使用函数表达式调用函数的过程。

实例 10-10　计算平均值

源码路径：daima\10\10-10（Visual C++版和 Visual Studio 版）

本实例的实现文件为 biaodashi.cpp，具体实现代码如下。

```
#include "stdafx.h"
#include "iostream.h"
int Math(int x, int y, int z);
//声明函数Math，功能是求3个数的和
 void main(void) {
    int average = 0;                 //定义变量average的初始值是0
    int x = 100;                     //定义变量x的初始值是100
    int y = 200;                     //定义变量y的初始值是200
    int z = 300;                     //定义变量z的初始值是300
    average = Math(x, y, z) / 3;  //调用函数Math，函数Math()出现在表达式中
```

```
    cout << "平均值是: " << average << "\n";
}
//求x、y、z这3个数的和
int Math (int x, int y, int z ){ //编写函数Math的具体功能实现
    return ( x + y + z);
}
```

在上述代码中，函数 Math(int x, int y, int z)能够计算 3 个数的平均值，“average = Math(x, y, z) / 3”就是表达式的一部分。编译执行后的效果如图 10-10 所示。

图 10-10 执行后的效果

10.3.3 调用实参

在 C++程序中，函数作为另一个函数调用的实参出现。这种情况是把该函数的返回值作为实参进行传送，因此要求该函数必须是有返回值的。例如，下面代码的功能是把 max 调用的返回值作为 printf 函数的实参来使用。

```
printf("%d",max(x,y));
```

下面的例子演示了将函数作为另一个函数调用的实参的过程。

实例 10-11 将函数作为另一个函数调用的实参

源码路径：daima\10\10-11（Visual C++版和 Visual Studio 版）

本实例的实现文件为 shican.cpp，具体实现代码如下。

```
#include "stdafx.h"
#include "iostream.h"
float Max(float x,  float y);      //声明函数Max，功能是求最大值
int main(void) {
    float x= 100.01;               //定义变量x
    float y = 45.6;                //定义变量y

    float z = 100.02;              //定义变量z
    float max ;                    //定义变量max
    max = Max(x, Max(y, z));       //调用函数Max时函数本身作为函数的实参
    cout << "最高得分是: " << max << " in (" << x << "," <<y << ","  <<z << ")"<<endl;
    return 1;
}
float Max(float x , float y) {     //编写函数Max的具体功能实现
    return (x>y? x: y);
}
```

在上述代码中，“max = Max(x, Max(y, z));”是调用语句，“Max(y, z)”是一次函数调用，其值作为 Max 另外一次调用的实参。编译执行后的效果如图 10-11 所示。

图 10-11 执行效果

10.3.4 参数传递

在调用函数时，经常会用到不同的参数传递方式。在 C++中共有 3 种方式，分别是按值传递、按地址传递和按引用传递。下面的例子演示了使用 3 种参数传递方式的过程。

实例 10-12 使用 3 种参数传递方式

源码路径：daima\10\10-12（Visual C++版和 Visual Studio 版）

本实例的实现文件为 chuandi.cpp，具体实现代码如下。

```
#include "stdafx.h"
#include "iostream.h"
//声明函数，带有3种传值方式
int GetValue(int x,int *p, int &z);
 int main(void) {
    int x = 100;                //定义变量x
    int y = 200;                //定义变量y
    int z = 300;                //定义变量z
    int *p = &y;                //定义指针p
    cout<< " 传递前是: " << x <<","<<y<<","<<z<< "\n";
    cout << " 返回值是 : " << GetValue(x,p,z) << "\n";        //调用函数GetValue
    cout << " 传递后是: " << x <<","<<y<<","<<z<< "\n";
    return 1;
}

//求x、y、z这3个数的和
int GetValue(int x,int *p, int &z) {//编写函数GetValue的
    x = 100;                    //x赋值
    *p = 500;                   //p赋值
    z = 800;                    //z赋值
    return ( x + *p + z);
}
```

在上述代码中，函数 GetValue(int x,int *p, int &z)的第一个参数 x 是按值传送，在函数内部改变 x 的值不会影响到调用这个函数传入的参数。p 是按地址传递，可以通过*操作符改变传入参数的值。z 是按引用传递，在函数内改变 z 值可以改变传入参数的值。编译执行后的效果如图 10-12 所示。

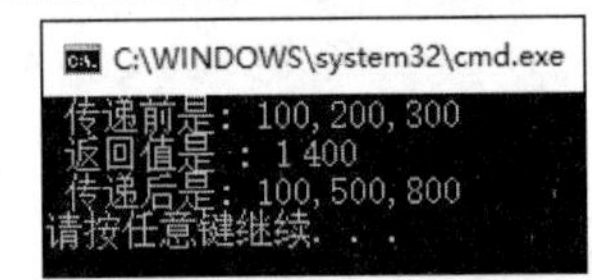

图 10-12　执行后的效果

10.4　函数的基本操作

视频讲解：视频\第 10 章\函数的基本操作.mp4

在本节的内容中，将详细讲解 C++函数的基本操作知识，主要包括函数递归、指向函数的指针和将函数作为参数等。

10.4.1　函数递归

在 C++程序中，一个函数在它的函数体内调用它自身称为递归调用。这种函数称为递归函数。在递归调用中，主调函数又是被调函数。执行递归函数将反复调用其自身，每调用一次就进入新的一层。例如，下面代码中的函数 m 就是一个递归函数，但是运行该函数将无休止地调用其自身，这当然是不正确的。为了防止递归调用无休止地进行，必须在函数内有终止递归调用的手段。常用的办法是加条件判断，满足某种条件后就不再作递归调用，然后逐层返回。

```
int m(int x){
     int y;
     z=m(y);
     return z;
}
```

函数递归调用方法有以下两个要素。

(1) 递归调用公式：可以将解决问题的方法写成递归调用的形式。

（2）结束条件：确定什么时候结束递归。

注意：在 C++程序中，从理论上我们把函数反复调用自身的过程称为递推的过程，而每个函数的返回称为回推。递推的过程把复杂的问题一步步分解开，直到出现最简单的情况。

下面的例子演示了使用递归方法解决数学问题的过程。

实例 10-13　使用递归方法解决数学问题

源码路径：daima\10\10-13（Visual C++版和 Visual Studio 版）

本实例算法的描述是：一组数的规则是 1、1、2、3、5、8、13、21、34……试编写一个程序，能获得符合上述规则的任意位数的数值。本实例的实现文件为 jisuan.cpp，具体实现代码如下。

```
#include "stdafx.h"
#include "iostream.h"
long Number(int n);              //递归计算

int main(void) {
    int n;                       //定义变量n
    long result;                 //定义变量result
    cout << "输入要计算第几个数? ";
    cin >> n;                    //输入n的值
    result = Number(n);          //调用函数Number,将值赋给变量result
    cout<< "第" << n << "个数是: " << result<<endl;
    return 1;
}
long Number(int n){              //编写函数Number的具体功能实现
    if (n <= 0)    {             //如果n小于0
       return 0;                 //递归终止
    }
    else if(n > 0 && n <= 2){ //如果n大于0且小于等于2
       return 1;                 //递归终止
    }
    else {                       //如果n是其他值则递归调用
       return Number(n -1) + Number(n - 2);
    }
}
```

在上述代码中，通过函数递归求解了一个数学算法。编译执行后的效果如图 10-13 所示。

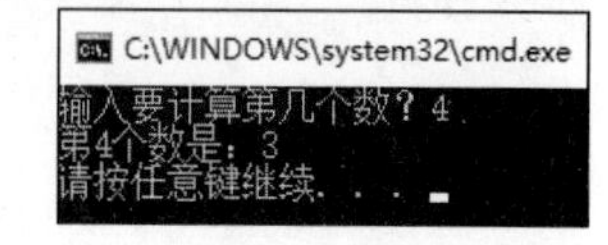

图 10-13　执行后的效果

10.4.2　指向函数的指针

在 C++程序中，函数本身不是变量，但是可以定义指向函数的指针，即函数指针。这种指针可以被赋值、存放于数组中，传递给函数及作为函数的返回值等。函数的名字代表函数的入口地址，用于存放一个函数的入口地址，指向一个函数。通过函数指针，可以调用函数，这与通过函数名直接调用函数是相同的。

在 C++程序中，定义函数指针的语法格式如下。其中，数据类型是指此指针所指向函数的返回值类型。

```
数据类型 (*指针变量名)(函数形参表);
```

例如，在下面的代码中，p1 是指向（有一个 int 形参、返回整型数据的）函数的指针。

```
int (*p1)(int);
```

再例如，在下面的代码中，p2 是一个函数，有一个 int 类型的形参，返回值为指向整型的指针。

```
int *p2(int);
```

在 C++程序中，函数指针一经定义，即可指向函数类型相同（即函数形参的个数、类型、次序以及返回值类型完全相同）的不同函数。例如：

```
int max(int, int);
int min(int,int);
int (*p)(int, int);
```

在具体应用时，需要给函数指针赋值，使指针指向某个特定的函数。具体格式如下。

```
函数指针名 = 函数名;
```

例如，下面的代码将函数 max 的入口地址赋给 p 指针，则 p 指向 max 函数。

```
p = max ;
```

也可以用函数指针变量调用函数，具体格式如下。

```
(*函数指针)(实参表);
```

例如下面的演示代码：

```
int a,b,c;
cin>>a>>b;
c = (*p)(a,b);
```

调用 p 指向的函数，实参为 a 和 b，将得到的函数值赋给 c。

```
c = max(a,b);
```

下面的实例演示了使用函数的指针的过程。

实例 10-14　使用函数的指针

源码路径：daima\10\10-14（Visual C++版和 Visual Studio 版）

本实例的实现文件为 zhizhen.cpp，具体实现代码如下。

```
#include "stdafx.h"
#include "iostream.h"
//定义一个函数指针
int (*func_pointer)(int,int);
int ChuLi(int x, int y){  //编写函数ChuLi的具体功能实现

    return (x * y);         //返回参数x和y的乘积
}
int main(){
    func_pointer = ChuLi; //指向函数ChuLi的地址
    cout << "计算机销量是 " << func_pointer(200, 50) <<"台"<< endl;    //调用函数ChuLi
    return 1;
}
```

在上述代码中，*func_pointer 表示用函数作为指针，其后面的(int,int)表示该 func_pointer 指向一个包含两个整型形参 int 和整型 int 返回值的函数。编译执行后的效果如图 10-14 所示。

图 10-14　执行后的效果

10.4.3　将函数作为参数

在 C++程序中，函数作为参数就是用一个函数来当作另外一个函数的参数，要实现函数作为参数的功能，需要使用函数指针的相关知识。在下面的实例中，将计算数组中的最大值的函数作为了另一个函数的参数。

实例 10-15　计算数组中的最大值的函数作为了另一个函数的参数

源码路径：daima\10\10-15（Visual C++版和 Visual Studio 版）

本实例的实现文件为 canshu.cpp，具体实现代码如下。

```
#include "stdafx.h"
#include "iostream.h"
//编写函数Find的具体功能实现，功能是找出数组中的一个最大数
double Find(const double *pNumbers, const int Count){

    double Max = pNumbers[0];
    for(int i = 0; i < Count; i++)    {
       if( Max < pNumbers[i] ) {  //找较大值
           Max = pNumbers[i];
       }
    }
    return Max;
}
//编写函数Maximum的功能实现，功能是利用一个函数Find作参数，并在Maximum函数体内进行函数调用
double Maximum(const double *pNumbers, const int Count,
             double (*Find)(const double *, const int)) { //Find是函数参数(函数指针)

    return Find(pNumbers, Count);     //调用函数Find
}
int main() {
    //定义一个数组
    double Numbers[] = { 100000.6, 20000.4, 30000.6, 20001.33, 90001.4 };
    int Count  = sizeof(Numbers) / sizeof(double);        //获取数组大小
    cout << "5个产品成绩是: " << "\n";
    for(int i = 0; i < Count; i++){                       //循环输出数组中所有元素的值
         cout << Numbers[i] << "\n";
    }
    //调用函数Maximum，并用另一个函数Find作为参数
    double MaxValue = Maximum(Numbers, Count, Find );
    //输出数组元素中最大的值
    cout << "最高分是: " << MaxValue << endl;
    return 1;
}
```

在上述代码中，首先定义了一个数组 Numbers[]，然后通过函数 Find 获取了数组内的最大值，并将结果输出。编译执行后的效果如图 10-15 所示。

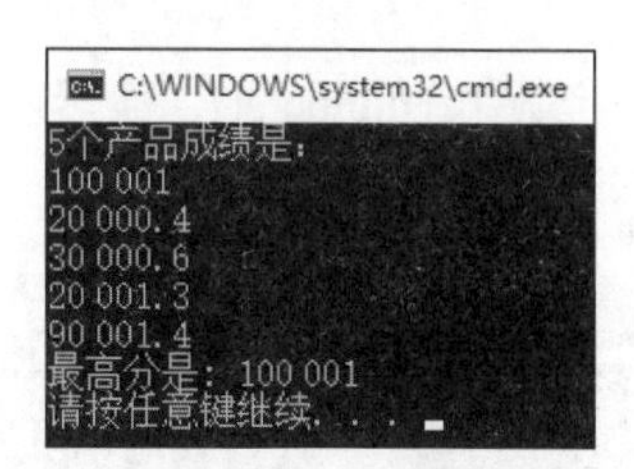

图 10-15　执行后的效果

10.5　技术解惑

10.5.1　用 typedef 定义一个函数指针类型

在实际应用时，作为参数传递的函数参数个数不能太多。如果太多，可以用 typedef 来定义一个函数指针类型，对函数的参数进行简化。下面通过一个具体实例演示 typedef 的具体使用过程。本实例的实现文件为 typedef.cpp，具体代码如下。

源码路径：daima\10\typedef

```
#include "stdafx.h"
#include "iostream.h"
#include <iostream.h>
//定义函数指针类型FunctionType
typedef double (*FunctionType)  (const double *, const int);
//找出数组中的一个最大数
double Find(const double *pNumbers, const int Count)
{
   double Max = pNumbers[0];
   for(int i = 0; i < Count; i++)
      if( Max < pNumbers[i] )
         Max = pNumbers[i];
      return Max;
}
//利用函数Find作参数，并在Maximum函数体内进行函数调用
double Maximum(const double *pNumbers, const int Count, FunctionType fp)
//fp是函数指针类型的变量
{
   return fp(pNumbers, Count);
}

int main()
{
   FunctionType fp = Find;     //fp是函数指针类型变量,指向函数Find
   double Numbers[] = { 10000.6, 10000.4, 10222.6, 20000.33, 90000.4 };
   int Count  = sizeof(Numbers) / sizeof(double);
   cout << "里面的数值是" << "\n";
   for(int i = 0; i < Count; i++)
    {
      cout << Numbers[i] << "\n";
    }
   double MaxValue = Maximum(Numbers, Count, fp );
   cout << "最大值是: " << MaxValue << endl;
   return 1;
}
```

在上述代码中，首先定义了一个数组 Numbers[]，然后通过函数 Find 获取了数组内的最大值，并将结果输出。编译执行后的效果如图 10-16 所示。

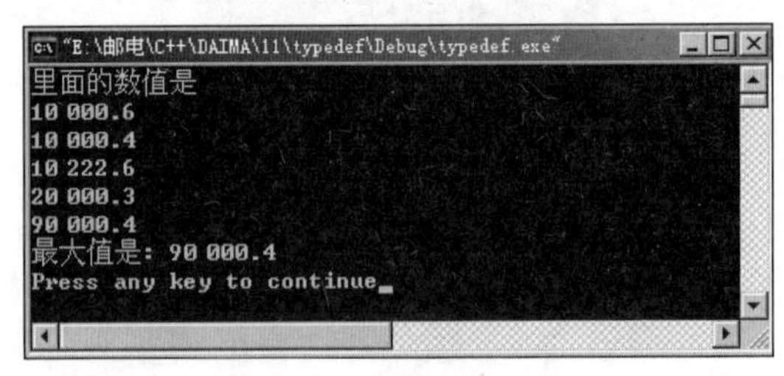

图 10-16　执行后的效果

10.5.2　const 关键字在函数中的作用

当使用 const 关键字后，即意味着函数的返回值不能立即得到修改。如下代码，将无法编译通过，这就是因为返回值立即进行了++操作（相当于对变量 z 进行了++操作），而这对于该函数而言，是不允许的。如果去掉 const 再进行编译，则可以获得通过，并且打印形成 $z = 7$ 的结果。

```
include <iostream>
include <cstdlib>
const int& abc(int a, int b, int c, int& result){
    result = a + b + c;
    return result;
 }
int main() {
   int a = 1; int b = 2; int c=3;
   int z;
   abc(a, b, c, z)++;  //wrong: returning a const reference
   cout << "z= " << z << endl;
   SYSTEM("PAUSE");
   return 0;
 }
```

10.5.3 C++函数的内存分配机制

（1）同一个类的对象。

共享同一个成员函数的地址空间，而每个对象有独立的成员变量地址空间，可以说成员函数是类拥有的，成员变量是对象拥有的。

（2）非虚函数。

对于非虚函数的调用，编译器只根据数据类型翻译函数地址，判断调用的合法性，由（1）可知，这些非虚函数的地址与其对象的内存地址无关（只与该类的成员函数的地址空间相关），所以对于一个父类的对象指针，调用非虚函数，不管是给它赋父类对象的指针还是子类对象的指针，它只会调用父类中的函数（只与数据类型（此为类类型）相关，而与对象无关）。

（3）虚函数。

虚函数的地址翻译取决于对象的内存地址，而不取决于数据类型（编译器对函数调用的合法性检查取决于数据类型）。如果类定义了虚函数，该类及其派生类就要生成一张虚拟函数表，即 vtable。而在类的对象地址空间中存储一个该虚表的入口，占 4 个字节，这个入口地址是在构造对象时由编译器写入的。所以，由于对象的内存空间包含了虚表入口，编译器能够由这个入口找到恰当的虚函数，这个函数的地址不再由数据类型决定。故对于一个父类的对象指针，调用虚拟函数，如果给它赋父类对象的指针，那么它就调用父类中的函数；如果给它赋子类对象的指针，它就调用子类中的函数（取决于对象的内存地址）。

（4）如果类包含虚拟成员函数，则将此类的析构函数也定义为虚拟函数。

因为派生类对象往往由基类的指针引用，如果使用 new 操作符在堆中构造派生类对象，并将其地址赋给基类指针，那么最后要使用 delete 操作符删除这个基类指针（释放对象占用的堆栈）。这时如果析构函数不是虚拟的，派生类的析构函数不会被调用，会产生内存泄露。

（5）纯虚函数。

纯虚函数没有函数体，专为派生类提供重载的形式。只要形象地将虚函数赋值为 0，即定义了纯虚函数，如下。

```
void virtual XXXX(char* XXX) = 0;
```

定义了纯虚函数的类称为抽象基类。抽象基类节省了内存空间，但不能用来实例化对象。其派生类必须重载所有的纯虚函数，否则会产生编译错误。

抽象基类虽然不能实例化，为派生类提供一个框架，但为派生类提供了虚函数的重载形式，可以用抽象类的指针引用派生类的对象，这为虚函数的应用提供了必要条件。

10.5.4 主函数和子函数的关系

C++程序是函数的集合，由一个主函数 main()和若干个子函数构成。主函数 main()是一个特殊的函数，由操作系统调用，并在程序结束时返回到操作系统。程序总是从主函数开始执行，即从主函数的前大括号开始执行，一直到主函数的后大括号为止。主函数分别调用其他子函数，子函数之间也可以相互调用。这里的函数就是结构化程序设计方法中的模块，具有内聚性和耦合性。模块的独立性要求函数具有高内聚性、低耦合性，即尽量实现功能内聚和数据耦合。

10.5.5　函数声明和函数定义的区别

函数的声明是在调用该函数前，说明函数类型和参数类型；函数的定义是用语句来描述函数的功能。C++要求函数在被调用之前，应当让编译器知道该函数的原型，以便编译器利用函数原型提供的信息检查调用的合法性，强制参数转换成为适当类型，保证参数的正确传递。对于标准库函数，其声明在头文件中，可以用#include 宏命令包含这些原型文件；对于用户自定义函数，先定义、后调用的函数可以不用声明，但后定义、先调用的函数必须声明。为增加程序的可理解性，常将主函数放在程序开头，这样需要在主函数前对其所调用的函数一一进行声明，以消除函数所在位置的影响。

10.5.6　使用全局变量的注意事项

对于 C++中的全局变量来说，读者应该注意以下 3 个方面。

（1）对于局部变量的定义和说明，可以不加区分。而对于外部变量则不然，外部变量的定义和外部变量的说明并不是一回事。外部变量定义必须在所有的函数之外，且只能定义一次。其一般形式如下。

```
[extern] 类型说明符 变量名，变量名…
```

其中，方括号内的 extern 可以省略不写。例如下面两种格式是相同的。

```
int a,b;
extern int a,b;
```

而外部变量说明出现在要使用该外部变量的各个函数内，在整个程序内可能出现多次，外部变量说明的一般格式如下。

```
extern 类型说明符 变量名，变量名，…;
```

外部变量在定义时就已分配内存单元，外部变量定义可初始赋值，外部变量说明不能再赋初始值，只是表明在函数内要使用某外部变量。

（2）外部变量可加强函数模块之间的数据联系，但是又使函数要依靠这些变量，因而使得函数的独立性降低。从模块化程序设计的观点来看这是不利的，因此在不必要时尽量不要使用全局变量。

（3）在同一源文件中，允许全局变量和局部变量同名。在局部变量的作用域内，全局变量不起任何作用。

10.5.7　使用寄存器变量的注意事项

在使用 C++寄存器变量时，读者应该注意以下两点。

（1）只有局部自动变量和形式参数才可以定义为寄存器变量。因为寄存器变量属于动态存储方式。凡需要采用静态存储方式的量不能定义为寄存器变量。

（2）在 Turbo C、MS C 等微机上使用的 C 语言中，实际上是把寄存器变量当成自动变量处理的。因此速度并不能提高。而在程序中允许使用寄存器变量只是为了与标准 C 保持一致。即使能真正使用寄存器变量的机器，由于 CPU 中寄存器的个数是有限的，使用寄存器变量的个数也是有限的。

10.5.8 自动变量的特点

在 C++程序中，自动变量的主要特点如下。

（1）自动变量的作用域仅限于定义该变量的个体内。在函数中定义的自动变量，只在该函数内有效。在复合语句中定义的自动变量只在该复合语句中有效。例如下面的代码。

```
int kv(int a) {
auto int x,y;
{
 auto char c;
} /*c的作用域*/
……
} /*a、x、y的作用域*/
```

（2）自动变量属于动态存储方式，只有在使用它，即定义该变量的函数被调用时，才给它分配存储单元，开始它的生存期。函数调用结束，释放存储单元，结束生存期。因此，函数调用结束之后，自动变量的值不能保留。在复合语句中定义的自动变量，在退出复合语句后也不能再使用，否则将引起错误。

（3）由于自动变量的作用域和生存期都局限于定义它的个体内（函数或复合语句内），因此不同的个体中允许使用同名的变量而不会混淆。即使在函数内定义的自动变量，也可与该函数内部的复合语句中定义的自动变量同名。

（4）对构造类型的自动变量，如数组等，不可初始化赋值。

10.6 课后练习

（1）编写一个 C++程序，要求通过函数的重载实现不同数据类型的操作。

（2）编写一个 C++程序，要求通过函数模板返回最小值。

（3）编写一个 C++程序，要求使用函数统计学生成绩的最高分、最低分和平均分。

（4）编写一个 C++程序，要求使用函数判断指定月份属于哪个季节。

（5）编写一个 C++程序，要求不使用库函数复制字符串。

（6）编写一个 C++程序，要求使用函数实现数值与字符串类型的转换。

（7）编写一个 C++程序，要求使用递归函数计算指定整数的阶乘。

第 11 章

输入和输出

在 C++语言的标准库中提供了直接定义实现输入或输出（I/O）功能的内置库函数，这些函数可以帮助开发者实现输入和输出功能。在本书前面的内容中已经多次使用到输入和输出的功能，本章将进一步详细介绍 C++输入和输出的知识，为读者步入本书后面知识的学习打下基础。

11.1 使用 iostream 对象

视频讲解：视频\第 11 章\使用 iostream 对象.mp4

在 C++语言中，标准输入/输出库 iostream 是一个类库，以类的形式存在，在使用该库中的类之前要先引用如下的命名空间。

```
using namespace std;
```

11.1.1 库 iostream 的作用

在 C++语言中，库 iostream 与 C 语言中的 stdio 库不同，它从一开始就是用多重继承与虚拟继承实现的面向对象的层次结构，作为一个 C++的标准库组件提供给程序员使用。iostream 为内置类型对象提供了输入和输出功能，同时也支持文件的输入/输出功能。类的设计者可以通过对 iostream 库的扩展，来支持自定义类型的输入/输出操作。在 iostream 类库中主要包含如下类。

ios：抽象基类，在文件 iostream 中声明。

istream：通用输入流和其他输入流的基类，在文件 iostream 中声明。

ostream：通用输出流和其他输出流的基类，在文件 iostream 中声明。

iostream：通用输入/输出流和其他输入/输出流的基类，在文件 iostream 中声明。

ifstream：输入文件流类，在文件 fstream 中声明。

ofstream：输出文件流类，在文件 fstream 中声明。

fstream：输入/输出文件流类，在文件 fstream 中声明。

istrstream：输入字符串流类，在文件 strstream 中声明。

ostrstream：输出字符串流类，在文件 strstream 中声明。

strstream：输入/输出字符串流类，在文件 strstream 中声明。

11.1.2 标准的 I/O 接口

标准 I/O 是指在标准输入设备和标准输出设备上的操作，其中标准输入设备是指键盘，标准输出设备是指显示器。输入/输出操作分别由 istream 和 ostream 类提供。为了使用方便，在 iostream 库中创建了如下 3 个标准流对象。

cin：表示标准输入的 istream 对象，cin 可以使我们从设备中读取数据。

cout：表示标准输出的 ostream 对象，cout 可以使我们向设备中写入数据。

cerr：表示标准错误的 ostream 对象，cerr 是导出程序错误消息的地方，只能向屏幕设备写数据。

在具体操作时，左移“<<”与右移“>>”分别是 istream 类与 ostream 类的操作符重载。在输入时用“cin>>”，输出时用“cout<<”。例如，“>>a”表示将数据放入 a 对象中，“<<a”表示将 a 对象中存储的数据取出。上述标准的流对象都有默认的所对应的设备，具体信息如表 11-1 所示。

表 11-1　流对象对应的设备

C++对象名	设 备 名	C 中的标准设备名	默 认 含 义
cin	键盘	stdin	标准输入
cout	显示器屏幕	stdout	标准输出
cerr	显示器屏幕	stderr	标准错误输出

表 11-1 表明 cin 对象的默认输入设备是键盘，cout 对象的默认输出设备是显示器屏幕。C++是如何利用 cin/cout 对象与左移和右移运算符重载来实现输入/输出的呢？下面以输出为例从两个方面说明其实现原理。

（1）在 C++程序中，有两种使数据按照指定格式输出的方法，一种是使用控制符，另一种是使用流对象中的有关成员函数。常用控制符的具体信息如下。

dec：设置整数的基数为 10。

hex：设置整数的基数为 16。

oct：设置整数的基数为 8。

setbase(n)：设置整数的基数为 n（只能是 8、10、16 三者之一）。

setfill(c)：设置填充字符 c，c 可以是字符常量或字符变量。

setprecision(n)：设置实数的精度为 n 位。在以一般十进制小数。

在 C++程序中，cout 是 ostream 类的对象，因为它所指向的是标准设备（显示器屏幕），所以它在 iostream 头文件中作为全局对象进行定义。

```
ostream cout(stdout);//其默认指向的C中的标准设备名，作为其构造函数的参数使用
```

（2）在头文件 iostream.h 中，类 ostream 对应每个基本数据类型都有其友元函数对左移操作符进行了友元函数的重载。

```
ostream& operator<<(ostream &temp,int source);
ostream& operator<<(ostream &temp,char *ps);
```

C++中的 iostream 库主要包含图 11-1 所示的几个头文件。我们所熟悉的输入/输出操作分别是由 istream(输入流)和 ostream(输出流)这两个类提供的。为了允许双向的输入/输出，由 istream 和 ostream 派生出了 iostream 类。类的继承关系如图 11-2 所示。

iostream 库	
<fstream>	<iomainip>
<ios>	<iosfwd>
<iostream>	<istream>
<ostream>	<sstream>
<streambuf>	<strstream>

图 11-1　头文件

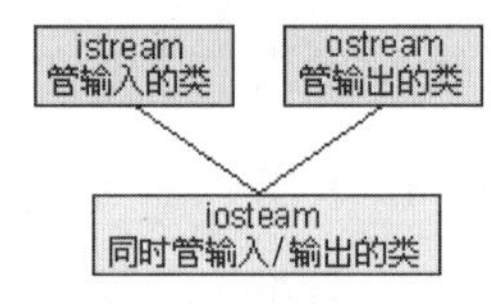

图 11-2　类继承关系

实例 11-1　演示使用标准 I/O 的具体流程

源码路径： daima\11\11-1（Visual C++版和 Visual Studio 版）

本实例的实现文件为 biaozhun.cpp，主要实现代码如下。

```
#include "stdafx.h"
#include <iostream>    //导入IO库
#include <string>
using namespace std;
int main(){
    string in_string; //定义字符串变量in_string
    //向终端写字符串
    cout << "请输入您的名字: ";
    // 把输入的数据读取到in_string 中
    cin >> in_string;
    if ( in_string.empty() )
        // 产生一个错误消息输出到终端
        cerr << "error: 输入的是空值!\n";
    else
        cout << "你好, " << in_string << "!\n";
```

```
    return 0;
}
```

在上述代码中定义了一个字符串，然后用输入 cin 流从命令行中读入了一个字符。如果读入失败，则输出错误信息；读入成功，则向标准输出流输出读入的内容。编译执行后的效果如图 11-3 所示。

图 11-3　执行后的效果

11.1.3　文件 I/O

在 C++程序中，由于库 iostream 不但支持对象的输入和输出，而且同时支持文件流的输入和输出，所以在详细讲解左移与右移运算符重载之前，有必要先对文件的输入/输出以及输入/输出的控制符有所了解。在头文件 fstream.h 中，主要定义了与文件有关系的输入/输出类。在这个头文件中主要被定义了 3 个类，由这 3 个类控制对文件的各种输入/输出操作，它们分别是 ifstream、ofstream、fstream，其中 fstream 类是由 iostream 类派生而来，它们之间的继承关系如图 11-4 所示。

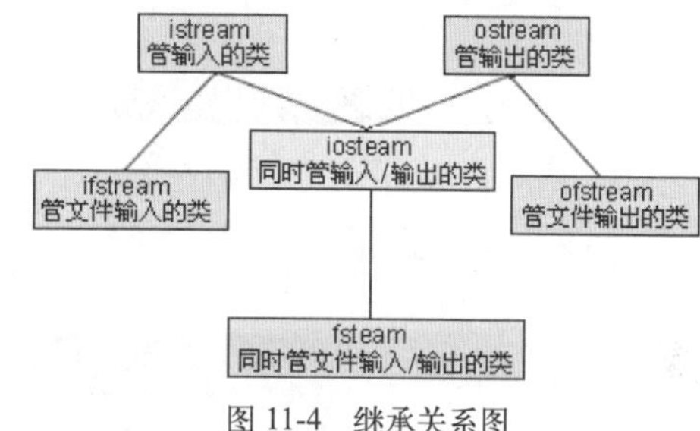

图 11-4　继承关系图

在 C++程序中，因为文件设备并不像显示器屏幕与键盘那样是标准默认设备，所以它在头文件 fstream.h 中没有像 cout 那样预先定义的全局对象，我们必须自己定义一个该类的对象。要以文件作为设备向文件输出信息(也就是向文件写数据)，那么就应该使用 ofstream 类。类 ofstream 不但支持对终端的读写功能，而且支持对文件的读写操作，以下 3 种类提供了对文件读写的支持。

（1）ifstream 类：从 istream 流中派生而来，此类将一个指定的文件绑定到程序，它作为程序的输入流。

（2）ofstream 类：从 ostream 流中派生而来，此类将一个指定的文件绑定到程序，它作为程序的输出流。

（3）fstream 类：从 iostream 流中派生而来，此类将一个指定的文件绑定到程序，既作为程序的输入流，也作为程序的输出流。

要在 C++程序中使用 iostream 库中的标准 I/O 库文件流，必须在程序中包含如下头文件。

```
#include <fstream>
```

实例 11-2　演示使用文件 I/O 的具体流程

源码路径：daima\11\11-2（Visual C++版和 Visual Studio 版）

本实例的实现文件为 biao.cpp，主要实现代码如下。

```
int main(){
    char ch;                              //定义变量ch
    string ifile;                         //定义变量ifile表示文件名
    cout << "输入要操作的文件: ";
    cin >> ifile;                         //输入ifile的值
    ifstream infile( ifile.c_str() );
    //构造一个 ifstream 输入文件对象
    if( ! infile ) {                      //打开错误
        cerr << "error: 不能打开文件: ";
             return -1;
    }
    string ofile = ifile + ".bak";        //定义变量ofile，表示输出文件的名字
    ofstream outfile( ofile.c_str() );    //构造一个 ofstream 输出文件对象
    if( !outfile ) {                      //打开错误
```

```
        cerr << "error: 不能打开文件: ";
            return -2;
    }
    while(infile.get(ch)){
        outfile.put(ch);   //将字母字符存入磁盘文件
        cout<<ch;

    }
    return 0;
}
```

在上述代码中，能够根据用户输入的文件名，对这个文件进行读取操作，并创建一个同样内容的备份文件。编译执行后将首先提示输入一个文件名，如图 11-5 所示。输入存在的文件路径，单击回车键后，将显示此文件的内容，如图 11-6 所示。

输入要操作的文件：

图 11-5　执行效果

输入要操作的文件: e:\123.txt
1222Press any key to continue

图 11-6　执行效果

再次单击回车键，将在此文件目录下创建一个备份文件，如图 11-7 所示。

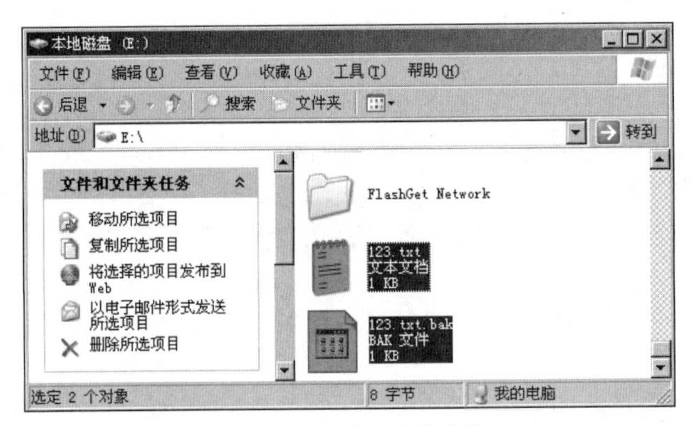

图 11-7　源文件和备份文件

11.1.4　字符串 I/O

字符串 I/O 是指输入、输出操作的对象是字符串。在 C++语言中，标准库 iostream 也支持对字符串的输入和输出操作，并且能够对字符串进行读写操作。在库 iostream 中通过如下 3 个类实现对字符串的操作。

（1）用 cin 和提取操作符>>：从 istream 派生而来，用于从字符串中读取数据。

（2）ostringstream：从 ostream 派生而来，用于写数据到字符串。

（3）stringstream：从 stream 派生而来，既可以从字符串中读取数据，也可以写数据到字符串。

实例 11-3　使用字符串 I/O

源码路径：daima\11\11-3（Visual C++版和 Visual Studio 版）

本实例的实现文件为 zifu.cpp，主要实现代码如下。

```
string program_name( "our_program" );
//定义变量表示程序名
string version( "0.01" ); //定义变量表示程序版本

string mumble( int *array, int size );
//声明函数mumble
```

```
int main(void){
    int *array=0;                               //定义变量array并初始化为0
    int size=1;                                 //定义变量size并初始化为1
    cout<<mumble(array,size).c_str()<<endl;
    return 0;
}
string mumble( int *array, int size ){    //编写函数mumble的具体功能实现
    if ( ! array ) {                            //如果指针参数为空
        ostringstream out_message;
        //输出程序名、出错的文件名和行号
        out_message << "这里出错了: " << program_name << "--" << version<< ": " << __FILE__
        << ": " << __LINE__;
        out_message <<" -- ptr is set to 0; "<< " must address some array.\n";
        return out_message.str();          // 返回string 对象
    }
    else
        return "";
}
```

在上述代码中，函数 mumble 带有一个指针参数和一个整型参数，并用 ostringstream 流将 out_message 定向为输出流对象。当指针参数为空时，程序输出发生错误的程序名、出错的文件名和行号到 out_message 中。编译执行后的效果如图 11-8 所示。

```
C:\WINDOWS\system32\cmd.exe
这里出错了: our_program--0.01: h:\光盘整理\c++第2版光盘\daima\11\11-3\vs版本\zifu\zifu\zifu.cpp: 26 -- ptr is set to 0;
 must address some array.

请按任意键继续. . .
```

图 11-8　执行后的效果

11.2　输　　出

视频讲解：视频\第 11 章\输出.mp4

在 C++程序中，流输出功能用运算符“<<”实现。“<<”有两个操作数，左操作数是 ostream 类的对象，右操作数是一个变量，该操作符将变量的值输出到 ostream 类的对象上。

11.2.1　预定义类型输出

在 C++程序中，输出操作符可以接受任何预定义的数据类型。对于表达式和函数的调用，只要其计算结果是一个能被输出操作符接受的数据类型，即可说明该表达式或函数调用可以被输出操作符接受并输出其结果。下面的实例演示了使用预定义类型输出的流程。

实例 11-4　使用预定义类型输出

源码路径：daima\11\11-4（Visual C++版和 Visual Studio 版）

本实例的实现文件为 yudingyi.cpp，主要实现代码如下。

```
int main(){
    cout << "\"A\"的长度是:\t";
    cout << strlen("bingbingjie");     //串长
    cout << '\n';                       //换行
    cout << "B\"chengege\"的长度是:\t";
    cout << sizeof("chengege");         //字符串所占存储空间
```

```
    cout << endl;                  //行结束符
    return 0;
}
```

在上述代码中，通过函数 strlen()计算了字符串中字符的个数，并通过函数 sizeof()计算了字符串所占用的空间大小。编译执行后的效果如图 11-9 所示。

图 11-9　执行后的效果

注意：在上述程序中，因为要输出带双引号的字符串，所以必须添加转义符，否则将引起编译器错误。

11.2.2　自定义类型输出

在 C++程序中，流输出操作符除了能够输出预定义类型的数据外，还可以输出自定义类型的数据。如果要实现自定义类型的输出，需要使用重载来输出操作符。自定义类型输出的语法格式如下。

```
ostream& operator << (ostream& in, user_type& obj){
    out<<obj.item1;
    out<<obj.item2;
    out<<obj.item3;
    ..........
}
```

在上述格式中有两个实参，第一个是 ostream 对象的引用，第二个是一个自定义类型实例的引用。其中 item1、item2、item3 是自定义类型中的各个区域分量。其返回类型是一个 ostream 引用，且其值总是该输出操作符所引用的 ostream 对象。因为第一个实参是一个 ostream 引用，所以输出操作符必须定义为非成员函数。当输出操作符要求访问非公有成员时，必须将其声明为此类的友元。

实例 11-5　输出自定义类型的数据

源码路径： daima\11\11-5（Visual C++版和 Visual Studio 版）

本实例的实现文件为 zidingyi.cpp，主要实现代码如下。

```
class mm{                                         //自定义复数类mm
public:
    float real,nn;                                //定义全局变量real和nn
public :
    mm(float r,float i) {                         //定义实现带参数的构造函数mm
         real=r;                                  //变量real赋值
         nn=i;                                    //变量nn赋值
    }
    mm()    {                                     //定义不带参数的构造函数
         real=0;                                  //变量real赋值为0
         nn=0;                                    //变量nn赋值为0

    }
//定义友元，定义输出运算
    friend ostream &operator <<(ostream &,mm &);
};
/*复数类的输出运算*/
ostream &operator <<(ostream &output,mm &obj){
    output<<obj.real;                             //输出实部
    if (obj.nn>0) output<<"+";                    //当虚部大于0时，输出+号
    if (obj.nn!=0) output<<obj.nn<<"i";           //当有虚部时，输出虚部和i
    return output;
}
```

```
int main(){
    mm c1(1.2,3.4),c3;
    cout<<"c1值是:"<<c1<<endl;                //输出c1的值
    cout<<"c3值是:"<<c3<<endl;                //输出c3的值
    return 1;
}
```

在上述代码中定义了一个自定义复数类 mm，此类可以接受带参数和不带参数两种构造函数。因为标准输出运算不能一次就输出复数的虚部和实部，所以重载了标准输出的<<操作。在输出操作中，第一个 if 语句判断是否有虚部，有则在实部和虚部间加“+”符号；第二个 if 语句用于判断虚部是否存在，如不存在则不输出。编译执行后的具体如图 11-10 所示。

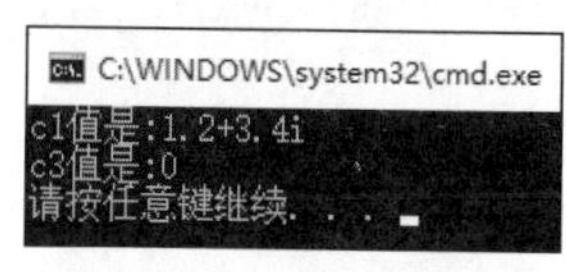

图 11-10　执行效果

11.3　输　　入

视频讲解：视频\第 11 章\输入.mp4

C++中的流输入功能通过运算符>>实现。>>有两个操作数，其中左操作数是 ostream 类的对象，右操作数是一个预定义类型的变量。

11.3.1　预定义类型输入

对于 C++中的预定义类型来说，可以直接使用>>从命令行读取数据。默认情况下，>>将跳过空白。所以在对一组变量输入值时，可以用空格或换行来将数值之间隔开。看下面的代码。

```
int i;
double d;
cin >>i>>d;
```

上述代码很容易理解，当同时输入不同类型的变量时，系统除了检查是否有空白或换行外，还检查输入数据与变量的匹配情况。另外，因为<<用空格作为分隔符，所以在输入字符串时，字符串中不能有空格。一旦遇到空格，系统将认为是字符串结束。

在 C++程序中，如果希望读入空白字符，或为了保留原始的输入格式，或为了处理空白字符，可以使用 istream 中的成员函数 get()实现。

11.3.2　自定义类型输入

在 C++程序中，自定义类型的输入运算重载和自定义类型的输出运算重载比较类似，具体语法格式如下。

```
ostream& operator << (ostream& in, user_type& obj){
out<<obj.item1;
out<<obj.item2;
out<<obj.item3;
..........
}
```

在上述格式中有两个实参，第一个是 ostream 对象的引用，第二个是一个自定义类型实例的引用。其中 item1、item2、item3 是自定义类型中的各个区域分量。其返回类型是一个 ostream 引用，且其值总是该输出操作符所引用的 ostream 对象。因为第一个实参是一个 ostream 引用，所以输出操作符必须定义为非成员函数。当输出操作符要求访问非公有成员时，必须将其声明为此类的友元。

实例 11-6　演示自定义类型输入的具体流程

源码路径：daima\11\11-6（Visual C++版和 Visual Studio 版）

本实例的实现文件为 zishuruc.pp，主要实现代码如下。

```
class mm{                                                  //自定义复数类mm
    float real,nn;                                         //定义全局变量real和nn
public :
    mm(float r,float i){                                   //定义实现带参数的构造函数mm
        real=r;                                            //变量real赋值
        nn=i;                                              //变量nn赋值
    }

    mm(){                                                  //定义无参数的构造函数mm
        real=0;                                            //变量real赋值为0
        nn=0;                                              //变量nn赋值为0
    }
    friend ostream & operator <<(ostream &,mm &);          //输出
    friend istream & operator >>(istream &,mm &);          //输入
};
ostream & operator <<(ostream &output,mm & obj){           //定义友元，定义输出运算
    output<<obj.real;
    if (obj.nn>0) output<<"+";                             //当虚部大于0时，输出+号
    if (obj.nn!=0) output<<obj.nn<<"i";                    //当有虚部时，输出虚部和i
    return output;
}
istream & operator >>(istream &input,mm & obj){            //定义友元，定义输入运算
    cout<<"input the real and nn of the mm:";
    input>>obj.real;                                       //输入实部
    input>>obj.nn;                                         //输入虚部
    return input;
}

int main(){
    mm c1(1.2,3.4),c2;
    cout<<"c1值是:"<<c1<<endl;                              //输出c1的值
    cout<<"c2值是:"<<c2<<endl;                              //输出c2的值
    cin>>c2;                                               //输入c2的值
    cout<<"the value of c2 is:"<<c2<<endl;
    return 1;
}
```

程序编译执行后的效果如图 11-11 所示。

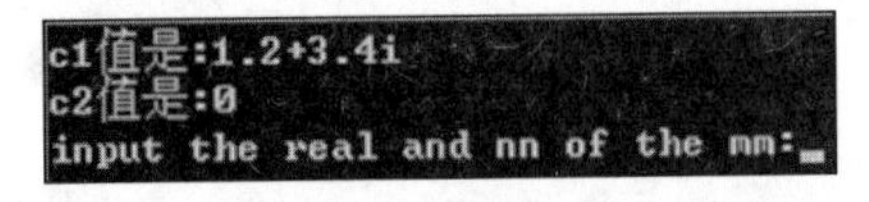

图 11-11　执行效果

11.4　输入/输出的格式化

视频讲解：视频\第 11 章\输入/输出的格式化.mp4

在 C++程序中，需要把输入/输出的内容进行格式化处理，处理为指定的格式后可以美化整个项目。在 C 语言中通过 printf()来完成格式化处理功能。在 C++中有以下两种方法设置变量的

输出格式。

（1）使用 ios 类中的格式控制的成员函数。

（2）使用操纵函数。

11.4.1 使用 ios 类成员函数

在 C++程序中，在 ios 类中有多个成员函数可以对输入/输出进行格式控制，具体来说主要针对状态标志、域宽、输出精度等操作。

1. 状态标志和成员函数

在 ios 类中有控制输入/输出状态的标志，通过 ios 类成员函数可以实现对状态标志的显示和操作。各个标志的具体信息如表 11-2 所示。

表 11-2 状态标志说明

格式状态标志	说　明
ios::skipws	跳过输入中的空白，用于输入
ios::left	左对齐输出，用于输出
ios::right	右对齐输出，用于输出
ios::internal	在符号和数值之间填充字符，用于输出
ios::dec	转换基数为十进制，用于输入或输出
ios::oct	转换基数为八进制，用于输入或输出
ios::hex	转换基数为十六进制，用于输入或输出
ios::showbase	输出时显示基指示符(0 表示八进制，0x 或 0X 表示十六进制)，用于输入或输出
ios::showpoint	输出时显示小数点，用于输出
ios::uppercase	输出时表示十六进制的 x 为大写，表示浮点数科学计数法的 e 为大写，用于输出
ios::showpos	正整数前显示“+”符号，用于输出
ios::scientific	用科学计数法显示浮点数，用于输出
ios::fixed	用定点形式显示浮点数，用于输出
ios::unitbuf	在输出操作后立即刷新所有流，用于输出
ios::stdio	在输出操作后刷新 stdout 和 stderr，用于输出

2. 域宽、填充字符、精度

除了控制状态外，ios 类还能设置域宽、填充字符、设置精度。具体说明如下。

（1）域宽是指字符串的最小字符数。

（2）填充字符是指字符串宽度不足指定的域宽时用来填充空位的字符。假设设置域宽为 5，填充字符为*，则字符串“mmm”在实际输出时应该是“**mmm”。

（3）精度是指数字的有效数据位数，包括整数部分和小数部分。

下面的实例演示了使用类 ios 成员函数的具体操作流程。

实例 11-7　使用类 ios 中的成员函数

源码路径：daima\11\11-7（Visual C++版和 Visual Studio 版）

本实例的实现文件为 ios.cpp，主要实现代码如下。

```
int main(){
    int m=10;              //定义变量m初始值为10
    float n=123.456;       //定义变量n初始值为123.456
    //对正整数显示符号，用科学计数法显示浮点数，用定点形式显示浮点数
```

```
    cout.setf(ios::showpos|ios::scientific|ios:: fixed);
    cout<<"m="<<m<<endl;                                   //带提示的输出m
    cout<<"n="<<n<<endl;                                   //带提示的输出n
    cout.setf(ios::hex);                                   //转换为十六进制
    cout<<m<<endl;                                         //输出m
    cout<<"cout.width="<<cout.width()<<endl;               //读取当前宽度
    cout<<"cout.fill="<<cout.fill()<<endl;                 //读取当前填充字符
    cout<<"cout.precision="<<cout.precision()<<endl;       //读取当前浮点数精度
    cout.width(10);                                        //设置当前宽度
    cout.fill('#');                                        //设置当前填充字符
    cout.precision(4);                                     //设置当前浮点数精度
    cout<<"m="<<m<<endl;                                   //输出m
   cout<<"n="<<n<<endl;                                    //输出n
    cout<<"cout.width="<<cout.width()<<endl;               //读取当前宽度
    cout<<"cout.fill="<<cout.fill()<<endl;                 //读取当前填充字符
    cout<<"cout.precision="<<cout.precision()<<endl;       //读取当前填充字符
    return 1;
}
```

在上述代码中，分别使用 showpos、scientific 和 fixed 这 3 个标志设置了输入/输出的格式，然后用带提示的输入格式输出了 m 和 n。接下来用 hex 标志将所用的基制转换为了十六进制。所以 10 输出为 a。编译执行后的效果如图 11-12 所示。

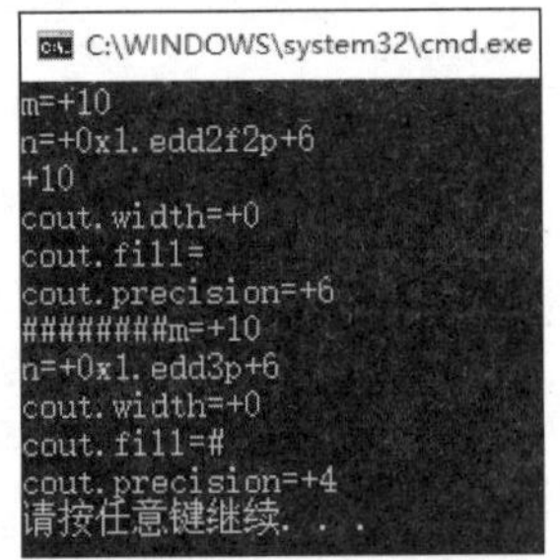

图 11-12　执行后的效果

11.4.2　使用操纵函数

除了前面介绍的方法外，C++语言还提供了一种被称为操纵算子的方式，可以直接嵌入到输入/输出语句中。不带参数的操纵算子在头文件<iostream>中定义，包括 dec、oct、hex、ws、endl 和 flush 及以下操纵算子。

sowbase：在输出整型数字时显示数字的基数。

nshowbase：不显示基数。

sowpos：显示正数前面的正号

nshowpos：不显示正值符号+。

upercase：用大写的 A～F 显示十六进制数，在科学计数型数字中使用大写的 E。

nuppercase：不显示代表十六进制的大写字母 A～F 及在科学计数型数字中使用大写的 E。

sowpoint：显示浮点数的十进制小数点和尾部的 0。

nshowpoint：不显示浮点数值的小数点和后面的 0。

sipws：跳过输入中的空格。

nskipws：跳过输入中的空白字符。

left：左对齐，向右边填充字符。

right：右对齐，向左边填充字符。

internal：把填充字符放到引导符或基数指示符和数值之间。

scientific：指出浮点数的优先输出格式。

fixedsetprecision()/ios::precision：设置小数点后面的位数。

C++提供了大量的用于执行格式化输入和输出的流操纵算子。这些流操纵算子提供了许多功能，如设置域宽、设置精度、设置和清除格式化标志、设置域填充字符、刷新流、在输出流中插入换行符并刷新该流、在输出流中插入空字符、跳过输入流中的空白字符等。其中，带参数的操纵算子在头文件<iomanip>中定义。各算子的具体说明如下。

setiosflags(fmtflags n)：相当于调用函数 setf(n)，设置后会一直起作用，直到下一次设置将其改变。

resetiosflags(fmtflags n)：清除由 n 代表的格式化标志，本次设置一直有效，直到进行下一次设置。

setbase(base n)：将数的基数设为 n，n 的取值为 10、8 或 16。

setfill(char n)：将填充字符设为 n。

setprecision(int n)：将数字精度设为 n。

setw(int n)：将宽度设为 n。

注意：对输入流使用 setw()函数进行设置，只是在读字符串时才有意义。rand()函数返回一个 0 到依赖于操作平台的常量 RAND_MAX 之间的伪随机数，RAND_MAX 常量（一般为所在操作平台的无符号整型最大值）在文件<cstdlib>中定义。

下面的例子演示了使用几种操纵算子的具体流程。

实例 11-8　演示几种操纵算子的具体使用流程

源码路径：daima\11\11-8（Visual C++版和 Visual Studio 版）

本实例的实现文件为 suanzi.cpp，主要实现代码如下。

```
int main(){
    int m=10;              //定义变量m的值为10
    float n=123.456;       //定义变量n的值为123.456
    int z=210;             //定义变量z的值为210
    cout<<setiosflags(ios::scientific)<<"m=" <<m<<"z="<<z<<endl; //用科学计数法输出数据
     //修改域宽为10，精度为4，填充字符为#
cout<<setw(10)<<setfill('#')<<setprecision(4)<<"m="<<m<<"z="<<z<<endl;
    return 1;
}
```

在上述代码中，使用 setiosflags()设置了格式标志为 ios::scientific，并指定用科学计数法输出浮点数 m 和 z。最后用函数 setw()将填充字符改为#，并设置其宽度为 10、精度为 4。编译执行后的效果如图 11-13 所示。

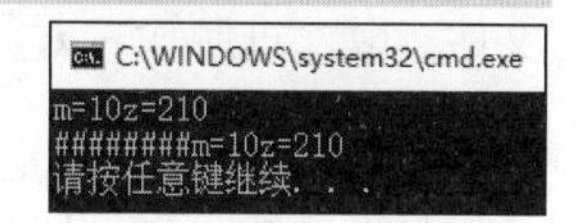

图 11-13　执行效果

11.5　文 件 操 作

视频讲解：视频\第 11 章\文件操作.mp4

C++语言将文件看作字符序列，根据数据的组织形式，可以将文件分为 ASCII 文件和二进制文件两种。ASCII 文件被称为文本文件，它的每个字节存放一个 ASCII 码，代表一个字符。二进制文件能够把内存中的数据按照在内存中的排序方式写到磁盘上。用二进制形式输出数据，可以大大节省空间以及转换时间。

11.5.1　打开和关闭

在 C++语言中，因为对文件的操作是通过 stream 的子类 fstream(file stream)实现的，所以如果需要用这种方式操作文件，就必须加入头文件 fstream.h。

1. 打开文件

在 fstream 类中，通过其成员函数 open()打开一个文件，此函数的原型如下。

```
void open(const char* filename,int mode,int access);
```

各个参数的具体说明如下。

filename：要打开的文件名。

mode：要打开文件的方式。

access：打开文件的属性。

打开文件的方式 mode 在类 ios(是所有流式 I/O 类的基类)中定义，其常用的值如下。

ios::app：以追加的方式打开文件。

ios::ate：文件打开后定位到文件尾，ios:app 就包含有此属性。

ios::binary：以二进制方式打开文件，缺省的方式是文本方式。两种方式的区别见前文。

ios::in：文件以输入方式打开。

ios::out：文件以输出方式打开。

ios::nocreate：不建立文件，所以文件不存在时打开失败。

ios::noreplace：不覆盖文件，所以打开文件时如果文件存在则失败。

ios::trunc：　如果文件存在，把文件长度设为 0。

可以用“或”把以上属性连接起来，例如：

```
ios::out|ios::binary
```

注意：现在 C++标准库不支持 nocreate 和 noreplace，以前的旧版本可以用。

打开文件的属性的具体取值如下。

0：普通文件，打开访问。

1：只读文件。

2：隐含文件。

4：系统文件。

可以用“或”或者“+”把以上属性连接起来 ，例如 3 或 1|2 就是以只读且隐含属性打开文件。以二进制输入方式打开文件 c:\config.sys 的实现代码如下。

```
fstream file1;
file1.open("c:\config.sys",ios::binary|ios::in,0);
```

如果函数 open 只有文件名和一个参数，则是以读/写普通文件打开，即下面的代码。

```
file1.open("c:config.sys");
```

等价于下面的代码。

```
file1.open("c:config.sys",ios::in|ios::out,0);
```

另外，fstream 还有与 open()一样的构造函数，对于上例，在定义的时候即可打开文件。

```
fstream file1("c:config.sys");
```

需要特别指出的是，fstream 有 ifstream(input file stream)和 ofstream(outpu file stream)两个子类，ifstream 默认以输入方式打开文件，ofstream 默认以输出方式打开文件。

```
ifstream file2("c:pdos.def");                //以输入方式打开文件
ofstream file3("c:x.123");                   //以输出方式打开文件
```

所以，在实际应用中，根据需要的不同，选择不同的类来定义：如果要以输入方式打开，就用 ifstream 来定义；如果要以输出方式打开，就用 ofstream 来定义；如果要以输入/输出方式来打开，就用 fstream 来定义。

2. 关闭文件

打开的文件操作完成后一定不要忘记及时关闭。在 fstream 中提供了成员函数 close()来完成关闭操作，例如通过下面的代码关闭了 file1 相连的文件。

```
file1.close();
```

11.5.2 随机读写

C++语言提供了对文件的随机读写功能，具体实现起来与顺序读写相似。在顺序读写时，文件指针只能前进，不能后退。在随机方式下，读文件指针可以在文件中随意移动。在移动时，可以使用流文件的读写指针来实现。在C++程序中，各个指针的具体说明如下。

1. tellg()和 tellp()

在C++程序中，这两个成员函数不用传入参数，返回 pos_type 类型的值(根据 ANSI-C++ 标准)，就是一个整数，代表当前 get 流指针的位置（用 tellg）或 put 流指针的位置(用 tellp)。

2. seekg()和 seekp()

在C++程序中，这对函数分别用来改变流指针 get 和 put 的位置。两个函数都被重载为两种不同的原型。

```
seekg ( pos_type position );
seekp ( pos_type position );
```

通过使用上述原型，流指针被改变为指向从文件开始计算的一个绝对位置。要求传入的参数类型与函数 tellg 和 tellp 的返回值类型相同。

```
seekg ( off_type offset, seekdir direction );
seekp ( off_type offset, seekdir direction );
```

通过使用上述原型，可以指定由参数 direction 决定的一个具体的指针开始计算的一个位移(offset)。它可以是下面的一种。

ios::beg：从流开始位置计算的位移。

ios::cur：从流指针当前位置开始计算的位移。

ios::end：从流末尾处开始计算的位移。

例如下面的实例演示了随机读写指定文件的流程。

实例 11-9　随机读写指定文件

源码路径：daima\11\11-9（Visual C++版和 Visual Studio 版）

本实例的实现文件为 suiji.cpp，主要实现代码如下。

```
int main(){
    cout << endl << "第五个数是多少? " << endl;          //输出
    int i,j;                                           //定义变量i和j
//定义输入/输出文件流
   fstream file("123.txt",ios::in|ios::out|ios:: app|ios::binary);
   if(!file) {                                         //判断流文件建立是否成功
         cerr<<"不能打开!"<<endl;                       //如果建立失败则输出提示
         return 0;
   }
   for(i=1;i<=10;i++){                                 //如果建立失败则使用for循环
         j=(i-1)*2+1;                                  //变量j赋值
         file.write((char*)&j,sizeof(int));            //循环向文件中写数据
   }
   file.close();                                       //关闭文件
   file.open("test.txt",ios::in|ios::binary);          //打开文件
   while(file.read((char*)&i,sizeof(int)))             //读文件，输出全部数据
       cout<<i<<" ";
   file.clear();                                       //清除文件类对象的状态
   file.seekg(0);                                      //定位到文件首部
   file.seekg((5-1)*sizeof(int));                      //定位到第5个数据处
   file.read((char*)&i,sizeof(int));                   //读第5个数据
   cout<<endl<<"the 5th number is :"<<i<<endl;         //输出
```

```
    file.close();                        //关闭
    return 1;
}
```

上述实例的功能是向指定文件 123.txt 中写入 10 个奇数，然后全部读出，最后显示文件中的第五个数的值。

上述代码的具体执行流程如下。

(1) 以二进制方式定义了一个输入、输出文件，并以追加的方式打开。在此必须用二进制方式打开，否则将出错。

(2) 使用函数 write 向文件 123.txt 中写入数据。在此数据需要显式转换为字符指针，并指定数据的大小。

(3) 再次以输入方式打开文件，输出所有数据。

(4) 输出第 5 个数据值。首先将文件指针定位到文件首部，再向前定位到第 5 个数据处，即第四个的末尾、第五个的开始处。

编译执行后的效果如图 11-14 所示。

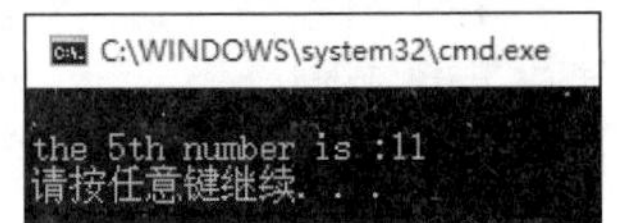

图 11-14　执行效果

11.5.3　二进制文件

在二进制文件中，使用“<<”和“>>”以及函数（如 getline）实现操作符的输入和输出数据功能。文件流包括 write 和 read 两个为顺序读写数据特殊设计的成员函数。第一个函数 (write) 是 ostream 的一个成员函数，都是被 ofstream 所继承。read 是 istream 的一个成员函数，被 ifstream 所继承。类 fstream 的对象同时拥有这两个函数，这两个函数的原型如下。

```
write ( char * buffer, streamsize size );
read ( char * buffer, streamsize size );
```

buffer：是一块内存的地址，用来存储或读出数据。

size ：是一个整数值，表示要从缓存（buffer）中读出或写入的字符数。

下面的例子演示了对二进制文件进行读操作的流程。

实例 11-10　演示对二进制文件读操作流程

源码路径：daima\11\11-10（Visual C++版和 Visual Studio 版）

本实例的实现文件为 erjinzhi.cpp，主要实现代码如下。

```
const char * filename = "example.txt";                //定义常量
int main () {
char * buffer;                                        //指针变量buffer
long size;                                            //定义变量size
ifstream file (filename, ios::in|ios::binary|ios::ate); //打开指定的文件
size = file.tellg();                                  //返回“内置指针”的当前位置
file.seekg (0, ios::beg);                             //设置输入文件流的文件流指针位置
buffer = new char [size];                             //创建缓存
file.read (buffer, size);                             //读取文件内容
file.close();                                         //关闭流
cout << "the complete file is in a buffer";
delete[] buffer;                                      //删除缓存
return 0;
}
```

在上述代码中，对文件 example.txt 进行了处理。编译执行后的效果如图 11-15 所示。

```
the complete file is in a bufferPress any key to continue_
```

图 11-15　执行后的效果

11.5.4 检测 EOF

在 C++程序中，成员函数 eof()的功能是检测是否到达文件尾。如果到达文件尾，返回非 0 值；否则返回 0。使用函数 eof()的语法格式如下。

```
int eof();
```

例如下面的演示代码。

```
if(in.eof())ShowMessage("已经到达文件尾！");
```

很多程序员在使用这个函数的过程中会遇到一些问题，如果不能准确地判断是否为空或者是否到了文件尾，以至于有些人可能还会怀疑这个函数是不是本身在设计上就有问题。下面以具体的实例来说明，该实例演示了使用 eof()函数的过程。

实例 11-11 演示 eof()函数的使用方法

源码路径：daima\11\11-11（Visual C++版和 Visual Studio 版）

本实例的实现文件为 eof.cpp，主要实现代码如下。

```
int main() {
  char ch = 'x';                    //定义变量ch
  ifstream fin("123.txt" /*, ios::binary*/);
  if (fin.eof())  {                 //如果到达末尾
    cout << "file is empty."<<endl;
    return 0;
  }
  while (!fin.eof())  {             //如果没有到达末尾
    fin.get(ch);                    //写入ch
    cout << ch;                     //输出ch
  }
  system("pause");
  return 0;
}
```

在上述代码中对文件 123.txt 进行了处理。如果文件 123.txt 不存在，程序将形成死循环，fin.eof()永远返回 false。编译执行后的效果如图 11-16 所示。

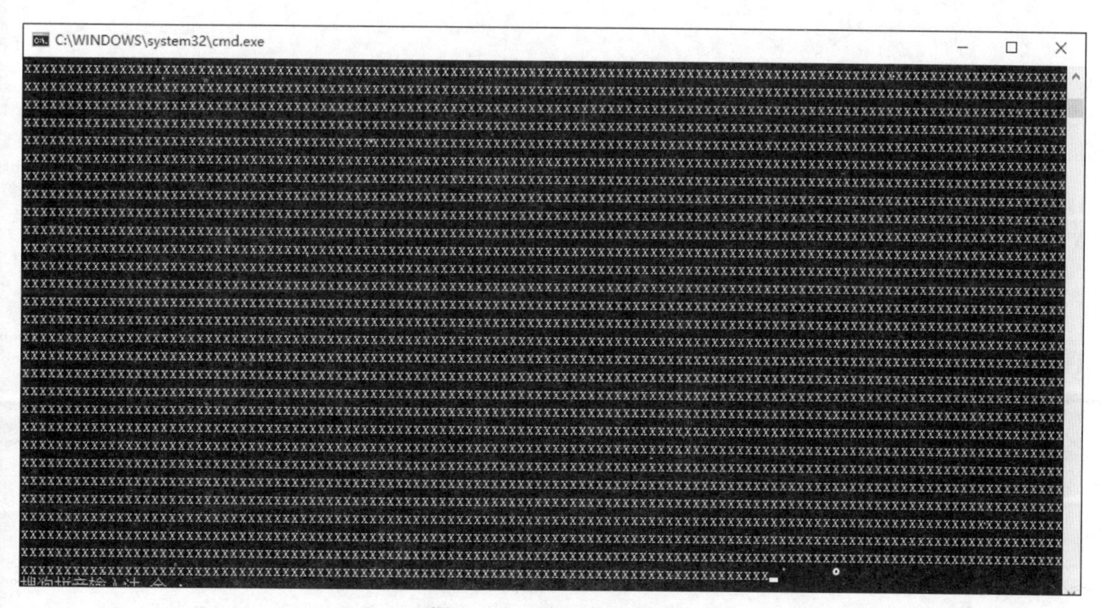

图 11-16 死循环执行效果

如果 123.txt 为空，程序则只打印出一个 x 字符。编译执行后的效果如图 11-17 所示。

x请按任意键继续. . .

图 11-17 存在时执行效果

如果 123.txt 不为空，则会读取并显示此文件的内容。编译执行后的效果如图 11-18 所示。

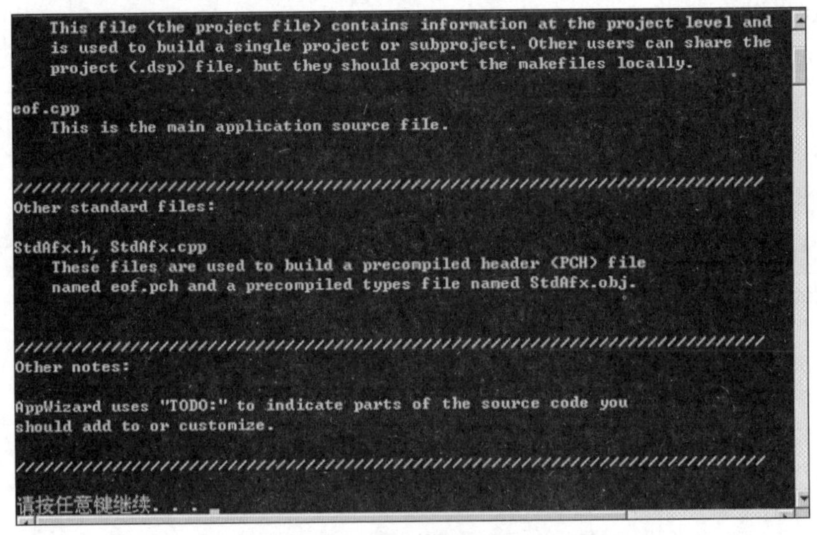

图 11-18 不为空时执行效果

假如在文件 123.txt 中存在一字符串“abcd”且没有换行，程序将打印出“abcdd”，如图 11-19 所示。

图 11-19 执行效果

当存在以上字符串并且有一新的空行时，程序将打印出“abcd”加上一个空行，如图 11-20 所示。

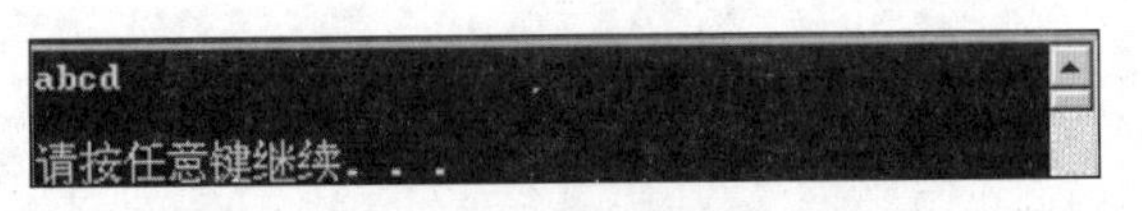

图 11-20 执行效果

这种现象可能让很多人很迷惑，程序运行的结果似乎很不稳定，时对时错。使用 binary 模式读取时的结果也一样。在这里大家可能有一个误区，认为 eof()返回 true 时是读到文件的最后一个字符。其实，当 eof()返回 true 时是读到文件结束符 0xFF，而文件结束符是最后一个字符的下一个字符。具体如图 11-21 所示。

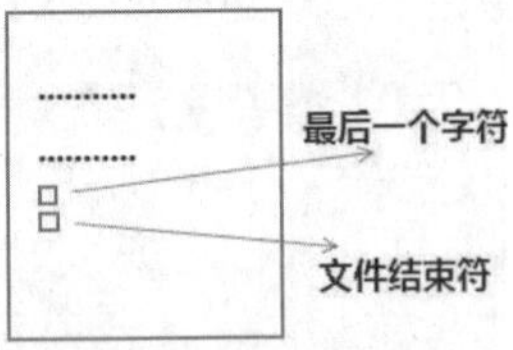

最后一个字符

文件结束符

图 11-21 字符说明

所以当读到最后一个字符时，程序会多读一次（编译器会让指针停留在最后一个字符那里，然后重复读取一次，这也就是上面最后一个字符会输出两次的原因）。

要解决以上问题，只需要调整一下条件语句即可，例如：

```
fin.peek() == EOF
```

或：

```
fin.get(ch)
```

11.6 技术解惑

11.6.1 输入/输出时数的进制问题

在默认状态下，数据按十进制输入/输出。如果要求按八进制或十六进制输入/输出，在 cin 或 cout 中必须指明相应的数据形式，oct 为八进制，hex 为十六进制，dec 为十进制。

```
int i, j, k, l;
cout<<"Input i(oct), j(hex), k(hex), l(dec): "<<endl;
cin>>oct>>i;        //输入为八进制数
cin>>hex>>j;        //输入为十六进制数
cin>>k;             //输入仍为十六进制数
cin>>dec>>l;        //输入为十进制数
cout<<"hex: "<<"i="<<hex<<i<<endl;
cout<<"dec: "<<"j="<<dec<<j<<'\t'<<"k="<<k<<endl;
cout<<"oct: "<<"l="<<oct<<l;
cout<<dec<<endl;  //恢复十进制输出状态
```

执行结果如下。

（1）输出提示：Input i(oct), j(hex), k(hex), l(dec):

（2）此时从键盘输入： 032 0x3f 0xa0 17 <CR>

（3）输出结果如下。

```
hex:i=1a
dec:j=63
k=160
oct:l=21
```

下面是关于 C++标准输入/输出操作中的几点说明。

（1）使用不带.h 的头文件<iostream>时，必须在 cin 中指明数制，否则从键盘输入时，不认八进制和十六进制数开头的 0 和 0x 标志。指明后可省略 0 和 0x 标志。

（2）进制控制只适用于整型变量，不适用于实型和字符型变量。

（3）输入数据的格式、个数和类型必须与 cin 中的变量一一对应，否则不仅会使输入数据错误，而且影响后面其他数据的正确输入。

（4）在 cin 或 cout 中指明数制后，该数制将一直有效，直到重新指明使用其他数制。

11.6.2 数据间隔

常用设置方法是使用输出空格符或回车换行符。当需要指定数据输出宽度时，用 C++提供的函数 setw()指定输出数据项的宽度。setw()括号中通常给出一个正整数值，用于限定紧跟其后的一个数据项的输出宽度，如 setw(8)表示紧跟其后的数据项的输出占 8 个字符宽度。

```
int i=2, j=3;
float x=2.6, y=1.8;
cout<<setw(6)<<i<<setw(10)<<j<<endl;
cout<<setw(10)<<i*j<<endl;
cout<<setw(8)<<x<<setw(8)<<y<<endl;
```

则输出结果如下。

```
2 3
6
2.61.8
```

如果数据的实际宽度小于指定宽度，按照右对齐的方式在左边留空；如果数据的实际宽度大于指定宽度，则按实际宽度输出，即指定宽度失效。setw()只能限定紧随其后的一个数据项，输出后即回到默认输出方式。使用 setw()必须在程序开头再增加下面的引入。

```
#include<iomanip>
```

11.6.3　内存文件映射

Windows 环境下读写文件一般有下面几种方式：C 语言的文件操作函数，如 fopen 函数等；C++的 I/O 流库；Win32 API 的文件操作函数，如 CreateFile()、WriteFile()、ReadFile()；MFC 的文件操作类，如 CFile 和 CStdioFile 等。但是对大型的数据文件，上面的文件处理方法是不太适合的。对于大文件的操作一般是以内存映射文件来加以处理的。为此，作者以读取著名的遥感图像文件格式 pix 文件来说明如何应用内存文件映射来设计一个通用的文件操作类。

在 C++程序中，先要通过 CreateFile()函数创建或打开一个文件内核对象，这个对象标识了磁盘上将要用作内存映射文件的文件。在用 CreateFile()将文件映像在物理存储器的位置通告给操作系统后，只指定了映像文件的路径，映像的长度还没有指定。为了指定文件映射对象需要多大的物理存储空间，还需要通过 CreateFileMapping()函数来创建一个文件映射内核对象，以告诉系统文件的尺寸以及访问文件的方式。在创建文件映射对象后，还必须为文件数据保留一个地址空间区域，并把文件数据作为映射到该区域的物理存储器进行提交。由 MapViewOfFile()函数负责通过系统的管理将文件映射对象的全部或部分映射到进程地址空间。此时，对内存映射文件的使用和处理与通常加载到内存中的文件数据的处理方式基本一样，在完成对内存映射文件的使用时，还要通过一系列的操作完成对其的清除和使用过资源的释放。这部分相对比较简单，可以通过 UnmapViewOfFile()完成从进程的地址空间撤消文件数据的映像、通过 CloseHandle()关闭前面创建的文件映射对象和文件对象。

由上可知，内存文件映射实际上是开辟一段内存空间和文件磁盘空间进行映射，因此操作文件的基本思路就是首先获取这段内存的基地址，然后获取信息结构的偏移量。比如要获取文件头的信息，实际上就是先取得基地址，然后那个偏移量就是文件头的大小，这个与移动文件指针和文件指针的偏移量原理上是相似的。

11.6.4　get 和 put 的值的差异

流指针 get 和 put 的值对文本文件（text file）和二进制文件（binary file）的计算方法是不同的，因为文本模式的文件中某些特殊字符可能被修改。由于这个原因，建议对以文本文件模式打开的文件总是使用 seekg 和 seekp 的第一种原型，而且不要对 tellg 或 tellp 的返回值进行修改。

11.6.5　使用控制符控制输出格式

表 11-3 列出了使用控制符控制输出格式的具体说明。

表 11-3　使用控制符控制输出格式说明

控　制　符	作　　用
dec	设置整数的基数为 10
hex	设置整数的基数为 16
oct	设置整数的基数为 8
setbase(n)	设置整数的基数为 n（n 只能是 16、10、8 三者之一）
setfill(c)	设置填充字符 c，c 可以是字符常量或字符变量
setprecision(n)	设置实数的精度为 n 位。在以一般十进制小数形式输出时，n 代表有效数字；在以 fixed（固定小数位数）形式和 scientific（指数）形式输出时，n 为小数位数

续表

控 制 符	作 用
setw(n)	设置字段宽度为 n 位
setiosflags(ios::fixed)	设置浮点数以固定的小数位数显示
setiosflags(ios::scientific)	设置浮点数以科学计数法（即指数形式）显示
setiosflags(ios::left)	输出数据左对齐
setiosflags(ios::right)	输出数据右对齐
setiosflags(ios::shipws)	忽略前导的空格
setiosflags(ios::uppercase)	在以科学计数法输出 E 和十六进制输出字母 X 时，以大写表示
setiosflags(ios::showpos)	输出正数时，给出“+”号
resetiosflags	终止已设置的输出格式状态，在括号中应指定内容

11.7 课后练习

（1）编写一个 C++程序，要求在指定的目录下查找文件。
（2）编写一个 C++程序，要求列举当前计算机中的系统盘符。
（3）编写一个 C++程序，要求遍历指定磁盘中的目录。
（4）编写一个 C++程序，要求按树结构输出区域信息。
（5）编写一个 C++程序，要求指定文件的分解路径和名称。

第 12 章

面向对象的类和对象

C++在 C 语言的基础上增加了面向对象编程，C++支持面向对象程序设计。类是 C++ 的核心特性，通常被称为用户定义的类型。类用于指定对象的形式，它包含了数据表示法和用于处理数据的方法。类中的数据和方法称为类的成员。本章将详细介绍 C++类和对象的基本知识，为读者步入本书后面知识的学习打下基础。

12.1 类

视频讲解：视频\第 12 章\类.mp4

在 C++程序中，类是将一组对象的数据结构和操作中相同的部分抽出来组成的集合，是对象共同的特征。因此它是对对象的抽象和泛化，是对象的模板。

12.1.1 声明类

在 C++程序中，可以用关键字 class 来构造新的数据类型。下面的代码，声明了一个名为 point 的类，它包含变量数据 x 和 y，还包含一个名为 setpoint()的函数。函数被 public 关键字说明为公有的，数据没有被说明，但默认也为公有的。

```
class point  {                              //定义类point
    int x,y;                                //类point中的变量x和y
    public:                                 //类point中的访问规则
    void setpoint(int,int);                 //类point指定函数setpoint
}
```

由此可见，在类中可以包含变量和函数。再看下面的代码。

```
class student{                              //定义类student
private:                                    //访问规则
   int id;                                  //类student中的学号变量
   char* name;                              //类student中的姓名变量
   float chinese,english,math;              //类student中的语文、英语、数学3门课程成绩变量
public:                                     //访问规则
   student();                               //类student中的构造函数
   //构造函数，设置学号、姓名、3门课程成绩
   student(char,float,float,float);
   ~student();                              //类student中的析构函数
   void setid(int);                         //类student中的函数，输出成员信息
   void setname(int);                       //类student中的函数声明
   void setscore(int);                      //类student中的函数声明
   float sum;                               //类student中的变量
   float average;                           //类student中的变量
}
```

在上述代码中，简单声明了一个类 student。在这个类中，共有 5 个变量数据，分别是 id、name、chinese、english、math，分别用于记录学生的学号、姓名和 3 门课程的成绩。它们被关键字 private 说明为私有的，即这些数据只能被类的成员函数和友元函数（参见第 12.1.7 节）访问。在上述类中声明了 8 个函数，用关键字 public 声明为公有，各个函数的具体说明如下。

（1）第 1 个函数是构造函数，负责构造类对象，在定义对象时由系统自动调用。

（2）第 2 个函数也是构造函数，但是与第一个的形式不一样，它带了参数。这属于重载现象，本书后面的章节中有专门讲解。构造函数的名字必须与类的名字相同。

（3）第 3 个函数是析构函数，标志是前面有一个“～”符。该函数在销毁对象时自动被调用，负责对象销毁后的善后工作。析构函数必须是类的名称前加“～”符。

（4）第 4、5、6 这 3 个函数负责私有属性的访问。因为属性是私有，所以只有通过 student 类提供的这 3 个函数才能从类的外部访问到它们。

（5）最后两个函数负责具体的计算工作，分别计算求总分和求平均分。

除了上述代码中的限定符 public 和 private 外，还有一个常用限定符是 protected，这 3 个限定符将类的成员分成了公有成员、私有成员和保护成员 3 类。

（1）公有成员（包括类的属性和方法）：提供了类的外部界面，它允许类的使用者访问它。

（2）私有成员（包括类的属性和方法）：只能被该类的成员函数访问，也就是说只有类本身能够访问它，任何类以外的函数对私有成员的访问都是非法的。当私有成员处于类声明中的第一部分时，此关键字可以省略。

（3）保护成员：对于派生类来说，保护成员就像是公有成员，可以任意访问；但对于程序的其他部分来说，就像是私有成员，不允许被访问。

假设程序中有一个函数，它可以直接访问并操作某类的数据成员，一旦该类的数据成员被修改或者被删除，那么这个函数很可能需要被重写。如果程序中存在大量这样的函数，就会增加软件的开发和维护成本。此时应该使用什么办法解决这个问题呢？可以通过使用一个访问限定符将类中的数据成员定义为私有成员，然后在类中定义一个公有的成员函数，访问并操作类中的私有属性。这样程序中的函数无法直接访问私有的数据，只有通过公有成员函数才能访问并且操作它们。例如，为了能够访问 student 类中的语文成绩，需要增加一个公有的成员方法 getchinese()。如果类中的数据成员被修改，那么只需要修改相应的公有成员方法，而不必改动程序中的函数。例如，在下面的代码中，增加了成员 chinese 的访问函数，在下面的类中声明了一个私有数据，用来记录语文成绩。由于是私有的，所以不能从外部访问，必须通过公有函数 getchinese()才能访问。

```
class student{
private:
float chinese;                    //私有属性
public: float getchinese(){       //私有成员chinese的访问函数
return chinese
}
}
```

12.1.2　类的属性

在 C++程序中，类的属性又称为数据成员，用来表示类的信息。类具有的特性均可以用属性来表示。声明 C++属性的方式与声明变量的方式基本相同，具体格式如下。

```
<数据类型><属性>;
```

其实在第 12.1.1 节的示例中，类 point 和 student 的数据就是属性，表示了该类所具有的特征信息。再看下面的演示代码，在类 person 中声明了 3 个属性，没有被限定符说明，但默认为私有的，可以直接从类的外部访问。

```
class person  {
int id;                           //编号
int age;                          //年龄
char * name;                      //姓名
}
```

注意：在声明类的属性时应该注意如下两个问题。

（1）不能采用 auto、extern 和 register 修饰符进行修饰。

（2）只有采用 static 修饰符声明的静态属性才可以被显式地初始化。非静态数据成员只能通过构造函数才能够初始化。若试图在类中直接初始化非静态数据成员，会导致编译错误。

12.1.3　类的方法

在 C++程序中，类的方法又称为类的成员函数。第 12.1.1 节的示例中，在类 point 和 student 内定义的函数就是成员函数，用作计算或访问类的属性。在类体中声明方法和声明普通函数的方法相同，具体语法格式如下。

```
<函数返回类型><成员函数的名称>([<参数列表>]){
```

```
<函数体>
}
```

上述格式中，在成员函数的参数列表中既可以定义默认参数，也可以省略。可以在类体内定义成员函数的函数体，也可以在类体外定义。一般情况下，为了保持类体结构的清晰明了，只有简短的方法才在类体内定义，这些方法称为内联（inline）函数。

在 C++程序中，要在类体外定义成员函数，必须用域运算符“::”指出该方法所属的类。其语法格式如下。

```
函数返回类型><类名>::<成员函数的名称>([<参数列表>]){
<函数体>
}
```

在 C++程序中，在函数体内可以直接引用类定义的属性，无论该属性是公有成员还是私有成员。例如在第 12.1.2 节实例中的类中增加成员函数 hi()，然后通过如下代码在类体外定义。

```
class person  {
 int id;                                              //编号
 int age;                                             //年龄
 char * name;                                         //姓名
 void hi();                                           //公有函数
}
void person::hi(){                                    //类体外声明
cout<<"hi,it it a example."<<endl;
}
```

在上述代码中，成员函数 hi()在类体内声明，但却在类体外定义。因此在定义具体的代码时，必须用 person::hi 的形式。

注意：在 C++程序中，类的每项操作都是通过方法实现的，使用某个操作就意味着要调用一个函数。这对于小的和常用的操作来说，开销是非常大的。内联函数就是用来解决这个问题的，它将该函数的代码插入到函数的每个调用处，作为函数的内部扩展，用来避免函数频繁调用机制带来的开销。虽然这种做法可以提高执行效率，但如果函数体过长则会有不良后果。因此，一般对于非常简单的方法，才声明为内联函数。例如，第 12.1.1 中的成员函数 getchinese()就是一个内联函数。因此，上述代码中的成员函数 hi()要成为内联函数，必须修改为如下形式。

```
inline float student::getchinese(){                //内联函数
   return chinese;
}
```

这样，在使用 inline 声明后，函数 getchinese()的代码将被插入函数的每个调用处。

12.1.4 构造函数

在 C++程序中，构造函数就是在构造类的实例时系统自动调用的成员函数。当一个对象被创建时，它是否能够被正确地初始化，在 C++中是通过构造函数来解决问题的。每当对象被声明或者在堆栈中被分配时，构造函数即被调用。构造函数是一种特殊的类成员，其函数名和类名相同，声明格式如下。

```
<函数名>(<参数列表>);
```

实例 12-1　演示构造函数的使用过程

源码路径：daima\12\12-1（Visual C++版和 Visual Studio 版）

本实例的实现文件为 gouzao.cpp，具体实现代码如下。

```
class student{
private:
   int id;                //学号
//语文、英语、数学3门课程成绩
```

```
    float chinese,english,math;
public:                          //公用成员
    student();                   //定义构造函数
    //构造函数，设置学号、3门课程成绩
    student(int m_id,float m_chinese,float m_english,float m_math);
    void show();
};
student::student(){              //定义无参数构造函数，初始化各个属性
    id=0;                        //变量id赋值
    chinese=english=math=0;      //同时赋值3个变量
}
//定义有参数构造函数，初始化各个属性
student::student(int m_id,float m_chinese,float m_english,float m_math){
    id=m_id;                     //变量id赋值
    chinese=m_chinese;           //变量chinese赋值
    english=m_english;           //变量english赋值
    math=m_math;                 //变量math赋值
}
void student::show(){            //定义函数show输出信息
    cout<<id<<endl;              //输出id的值
    cout<<chinese<<endl;         //输出chinese的值
    cout<<english<<endl;         //输出english的值
    cout<<math<<endl;            //输出math的值


}
int main(){
    student s1(100,80,90,85);    //显式初始化
    s1.show();                   //输出信息
    student s2(s1);              //复制构造
    s2.show();                   //输出信息
    return 0;
}
```

在上述代码中定义了两个构造函数。第一个构造函数不带参数，所有属性都被初始化为 0；第二个构造函数带参数，用传入的参数来初始化类的属性。构造函数的个数没有限制，可以根据需要定义多个，每个都针对不同的初始化情况。编译执行后的效果如图 12-1 所示。

```
C:\WINDOWS\system32\cmd.exe
100
80
90
85
100
80
90
85
请按任意键继续. . .
```

图 12-1　执行后的效果

在定义和使用构造函数时要注意以下 4 个问题。

（1）构造函数的名字必须与类名相同，否则编译程序将把它作为一般的成员函数来处理。

（2）构造函数没有返回值，在声明和定义构造函数时是不能说明它的类型的。

（3）构造函数的功能是对对象进行初始化，因此在构造函数中只能对属性进行初始化，这些属性一般为私有成员。

（4）构造函数不能像其他方法一样被显式地调用。

12.1.5　析构函数

在 C++程序中，析构函数也是一种特殊的成员函数，用来释放类中申请的内存或在退出前设置某些变量的值。当类对象离开它所在的作用范围或者释放一个指向类对象的指针时，系统就会自动调用析构函数。析构函数不是必需的，主要用于释放互斥锁，或者释放内存，或者类对象不再使用时需要执行的特殊操作。析构函数的函数名与类名相同，只是在前面增加了一个

"～"符号而已。析构函数没有任何参数，不返回任何值，其声明格式如下。

```
~<函数名>();
```

注意：定义析构函数的方式与普通成员函数相同。析构函数可能会在程序的许多退出点被调用，所以尽量不要将它定义为内联函数，否则会导致程序代码的膨胀，降低程序执行效率。

实例 12-2　使用析构函数模拟密码登录

源码路径：daima\12\12-2（Visual C++版和 Visual Studio 版）

本实例的实现文件为 xigou.cpp，具体实现代码如下。

```
class exam{                //定义类exam
private:                   //私有成员
   char *str;              //变量str
public:
   exam ();                //声明构造函数exam
   ~ exam ();              //声明析构函数exam
   void show();            //声明输出信息函数show
};
exam:: exam (){            //编写构造函数exam的具体功能实现
   str=new char[10];       //新建对象
   str[0]='d';             //赋值str成员
   str[1]='d';             //赋值str成员
   str[2]='\0';            //赋值str成员
}
void exam::show(){         //编写输出信息函数show的具体功能实现
   cout << "密码是: " << str << endl;
}
exam:: ~ exam (){          //编写析构函数exam的具体功能实现
   cout<<"密码登录系统——我是析构函数!"<<endl;
   delete[] str;           //删除str内存
}
int main(){
   exam s1;                //类对象
   s1.show();              //调用输出信息函数show
   cout<<"退出系统（退出析构函数）" <<endl;
   return 0;
}
```

在上述代码中声明了一个构造函数和一个析构函数，在构造函数内为属性 str 申请了 10 个字节的内存并初始化。在退出程序前自动调用了类的析构函数，释放了为 str 申请的内存。编译执行后的效果如图 12-2 所示。

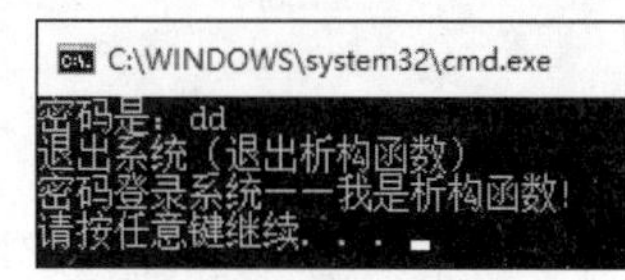

图 12-2　执行后的效果

12.1.6　静态成员

在 C++程序中，静态成员是用 static 修饰的成员，属性和函数都可以被说明是静态的。被定义为静态的属性或函数，在类的各个实例间是共享的，不会为每个类的实例都创建一个静态成员的实现。静态数据成员是一种特殊的属性，在定义类对象时，不会为每个类对象复制一份静态数据成员，而是让所有的类对象都共享一份静态数据成员备份。定义静态成员的语法格式如下。

```
static <数据类型> <属性名称>;
```

在 C++程序中，通常在静态函数中访问的是静态数据成员或全局变量。定义静态成员函数的语法格式如下。

```
static <返回类型> <成员函数名称>(<参数列表>);
```

实例 12-3　使用静态函数

源码路径：daima\12\12-3（Visual C++版和 Visual Studio 版）

本实例的实现文件为 jingtai.cpp，具体实现代码如下。

```
class teach{           //定义类teach
private:               //私有成员
//静态数据成员，用于记录教师数量
    static int counter;
    int id;            //变量id表示学号

public:                //公有成员
    teach();           //声明构造函数teach
    void show();       //声明输出信息函数show
//静态成员函数，用于设置静态属性counter
static void setcounter(int);
};
int teach::counter=1; //静态数据成员初始化
teach::teach(){        //编写函数teach的具体功能实现
    id=counter++;      //根据counter自动分配学号id
}
void teach::show(){    //编写函数show的具体功能实现
    cout<<id<<endl;
}
void teach::setcounter(int new_counter){      //编写函数setcounter的具体功能实现
    counter=new_counter;                      //counter赋值
}
void main(){
    cout << "下面是学号：" << endl;
    teach s1;           //定义teach对象实例s1
    s1.show();          //调用输出信息函数show
    teach s2;           //定义teach对象实例s2
    s2.show();          //调用输出信息函数show
    teach s3;           //定义teach对象实例s3
    s3.show();          //调用输出信息函数show
    s1.setcounter(10); //重新设置计数器
    teach s4;           //定义teach对象实例s4
    s4.show();          //调用输出信息函数show
    teach s5;           //定义teach对象实例s5
    s5.show();          //调用输出信息函数show
}
```

在上述代码中定义了一个静态属性 counter 和一个静态函数 setcounter。counter 是一个计数器，它在类的所有对象间共享。因此当对象 s1 被创建时，counter 被初始化为 1，接下来的对象 s2 和 s3 中 counter 都是自动增加 counter 的值。函数 setcounter()用来修改 counter，counter 也只能被静态成员函数 setcounter 修改。修改 counter 值后，对象 s4 和 s5 从 10 开始计数。编译执行后的效果如图 12-3 所示。

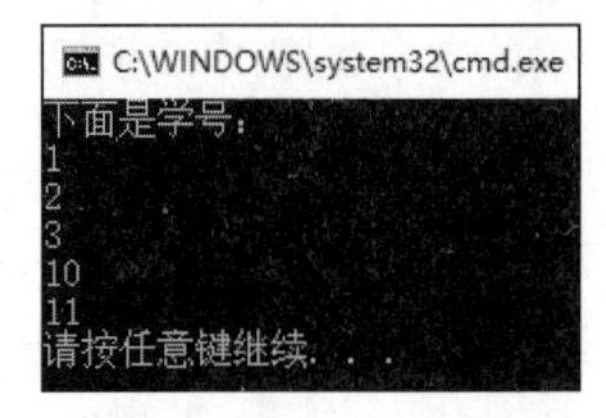

图 12-3　执行后的效果

12.1.7　友元

从字面上来理解，友元的含义是“朋友成员”。在 C++程序中，友元提供了直接访问类的私有成员的方法。既可以将函数定义为友元，也可以将类本身定义为友元。友元函数就是将程序中的任意一个函数甚至是另一个类定义中的成员函数声明为友元。该函数不是该类的成员函数，而是独立于类的外界的函数，但是该函数可以访问这个类对象中的私有成员。在C++程序中，定义友元的语法格式如下。

```
friend <返回类型> <函数名> (<参数列表>);
```

除了友元函数外，一个类也可以被声明为另一个类的友元，该类称为友元类。这就意味着作为友元的类中的所有成员函数都可以访问另一个类中的私有成员。声明友元类的语法格式如下。

```
friend class <类名>;
```

假设存在类A和类B，如果在类B的定义中将类A声明为友元，那么类A的所有成员函数都可以访问类B中的任意成员。下面的实例中演示了使用友元的具体过程。

实例12-4 使用友元

源码路径：daima\12\12-4（Visual C++版和Visual Studio版）

本实例的实现文件为youyuan.cpp，具体实现代码如下。

```
class B{                        //定义类B
private:                        //私有成员
    int mm,nn;                  //定义变量mm和nn
public :                        //公有成员
    B(int i,int j);             //声明构造函数B
    friend class A;             //声明友元类
};

B::B(int i,int j){              //构造函数B实现
    mm=i;                       //变量mm赋值
    nn=j;                       //变量nn赋值
}
class A{                        //定义类A
private:                        //私有成员
    int ax,ay;                  //定义变量ax和ay
public:                         //公有成员
    A(int i,int j);             //声明构造函数A
    friend int sum(A );         //声明友元函数，该函数不属于该类
    int sumB(B b);              //该函数将访问类B的私有成员
};
A::A(int i,int j){              //构造函数A实现
    ax=i;                       //变量ax赋值
    ay=j;                       //变量ay赋值
}
int sum(A a) {                  //定义友元函数
    return (a.ax+a.ay);         //访问类对象的a的私有成员ax和ay
}
int A::sumB(B b){
    return (b.mm+b.nn);         //访问类对象的b的私有成员mm和nn
}
int main(){
    B b(4,11);
    A a(5,10);
    cout << "A的综合得分是：" << sum(a) << endl;
    cout << "B的综合得分是：" << a.sumB(b) << endl;
    return 0;
}
```

在上述代码中，sum 被声明为类 A 的友元函数，可以访问类 A 的私有成员，但它并不是类 A 的成员函数。因此 sum 的具体实现在类外，且不带“A::”这样的限定。类 A 又被声明为类 B 的友元，但 A 并不属于类 B，只是表明类 A 可以访问类 B 的私有成员。编译执行后的效果如图 12-4 所示。

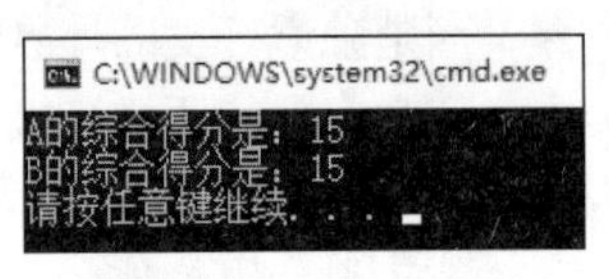

图 12-4　执行效果

注意：友元只是用来说明一种关系，而不是声明一个对象。即被声明为友元的对象并不属于所在的类体，不能从所在类内访问该友元。

12.1.8　使用修饰符

修饰符就是对类的成员的限定符，在 C++中主要有 const 和 mutable 两种修饰符，它们的具体说明如下。

（1）const：表示不希望类的对象或类的属性在程序运行的过程中被修改，当把一个类声明为 const 时，它的所有成员属性都将自动成为 const 型。

（2）mutable：表示总是可以修改，当需要修改某个 const 对象中的属性时，就需要用到 mutable 修饰符。

下面的实例演示了使用 const 修饰符和 mutable 修饰符的方法。

实例 12-5　使用修饰符 const 和 mutable

源码路径： daima\12\12-5（Visual C++版和 Visual Studio 版）

本实例的实现文件为 xiushi.cpp，具体实现代码如下。

```
class A{                            //定义类A
   int mm;                          //定义变量mm
   mutable int nn;                  //使用mutable 修饰变量nn，表示nn是总可以修改的
public :                            //公有成员
   A(int i,int j);                  //声明构造函数A
   void show();                     //声明输出信息函数show
   void show() const;               //声明常数函数show
   void modifyY(int y) const; //声明常数函数modifyY
};
A::A(int i,int j){                  //定义构造函数A的实现
   mm=i;                            //变量mm赋值
   nn=j;                            //变量nn赋值
}
void  A::show() {                   //定义输出信息函数show的实现
   cout<<"show()函数调用"<<endl;
   cout<<mm<<endl;                  //输出mm的值
   cout<<nn<<endl;                  //输出nn的值
}
void  A::show() const{              //定义常数函数show的实现
   cout<<"const show()函数调用"<<endl;
   cout<<mm<<endl;                  //输出mm的值
   cout<<nn<<endl;                  //输出nn的值
}
void A::modifyY(int y) const{ //定义常数函数modifyY的实现
   nn=y;                            //变量nn赋值
}
void main(){
   const  A a1(4,5);
   a1.show();
   a1.modifyY(7);
```

```
    a1.show();

    A a2(10,15);
    a2.show();
    a2.modifyY(10000);
    a2.show();
}
```

在上述代码中，在类 A 中声明了两个 show()函数。根据创建对象的不同，系统会自动选择调用不同的函数。当调用 const a1 对象的 show()函数时，系统自动选择 const 成员函数。当调用非 const a2 对象时，系统自动选择非 const 成员函数。由于 a1 被定义为 const 型，因此必须将 az 声明为 mutable 的，否则调用 modifyY 函数修改 az 的值时将报错，而调用 a2 的 modify 函数时则不会。编译执行后的效果如图 12-5 所示。

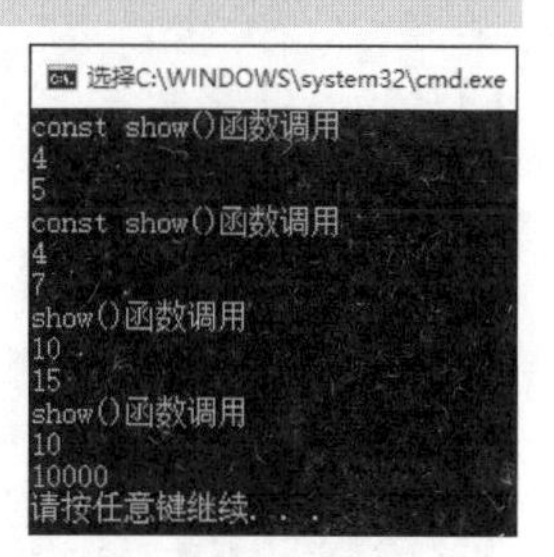

图 12-5 执行效果

12.2 对　　象

视频讲解：视频\第 12 章\对象.mp4

在 C++程序中，类是对某一类事物的抽象，它定义了这类事物的属性和操作。对象则是类的具体化，即用该抽象的类来说明的具体事物。下面将详细讲解如何用类来定义对象及对象的使用方法。

12.2.1 定义对象

在 C++程序中，对象是类的实例，它属于某个已知的类。因此定义对象之前，一定要先定义该对象的类。对象在确定了它的类以后，其定义格式如下。

```
<类名><对象名表>
```

(1) <类名>：是待定对象所属的类的名字，即所定义的对象是该类类型的对象。

(2) <对象名表>：可以有一个或多个对象名，多个对象名时用逗号分隔。在<对象名表>中，可以是一般的对象名，还可以是指向对象的指针名或引用名，也可以是对象数组名。

在 C++程序中，一个对象的成员就是该对象的类所定义的成员。对象成员有数据成员和成员函数，其表示方式如下。

```
<对象名>.<成员名>  <对象名>-><成员名>
```

或者：

```
<对象名>.<成员名>(<参数表>)  <对象名>-><成员名>(<参数表>)
```

在上述两种方式中，前者用来表示数据成员，后者用来表示成员函数。“.”是点运算符，表示普通对象对成员的引用。“->”是指针运算符，表示指针对象对成员的引用。在下面的代码中演示了 3 种定义对象的方式。

```
student s1,s3;                    //普通对象
student *ps2;                     //对象指针
student student_array[10];        //对象数组
s1.math=100;                      //对象属性
s1.setmath(100);                  //成员函数
ps2->math=90;                     //直接用指针访问成员
ps2->setmath(90);
(*ps2).math=90;                   //间接访问成员
```

```
(*ps2).setmath(90);
student_array[0].math=100;
student_array[0].setmath(100);
```

在上述代码中，定义了 4 个对象。当用普通对象访问对象的成员时，使用了“.”运算符。用对象指针访问成员时，除使用“->”运算符外，也使用了“.”的形式。前者是直接用指针访问对象的成员，后者是先访问对象，再访问对象的成员，两者是等价的。

12.2.2　对象数组

当在程序中定义一个对象后，就可以像使用变量一样使用该对象。在 C++程序中，对象数组是指每一个数组元素都是对象的数组。也就是说，若某一个类有若干个对象，就可以把这一系列对象用一个数组来存放。定义对象数组的语法格式如下。

```
<类名> <数组名> [<数组长度>];
```

实例 12-6　使用对象数组

源码路径： daima\12\12-6（Visual C++版和 Visual Studio 版）

本实例的实现文件为 shuzu.cpp，具体实现代码如下。

```
class zhigong{                  //定义类zhigong
private:                        //私有成员
   static int counter;          //静态数据成员，用于记录职工人数
   int id;                      //学号
   char* name;                  //姓名
//3个变量分别表示语文、英语、数学3门课程成绩
   float chinese,english,math;
public:                         //公有成员
   zhigong();                   //构造函数
   //构造函数，设置学号、姓名、3门课程成绩
   zhigong(char * n_name,float n_chinese,float n_english,float n_math);
   ~zhigong();                  //析构函数
   void show();                 //输出成员信息
};
int zhigong::counter=1;         //初始化计数器
zhigong::zhigong(){             //定义实现无参构造函数
   id=counter++;
   name="##";
   chinese=english=math=0;
}
//定义实现有参构造函数
zhigong::zhigong(char * n_name,float n_chinese,float n_english,float n_math){
   id=counter++;
   name=n_name;
   chinese=n_chinese;
   english=n_english;
   math=n_math;
}

zhigong:: ~zhigong(){           //定义实现无参析构函数
   cout<<"zhigong"<<id<<" is released!"<<endl;
}
void zhigong::show(){           //定义实现输出信息函数
   cout<<"工号"<<setw(6)<<"姓名"<<setw(6)<<"语文"<<setw(6)<<"英语"<<setw(6)<<"数学"<<endl;
   cout<<id<<setw(6)<<name<<setw(6)<<chinese<<setw(6)<<english<<setw(6)<<math<<endl;
}
```

```
void main(){
   cout << "---------------------------" << endl;
   zhigong zhigong_array[10];      //定义对象数组
   for (int i=0;i<10;i++)          //for循环遍历
       zhigong_array[i].show();    //调用输出信息函数
}
```

通过上述代码创建对象数组时，系统自动调用无参数的构造函数 zhigong()，而程序退出前，系统会自动依次调用析构函数。对象数组与普通数组一样，只是每个数组的成员都是一个对象而已。编译执行后的效果如图 12-6 所示。

```
C:\WINDOWS\system32\cmd.exe
工号 姓名 语文 英语 数学
2    ##   0    0    0
工号 姓名 语文 英语 数学
3    ##   0    0    0
工号 姓名 语文 英语 数学
4    ##   0    0    0
工号 姓名 语文 英语 数学
5    ##   0    0    0
工号 姓名 语文 英语 数学
6    ##   0    0    0
工号 姓名 语文 英语 数学
7    ##   0    0    0
工号 姓名 语文 英语 数学
8    ##   0    0    0
工号 姓名 语文 英语 数学
9    ##   0    0    0
工号 姓名 语文 英语 数学
10   ##   0    0    0
zhigong10 is released!
zhigong9 is released!
zhigong8 is released!
zhigong7 is released!
zhigong6 is released!
zhigong5 is released!
zhigong4 is released!
zhigong3 is released!
zhigong2 is released!
zhigong1 is released!
请按任意键继续. . .
```

图 12-6 执行后的效果

注意：在定义对象数组不能给构造函数传递参数时，在类中必须有一个不带参数的构造函数或带默认参数的构造函数。在上面的例子中就是系统自动调用无参数的构造函数。

12.2.3 对象指针

在 C++程序中除了可以直接引用对象外，还可以通过对象指针来引用。对象指针的定义和使用方法与指向变量的指针是相同的。例如可以将实例 12-6 中的主函数进行修改，在如下代码中加入对象指针。

```
…//同上
 void main(){
     student student_array[10];
     student *s;
     s=student_array;
     for (int i=0;i<10;i++,s++)
         s->show();
 }
```

在上述代码中定义了指向 student 类的指针 s，通过指针 s 访问类调用的方法。运行上述代码，可以发现上述代码执行后与前面实例的运行结果相同。

12.2.4 使用 this 指针

在 C++语言中，this 指针是指向调用成员函数的类对象的指针。在定义类对象时，每一个类对象都会拥有一份独立的非静态的数据成员，而共享同一份成员函数的备份。显然，这样做的好处是可以节约存储空间。但是，在程序运行过程中，类对象是如何将成员函数绑定到属于自己的数据成员上的呢？完成这项绑定任务的就是 this 指针。

在 C++程序中使用 this 指针时应该注意以下 3 个方面。

（1）this 指针只能在一个类的成员函数中调用，它表示当前对象的地址。下面是一个例子。

```
void Date::setMonth( int mn ) {
    month = mn;              // 这3句代码是等效的
    this->month = mn;        // 这3句代码是等效的
    (*this).month = mn;      // 这3句代码是等效的
}
```

（2）this 只能在成员函数中使用，全局函数、静态函数都不能使用 this。实际上，成员函数默认第一个参数为 T* const register this。例如：

```
class A{public: int func(int p){}};
```

其中，func 的原型在编译器看来应该是“int func(A* const register this, int p);”。

（3）this 是在成员函数的开始前构造的，在成员的结束后清除。这个生命周期与任一个函数的参数是一样的，没有任何区别。当调用一个类的成员函数时，编译器将类的指针作为函数的 this 参数传递进去。例如：

```
A a;
a.func(10);
```

此处，编译器将编译成：

```
A::func(&a, 10);
```

表面看 this 指针和静态函数没差别，其实区别还是有的。编译器通常会对 this 指针进行一些优化，因此，this 指针的传递效率比较高——例如，Visual C++通常是通过 ecx 寄存器来传递 this 参数的。

下面的例子演示了在 C++程序中使用 this 指针的方法。

实例 12-7　演示在 C++中使用 this 指针的方法

源码路径：daima\12\12-7（Visual C++版和 Visual Studio 版）

本实例的实现文件为 this.cpp，具体实现代码如下。

```
class student{                                          //定义类student
private:                                                //私有成员
char *name;                                             //指针成员变量
int id;                                                 //变量id
public:                                                 //公有成员
student(char *pName="no name",int ssId=0){              //构造函数student
id=ssId;                                                //id赋值
name=new char[strlen(pName)+1];                         //新建对象
strcpy(name,pName);
cout<<"construct new student "<<pName<<endl;
}
void copy(student &s){                                  //编写函数copy的具体实现
if (this==&s){                                          //如果this和s相等
cout<<"Erro:can't copy one to oneself!"<<endl;          //输出不能复制自己的提示
return;
}else{
//新建一个长度为len+1的字符数组，类似复制构造函数
//因为strlen是计算字符串有多少字符的,不包括结束符，所以加1
name=new char[strlen(s.name)+1];
//函数strcpy的原型是：extern char *strcpy(char *dest,char *src);
//函数strcpy的功能是：把从src地址开始且含有NULL结束符的字符串赋值给以dest开始的地址空间，返回dest（地
//址中存储的为复制后的新值）
```

```
strcpy(name,s.name);                //使用函数strcpy复制s.name
id=s.id;
cout<<"the function is deposed!"<<endl;
}
}
 void disp(){                       //编写函数disp的具体功能实现
cout<<"Name:"<<name<<" Id:"<<id<<endl;
}
~student(){                         //编写析构函数student的具体功能实现
 cout<<"Destruct "<<name<<endl;
delete name;
}
};
int main(){
student a("Kevin",12),b("Tom",23);
a.disp();
b.disp();
a.copy(a);
b.copy(a);
a.disp();
b.disp();
return 0;
}
```

在上述代码中，通过使用 this 指针实现了对象资源的复制。编译执行后的效果如图 12-7 所示。

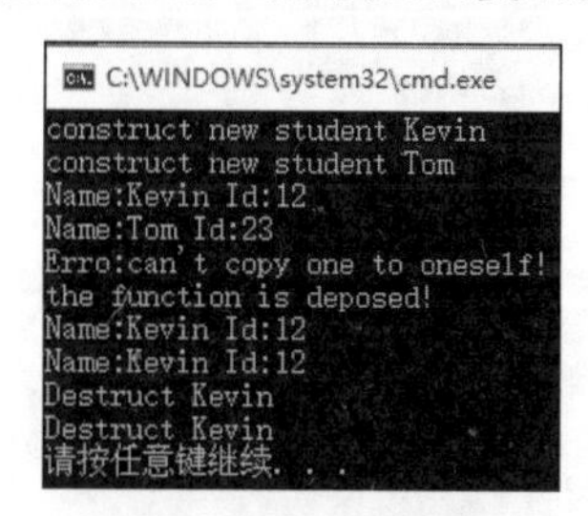

图 12-7　执行后的效果

12.3　C++ 11 标准的新变化

视频讲解：视频\第 12 章\ C++ 11 标准的新变化.mp4

在 C++ 11 标准中规定，可以为数据成员提供一个类内初始值（In-Class Initializer）。本节将详细讲解在 C++ 11 标准中关于类和对象的新变化。

12.3.1　定义一个类内初始值

在 C++程序中创建对象时，类内初始值将用于初始化数据成员，没有初始值的成员将被默认初始化。在 C++ 98 标准中，只有 static const 声明的整型成员能在类内部初始化，并且初始化值必须是常量表达式。这些限制确保了初始化操作可以在编译时期进行。例如：

```
class X {
   static const int m1 = 7;               //正确
   const int m2 = 7;                      //错误：无static
   static int m3 = 7;                     //错误：无const
   static const string m5 = “odd”;        //错误：非整型
};
```

C++ 11 的基本思想是，允许非静态（non-static）数据成员在其声明处（在其所属类内部）进行初始化。这样，运行过程中需要初始值时，构造函数可以使用这个初始值。所以现在可以写成以下形式。

```
class A {
public:
    int a = 7;
};
```

上述代码等同于如下使用初始化列表的代码。

```
class A {
public:
    int a;
    A() : a(7) {}
};
```

单纯从代码来看，这样只是省去了一些文字输入。但是在有多个构造函数的类中，其好处就很明显了，例如下面的代码。

```
class A {
    public:
        A(): a(7), b(5), hash_algorithm("MD5"),
          s("Constructor run") {}
        A(int a_val) :
          a(a_val), b(5), hash_algorithm("MD5"),
          s("Constructor run")
          {}
        A(D d) : a(7), b(g(d)),
            hash_algorithm("MD5"), s("Constructor run")
            {}
        int a, b;
    private:
        // 哈希加密函数可应用于类A的所有实例
        HashingFunction hash_algorithm;
        std::string s;  // 用以指明对象正处于生命周期内何种状态的字符串
    };
```

可以将上述代码简化为下面的代码。

```
class A {
    public:
        A() {}
        A(int a_val) : a(a_val) {}
        A(D d) : b(g(d)) {}
        int a = 7;
        int b = 5;
    private:
        //哈希加密函数可应用于类A的所有实例
        HashingFunction hash_algorithm{"MD5"};
        //用以指明对象正处于生命周期内何种状态的字符串
        std::string s{"Constructor run"};
```

12.3.2　使用 initializer_list 处理多个实参

在现实应用中，有时可能无法提前知道需要向函数传递多少个实参，此时最好用一个函数来实现这个功能。举个例子，我们要编写一个处理错误信息的函数，目的是能够整齐划一地处理所有的错误。因为在 C++中有多种类型的错误，所以在调用错误输出函数时传递的实参也不相同。为了能够编写出可以处理不同实参的函数，在最新的 C++ 11 标准中规定，如果所有的实参类型相同，可以使用一个名为 initializer_list 的标准库类型来处理多个实参，如果实参不同则需要通过可变参数模板实现。在 C++ 11 规范中，允许构造函数和其他函数把初始化列表当作参数。

在 C++程序中，initializer_list 是一种标准的库类型，主要用于解决函数的所有实参类型相同但个数未知的问题。initializer_list 在 C++标准程序库头文件定义，在里面定义了 C++标准中一个非常轻量级的表示初始化器列表的类模板 initializer_list 及有关函数。下面的实例演示了使用 initializer_list 处理多个同类型错误的过程。

实例 12-8 使用 initializer_list 处理多个同类型的错误

源码路径：daima\12\12-8

实例文件 CHULIECAN.cpp 的具体实现代码如下。

```
#include <vector>
using std::vector;

#include <string>
using std::string;

#include <iostream>
using std::cout; using std::endl;

#ifdef INITIALIZER_LIST
#include <initializer_list>
using std::initializer_list;
#endif

#include <sstream>
using std::ostringstream;

// 错误处理
struct ErrCode {
   ErrCode(int i) : num(i) { }    //初始化ErrCode类型的对象
   string msg()                   //ErrCode的成员函数
   {
       ostringstream s; s << "ErrCode " << num; return s.str();
   }
   int num;                       //数据成员，未初始化的注释
};

#ifdef INITIALIZER_LIST
//需要一个错误代码和字符串列表的版本
void error_msg(ErrCode e, initializer_list<string> il)
{
   cout << e.msg() << ": ";
   for (const auto &elem : il)
       cout << elem << " ";
   cout << endl;
}
#else
void error_msg(ErrCode e, const string *beg, const string *end)
{
   cout << e.msg() << ": ";
   while (beg != end)
        cout << *beg++ << " ";
   cout << endl;
```

```
}
#endif

#ifdef INITIALIZER_LIST
//重载函数，只使用字符串列表
void error_msg(initializer_list<string> il)
{
   for (auto beg = il.begin(); beg != il.end(); ++beg)
       cout << *beg << " ";
   cout << endl;
}
#else
//重载函数，只使用指向字符串范围的指针
void error_msg(const string *beg, const string *end)
{
   while (beg != end)
        cout << *beg++ << " ";
   cout << endl;
}
#endif

//列表初始化返回值
vector<string> functionX(){
   string expected = "description", actual = "some other case";
   // …
#ifdef INITIALIZER_LIST
   if (expected.empty())
        return{};                          //返回空向量
   else if (expected == actual)
        return{ "functionX", "okay" };     //返回列表初始化向量
   else
        return{ "functionX", expected, actual };
#else
   vector<string> retVals;                 //返回的局部变量
   if (expected.empty())
       return retVals;                     //返回空向量
   else if (expected == actual) {
        retVals.push_back("functionX");    //构建向量
        retVals.push_back("okay");
        return retVals;                    //并返回
   }
   else {
        retVals.push_back("functionX");
        retVals.push_back(expected);
        retVals.push_back(actual);
        return retVals;                    //返回向量
   }
#endif
}

int main()
{
   string expected = "description", actual = "some other case";
#ifdef INITIALIZER_LIST
   initializer_list<int> li = { 0, 1, 2, 3 };
#else
   vector<int> li;
```

```
   for (int i = 0; i < 4; ++i)
       li.push_back(i);
#endif


if (expected != actual)            //如果expected不等于strings
#ifdef INITIALIZER_LIST
       error_msg({ "functionX", expected, actual });
#else
   { const string arr[] = { "functionX", expected, actual };
   error_msg(begin(arr), end(arr)); }
#endif
   else
#ifdef INITIALIZER_LIST
       error_msg({ "functionX", "okay" });
#else
   { const string arr[] = { "functionX", "okay" };
   error_msg(begin(arr), end(arr)); }
#endif

   //如果expected不等于strings
   if (expected != actual)
#ifdef INITIALIZER_LIST
       error_msg(ErrCode(42), { "functionX", expected, actual });
#else
   { const string arr[] = { "functionX", expected, actual };
   error_msg(ErrCode(42), begin(arr), end(arr)); }
#endif
   else
#ifdef INITIALIZER_LIST
       error_msg(ErrCode(0), { "functionX", "okay" });
#else
   { const string arr[] = { "functionX", "okay" };
   error_msg(ErrCode(0), begin(arr), end(arr)); }
#endif
   //可以通过一个空列表调用第二版error_msg
#ifdef INITIALIZER_LIST
   error_msg({});                         //打印输出空白行
#else
   error_msg(nullptr, nullptr);        //打印输出空白行
#endif
   //调用函数functionX，该列表初始化其返回值，结果是vector<string>
   auto results = functionX();
   for (auto i : results)
       cout << i << " ";
   cout << endl;
}
```

编译执行后的效果如图 12-8 所示。

```
C:\Windows\system32\cmd.exe
functionX description some other case
ErrCode 42: functionX description some other case

functionX description some other case
请按任意键继续. . .
```

图 12-8 执行后的效果

12.4　技术解惑

12.4.1　浅复制和深复制

在某些状况下，类内成员变量需要动态开辟堆内存，如果实行按位复制，那就是把对象里的值完全复制给另一个对象，如 A=B。这时，如果 B 中有一个成员变量指针已经申请了内存，那 A 中的那个成员变量也指向同一块内存。这就出现了问题：当 B 把内存释放（如析构）后，A 内的指针就是野指针了，因而出现运行错误。

深复制和浅复制可以简单理解为：如果一个类拥有资源，当这个类的对象发生复制过程的时候，资源重新分配，这个过程就是深复制；反之，没有重新分配资源，就是浅复制。下面是深复制的例子。

```
#include <iostream>
using namespace std;
class CA
{
 public:
   CA(int b,char* cstr)
   {
     a=b;
     str=new char[b];
     strcpy(str,cstr);
   }
   CA(const CA& C)
   {
     a=C.a;
     str=new char[a]; //深复制
     if(str!=0)
       strcpy(str,C.str);
   }
   void Show()
   {
     cout<<str<<endl;
   }
   ~CA()
   {
     delete str;
   }
 private:
   int a;
   char *str;
};
int main()
{
 CA A(10,"Hello!");
 CA B=A;
 B.Show();
 return 0;
}
```

深复制和浅复制的定义可以简单理解成：如果一个类拥有资源（堆或者其他系统资源），当这个类的对象发生复制过程的时候，这个过程就可以叫作深复制；反之对象存在资源，但复制过程并未复制资源的情况则为浅复制。浅复制资源后，在释放资源的时候会产生资源归属不清的情况，导致程序运行出错。

Test(Test &c_t)是自定义的复制构造函数，复制构造函数的名称必须与类名称一致，函数的形参是本类型的一个引用变量，且必须是引用。当用一个已经初始化的自定义类类型对象初始化另一个新构造的对象的时候，复制构造函数就会被自动调用，如果没有自定义复制构造函数，系统将提供给一个默认的复制构造函数来完成这个过程，上面代码的复制核心语句就是通过Test(Test &c_t)复制构造函数内的如下语句完成的。

```
p1=c_t.p1;
```

12.4.2 构造函数的错误认识和正确认识

1. 错误认识

（1）若程序员没有自己定义无参数的构造函数，那么编译器会自动生成默认构造函数来进行对成员函数的初始化。

（2）编译器合成出来的 default constructor 会明确设定“class 内每一个 data member 的默认值”。但这两种认识是有误的、不全面的。

2. 正确认识

（1）默认的构造函数分为有用的和无用的。所谓无用的默认构造函数，就是一个空函数，什么操作也不做；有用的默认构造函数是可以初始化成员的函数。

（2）对构造函数的需求也是分为两类：一类是编辑器的需求，另一类是程序的需求。

① 程序的需求：程序需求构造函数时，就是要程序员自定义构造函数来显示初始化类的数据成员。

② 编辑器的需求：编辑器的需求也分为无用的空的构造函数（trivial）、编辑器自己合成的有用的构造函数（non-trivival）两类。

12.4.3 保护性析构函数的作用

如果一个类被继承，同时定义了基类以外的成员对象，且基类析构函数不是 virtual 修饰的，那么当基类指针或引用指向派生类对象并析构（例如自动对象在函数作用域结束时，或者通过delete）时，会调用基类的析构函数而导致派生类定义的成员没有被析构，产生内存泄露等问题。虽然把析构函数定义成 virtual 的可以解决这个问题，但当其他成员函数都不是 virtual 函数时，会在基类和派生类引入 vtable、实例引入 vptr 造成运行时的性能损失。如果确定不需要直接而是只通过派生类对象使用基类，可以把析构函数定义为 protected（这样会导致基类和派生类外使用自动对象和 delete 时的错误，因为访问权限禁止调用析构函数），就不会导致以上问题。

如果不希望让外面的用户直接构造一个类（假设这个类的名字为 A）的对象，而希望用户只能构造这个类 A 的子类，则可以将类 A 的构造函数/析构函数声明为 protected，而将类 A 的子类的构造函数/析构函数声明为 public。

```
class A
{ protected: A(){}
  public: ....
};
calss B : public A
{ public: B(){}
  ....
};
A a; // error
B b; // ok
```

如果将构造函数/析构函数声明为 private，那只有这个类“内部”的函数才能构造这个类的对象。

```
class A
{
private:
    A(){ }
    ~A(){ }
public:
    void Instance()//类A内部的一个函数
    {
        A a;
    }
};
```

上面的代码是能通过编译的。代码里的 Instance 函数就是类 A 内部的一个函数。Instance 函数体里就构建了一个 A 的对象。

但是，这个 Instance 函数还是不能够被外面调用的，这是为什么呢？如果要调用 Instance 函数，必须有一个对象被构造出来，但是构造函数已经被声明为 private 的，外部不能直接构造一个对象出来。

```
A aObj; // 编译通不过
aObj.Instance();
```

如果 Instance 是一个 static 静态函数，则可以不需要通过一个对象而直接被调用。

```
class A
{
private:
    A():data(10){ cout << "A" << endl; }
    ~A(){ cout << "~A" << endl; }
    public:
    static A& Instance()
    {
        static A a;
        return a;
    }
    void Print()
    {
        cout << data << endl;
    }
private:
    int data;
};
A& ra = A::Instance();
ra.Print();
```

上面的代码其实是设计模式中 singleton 模式的一个简单的 C++代码实现。

12.5 课后练习

（1）编写一个 C++程序，自定义编写一个图书类。

（2）编写一个 C++程序，使用类计算几何图形的面积。

（3）编写一个 C++程序，实现类的加法运算。

第 13 章

命名空间和作用域

在 C++语言中，命名空间的功能是将相关的类型进行分组并进行逻辑命名。命名空间能够将各种命名实体进行分组，各组之间可以相互不影响，避免出现重名。本章将详细介绍 C++命名空间和作用域的基本知识，为读者步入本书后面知识的学习打下基础。

13.1　命名空间基础

视频讲解：视频\第 13 章\命名空间基础.mp4

从广义上来说，命名空间是一种封装事物的方法。在很多地方可以见到这种抽象概念。例如在操作系统中目录用来将相关文件分组，对于目录中的文件来说，它就扮演了命名空间的角色。具体举个例子，文件 foo.txt 可以同时在目录/home/greg 和/home/other 中存在，但在同一个目录中不能存在两个 foo.txt 文件。另外，当在目录 /home/greg 外部访问 foo.txt 文件时，我们必须将目录名以及目录分隔符放在文件名之前得到/home/greg/foo.txt，这个原理应用到程序设计领域就是命名空间的概念。

13.1.1　命名空间介绍

在 C++语言中，名称（name）可以是符号常量、变量、宏、函数、结构、枚举、类和对象等。为了避免在大规模程序的设计中，以及在程序员使用各种各样的 C++库时，这些标识符的命名发生冲突，标准 C++引入了关键字 namespace（命名空间），以便可以更好地控制标识符的作用域。在 MFC 中并没有使用命名空间，但是在.NET 框架、MC++和 C++/CLI 中，都大量使用了命名空间。在 C++程序中，与命名空间相关的概念如下。

（1）声明域（declaration region）：是声明标识符的区域。如在函数外面声明的全局变量，它的声明域为声明所在的文件。在函数内声明的局部变量，它的声明域为声明所在的代码块（例如整个函数体或整个复合语句）。

（2）潜在作用域（potential scope）：从声明点开始到声明域的末尾的区域。因为 C++采用的是先声明后使用的原则，所以在声明点之前的声明域中，标识符是不能用的。即，标识符的潜在作用域，一般小于其声明域。

（3）可见性（scope）：标识符对程序可见的范围。标识符在其潜在作用域内，并非在任何地方都是可见的。例如，局部变量可以屏蔽全局变量、嵌套层次中的内层变量可以屏蔽外层变量，从而被屏蔽的全局或外层变量在其被屏蔽的区域内是不可见的。所以，一个标识符的作用域可能小于其潜在作用域。

（4）命名空间（namespace）：是一种描述逻辑分组的机制，可以将按某些标准在逻辑上属于同一个“集团”的声明放在同一个命名空间中。

在前面已经了解到 C++标识符的作用域分为 3 级，分别是代码块、类和全局。而命名空间可以是全局的，也可以位于另一个命名空间之中，但是不能位于类和代码块中。在命名空间中声明的名称（标识符），默认具有外部链接特性（除非它引用了常量）。因为在所有命名空间之外还存在一个全局的命名空间，它对应于文件级的声明域，所以在命名空间机制中，原来的全局变量现在被认为位于全局命名空间中。标准 C++库（不包括标准 C 库）中，包含的所有内容（包括常量、变量、结构、类和函数等）都被定义在命名空间“std”（standard 标准）中。

13.1.2　定义命名空间

在 C++程序中，定义命名空间的语法格式如下。

```
namespace 命名空间名 {
            声明序列可选（可以定义常量、变量、函数）
}
```

定义无名命名空间的语法格式如下。

```
namespace {
```

```
            声明序列可选
}
```

在C++语言中，在外部定义命名空间成员的语法格式如下。

```
命名空间名::成员名……
```

在声明一个命名空间时，大括号内的成员不仅可以包括变量，而且可以包括变量(可以带有初始化)、常量、结构体、类、模板、命名空间(在一个命名空间中又定义一个命名空间，即嵌套的命名空间)等。

例如，下面的代码中，在命名空间nsl中设置了几种不同类型的成员。

```
namespace nsl{
 const int RATE=0.08;                    //常量
   doublepay;                            //变量
   doubletax(){                          //函数
     return a*RATE;
}
  namespacens2 {                         //嵌套的命名空间
     int age;
}
}
```

如果要输出上述代码中命名空间nsl中的成员的数据，可以采用下面的代码实现。

```
cout<<nsl::RATE<<endl;
cout<<nsl::pay<<endl;
cout<<nsl::tax()<<endl;
cout<<nsl::ns2::age<<endl;               //需要指定外层和内层的命名中间名
```

虽然命名空间的方法和使用方法与类差不多，但是它们之间有一点差别，声明类时在右大括号的后面有一个分号，而在定义命名空间时，大括号的后面没有分号。下面的实例中演示了定义C++命名空间的方法。

实例13-1 定义C++命名空间

源码路径： daima\13\13-1（Visual C++版和Visual Studio版）

本实例的实现文件为dingyi.cpp，主要实现代码如下。

```
using namespace std;  //引入预定义的名字空间
namespace kongjianA{  //定义命名空间kongjianA
class A{              //定义类A
public:               //公有成员
int fun(void){        //定义函数fun
  cout<<"类A在命名空间kongjianA中"<<endl;
    return 1;
  };
};
   char *str="In namespace kongjianA";
}
namespace kongjianB{  //定义命名空间kongjianB
class A{              //定义类A
public:               //公有成员
int fun(void){        //定义函数fun
cout<<"这个类A在命名空间kongjianB中"<<endl;
return 1;
};
   };
   char *str="In namespace kongjianB";
}
int main(int argc, char* argv[]){
   kongjianA::A aa;        //用空间kongjianA声明变量，类名与下一个变量的类名相同
```

```
    kongjianB::A ba;         //用空间kongjianB声明变量
    aa.fun();                //调用aa中的函数fun
    ba.fun();                //调用bb中的函数fun
    cout<<kongjianA::str<<endl;
    cout<<kongjianB::str<<endl;
    return 0;
}
```

在上述代码中，分别定义了 kongjianA 和 kongjianB 两个命名空间，在这两个命名空间内都有同样的类名 A 和变量 str。编译执行后的效果如图 13-1 所示。

图 13-1　执行后的效果

13.2　使用命名空间

视频讲解：视频\第 13 章\使用命名空间.mp4

在 C++语言中有 4 种使用命名空间的方法，分别是域限定符、using 指令、using 声明和别名。本节将详细讲解这 4 种使用命名空间的方法。

13.2.1　使用域限定符

在 C++程序中，域限定符即作用域解析运算符“::”，对命名空间中成员的引用，需要使用命名空间的作用域解析运算符::。使用域限定符的语法格式如下。

```
空间名::空间成员;
```

如果是嵌套的命名空间，则需要写出所有的空间名，具体语法格式如下。

```
空间名1:: 空间名2:: ………空间名n::空间成员;
```

实例 13-2　定义并使用命名空间

源码路径： daima\13\13-2（Visual C++版和 Visual Studio 版）

实例文件的主要实现代码如下。

```
namespace MyName1                          //定义命名空间
{
    int iValue=10;                         //定义变量iValue的初始值为10
 };

namespace MyName2                          //定义命名空间
{
    int iValue=20;                         //定义变量iValue的初始值为20

};
int iValue=30;                             //定义全局变量iValue的初始值为30
int main()
{
    cout<<MyName1::iValue<<endl;           //引用MyName1命名空间中的变量
    cout<<MyName2::iValue<<endl;           //引用MyName2命名空间中的变量
    cout<<iValue<<endl;
    return 0;
}
```

执行效果如图 13-2 所示。

图 13-2　执行效果

13.2.2　使用 using 指令

在 C++程序中，使用 using 指令的关键字是“using namespace”，此方法只能作用于一个命名空间，它明确指明了用到的命名空间，具体语法格式如下。

```
using namespace 空间名;
using 空间名::空间成员;
```

下面的实例演示了通过 using 指令使用命名空间的方法。

实例 13-3　演示使用命名空间的方法

源码路径：daima\13\13-3（Visual C++版和 Visual Studio 版）

首先编写主文件 qiantao.app，具体代码如下。

```
#include "123.h"
using namespace lingwai;  //调用命名空间lingwai
namespace ThisFile{       //定义自己的名字空间
   char *str="char *str,in ThisFile namespace";
   void fun(void){        //定义函数fun
        cout<<"function fun,in ThisFile namespace"<<endl;
   }
 }
namespace{                //定义无名的命名空间
   char *unnamed="unnamed namespace";
}
int main(int argc, char* argv[]){
   cout<<str<<endl;
   fun();                 //调用来自空间lingwai的函数fun
   cout<<ThisFile::str<<endl;
   ThisFile::fun();       //调用自己的命名空间中的函数fun
   cout<<unnamed<<endl;   //调用无名的命名空间
   return 0;
}
```

在上述代码中，引用了另外一个命名空间 lingwai，此命名空间在文件 123.h 中被定义。接下来再编写外部文件 123.h，主要实现代码如下。

```
namespace lingwai{            //定义命名空间lingwai
   char *str="char *str,in lingwai namespace";
   void fun(void) {
       cout<<"function fun,in lingwai namespace"<<endl;
   }
}
```

在上述代码中定义了命名空间 lingwai，编译执行后的效果如图 13-3 所示。

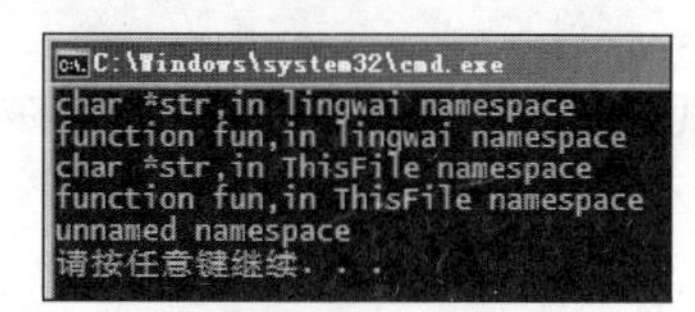

图 13-3　执行后的效果

注意：为了省去每次调用 Inner 成员以及标准库的函数和对象时都要添加 Outer::、Inner::和 sta::的麻烦，可以使用标准 C++的 using 编译指令来简化对命名空间中名称的使用。具体语法格式如下。

```
using namespace 命名空间名[::命名空间名……];
```

在这条语句之后，就可以直接使用该命名空间中的标识符，而不必写前面的命名空间定位部分。因为通过使用 using 指令，可以使所指定的整个命名空间中的所有成员都直接可用。

13.2.3　使用 using 声明

在 C++程序中，除了可以使用 using 编译指令（组合关键字 using namespace）外，还可以使用 using 声明来简化对命名空间中名称的使用。使用 using 指令的语法格式如下。

```
using 命名空间名::[命名空间名::……]成员名;
```

注意，在关键字 using 后面并没有跟关键字 namespace，而且最后必须为命名空间的成员名（而在 using 编译指令的最后，必须为命名空间名）。与 using 指令不同的是，using 声明只是把命名空间的特定成员的名称添加该声明所在的区域中，使得该成员可以不需要采用（多级）命名空间的作用域解析运算符来定位，而是直接被使用。但是该命名空间的其他成员，仍然需要作用域解析运算符来定位。例如：

```
#include "out.h"
#include <iostream>
using namespace Outer;          // 注意，此处无::Inner
using namespace std;
// using Inner::f;              // 编译错误，因为函数f()有名称冲突
using Inner::g;                 // 此处省去Outer::，是因为Outer已经被前面的using指令作用过
using Inner::h;
int main ( ) {
      i = 0;                    // 等价：Outer::i
      f();                      //等价：Outer::f()，Outer::i = -1;
      Inner::f();               //等价：Outer::i = 0;
      Inner::i = 0;
      g();                      //等价：Inner::g()，Inner::i = 1;
      h();                      //等价：Inner::h()，Inner::i = 0;
      cout << "Hello, World!" << endl;
      cout << "Outer::i = " << i << ", Inner::i = " << Inner::i << endl;
}
```

13.2.4　使用别名

C++语言之所以引入命名空间的概念，主要是为了避免成员的名称冲突问题。如果用户都给自己的命名空间取了简短的名称，那么这些（往往同是全局级的）命名空间本身可能会发生名称冲突的问题。如果单纯为了避免冲突问题而为命名空间取很长的名称，则使用起来又会不方便。在具体 C++编程过程中，有时会因为命名太长而不易使用，此时为了简化代码编写，可以给其命名为一个别名，具体格式如下。

```
namespace 别名 = 空间名;
```

除了可以避免成员的名称发生冲突之外，命名空间还可以使代码保持局部性，从而保护代码不被他人非法使用。如果主要的目的是后者，而且又希望为命名空间取一个好听、有意义、与别人的命名空间不重名的名称，标准 C++还允许定义一个无名命名空间。可以在当前编译单元中（无名命名空间之外）直接使用无名命名空间中的成员名称，但是在当前编译单元之外，它又是不可见的。在 C++程序中定义无名命名空间的格式如下。

```
namespace {
      声明序列可选
```

```
}
```

因为在标准 C++中有一个隐含的使用指令，所以上面的定义格式等价于下面的格式。

```
namespace $$$ {
      声明序列可选
}
using namespace $$$;
```

例如：

```
namespace
      int i;
      void f() {}
}
int main() {
      i = 0;                         // 可直接使用无名命名空间中的成员i
      f();                           // 可直接使用无名命名空间中的成员f()
}
```

13.3 作 用 域

视频讲解：视频\第 13 章\作用域.mp4

作用域在许多程序设计语言中非常重要。通常来说，一段程序代码中所用到的名字并不总是有效或可用的，而限定这个名字可用性的代码范围就是这个名字的作用域。作用域的使用提高了程序逻辑的局部性，增强程序的可靠性，减少了名字冲突问题。通过作用域可以告诉我们一个变量的有效范围，它在哪儿创建，在哪儿销毁（也就是说超出了作用域）。变量的有效作用域从它的定义点开始，到与定义变量之前最邻近的开括号配对的第一个闭括号。也就是说，作用域由变量所在的最近一对括号确定。

13.3.1 与作用域相关的概念

要完全理解作用域，需要先掌握如下 7 个概念。

1. 全局变量

全局变量是在所有函数体的外部定义的，程序的所在部分（甚至其他文件中的代码）都可以使用。全局变量不受作用域的影响，也就是说，全局变量的生命期一直持续到程序的结束。如果在一个文件中使用 extern 关键字来声明在另一个文件中存在的全局变量，那么这个文件可以使用这个数据。

2. 局部变量

局部变量总是在一个指定的作用域内有效，局部变量经常被称为自动变量，因为它们在进入作用域时自动生成，在离开作用域时自动消失。关键字 auto 可以显式地说明这个问题，但是局部变量默认为 auto，所以没有必要声明为 auto。

3. 寄存器变量

寄存器变量通过关键字 register 定义。寄存器变量是一种局部变量，通过关键字 register 告诉编译器“尽可能快地访问这个变量”。加快访问速度取决于现实，但是正如其名字所暗示的那样，这经常是通过在寄存器中放置变量来做到的。这并不能保证将变量放置在寄存器中，甚至也不能保证提高访问速度，这只是对编译器的一个暗示。

使用 register 变量是有限制的，不可能得到或计算 register 变量的地址。register 变量只能在一个块中声明（不可能有全局的或静态的 register 变量）。然而可以在一个函数中（即在参数表中）使用 register 变量作为一个形参。

4. 静态变量

静态变量使用关键字 static 定义。在函数中定义的局部变量在函数中作用域结束时消失，当再次调用这个函数时会重新创建变量的存储空间，其值会被重新初始化。如果希望使局部变量的值在程序的整个生命期里仍然存在，可以定义函数的局部变量为 static(静态的)，并给它一个初始化。初始化只在函数第一次调用时执行，函数调用之间变量的值保持不变，这种方式，函数可以“记住”函数调用之间的一些信息片段。static 变量的优点是在函数范围之外它是不可用的，所以它不可能被轻易改变，这会使错误局部化。

5. 外部变量

外部变量使用关键字 extern 定义。extern 告诉编译器存在着一个变量和函数，即使编译器在当前的文件中没有看到它。这个变量或函数可能在一个文件或者在当前文件的后面定义。例如，在下面的代码中，编译器会知道 i 肯定作为全局变量存在于某处。当编译器看到变量 i 的定义时，并没有看到别的声明，所以知道它在文件的前面已经找到了同样声明的 i。

```
extern int i;
```

6. 常量

外部变量使用关键字 const 定义。const 告诉编译器这个名字表示常量，不管是内部的还是用户定义的数据类型都可以定义为 const。如果已经定义某对象为常量，然后试图改变它，编译器将产生错误。在 C++程序中，一个 const 必须有初始值。

7. volatile 变量

在 C++程序中，限定词 const 告诉编译器“这是不会改变的”（这就是允许编译器执行额外的优化）。限定词 volatile 则告诉编译器“不知道何时变化”，防止编译器依据变量的稳定性作任何优化。

13.3.2　作用域的分类

在 C++程序中，通常将作用域划分为如下 5 大类。

1. 文件作用域

所谓的文件作用域，就是从声明的地方开始直到文件的结尾。在函数和类之外说明的标识符具有文件作用域，其作用域从声明部分开始，在文件结束处结束。如果标识符出现在头文件的文件作用域中，则它的作用域扩展到嵌入了这个头文件的程序文件中，直到该程序文件结束。文件作用域包含该文件中所有的其他作用域。在同一作用域中不能说明相同的标识符，标识符的作用域与其可见性经常是相同的，但并非始终如此。

2. 块作用域

块是函数中一对大括号（包括函数定义所使用的大括号）所括起的一段区域。在块内说明的标识符具有块作用域，它开始于标识符被说明的地方，并在标志该块结束的右大括号处结束。如果一个块内有一个嵌套块，并且该块内的一个标识符在嵌套块开始之前说明，则这个标识符的作用域包含嵌套块。函数的形参具有块作用域，其开始点在标志函数定义开始的第一个左大括号处，结束于标志函数定义结束的右大括号处。

3. 函数原型作用域

在函数说明的参数表中说明的标识符具有函数原型作用域，该作用域终止于函数原型说明的末尾。例如下面的代码。

```
int sum ( int first , int second );
second=0;                        //错，标识符second在此不可见
```

4. 函数作用域

具有函数作用域的标识符在该函数内的任何地方可见。在 C++程序中，只有 goto 语句的标

号具有函数作用域。因此，标号在一个函数内必须唯一。

5. 类作用域

类的作用域是指类成员的有效范围和成员函数名查找顺序。类的作用域简称类域，它是指在类的定义中由一对大括号所括起来的部分。每一个类都具有该类的类域，该类的成员局部于该类所属的类域中。通过类的定义可知，类域中不但可以定义变量，而且可以定义函数。从这一点上看类域与文件域很相似。但是，类域又不同于文件域，在类域中定义的变量不能使用 auto、register 和 extern 等修饰符，只能使用 static 修饰符，而定义的函数也不能使用 extern 修饰符。另外，在类域中的静态成员和成员函数还具有外部的连接属性。

在文件域中可以包含类域，类域小于文件域，在类域中可以包含成员函数的作用域。由于类中成员的特殊访问规则，使得类中成员的作用域变得比较复杂。下面的实例演示了作用域在 C++程序中的作用。

实例 13-4 演示作用域的作用

源码路径：daima\13\13-4（Visual C++版和 Visual Studio 版）

首先编写主文件 zuoyongyu.app，具体代码如下。

```
#include "123.h"        //引入函数fun所在的头文件
namespace Space{        //定义命名空间Space
   void fun(void){      //定义自己的函数fun
       cout<<"fun : from Space"<<endl;
   }
   string str="str : from Space";
}
class Lei{              //定义类Lei，在该类中也有函数fun
public:
   void fun(void){      //定义函数fun
       cout<<"fun : from Lei"<<endl;
   }
   string str;          //定义变量atr
   Lei(){               //定义构造函数Lei

       str.assign("str : from Lei");
   }
};
void fun1(void){        //在文件内直接定义函数fun1
   cout<<"fun1 : from this file"<<endl;
}
string str1="str1 : from this file";      //在文件内直接定义变量
int main(int argc, char* argv[]){
   string str1="str1 : local";            //在主函数内定义变量
   Lei Lei;                               //使用文件内定义的类
   Lei.fun();
   Space::fun();                          //使用命名空间内的函数
   fun();                                 //使用其他文件中的函数
   fun1();                                //使用文件域内的函数
   cout<<Space::str.c_str()<<endl;        //使用空间内的变量
   cout<<Lei.str.c_str()<<endl;           //使用类内的变量
   cout<<str.c_str()<<endl;               //使用文件域内的变量
   cout<<str1.c_str()<<endl;              //使用主函数内的变量
   cout<<::str1.c_str()<<endl;            //带限定符使用
   return 0;
}
```

在上述代码中，引用了另外一个文件 123.h 中定义的函数 fun()。接下来再编写外部文件 123.h，具体代码如下。

```
using namespace std;
void fun(void){                              //定义实现函数std
   cout<<"fun : from other file"<<endl;
}
string str="str : from other file";
```

在上述代码中，定义了函数 fun(void)。程序编译执行后的效果如图 13-4 所示。

图 13-4 执行效果

13.4 技 术 解 惑

13.4.1 using 指令与 using 声明的比较

using 编译指令和 using 声明都可以简化对命名空间中名称的访问。using 指令使用后，可以一劳永逸，对整个命名空间的所有成员都有效，非常方便。using 声明则必须对命名空间的不同成员名称一个一个地声明，非常麻烦。

但是一般来说，使用 using 声明会更安全。因为 using 声明只导入指定的名称，如果该名称与局部名称发生冲突，编译器会报错。而 using 指令导入整个命名空间中所有成员的名称，包括那些可能根本用不到的名称，如果其中有名称与局部名称发生冲突，则编译器并不会发出任何警告信息，而只是用局部名自动覆盖命名空间中的同名成员。特别是命名空间的开放性，使得一个命名空间的成员可能分散在多个地方，程序员难以准确知道别人到底为该命名空间添加了哪些名称。虽然使用命名空间的方法有多种可供选择，但是不能贪图方便，一味使用 using 指令，这样就完全背离了设计命名空间的初衷，也失去了命名空间应该具有的防止名称冲突的功能。

一般情况下，对偶尔使用的命名空间成员，应该使用命名空间的作用域解析运算符来直接给名称定位。对一个大命名空间中经常要使用的少数几个成员，提倡使用 using 声明，而不应该使用 using 编译指令。只有需要反复使用同一个命名空间的多数成员时，使用 using 编译指令才被认为是可取的。

例如，如果一个程序（如上面的 outi.cpp）只使用一两次 cout，而且也不使用 std 命名空间中的其他成员，则可以使用命名空间的作用域解析运算符来直接定位。

13.4.2 为什么需要命名空间

命名空间是 ANSI C++引入的可以由用户命名的作用域，用来处理程序中常见的同名冲突。在 C 语言中定义了 3 个层次的作用域，即文件（编译单元）、函数和复合语句。C++又引入了类作用域，类是出现在文件内的。在不同的作用域中可以定义相同名字的变量，互不干扰，系统能够区别它们。

全局变量的作用域是整个程序，在同一作用域中不应有两个或多个同名的实体（enuty），包括变量、函数和类等。例如，在文件中定义了两个类，在这两个类中可以有同名的函数。在引用时，为了区别，应该加上类名作为限定。

```
class A             //声明A类
 { public:
    void funl();    //声明A类中的funl函数
 private:
     int i;  };
void A::funl()      //定义A类中的funl函数
 {......}
 class B //声明B类
 { public:
     void funl();   //B类中也有funl函数
     void fun2();  };
 void B::funl()     //定义B类中的funl函数
 {......}
```

这样不会发生混淆。

在文件中可以定义全局变量(global variable)，它的作用域是整个程序。如果在文件 A 中定义了一个变量 a，代码如下。

```
int a=3;
```

在文件 B 中可以再定义一个变量 a。

```
int a=5;
```

在分别对文件 A 和文件 B 进行编译时不会有问题。但是，如果一个程序包括文件 A 和文件 B，那么在进行连接时，会报告出错，因为在同一个程序中有两个同名的变量，会被认为是对变量的重复定义。可以通过 extern 声明同一程序中的两个文件中的同名变量是同一个变量。例如，在文件 B 中有以下声明。

```
extem int a;
```

表示文件 B 中的变量 a 是在其他文件中已定义的变量。由于有此声明，在程序编译和连接后，文件 A 的变量 a 的作用域扩展到了文件 B。如果在文件 B 中不再对 a 赋值，则在文件 B 中用以下语句输出的是文件 A 中变量 a 的值。

```
cout<<a; //得到a的值为3
```

13.4.3 命名空间的作用

命名空间是建立一些互相分隔的作用域，把一些全局实体分隔开来，以免产生老师点名叫李××时，3 个人都站起来应答，这就是名字冲突，因为他们无法辨别老师叫的是哪一个李××，同名者无法互相区分。为了避免同名混淆，学校把 3 个同名的学生分在 3 个班。这样，在小班点名叫李××时，只会有一个人应答。也就是说，在该班的范围（即班作用域）内名字是唯一的。如果在全校集合时校长点名，需要在全校范围内找这个学生，就需要考虑作用域问题。如果校长叫李××，全校学生中又会有 3 人一齐喊“到”，因为在同一作用域中存在 3 个同名学生。为了在全校范围内区分这 3 名学生，校长必须在名字前加上班号，如高三甲班的李××或高三乙班的李××，即加上班名限定。这样就不至于产生混淆。

可以根据需要设置许多个命名空间，每个命名空间名代表一个不同的命名空间域，不同的命名空间不能同名。这样，可以把不同库中的实体放到不同命名空间中，或者说，用不同的命名空间把不同的实体隐蔽起来。过去我们用的全局变量可以理解为全局命名空间，独立于所有有名的命名空间之外，它是不需要用 namespace 声明的，实际上是由系统隐式声明的，存在于每个程序之中。

13.4.4　C++中头文件的使用方法

在 C++中使用头文件有两种方法，具体说明如下。

1. 用 C 语言的传统方法

头文件名包括后缀.h，如 stdio.h、math.h 等。由于 C 语言没有命名空间，头文件并不存放在命名空间中，因此在 C++程序文件中用到带后缀．h 的头文件时，不必用命名空间，只需在文件中包含所用的头文件即可。

```
#include<math.h>
```

2. 用 C++的新方法

C++标准要求系统提供的头文件不包括后缀.h，例如 iostream、string。为了表示与 C 语言的头文件有联系又有区别，C++所用的头文件名是在 C 语言相应的头文件名（但不包括后缀.h）之前加一字母 c。例如，C 语言中有关输入与输出的头文件名为 stdio.h，在 C++中相应的头文件名为 cstdio；C 语言中的头文件 math.h，在 C++中相应的头文什名为 cmath；C 语言中的头文件 string.h，在 C++中相应的头文件名为 cstring。注意，在 C++中，头文件 cstnng 和头文件 strmg 不是同一个文件。前者提供 C 语言中对字符串处理的有关函数（如 strcmp、ctrcpy）的声明，后者提供 C++中对字符串处理的新功能。

此外，由于这些函数都是在命名空间 std 中声明的，因此在程序中要对命名空间 std 声明。

```
#include<cstdio>
#include<cmath>
using namespace std;
```

目前所用的大多数 C++编译系统既保留了 C 的用法，又提供了 C++的新方法。下面两种用法等价，可以任选。

C 传统方法和 C++新方法如下。

```
#include<stdio.h> #include<cstdio>
#include<math.h> #include<cmath>
#include<string.h> #include<cstring>
using namespace std;
```

在日常编程应用中，我们可以使用传统的 C 方法，但是应当提倡使用 C++的新方法。

13.5　课后练习

（1）编写一个 C++程序，要求在一个文件中使用两个命名空间。

（2）编写一个 C++程序，要求使用类实现一个温度单位转换工具。

第 14 章

继承和派生

面向对象语言有 4 个主要特点：抽象、封装、继承和多态性。在前面的章节中，我们已经学习了类和对象，了解了 C++的抽象和封装两个重要特征，想必大家已经能够设计出基于面向对象的程序，这是面向对象程序设计的基础。本章将详细介绍 C++类的继承和派生的知识，为读者步入本书后面知识的学习打下基础。

14.1　继承与派生基础

视频讲解：视频\第 14 章\继承与派生基础.mp4

在 C++程序中，类的继承是新的类从已有的类中取得已有的特性，诸如数据成员、成员函数等。类的派生是从已有的类产生新类的过程，这个已有的类称为基类或者父类，新类则称为派生类或者子类，派生类具有基类的数据成员和成员函数，同时增加了新的成员。从派生类的角度，根据其拥有基类数目的不同，可以分为单继承和多继承。一个类只有一个直接基类时，称为单继承；一个类同时有多个直接继承类时，则称为多继承。

一个新类从已有的类那里获得其已有特性，这种现象称为类的继承。通过继承，一个新建子类从已有的父类那里获得父类的特性。从另一角度说，从已有的类（父类）产生一个新的子类，称为类的派生。具体来说有如下两个特点。

（1）一个派生类只从一个基类派生，这称为单继承（Singleinheritance），这种继承关系所形成的层次是一个树形结构。

（2）一个派生类有两个或多个基类的称为多重继承（MulUple Inheritance）。

关于基类和派生类的关系，可以表述为：派生类是基类的具体化，基类则是派生类的抽象。例如小学生、中学生、大学生、研究生、留学生是学生的具体化，他们是在学生的共性基础上加上某些特点形成的子类。而学生则是对各类学生共性的综合，是对各类具体学生特点的抽象。基类综合了派生类的公共特征，派生类则在基类的基础上增加某些特性，把抽象类变成具体的、实用的类型。

14.2　C++的继承机制

视频讲解：视频\第 14 章\C++的继承机制.mp4

在 C++程序中，通过继承机制可以利用已有的数据类型来定义新的数据类型。所定义的新的数据类型不仅拥有新定义的成员，而且同时拥有旧的成员。我们称已存在的用来派生新类的类为基类，又称为父类。由已存在的类派生出的新类称为派生类，又称为子类。在 C++语言中，一个派生类可以从一个基类派生，也可以从多个基类派生。从一个基类派生的继承称为单继承，从多个基类派生的继承称为多继承。

14.2.1　定义继承

在 C++程序中，定义单继承的语法格式如下。

```
class <派生类名>:<继承方式><基类名>{
    <派生类新定义成员>
};
```

在上述格式中，<派生类名>是新定义的一个类的名字，它是从<基类名>中派生的，并且是按指定的<继承方式>派生的。<继承方式>常使用如下 3 种关键字给予表示。

public：表示公有基类。

private：表示私有基类。

protected：表示保护基类。

在 C++程序中定义多继承的语法格式如下。

```
class <派生类名>:<继承方式1><基类名1>,<继承方式2><基类名2>,…{
```

```
<派生类新定义成员>
};
```

从上述定义格式上看，多继承与单继承的区别主要是多继承的基类多于一个。下面的实例演示了使用继承成员的过程。

实例 14-1 用户登录系统

源码路径：daima\14\14-1（Visual C++版和 Visual Studio 版）

本实例的主要实现代码如下。

```
class CEmployee                                         //定义家族成员类
{
public:
    int m_ID;                                           //定义家族成员ID
    char m_Name[128];                                   //定义家族成员姓名
    char m_Depart[128];                                 //定义所属部门
    CEmployee()                                         //定义默认构造函数
    {
         memset(m_Name, 0, 128);                        //初始化m_Name
         memset(m_Depart, 0, 128);                      //初始化m_Depart
    }
    void OutputName()                                   //定义共有成员函数
    {
         cout << "成员姓名：" << m_Name << endl;        //输出家族成员姓名
    }
};
class COperator :public CEmployee                       //定义一个操作员类，从CEmployee类派生而来
{
public:
    char m_Password[128];                               //定义密码
    bool Login()                                        //定义登录成员函数
    {
         if (strcmp(m_Name, "老大") == 0 &&             //比较用户名
              strcmp(m_Password, "KJ") == 0)            //比较密码
         {
              cout << "登录成功!" << endl;              //输出信息
              return true;                              //设置返回值
         }
         else
         {
              cout << "登录失败!" << endl;              //输出信息
              return false;                             //设置返回值
         }
    }
};
int main(int argc, char* argv[])
{
    cout << "登录系统" << endl;
    cout << "----------------------------------------------" << endl;
    COperator optr;                                     //定义一个COperator类对象
    strcpy(optr.m_Name, "老大");                        //访问基类的m_Name成员
    strcpy(optr.m_Password, "KJ");                      //访问m_Password成员
    optr.Login();                                       //调用COperator类的Login成员函数
    optr.OutputName();                                  //调用基类CEmployee的OutputName成员函数
    return 0;
}
```

执行后的效果如图 14-1 所示。

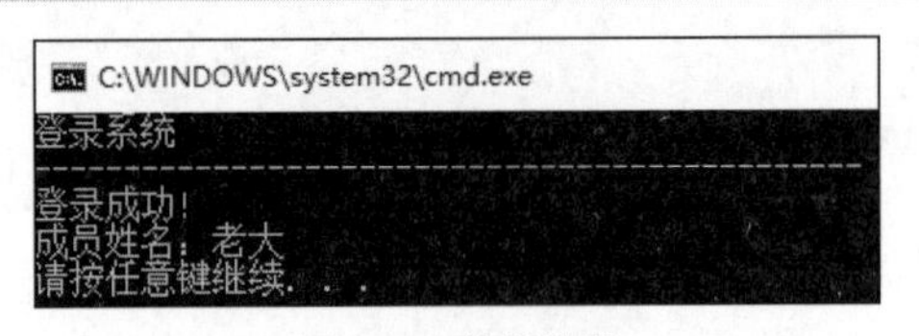

图 14-1　执行效果

14.2.2　派生类的继承方式

在 C++程序中，派生类有 3 种继承方式，分别是公有继承（public）、私有继承（private）和保护继承（protected）。下面详细讲解这 3 种继承方式的知识。

（1）公有继承（public）。

公有继承的特点是基类的公有成员和保护成员作为派生类的成员时，它们都保持原有的状态，而基类的私有成员仍然是私有的。

（2）私有继承（private）。

私有继承的特点是基类的公有成员和保护成员都作为派生类的私有成员，并且不能被这个派生类的子类所访问。

（3）保护继承（protected）。

保护继承的特点是基类的所有公有成员和保护成员都成为派生类的保护成员，并且只能被它的派生类成员函数或友元访问，基类的私有成员仍然是私有的。

表 14-1 中列出了 3 种不同继承方式的基类特性和派生类特性。

表 14-1　不同继承方式的基类特性和派生类特性

继 承 方 式	基 类 特 性	派生类特性
公有继承	public	public
	protected private	protected 不可访问
私有继承	public	private
	protected private	private 不可访问
保护继承	public	protected
	protected private	protected 不可访问

为了进一步理解 3 种不同的继承方式在其成员的可见性方面的区别，下面从 3 个不同角度进行讨论。

1. 第一种：公有继承方式

（1）基类成员对其对象的可见性：公有成员可见，其他不可见。

（2）基类成员对派生类的可见性：公有成员和保护成员可见，私有成员不可见。

（3）基类成员对派生类对象的可见性：公有成员可见，其他成员不可见。

由此可见，在公有继承时，派生类的对象可以访问基类中的公有成员，派生类的成员函数可以访问基类中的公有成员和保护成员。这里，一定要区分清楚派生类的对象和派生类中的成员函数对基类的访问是不同的。

2. 第二种：私有继承方式

（1）基类成员对其对象的可见性：公有成员可见，其他成员不可见。

（2）基类成员对派生类的可见性：公有成员和保护成员可见，私有成员不可见。

（3）基类成员对派生类对象的可见性：所有成员都是不可见的。所以在私有继承时，基类的成员只能由直接派生类访问，而无法再往下继承。

3. 第三种：保护继承方式

这种继承方式与私有继承方式的情况相同。两者的区别仅在于对派生类的成员而言，对基类成员有不同的可见性。

可见性也就是可访问性。关于可访问性还有另外一种说法，称派生类的对象对基类的访问为水平访问，称派生类的派生类对基类的访问为垂直访问。一般规则如下。

（1）公有继承时，水平访问和垂直访问对基类中的公有成员不受限制。

（2）私有继承时，水平访问和垂直访问对基类中的公有成员也不能访问。

（3）保护继承时，对于垂直访问同于公有继承，对于水平访问同于私有继承。

综上所述，继承方式对基类成员可见性的影响具体如表 14-2 所示。

表 14-2 继承方式对基类成员可见性的影响

派生方式	基类成员的访问属性	基类成员在派生类中的访问属性	子类访问基类成员	子类外访问基类成员	子类的子类访问基类成员
public	public	public	可以	可以	可以
	private	private	不可以	不可以	不可以
	protected	protected	可以	不可以	可以
private	public	private	可以	不可以	不可以
	private	private	不可以	不可以	不可以
	protected	private	可以	不可以	不可以
protected	public	protected	可以	不可以	可以
	private	private	不可以	不可以	不可以
	protected	protected	可以	不可以	可以

14.2.3 公有派生和私有派生

在声明继承的语句中，访问控制关键字用于说明在基类定义中所声明的成员和成员函数能够在多大范围内被派生类所访问，访问控制关键字可以为 public、private 或 protected。如果访问控制关键字为 public，则称派生类从基类公有继承，也称公有派生。如果访问控制关键字为 private，则称派生类从基类私有继承，也称私有派生。公有继承和私有继承的具体区别如表 14-3 所示。

表 14-3 公有继承和私有继承的具体区别

基 类 成 员	基类 private 成员		基类 public 成员	
派生方式	private	public	private	public
派生类成员	不可见	不可见	可见	可见
外部函数	不可见	不可见	不可见	可见

通过表 14-3 的内容，可以将两种派生的特点进行如下总结。

（1）无论哪种派生方式，基类中的 private 成员在派生类中都是不可见的。也就是说，基类中的 private 成员不允许外部函数或派生类中的任何成员访问。

（2）public 派生与 private 派生的不同点在于基类中的 public 成员在派生类中的访问属性。

（3）public 派生时，基类中的 public 成员相当于派生类中的 public 成员。

（4）private 派生时，基类中的 public 成员相当于派生类中的 private 成员。

因此，private 派生确保基类中的方法只能被派生类的对象的方法间接使用，而不能被外部使用；public 派生使派生类对象与外部都可以直接使用基类中的方法，除非这些方法已经被重新定义。

14.3 派　生　类

视频讲解：视频\第 14 章\派生一个类.mp4

在 C++程序中，一个新类从已有的类那里获得其已有特性，这种特性叫继承。通过继承，一个新建子类从已有的父类那里获得父类的特性。从另一角度说，从已有的类产生一个新的子类，称为类的派生。派生类继承了基类的所有数据成员和成员函数，并可以对成员进行必要的增加和调整。一个基类可以派生出多个派生类，每一个派生类又可以作为基类再派生出新的派生类。

14.3.1 使用基类

在 C++程序中，通过继承机制可以利用已有的数据类型来定义新的数据类型。所定义的新的数据类型不仅拥有新定义的成员，而且同时拥有旧的成员。已存在的用来派生新类的类称为基类，又称为父类。已存在的类派生出的新类称为派生类，又称为子类。例如，在下面的代码中，定义了一个基类 mm 的一部分。在此，mm 的构造函数和析构函数被声明为共有的，这是因为该类的子类将自动调用它们。mm 中的属性 m_ver 表示类的版本号，它只能通过共有成员函数 GetVersion(char *info)来获得。另外的 m_sex 属性和 m_age 属性，被定义为保护属性，只能被子类访问到。

```
class mm{
  public:
  mm();
  virtual mm();
     protected:
     string m_name;
     bool m_sex;
     short m_age;
     public:
     int GetVersion(char *info);
     private:
     string m_ver;
};
```

14.3.2 使用派生

在 C++语言中，派生是指从基类衍生出来的一个新的子类，但派生不是简单地把基类成员和派生类自己增加的成员就构成了派生类。构造一个基本派生类的基本流程如下。

（1）全继承：不选择地继承基类的所有成员。

（2）成员调整：按指定的继承方式、重载或覆盖方式调整基类的成员以满足自己的需要，从而实现多态。

（3）重写构造函数和析构函数：子类不继承这两类函数，无论原来是否可用，子类都重写它们。

（4）特例化：增加子类自己的成员，扩展基类的属性和方法。

在上述操作中，第（1）步是自动完成的，第（2）步和第（3）步是按需进行的，从一个基类派生一个子类后，至少会在第（2）步和第（3）步中有一种改动，否则派生就会变得毫无意义。所以基本做法是：使用一个基类，基类中提供了属性和方法，然后再派生子类，在子类中将修改或增加新的属性和方法。为此可以总结出类的派生格式如下。

```
class 子类 : <派生方式> 基类
```

由上述格式可以看出，派生仅仅是增加了“: <派生方式> 基类”这一部分。下面的例子演示了使用派生类的基本过程。

实例 14-2 演示使用 C++派生的基本过程

源码路径：daima\14\14-2（Visual C++版和 Visual Studio 版）

本实例的实现文件为 paisheng.cpp，主要实现代码如下。

```
class Lei{                                      //定义类Lei
public:                                         //公有成员
    Lei();                                      //声明构造函数Lei
protected:                                      //私有成员
    string m_name;                              //变量m_name
    bool m_sex;                                 //变量m_sex
    short m_age;                                //变量m_age
public:                                         //公有成员
    virtual int GetVersion(char *info);         //声明虚函数GetVersion
private:                                        //私有成员
    string m_ver;                               //变量m_ver
};
Lei::Lei(){                                     //定义实现构造函数Lei
    m_ver.assign("111.0");                      //设置版本
}

int Lei::GetVersion(char * info){               //函数GetVersion得到类的版本
    strcpy(info,m_ver.c_str());                 //复制c_str操作
    return 1;
}
//以保护方式派生新类
class ZiLei:protected Lei {                     //定义子类ZiLei，父类是Lei
public:                                         //公有成员
    ZiLei();                                    //声明构造函数ZiLei
protected:                                      //私有成员
    string m_id;                                //增加新的成员变量m_id
    string m_school;                            //增加新的成员变量m_school
public:                                         //公有成员
    int GetVersion(char *info);                 //覆盖父类的函数
private:                                        //私有成员
    string m_ver;                               //覆盖父类的变量
};
//重写构造函数
ZiLei::ZiLei(){
    m_ver.assign("222.0");                      //使用函数assign设置类的版本
    //Lei::m_ver.assign("beta1.0");
}
//修改函数
int ZiLei::GetVersion(char *info){              //重新定义函数GetVersion
    strcpy(info,m_ver.c_str());                 //复制c_str的值
    return 1;
}
//以保护方式派生新类
class ZiLei2:protected Lei{                     //定义子类ZiLei2，父类是Lei
public:                                         //公有成员
```

```
    ZiLei2();                              //声明构造函数ZiLei2
protected:                                 //私有成员
    string id;                             //增加新的成员变量id
    string school;                         //增加新的成员变量school
public:                                    //公有成员
    int version(char *ver);                //增加新的函数
};
ZiLei2::ZiLei2(){                          //实现构造函数ZiLei2
    Lei();                                 //调用父类的构造函数
}
int ZiLei2::version(char *ver){            //实现函数version
    Lei::GetVersion(ver);                  //调用父类的成员函数
    return 1;
}
int main(int argc, char* argv[]){
    Lei cp;                                //Lei对象实例cp
    ZiLei  cs;                             //ZiLei对象实例cs
    ZiLei2 cs2;
    char ver[20];
    cp.GetVersion(ver);                    //调用基类的获取版本号函数GetVersion
    cout<<ver<<endl;
    cs.GetVersion(ver);                    //调用第一个派生类的获取版本号函数GetVersion
    cout<<ver<<endl;
    //cs2.GetVersion(ver);
    cs2.version(ver);                      //调用第二个派生类的获取版本号函数version
    cout<<ver<<endl;
    return 0;
}
```

在上述代码中，定义了基类 Lei，然后分别派生了类 ZiLei 和类 ZiLei2，以受保护的方式继承。Lei 中的所有成员都成了 ZiLei 中受保护的成员。ZiLei 中除继承 Lei 成员外，还另行定义了自己的属性 id 和 school，重载了 m_ver 和 GetVersion。因为 ZiLei 没有重载 m_ver 和 GetVersion，所以 ZiLei 访问可以直接访问 GetVersion(ver)函数，并且访问的是自身的成员。但是 ZiLei2 则不可以。程序编译执行后的效果如图 14-2 所示。

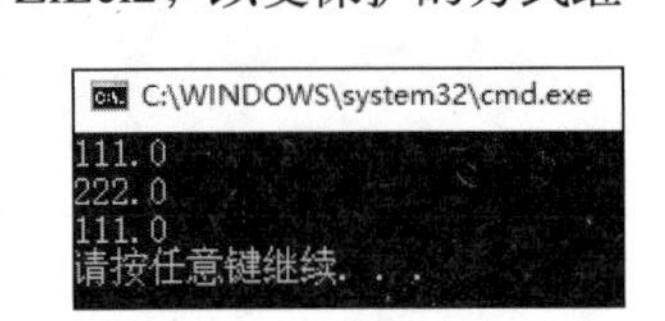

图 14-2　执行效果

14.3.3　构造函数

在 C++程序中，构造函数是类的特殊函数，只要声明了一个类，就会自动为它分配一个默认的构造函数。声明构造函数的语法格式如下。

```
ClassName (<参数列表>);
```

在上述格式，“ClassName”是类名，既可以带参数，也可以不带参数，不能有返回值，不能用 void 来修饰。

在 C++程序中，定义构造函数的语法格式如下。

```
ClassName :: ClassName (<参数列表>);
```

由于构造函数不能被继承，因此派生类的构造函数必须通过调用基类的构造函数来初始化基类成员。所以，在定义派生类的构造函数时除对自己的数据成员进行初始化外，还必须负责调用基类的构造函数使基类的数据成员得以初始化。如果派生类中还有其他类的对象成员，还应包含对对象成员初始化的构造函数。在 C++程序中，定义派生类构造函数的语法格式如下。

```
<派生类名>:: <派生类名>(<总参数表>): <基类名1>(<参数表1>),
        <基类名n>(<参数表n>),
        <成员对象名1><参数表n+1>,
        <成员对象名m>(<参数表n+m>
```

```
{
<派生类构造函数体>
}
```

在上述格式中，调用派生类构造函数的顺序如下：

(1) 基类的构造函数；

(2) 成员对象的构造函数（若存在）；

(3) 派生类的构造函数。

注意：如果派生类中有多个基类，处于同一层次的各个基类的构造函数的调用顺序，取决于定义派生类时声明的顺序（自左向右）。若派生类中有多个对象成员，这些对象成员构造函数的调用顺序，取决于它们在派生类中的说明顺序。若这个基类仍是一个派生类，则这个过程递归进行。由于构造函数和析构函数是不能被继承的，所以一个派生类只能调用它的直接基类的构造函数。

注意：对基类成员和新增成员对象的初始化，必须在成员初始化列表中进行。

下面的例子演示了使用C++构造函数的过程。

实例 14-3　使用 C++构造函数

源码路径： daima\14\14-3（Visual C++版和 Visual Studio 版）

本实例的实现文件为 gouzao.cpp，主要实现代码如下。

```
class Lei{                                    //定义基类Lei
public:
    Lei(char *name);                          //声明构造函数Lei
protected:
    string m_name;                            //变量m_name

    string m_ver;                             //变量m_ver
};
Lei::Lei(char *name){                         //实现构造函数Lei
    cout<<"Constructing Lei……"<<endl;        //输出文本
    m_name.assign(name);                      //使用函数assign分配值
}
class ZiLei:protected Lei {                   //定义子类ZiLei，父类是Lei，以保护方式派生子类
public:
    ZiLei(char *name);                        //声明构造函数ZiLei
protected:
    string m_school;                          //增加新成员变量m_school
public:
    void PrintName(void);                     //声明函数PrintName
    void PrintSchool(void);                   //声明函数PrintSchool
};
void ZiLei::PrintName(void){                  //实现函数PrintName
    cout<<m_name.c_str()<<endl;               //输出
}
void ZiLei::PrintSchool(void){
    cout<<m_school.c_str()<<endl;             //使用c_str()函数返回一个指向正规C字符串的指针常量
}
//实现构造函数ZiLei，包含对基类和内嵌类的初始化
ZiLei::ZiLei(char *name):Lei(name),m_school("MIT"){
    cout<<m_school.c_str()<<endl;             //输出m_school
    cout<<"Constructing ZiLei……"<<endl;
    m_ver.assign("alpha1.0");                 //给m_ver分配版本
}
int main(int argc, char* argv[]){
```

```
    ZiLei cs("jack");              //定义子类的实例
    cs.PrintName();                //调用函数PrintName
    cs.PrintSchool();              //调用函数PrintSchool
    return 0;
}
```

在上述代码中，子类 ZiLei 的构造函数同时调用了基类 Lei 和成员变量 m_school 的构造函数。编译执行后的效果如图 14-3 所示。从执行结果可以看出，基类和子类成员 m_school 的构造函数先于子类的构造函数执行。

图 14-3　执行效果

14.3.4　析构函数

在 C++程序中，析构函数（destructor）与构造函数相反，当对象脱离其作用域时（例如对象所在的函数已调用完毕），系统自动执行析构函数。析构函数往往用来承担“清理善后”的工作（例如在建立对象时用 new 开辟了一片内存空间，应在退出前在析构函数中用 delete 释放）。

在 C++语言中，析构函数名应该与类名相同，只是在函数名前面加一个波浪符“～”，例如“～stud( )”，以区别于构造函数。析构不能带有任何参数，也没有返回值（包括 void 类型），只能有一个析构函数，不能重载。如果开发者没有编写析构函数，编译系统会自动生成一个默认的析构函数，它也不进行任何操作。所以许多简单的类中没有用显式的析构函数。在 C++语言中，声明析构函数的格式如下。

```
~ClassName ( );
```

在上述格式中，ClassName 是类名，“～”是析构函数的标识符。析构函数没有返回值，不能用 void 来修饰。

在 C++语言中，定义析构函数的格式如下。

```
ClassName :: ~ClassName ( );{
  ......
}
```

使用上述格式过程中，当对象消失时，派生类的析构函数被执行。由于析构函数也不能被继承，因此在执行派生类的析构函数时，类的析构函数也将被调用。若有其他类的对象成员，还应执行对象成员的析构函数。析构函数的执行顺序是先执行派生类的析构函数，再执行对象成员所属类的析构函数，最后执行基类的析构函数，其顺序与执行构造函数时的顺序正好相反。

注意：（1）若基类中有默认的构造函数或者根本没有定义构造函数，则派生类构造函数的定义中可以省略对基类构造函数的调用。

（2）在某些情况下，派生类构造函数的函数体可能为空，仅起到参数传递作用。

下面的实例演示了使用 C++析构函数的基本过程。

实例 14-4　使用 C++析构函数

源码路径：daima\14\14-4（Visual C++版和 Visual Studio 版）

本实例的实现文件为 xigou.cpp，主要实现代码如下。

```
class Lei{
public:
    Lei(char *name);             //构造函数
    ~Lei();                      //析构函数
protected:
    string m_name;
};
//析构函数
Lei:: ~Lei(){
```

```
    cout<<"Deconstructing Lei……"<<m_name.c_str()<<endl;
    m_name.assign("");
}
//构造函数
Lei::Lei(char *name){
    m_name.assign(name);
    cout<<"Constructing Lei……"<<m_name.c_str()<<endl;
}
//以保护方式继承
class ZiLei:protected Lei{              //定义子类ZiLei，父类是Lei
public:
    ZiLei(char *name);
    ~ZiLei();
protected:
    Lei cp;                             //用基类声明一个成员变量
public:
    void PrintName(void);               //增加新成员函数
};
void ZiLei::PrintName(void){
    cout<<m_name.c_str()<<endl;
}
//实现构造函数ZiLei，显示调用基类的初始化函数，也初始化内嵌成员
ZiLei::ZiLei(char *name):Lei(name),cp("mary"){
    cout<<"Constructing ZiLei……"<<endl;
}
//实现析构函数ZiLei
ZiLei:: ~ZiLei(){
    cout<<"Deconstructing ZiLei……"<<endl;
}
int main(int argc, char* argv[]){
    ZiLei  cs("jack");

    cs.PrintName();
    return 0;
}
```

在上述代码中，子类 ZiLei 继承于基类 Lei，在 ZiLei 内又有内嵌的类对象 ZiLei cp。构造函数的调用顺序是派生类的构造函数的声明顺序，即先调用基类 Lei 的构造函数，然后再调用内嵌成员 ZiLei cp 的构造函数。析构函数则完全与构造函数的调用顺序相反。程序编译执行后的效果如图 14-4 所示。

图 14-4　执行后的效果

14.3.5　使用同名函数

在 C++程序中，当子类和父类中有相同名称的函数（方法）时，如果父类中的方法是虚的，则在子类中可以重新定义它，也可以直接使用它。如果不是虚拟的，则子类方法将覆盖父类的同名方法。如果没有明确指明，则通过子类调用的是子类中的同名成员。如果要在子类中访问被覆盖的同名成员，则需要使用域限定符来指出。下面的实例演示了使用 C++同名函数的过程。

实例 14-5　**使用 C++同名函数**

源码路径：daima\14\14-5（Visual C++版和 Visual Studio 版）

本实例的实现文件为 same.cpp，主要实现代码如下。

```
class Lei{                              //定义基类Lei
public:
    Lei(char *name);                    //声明构造函数Lei
protected:
    string m_name;                      //定义变量m_name
public:
    int getName(char *name);            //声明函数getName
};
Lei::Lei(char *name){                   //定义实现构造函数Lei
    m_name.assign(name);
}
int Lei::getName(char *name)
{
    cout << "在Lei，先分你20亿！" << endl;
    strcpy(name, m_name.c_str());

    return 1;
}
//以保护方式派生子类
class ZiLei :protected Lei              //子类
{
public:
    ZiLei(char *name);
public:
    int getName(char *name);            //覆盖父类的函数
    void callparent(char *name);        //新增成员函数
};
void ZiLei::callparent(char *name)
{
    cout << "Call Parent，给我多少？" << endl;
    Lei::getName(name);                 //调用基类的成员函数
}
ZiLei::ZiLei(char *name) :Lei(name)
{
    //空的析构函数
}
int ZiLei::getName(char *name)
{
    cout << "在ZiLei，我先分你50亿！" << endl;
    strcpy(name, m_name.c_str());
    return 1;
}
int main(int argc, char* argv[])
{
    ZiLei  cs("谢谢！");                 //带默认参数声明类的实例
    char cstr[20];
    cs.getName(cstr);                   //调用类本身的函数getName
    cout << cstr << endl;
    cs.callparent(cstr);                //调用父类的函数getName
    cout << cstr << endl;
    return 0;
}
```

在上述代码中，子类 ZiLei 和基类 Lei 中都有相同名字的函数 getName()，如果直接使用 ZiLei 的对象 cs 调用，则调用的是 ZiLei 的 getName()函数。如果要调用基类 Lei 的 getName()函数，就必须用域限定符以“ZiLei :: getName();”的形式调用。此处域限定符显式指定了要调用的方法属性属于哪一个类。程序编译执行后的效果如图 14-5 所示。

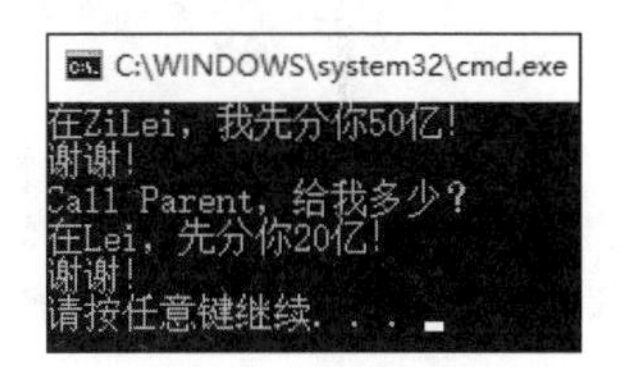

图 14-5 执行效果

14.3.6 使用同名属性

在 C++程序中，当在子类和父类中有相同名称的属性时，子类会覆盖父类中的属性。要调用父类中的属性，必须使用域限定符来显式指定，这就是类的多态性。下面的实例演示了使用 C++同名属性的方法。

实例 14-6 使用同名属性

源码路径：daima\14\14-6（Visual C++版和 Visual Studio 版）

本实例的实现文件为 sameshuxing.cpp，主要实现代码如下。

```
class Lei{                                   //基类
public:
   Lei(char *name);                          //声明构造函数

protected:
   string m_name;                            //变量m_name
};
Lei::Lei(char *name){                        //构造函数Lei
    m_name.assign(name);
}
//以保护方式继承
class ZiLei:protected Lei{                   //定义子类ZiLei
public:
    ZiLei(char *name);                       //声明构造函数ZiLei
protected:
    string m_name;                           //覆盖父类的属性
public:
    int getName(char *name);                 //新增成员函数
    void callparent(char *name);             //调用父类的属性
};
void ZiLei::callparent(char *name){  //编写函数callparent的具体实现
    cout<< "A说：我不要了，把我的财产都给你！"<<endl;
    strcpy(name,Lei::m_name.c_str()); //调用父类的属性
}
ZiLei::ZiLei(char *name):Lei(name) { //实现构造函数ZiLei，同时调用父类的构造函数
    m_name.assign("谢谢A！");
}
int ZiLei::getName(char *name){      //编写函数getName的具体实现
    cout<< "B说：我不要了，把我的财产都给你！" <<endl;
    strcpy(name,m_name.c_str());
    return 1;
}
int main(int argc, char* argv[]){
    ZiLei cs("谢谢B！");
    char cstr[20];
    cs.getName(cstr);                        //调用子类的属性
```

```
    cout<<cstr<<endl;
    cs.callparent(cstr);                    //调用父类的属性
    cout<<cstr<<endl;
    return 0;
}
```

在上述代码中，在构造函数 ZiLei 中，将实例化时的参数“谢谢老二!”传递给了父类构造函数，但是对自己的成员 m_name 赋值为“谢谢老大!”。程序编译执行后的效果如图 14-6 所示。

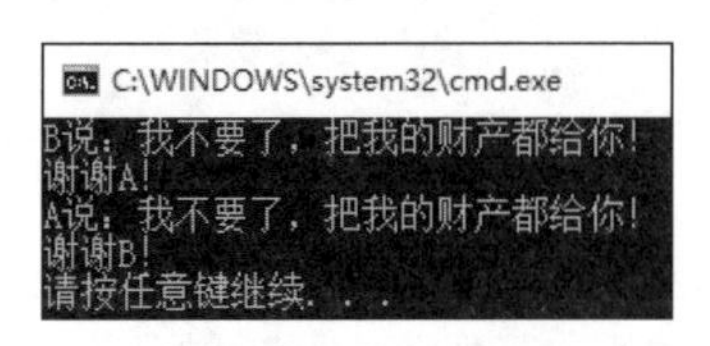

图 14-6　执行后的效果

14.4　单重继承和多重继承

视频讲解：视频\第 14 章\单重继承和多重继承.mp4

在 C++程序中，对象可以从单个基类中继承，也可以从多个基类中继承。两种不同的继承方式会有不同的结果。下面详细介绍 C++对象单重继承和多重继承的基本知识。

14.4.1　单重继承

在 C++程序中，对象从一个基类派生的继承称为单继承。换句话说，派生类只有一个直接基类。声明单继承的语法格式如下。

```
class 派生类名: 访问控制关键字 基类名{
   数据成员和成员函数声明
};
```

单重继承的特点是每个类最多直接继承一个父类，从继承层次的根到任何一个类只存在唯一的线性路径。如图 14-7 所示即为单重继承的层次结构图。

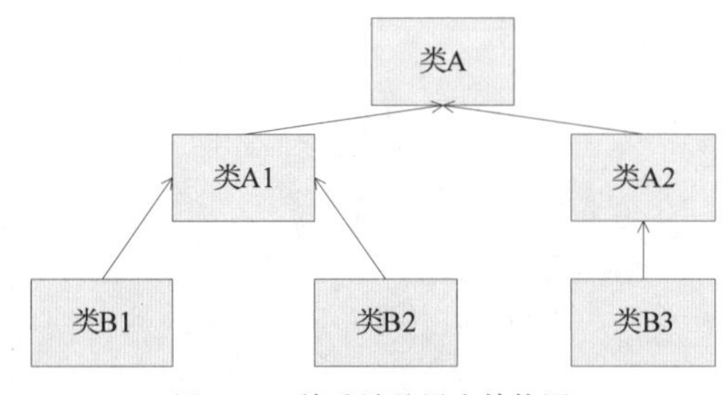

图 14-7　单重继承层次结构图

14.4.2　多重继承

在 C++程序中，从多个基类派生的继承称为多继承或多重继承。也就是说，一个派生类有多个直接基类。某些面向对象的语言（如 Java）不支持类间的多重继承而只支持单重继承，即一个类至多只能有一个直接父类，因此实现类似的功能需要借助接口等其他机制。在 C++中提供了多重继承的语法支持，使得问题变得简单了许多。

在 C++程序中，可以把派生类作为基类再次供别的类继承，这样可以产生多层次的继承关系。例如，类 A 派生类 B，类 B 派生类 C，则称类 A 是类 B 的直接基类，类 B 是类 C 的直接基类，类A是类C的间接基类。类的层次结构也叫作继承链。还是上面的例子，当建立类C的对象时，类A的构造函数最先被调用，接下来被调用的是类B的构造函数，最后是类C的构造函数。析构函数的调用顺序正好相反。当一个派生类继承有层次的类时，继承链上的每个派生类必须将它需要的变量传递给它的基类。如图14-8所示就是多重继承的层次结构图。

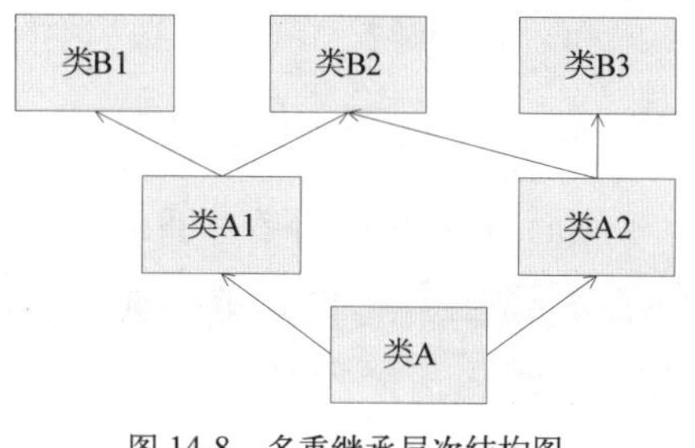

图14-8 多重继承层次结构图

在C++程序中，声明多重继承语法格式如下。

```
class 派生类名：访问控制关键字 基类名1，访问控制关键字 基类名2，…{
  数据成员和成员函数声明
};
```

例如在下面的代码中，分别定义了jiaoshi、xuesheng和jiazhang共3种与职业有关的类。类A表示既是教师又是家长的一类人员，类B表示既是教师又是学生的一类人员。

```
class Jiaoshi{                                  //基类
public:
    Jiaoshi();
protected:
    string teacherID;
};
class Xuesheng{                                 //基类
public:
    Xuesheng();
protected:
    string studentID;
};
class Jiazhang{                                 //基类
public:
    Yingyu();
protected:
    string typeOFrork;
};
class A:public Jiaoshi,public Jiazhang    {     //多重继承
……
};
class B:public Xuesheng,public Jiaoshi    {     //多重继承
……
};
```

14.4.3 多重继承下的构造函数和析构函数

在C++程序中，多重继承下的构造函数、析构函数与单重继承下的构造函数、析构函数基本类似，它必须同时负责该派生类所有基类构造函数的调用。同时，派生类的参数个数必须包含完成所有基类初始化所需要的参数。对于所有需要给予参数进行初始化的基类，都要显式地给出基类名和参数表。对于使用默认构造函数的基类，可以不给出类名。同样，对于对象成员，如果使用的是默认构造函数，也不要写出对象名和参数表。

在C++程序中，派生类构造函数的执行顺序是：先执行所有基类的构造函数，再执行内嵌对象的构造函数，最后执行子类的构造函数。同一层次的各基类构造函数的执行顺序取决于定义派生类时基类的安排顺序，与派生类构造函数中所定义的成员初始化列表的顺序无关，即执行基类构造函数的顺序取决于定义派生类时基类的顺序。

在C++程序中，声明多重继承派生类构造函数的语法格式如下。

```
派生类构造函数名（总参数表列）：基类1构造函数（参数表列），基类2构造函数（参数表列），基类3构造函数（参数表列）{
派生类中新增数据成员初始化语句
}
```

下面的实例演示了在多重继承中使用构造函数和析构函数的过程。

实例 14-7　使用多重继承中的构造函数和析构函数

源码路径：daima\14\14-7（Visual C++版和 Visual Studio 版）

本实例的实现文件为 duo.cpp，主要实现代码如下。

```
class JiaoShi{              //基类
public:                     //公有成员
    JiaoShi();              //声明函数JiaoShi
    ~JiaoShi();             //声明析构函数~JiaoShi
 protected:                 //私有成员

    string teacherID;
    string m_name;
};
JiaoShi::JiaoShi(){
    cout<<"Constructing JiaoShi……"<<endl;
}
JiaoShi::~JiaoShi(){
    cout<<"Deconstructing JiaoShi……"<<endl;
}
class XueSheng{             //定义另外一个基类XueSheng
public:                     //公有成员
    XueSheng();             //声明构造函数XueSheng
    ~XueSheng();            //声明析构函数XueSheng
protected:                  //私有成员
    string studentID;       //定义变量studentID
    string m_name;          //定义变量m_name
};
XueSheng::XueSheng(){       //实现构造函数XueSheng
    cout<<"Constructing XueSheng……"<<endl;
}
XueSheng::~XueSheng(){      //实现析构函数XueSheng
    cout<<"Deconstructing XueSheng……"<<endl;
}
class JiaZhang{             //定义基类JiaZhang
public:
    JiaZhang();             //声明构造函数JiaZhang
    ~JiaZhang();            //声明析构函数~JiaZhang
protected:
    string typeOFrork;
};
JiaZhang::JiaZhang(){       //实现构造函数JiaZhang
    cout<<"Constructing JiaZhang……"<<endl;
}
JiaZhang::~JiaZhang(){      //实现析构函数JiaZhang
    cout<<"Deconstructing JiaZhang……"<<endl;
}
class A:public JiaoShi,public JiaZhang   {    //多重继承
public:
    A();
    ~A();
```

```
};
A::A():JiaZhang(),JiaoShi(){                          //子类的构造函数
    cout<<"Constructing A……"<<endl;
}
A::~A(){                                              //子类的析构函数
    cout<<"Deconstructing A……"<<endl;
}
class B:public XueSheng,public JiaoShi   {    //多重继承
public:
    B();
    ~B();
};
B::B():JiaoShi(),XueSheng(){                          //子类的构造函数
    cout<<"Constructing B……"<<endl;
}
B::~B(){                                              //子类的析构函数
    cout<<"Deconstructing B……"<<endl;
}
int main(int argc, char* argv[]){
    A aa;
    B bb;
    return 0;
}
```

在上述代码中，分别定义了JiaoShi、JiaZhang和XueSheng共3个基类，然后通过多重继承从它们派生了两个子类。在主函数内只声明了两个子类的实例，但是并没有使用它们，这是为了观察构造函数和析构函数的调用过程。对于类B，在定义时XueSheng在JiaoShi前，所以构造函数先调用XueSheng的，然后再调用JiaoShi的，最后才是B本身的。析构函数则正好相反，调用顺序是从里到外。程序编译执行后的效果如图14-9所示。

图14-9 执行后的效果

从图14-9所示的执行结果可以看出，构造函数将严格按照声明子类时基类的书写顺序从左到右执行，最后才执行子类的构造函数，并且基类的构造函数执行与构造函数冒号后的基类构造函数的书写顺序无关。析构函数的执行顺序则正好与构造函数的相反。因此可以总结出多重继承下析构函数和构造函数的特点如下。

（1）多重继承下析构函数和构造函数的声明方法与单重继承下的相同。

（2）多重继承下析构函数和构造函数的性质和特性与单重继承下的相同。

（3）多重继承下析构函数和构造函数的执行顺序与单重继承下的相同。但是基类间的执行顺序是严格按照声明时从左到右的顺序执行的，与它们在定义派生类构造函数中的顺序无关。

14.5 虚继承和虚基类

视频讲解：视频\第14章\虚继承和虚基类.mp4

在C++程序中，虚拟继承与虚基类是同一个概念，只是表述方式不同，作者推荐使用虚拟继承的说法。虚拟继承是C++继承的一个特殊方法，用来达到特殊的目的，这个目的是避免继承机制下的二义性问题。

14.5.1　虚基类介绍

在 C++程序中，当在多条继承路径上有一个公共的基类时，在这些路径中的某几条汇合处，这个公共的基类就会产生多个实例（或多个副本），如果只希望保存这个基类的一个实例，那么可以将这个公共基类说明为虚基类。

在 C++程序中初始化虚基类时，与一般多继承的初始化方法是一样的，但是构造函数的调用次序不同。派生类构造函数的调用次序需要遵循如下 3 条原则。

（1）虚基类的构造函数在非虚基类之前调用。

（2）如果同一层次中包含多个虚基类，这些虚基类的构造函数按它们说明的次序调用。

（3）如果虚基类由非虚基类派生而来，则仍先调用基类构造函数，再调用派生类的构造函数。

在 C++程序中，定义虚基类的语法格式如下。

```
class ClassNmame:virtual 继承方式BaseClass{
  ……
};
```

在上述格式中，virtual 仅对临近的基类起作用，如果有多个基类，则需要被说明是虚基类，必须给每个基类都添加 virtual 说明。C++中允许基类在作为某个子类的虚基类的同时，又作为另一些子类的虚基类。虚基类是对子类而言的，其本身的定义与普通类一样，只是在声明子类时被说明为虚基类。

在 C++程序中，虚基类主要用于解决在多重继承时基类可能被多次继承的问题，虚基类可以提供一个基类给派生类。例如，在下面的代码中，C 同时继承与 D1 和 D2，有两个基类，这样会造成混乱问题。

```
Class B{
};
Class D1:public B{
};
Class D2:public B{
};
Class C:public D1,public D2{
};
```

而在下面的演示代码中使用了虚基类，可以避免上面的混乱问题。

```
Class B{
};
Class D1:virtual public B{
};
Class D2:virtual publicB{
};
Class C:public D1,public D2
```

14.5.2　使用虚基类

下面通过一个具体实例来演示在 C++多重继承中存在的二义性问题。

实例 14-8　在 C++多重继承中存在的二义性问题

源码路径：daima\14\14-8（Visual C++版和 Visual Studio 版）

本实例的实现文件为 xuji.cpp，主要实现代码如下。

```
class JiLei{                                //基类
public:
    int x;
};
```

```
class A:public JiLei{                //公有派生
public:
    int y;
};
class B:public JiLei  {              //公有派生
public:
    int z;
};
class C:public A,public B{           //多重继承
public:
    int s;
};
int main(void){
    C cc;
    //cc.x=1;                        //此处存在二义性
    cc.B::x = 10;                    //用限定符避免二义性
    cc.A::x = 100;
    cout << cc.B::x <<"亿" << endl;   //域限定符避免二义性
    cout << cc.A::x << "亿" << endl;  //域限定符避免二义性
    cc.y = 20;                       //没有二义性
    cc.z = 30;
    //cc.s=cc.x+cc.y+cc.z;           //此处cc.x有二义性
    cc.s = cc.B::x + cc.y + cc.z;    //用限定符避免二义性
    cout << cc.s << "亿" << endl;     //没有二义性
    cc.s = cc.A::x + cc.y + cc.z;
    cout << cc.s << "亿" << endl;
    return  1;
}
```

在上述代码中，类 A 和 B 中都继承与基类 JiLei，类 C 又多重继承与 A 和 B。所以类 A 和 B 中都有从基类继承来的成员 x，所以语句“cc.x”将产生二义性，因为编译器不知要访问哪个类承压 unzhongdx。为此在上述代码中，使用域限定符来区分两个类中的 x。此外，因为类 JiLei 是类 A 和 B 的共有基类，所以类 C 的继承体系中会存在 JiLei 的两个副本，这就导致了用域限定符两次访问 x 时产生数据冗余。程序编译执行后的效果如图 14-10 所示。本实例会产生二义性，可以对上述代码进行修改，即通过虚继承来解决。

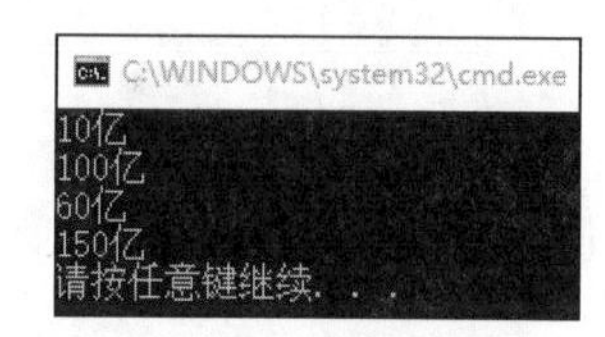

图 14-10　执行后的效果

14.6　技 术 解 惑

14.6.1　通过虚继承解决二义性问题

下面通过一个具体实例来演示 C++中通过虚继承解决二义性问题的过程。本实例的实现文件为 jiejue.cpp（源码路径为 daima\14\jiejue），具体代码如下。

```
#include "stdafx.h"
#include <iostream>
#include <string>
using namespace std;
class JiLei                          //基类
{
public:
   int x;
};
```

```
class A:virtual public JiLei        //虚继承，JiLei是虚基类
{
public:
    int y;
};
class B:virtual public JiLei        //虚继承，JiLei是虚基类
{
public:
    int z;
};
class C:public A,public B           //多重继承
{
public:
    int s;
};
int main(void)
{
    C cc;
    cc.x=1;                         //没有二义性，因为基类JiLei只有一个实例存在
    cc.B::x=10;                     //与cc.x所代表的变量相同，因此将覆盖对cc.x的赋值
    cc.A::x=100;                    //与cc.x所代表的变量相同，因此将覆盖前两次对x的赋值
    cout<<cc.x<<endl;
    cout<<cc.B::x<<endl;
    cout<<cc.A::x<<endl;
    cc.y=20;
    cc.z=30;
    cc.s=cc.x+cc.y+cc.z;            //没有二义性
    cout<<cc.s<<endl;
    cc.s=cc.B::x+cc.y+cc.z;
    cout<<cc.s<<endl;
    cc.s=cc.A::x+cc.y+cc.z;
    cout<<cc.s<<endl;
    return  1;
}
```

在上述代码中，将基类 JiLei 到类 A 和 B 的派生变为了虚继承关系，所以 C 的继承体系中只会存在 JiLei 的一个副本。此时如果直接从 C 中访问 x 就是准确无误的，并且任何形式对 x 的赋值操作都是在操作同一个 x。程序编译执行后的效果如图 14-11 所示。

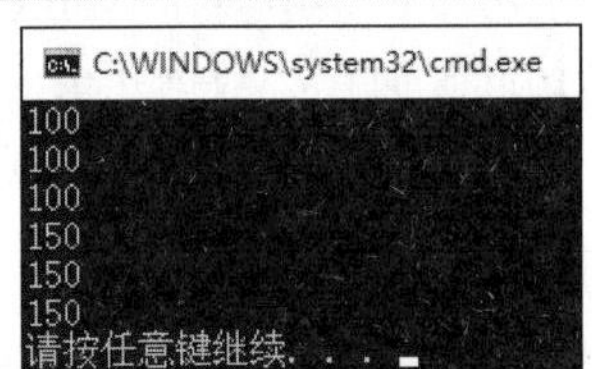

图 14-11　执行后的效果

14.6.2　使用 C++虚基类的注意事项

使用 C++虚基类时，必须注意如下几点。

（1）一个类可以在一个类族中既被用作虚基类，也被用作非虚基类。

（2）在派生类的对象中，同名的虚基类只产生一个虚基类子对象，而某个非虚基类产生各自的子对象。

（3）虚基类子对象是由派生类的构造函数通过调用虚基类的构造函数进行初始化的。

（4）派生类是指在继承结构中建立对象时所指定的类。

（5）派生类的构造函数的成员初始化列表中必须列出对虚基类构造函数的调用；如果未列出，则表示使用该虚基类的缺省构造函数。

（6）从虚基类直接或间接派生的派生类中的构造函数的成员初始化列表中，都要列出对虚基类构造函数的调用。但只有用于建立对象的派生类的构造函数调用虚基类的构造函数，而该派生类的所有基类中列出的对虚基类的构造函数的调用在执行中被忽略，从而保证对虚基类子

对象只初始化一次。

（7）在一个成员初始化列表中同时出现对虚基类和非虚基类构造函数的调用时，虚基类的构造函数先于非虚基类的构造函数执行。

14.6.3 虚基类的子对象的初始化

C++的虚基类使用 virtual 进行声明，在使用虚基类时要在每一个直接继承子类中都用 virtual 声明基类该子类的虚基类，是基类为该子类的虚基类，而不是说基类是一个虚基类。读者可能会有疑问：为什么在每一个子类中，都要调用虚基类的构造函数来对虚基类的子对象进行初始化呢？这是因为每一个子类都有可能定义自己的对象。

关于虚基类的子对象的初始化问题，虚基类的子对象会在定义了对象的那个类中调用虚基类的构造函数完成初始化。

虚基类的对象是被虚基类的所有继承方式标注为虚继承的子类共享的，即只在最终定义的对象中存在虚基类子对象的一块内存空间。虚基类必须是在运行时根据实际的对象来完成虚基类函数的寻址。在其他子类中的虚基类的构造函数被压制。正因为如此，虚基类中的成员的初始化才在并且只在定义对象的那个类中完成。

虚基类具有存在、间接和共享 3 个特征。

14.6.4 允许派生类中的成员名与基类中的成员名相同

在 C++程序中定义派生类时，允许派生类中的成员名与基类中的成员名相同。如果出现这种情况，则称派生类成员覆盖了基类中使用相同名称的成员。也就是说，当你在派生类中或用对象访问该同名成员时，你所访问的只是派生类中的成员，基类中的则自动被忽略。但如果确实要访问到基类中的同名成员，那怎么办呢？C++中这样规定：必须在成员名前加上基类名和作用域标识符“::”。

无论哪种继承方式，在派生类中都是不能访问基类的私有成员的，私有成员只能被本类的成员函数所访问，毕竟派生类与基类不是同一个类。如果在多级派生时都采用公用继承方式，那么直到最后一级派生类都能访问基类的公用成员和保护成员。如果采用私有继承方式，经过若干次派生之后，基类的所有成员已经变成不可访问的子类。如果采用保护继承方式，在派生类外是无法访问派生类中的任何成员的。而且经过多次派生后，人们很难清楚地记住哪些成员可以访问，哪些成员不能访问，很容易出错。因此，在实际中，常用的是公用继承。

14.7 课后练习

（1）编写一个 C++程序，要求重写父类中的方法。

（2）编写一个 C++程序，要求实现一个访问类中私有成员的函数。

（3）编写一个 C++程序，要求使用单例设计模式。

第 15 章

多　态

按字面意思，多态（Polymorphism）就是“多种状态”。在面向对象语言中，接口的多种不同的实现方式即为多态。多态是面向对象程序设计的重要特征之一，是扩展性在“继承”之后的又一重大表现。本章将详细讲解 C++语言多态的基本知识，为读者步入本书后面知识的学习打下基础。

15.1 什么是多态

视频讲解：视频\第 15 章\什么是多态.mp4

多态（Polymorphism）的含义是具有多种形式或形态。在程序设计领域，一个广泛认可的定义是“一种不同的特殊行为和单个泛化记号相关联的能力”。与纯粹的面向对象程序设计语言不同，C++中的多态有着更广泛的含义。除了常见的通过类继承和虚函数机制生效于运行期的动态多态（Dynamic Polymorphism）外，模板也允许将不同的特殊行为和单个泛化记号相关联，由于这种关联处理于编译期而非运行期，因此被称为静态多态（Static Polymorphism）。

多态性就是多种表现形式，具体来说，可以用“一个对外接口，多个内在实现方法”表示。举一个例子，计算机中的堆栈可以存储各种格式的数据，包括整型、浮点或字符。不管存储的是何种数据，堆栈的算法实现是一样的。针对不同的数据类型，编程人员不必手工选择，只需使用统一接口名，系统即可自动选择。“多态性”一词最早用于生物学，指同一种族的生物体具有相同的特性。在面向对象理论中，多态性的定义是：同一操作作用于不同的类的实例，将产生不同的执行结果，即不同类的对象收到相同的消息时，得到不同的结果。

在 C++语言中，多态性包含编译时的多态性和运行时的多态性两大类，也可以分为静态多态性和动态多态性两种，具体说明如下。

（1）静态多态性是指定义在一个类或一个函数中的同名函数，它们根据参数表（类型以及个数）区别语义，并通过静态联编实现。例如，在一个类中定义的不同参数的构造函数。动态多态性是指定义在一个类层次的不同类中的重载函数，它们一般具有相同的函数，因此要根据指针指向的对象所在类来区别语义，它通过动态联编实现。

（2）动态多态是指发出同样的消息被不同类型的对象接收时，有可能导致完全不同的行为。

多态性是指用一个名字定义不同的函数，这函数执行不同但又类似的操作，从而实现“一个接口，多种方法”。多态性的实现与静态联编、动态联编有关。静态联编支持的多态性称为编译时的多态性，也称静态多态性，它是通过函数重载和运算符重载实现的；动态联编支持的多态性称为运行时的多态性，也称动态多态性，它是通过继承和虚函数实现的。

15.2 宏 多 态

视频讲解：视频\第 15 章\宏多态.mp4

在 C++程序中，宏是指替换，即在编程时使用一个标记来代替一个字符串，并在编译时将该标记替换为对应的字符串。宏多态由#define 定义，分为带参数和不带参数两种。不带参数的宏是一种纯粹的字符串替换，带参数的类似于内联函数。当使用带参数的宏定义时，没有规定其参数的具体类型，即宏仅仅定义了一个处理参数的模板，至于具体完成什么动作是由参数的类型决定的。下面的实例演示了在 C++程序中使用宏多态的过程。

实例 15-1　在 C++程序中使用宏多态

源码路径：daima\15\15-1（Visual C++版和 Visual Studio 版）

本实例的实现文件为 hong.cpp，具体实现代码如下。

```
    #define hong(x) ((x)==0)          //这是断言宏
    #define _ADD_(x,y) ((x)+(y))      //这是加法宏
    int main(int argc, char* argv[]){
        int x[3]={1,2,3};
        int *p=NULL;
        string str1("hello");
        string str2("world");
        cout<<hong(x[0])<<endl;           //判断整数是否为0
        cout<<hong(p)<<endl;              //判断指针是否为空
        p=x;
        cout<<_ADD_(x[1],*p)<<endl;       //整数加
        cout<<p<<endl;                    //输出地址
        p=_ADD_(p,1);                     //指针地址递增
        cout<<p<<endl;                    //输出地址
        cout<<(*p)<<endl;
        cout<<_ADD_(str1,str2)<<endl;     //字符串连接
        return 0;
    }
```

在上述代码中分别定义了 hong 和_ADD_两个宏，前者是断言宏，后者是加法宏。

(1) 宏 hong：在 hong 的第一次调用中，参数是整数，所以执行的是判断整数是否为 0 的操作。第二次调用时参数为指针，所以执行的是判断是否为空的操作。

(2) 宏_ADD_：第一次调用中，参数都是整数，所以执行的是整数加法运算。第二次调用中，参数是指针和整数 1，所以执行的是指针地址增加 1，即指向数组的下一个整数。最后一次调用中，参数都是字符串，所以执行的是串的连接。

程序编译执行后的效果如图 15-1 所示。从执行效果可以看出，宏多态要依赖于参数的类型，因为参数类型的不同，它决定了宏完成什么样的功能。实质上宏是在编译时替换的，这种替换是不加任何改动的替换。所以在替换后相当于在代码中出现宏的地方直接写了一段代码，所以有什么样的参数，就会有什么样的操作。

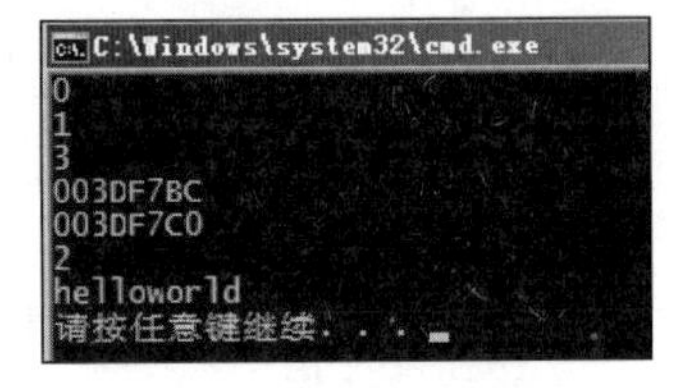

图 15-1　执行效果

15.3 虚　函　数

视频讲解：视频\第 15 章\虚函数.mp4

在 C++程序中，虚函数就是虚拟函数，是在基类中被声明为虚拟的，并在派生类中定义，实现其本身的功能。C++通过虚函数实现多态，“无论发送消息的对象属于什么类，它们均发送具有同一形式的消息，对消息的处理方式可能随接收消息的对象而改变”的处理方式称为多态性。在某个基类上建立起来的类的层次构造中，可以对任何一个派生类的对象中的同名过程进行调用，而被调用的过程提供的处理可以随其所属的类而变。虚函数首先是一种成员函数，它可以在该类的派生类中被重新定义并被赋予另外一种处理功能。

15.3.1　虚函数基础

在 C++语言中，定义虚函数的语法格式如下。

```
virtual 类型函数名 (参数表);
```

当虚函数一旦被定义后，在同一类族的类中，所有与该虚函数具有相同参数和返回值类型的同名函数都将自动成为虚函数，无论是否加关键字 virtual。下面的代码演示了虚函数的定义

与派生类中的重定义过程。

```
class 类名{
public:
      virtual 成员函数说明;
}
class 类名: 基类名{
   public:
      virtual 成员函数说明;
}
```

下面的实例演示了在C++程序中使用虚函数的过程。

实例 15-2 使用虚函数

源码路径：daima\15\15-2（Visual C++版和 Visual Studio 版）

本实例的实现文件为xu.cpp，具体实现代码如下。

```
class JiLei{       //定义基类JiLei
public:
   virtual void fun(char *str);    //声明虚函数fun
};
void JiLei::fun(char *str) {       //实现函数fun
   cout<<"在JiLei内, str="<<str<<endl;
}
class ZiLei1 : public JiLei{       //定义派生子类ZiLei1
public:
   void fun(char *str);            //声明函数fun
};
void ZiLei1::fun(char *str){       //实现函数fun

    cout<<"在ZiLei1内, str="<<str<<endl;
}
class ZiLei2 : public JiLei{       //定义子类ZiLei2
public:
    void fun(char *str);           //定义函数fun
};
void ZiLei2::fun(char *str){       //实现函数fun
    cout<<"在ZiLei2内, str="<<str<<endl;
}
class ZiLei11:public ZiLei1{       //定义子类ZiLei1
public:
    void fun(char *str);           //声明函数fun
};
void ZiLei11::fun(char *str){      //实现函数fun
    cout<<"在ZiLei11内, str="<<str<<endl;
}
int main(int argc, char* argv[]){
    JiLei *base=new JiLei;         //新建基类对象*base
    ZiLei1 child1;                 //ZiLei1实例child1
    ZiLei2 child2;                 //ZiLei2实例child2
    ZiLei11 child11;               //ZiLei11实例child11
    ZiLei1 *pchild1;               //ZiLei1实例*pchild1
    base->fun("base.fun");         //调用虚函数fun
    child1.fun("child1.fun");      //调用child1实例中的函数fun
    child2.fun("child2.fun");      //调用child2实例中的函数fun
    delete base;                   //释放base
    base=&child1;                  //指向ZiLei1类
    base->fun("base->fun");        //调用类ZiLei1 中的函数fun
```

```
    base=&child2;
    base->fun("base->fun");             //调用类ZiLei2 中的函数fun
    child11.fun("child11.fun");         //指向子孙类
    base=&child11;
    base->fun("base->fun");             //调用类ZiLei11 中的函数fun
    pchild1=&child11;
    pchild1->fun("pchild1->fun");
    return 0;
}
```

在上述代码中，分别定义了一个基类 JiLei 和两个子类 ZiLei1、ZiLei2，又从 ZiLei1 中派生了 ZiLei11。当直接访问类本身时，调用了类本身的 fun()函数。当将子类的地址赋给父类的指针时，调用者虽然是父类，但执行的却是子类的函数。程序编译执行后的效果如图 15-2 所示。由执行结果可以看出，当基类中的函数是虚函数时，则所有子类、子类中的子类对应函数就都是虚拟的。

图 15-2　执行效果

15.3.2　纯虚函数

在 C++程序中，纯虚函数是在基类中声明的虚函数，它在基类中没有定义，但要求任何派生类都要定义自己的实现方法。在基类中实现纯虚函数的方法是在函数原型后加“=0”。定义纯虚函数的语法格式如下。

```
virtual 类名函数名(参数表)=0;
```

在 C++程序中，引入纯虚函数的原因如下。

（1）为了方便使用多态特性，我们常常需要在基类中定义虚拟函数。

（2）在很多情况下，基类本身生成对象是不合情理的。例如，动物作为一个基类可以派生出老虎、孔雀等子类，但动物本身生成对象明显不合常理。

为了解决上述问题，C++引入了纯虚函数的概念，将函数定义为纯虚函数，具体格式如下。

```
virtual ReturnType Function()= 0;
```

当将一个函数定义为纯虚函数后，编译器会要求在派生类中必须予以重载以实现多态性。同时含有纯虚拟函数的类称为抽象类，它不能生成对象。这样就很好地解决了上述两个问题。定义一个函数为纯虚函数的直接原因是为了实现一个接口，起到一个规范的作用，要求继承这个类的程序员必须实现该函数。下面的实例演示了使用纯虚函数的过程。

实例 15-3　使用纯虚函数

源码路径： daima\15\15-3（Visual C++版和 Visual Studio 版）

本实例的实现文件为 chunxu.cpp，具体实现代码如下。

```
class JiLei{                          //定义基类JiLei
public:
   virtual void fun(char *str)=0; //声明纯虚函数fun
};
class ZiLei : public JiLei{       //定义子类ZiLei
public:
   void fun(char *str);             //实现父类的虚函数
};
int main(int argc, char* argv[]){
   ZiLei child;
   //JiLei base;                     //错误，此处不允许实例化
   JiLei *pBase;                     //JiLei实例*pBase
   //pBase=new JiLei;                //错误，此处不允许实例化
```

```
    child.fun("zilei.fun");          //调用zilei中的函数fun
    pBase=&child;                    //用父类型的指针指向派生类
    pBase->fun("jilei->fun");        //通过父类型的指针调用子类的函数
    return 0;
}
void ZiLei::fun(char *str){          //实现zilei中的函数fun
    cout<<"在ZiLei内, str="<<str<<endl;
}
```

在上述代码中，分别定义了一个基类 JiLei 和一派生类 ZiLei。基类中的函数 fun()被声明为纯虚函数，所以代码中不能出现它的定义，但是在子类 ZiLei 中则给出了该函数的具体实现。程序编译执行后的效果如图 15-3 所示。

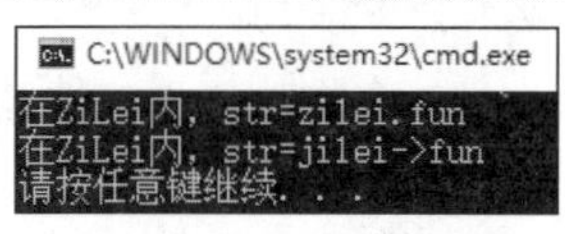

图 15-3　执行后的效果

15.4　抽　象　类

视频讲解：视频\第 15 章\抽象类.mp4

抽象类是 C++中一个十分重要的概念，本节将详细介绍 C++抽象类的基本知识。

15.4.1　什么是抽象类

在面向对象的概念中，所有的对象都是通过类来描绘的。但是反过来却不是这样，即并不是所有的类都是用来描绘对象的。如果一个类中没有包含足够的信息来描绘一个具体的对象，这样的类就是抽象类。抽象类往往用来表征我们在对问题领域进行分析、设计中得出的抽象概念，是对一系列看上去不同但在本质上相同的具体概念的抽象。比如正在进行一个图形编辑软件的开发，就会发现问题领域存在着圆、三角形这样一些具体概念，它们是不同的，但是它们又都属于形状这样一个概念，形状这个概念在问题领域是不存在的，它就是一个抽象概念。正是因为抽象的概念在问题领域没有对应的具体概念，所以用以表征抽象概念的抽象类是不能够实例化的。

在 C++程序中，抽象类是一种特殊的类，它是为了抽象和设计的目的而建立的，它处于继承层次结构的较上层。通常我们称带有纯虚函数的类为抽象类。在 C++程序中，抽象类的主要作用是将有关的操作作为接口组织在一个继承层次结构中，由它来为派生类提供一个公共的根，派生类将具体实现在其基类中作为接口的操作。所以派生类实际上刻画了一组子类的操作接口的通用语义，这些语义也传给子类，子类可以具体实现这些语义，也可以再将这些语义传给自己的子类。

当在 C++程序中使用抽象类时，必须注意如下两个方面。

（1）抽象类只能作为基类来使用，其纯虚函数的实现由派生类给出。如果派生类中没有重新定义纯虚函数，而只是继承基类的纯虚函数，则这个派生类仍然还是一个抽象类。如果派生类中给出了基类纯虚函数的实现，则该派生类就不再是抽象类，它是一个可以建立对象的具体的类。

（2）抽象类是不能定义对象的。

由此可见，根据上述描述，实例 15-3 中的 JiLei 就是一个抽象类。

15.4.2　抽象类的派生

在 C++程序中，如果在一个类中含有纯虚函数，那么任何试图对该类进行实例化的语句都将导致错误产生，因为抽象基类是不能被直接调用的。纯虚函数必须被子类定义后才能被调用。

所以抽象类只能作为基类来使用，其纯虚函数的实现是由派生类给出的。如果派生类没有重新定义纯虚函数，而派生类只是继承基类的纯虚函数，则这个派生类仍然是 ·个抽象类。如果派生类中给出了基类纯虚函数的实现，则该派生类就不再是抽象类，而是一个可以建立对象的具体类。下面的实例演示了 C++抽象类的派生过程。

实例 15-4　演示 C++抽象类的派生过程

源码路径： daima\15\15-4（Visual C++版和 Visual Studio 版）

本实例的实现文件为 paisheng.cpp，具体实现代码如下。

```
class JiLei{                         //定义基类JiLei
public:
   virtual void fun(char *str)=0; //声明纯虚函数fun
};
class ZiLei1 : public JiLei{         //定义子类ZiLei1，公有继承，不再是抽象类
public:
   void fun(char *str);              //声明函数fun
};
class ZiLei2 : public JiLei{         //定义子类ZiLei2，公有继承，仍然是抽象类
};
class ZiLei21 : public ZiLei2{      //公有继承,，不再是抽象类

public:
   void fun(char *str);              //声明函数fun
};
int main(int argc, char* argv[]){
   //JiLei *pBase=new JiLei;         //抽象类不能实例化
   JiLei *pBase;
   ZiLei1 child1;
   //ZiLei2 *pZiLei=new ZiLei2;     //抽象类不能实例化
   ZiLei2 *pZiLei;
   ZiLei21 ZiLei1;
   child1.fun("child1.fun");
   pBase=&child1;                    //利用抽象基类的指针指向子类
   pBase->fun("pBase->fun");
   ZiLei1.fun("ZiLei1.fun");
   pBase=&ZiLei1;                    //利用抽象基类的指针指向孙子类

   pBase->fun("pBase->fun");
   pZiLei=&ZiLei1;                   //利用抽象基类的指针指向子类
   pZiLei->fun("pZiLei->fun");
   pBase=pZiLei;                     //利用抽象基类的指针指向孙子类
   pBase->fun("pBase->fun");

   return 0;
}
void ZiLei1::fun(char *str){        //实现ZiLei1中函数fun
   cout<<"在ZiLei1内，str="<<str<<endl;
}
void ZiLei21::fun(char *str)        //实现ZiLei2中函数fun
{
   cout<<"在ZiLei21内，str="<<str<<endl;
}
```

在上述代码中分别定义了 4 个子类，其中基类 JiLei 是纯虚函数。因为子类 ZiLei2 中没有绝对虚函数 fun()进行定义，所以 fun()仍然是一个纯虚函数，该类也就是抽象类。在子类 ZiLei1 和孙子类 ZiLei21 中都对函数 fun()进行了定义，所以它们不再是抽象类。程序编译执行后的效果如图 15-4 所示。

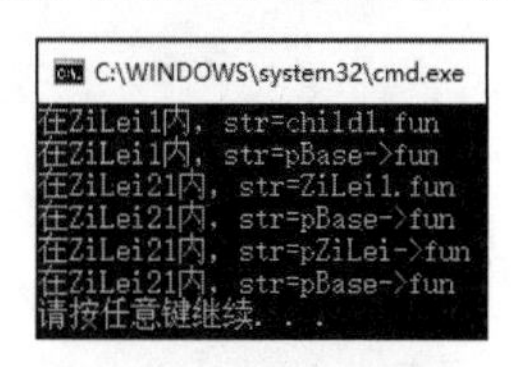

图 15-4 执行效果

15.5 运算符重载和函数重载

视频讲解：视频\第 15 章\运算符重载和函数重载.mp4

运算符重载是 C++多态性中的重要内容之一，运算符重载就是赋予已有的运算符多重含义。C++通过重新定义运算符，使它能够用于特定类的对象执行特定的功能，这便增强了 C++语言的扩充能力。在 C++程序中，在同一作用域内可以有一组具有相同名字、不同参数列表的函数，这组函数称为重载函数。重载函数通常用来命名一组功能相似的函数，这样做可以减少函数名的数量，避免名字空间的污染，对于程序的可读性有很大的好处。

15.5.1 运算符重载基础

在 C++程序中，运算符重载的作用是为类的用户提供一个接口。通过使用运算符重载，允许 C/C++的运算符在用户定义类型(类)上拥有一个用户定义的意义。通过重载类上的标准算符，可以发掘类的用户的直觉，使得用户程序所用的语言是面向问题的，而不是面向机器的，最终目标是降低学习曲线并减少错误率。

在 C++程序中，除了少数几个运算符以外全部可以重载，而且只能重载已有的运算符。具体来说，C++可以重载的运算符如下。

（1）算术运算符：+，-，*，/，%，++，--。

（2）位操作运算符：&，|，～，^，<<，>>。

（3）逻辑运算符：!，&&，||,。

（4）比较运算符：<，>，>=，<=，==，!=。

（5）赋值运算符：=，+=，-=，*=，/=，%=，&=，|=，^=，<<=，>>=。

（6）其他运算符：[]，()，->，,(逗号运算符)，new，delete，new[]，delete[]，->*。

在 C++程序中，有如下 4 个不能重载的运算符。

（1）类属关系运算符“.”。

（2）成员指针运算符“*”。

（3）作用域分辨符“::”。

（4）sizeof 运算符和三目运算符“?:”。

15.5.2 重载一元运算符

在 C++程序中，一元运算符只能重载一元运算符，双目运算符只能重载双目运算符。下面的实例演示了在 C++程序中重载一元运算符的具体过程。

实例 15-5 重载一元运算符

源码路径：daima\15\15-5（Visual C++版和 Visual Studio 版）

本实例的实现文件为 one.cpp，具体实现代码如下。

```
class RealLei{                    //定实数类RealLei
public:
```

```
    RealLei(double value=0);                    //声明构造函数RealLei
    RealLei operator -()const;                  //重载“-”负运算
    RealLei operator ++();                      //重载“++”自增运算
public:
    double value;
};
RealLei::RealLei(double value){                 //实现构造函数RealLei
    this->value=value;
}
RealLei RealLei::operator -()const{             //重载“-”负运算的实现
    return RealLei(-value);                     //取反处理
}
RealLei RealLei::operator ++(){                 //重载“++”负运算的实现
    value++;                                    //自增处理
    return RealLei(value);
}
int main(int argc, char* argv[]){
    RealLei r1(100.3);                          //r1赋值100.3
    cout<<r1.value<<"万美元" << endl;           //输出r1的值
    cout<<(++r1).value<<"万美元" << endl;       //输出++r1的值
    cout<<r1.value<<"万美元" << endl;           //输出r1的值
    cout<<(-r1).value<<"万美元" << endl;        //输出-r1的值
    return 0;
}
```

在上述代码中，首先定义了一个实数类 ShiLei，并为其定义了自增运算和负运算。两个运算符都被重载为类的成员。“-”运算符被解释为 r1.operator -()，“++”运算符被解释为 r1.operator ++()。程序编译执行后的效果如图 15-5 所示。

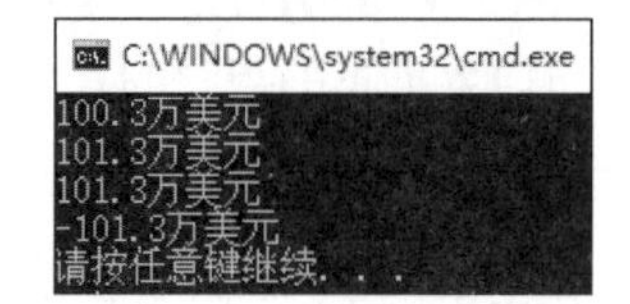

图 15-5　执行后的效果

15.5.3　重载二元运算符

在 C++程序中，二元运算符只能重载二元运算符。下面的实例演示了在 C++程序中重载二元运算符的过程。

实例 15-6　重载二元运算符

源码路径：daima\15\15-6（Visual C++版和 Visual Studio 版）

本实例的实现文件为 two.cpp，具体实现代码如下。

```
class RealLei{                                      //定义类RealLei
public:
    RealLei(double value=0);                        //构造声明
    RealLei operator +(const RealLei &RealLei1);    //重载加运算
    //重载乘法运算，友元
    friend RealLei operator *(const RealLei &RealLei1,const RealLei &RealLei2);
    RealLei operator -()const;                      //重载负运算
    RealLei operator ++();                          //重载自增运算

public:
    double value;
};
RealLei::RealLei(double value){                     //实现构造函数
    this->value=value;
}
//实现重载加运算
RealLei RealLei::operator +(const RealLei &RealLei1){//虽然是二元运算，但只有一个参数
```

```
    return RealLei(this->value+RealLei1.value);
}
RealLei RealLei::operator -()const{  //实现重载取反（负）运算
    return RealLei(-value);
 }
//实现重载自增运算
RealLei RealLei::operator ++(){
    value++;
    return RealLei(value);
}
// 实现重载乘法运算，是二元运算，且是友元，所以有两个参数
RealLei operator *(const RealLei &RealLei1,const RealLei &RealLei2){
    RealLei temp;
    temp.value=RealLei1.value*RealLei2.value;
    return temp;
}
int main(int argc, char* argv[]){
    RealLei r1(12.1);                    //r1赋值为12.1
    RealLei r2(20.1);                    //r2赋值为20.1
    cout << "项目经理的年薪是" << (r1 + r2).value <<"万元" << endl;//成员函数
    cout << "CTO的年薪是" <<(r1*r2).value <<"万元" << endl;//友元函数
    return 0;
}
```

上述代码是对实例 15-5 的升级，在此增加了加法运算和乘法运算。其中加法运算被定义为类的成员，乘法运算被定义为友元函数。所以 r1+r2 被解释为 r1.operator +(r2)，“r1*rw” 被解释为了 operator *(r1,r2)。程序编译执行后的效果如图 15-6 所示。

图 15-6　执行效果

15.5.4　参数类型不同的重载

当在 C++程序中定义函数后，系统区分不同函数的依据是函数的签名。签名中包含函数名称、参数类型和参数个数 3 个要素。为了保证类型安全链接，编译器利用每个函数的参数个数和类型对其标志符实际编码。类型安全可以保证调用到恰当的重载函数，一集形参和实参之间的对应。这就产生了因参数类型和参数个数不同而形成的两种重载方法。参数类型不同的重载函数具有相同的名称，但是具有不同的参数类型。下面的实例演示了使用不同参数类型的重载函数的过程。

实例 15-7　使用不同参数类型的重载函数

源码路径：daima\15\15-7（Visual C++版和 Visual Studio 版）

本实例的实现文件为 different.cpp，具体实现代码如下。

```
int add(int i1,int i2);                          //声明整数加运算函数add
double add(double d1,double d2);                 //声明双精度加运算函数add
string add(const string &s1,const string &s2);   //声明串链接运算函数add
int main(int argc, char* argv[]){
    int i1=100;                                  //变量i1初始值为100
    int i2=50;                                   //变量i2初始值为50
    double d1=100.5;                             //变量d1初始值为100.5
    double d2=100.8;                             //变量d2初始值为100.8
    string s1("财务总监");                        //s1赋值：你
    string s2("发布");                            //s2赋值：好
    cout << "Java团队的工资支出：" << add(i1, i2) << "万元" << endl;
    //因为参数是整数，所以调用的是整数加
    cout << "C++团队的工资支出：" << add(d1, d2) << "万元" << endl;
```

```
    //因为参数是双精度，所以调用的是双精度加
    cout<<add(s1,s2)<<endl;              //因为参数是串，所以调用的是串链接
    return 0;
}
//实现串链接运算函数add
string add(const string &s1,const string &s2){
    string str;
    str.assign(s1);

    str.append(s2);
    return str;
}
//实现整数加运算函数add
int add(int i1,int i2){
    return i1+i2;
}
//实现双精度加运算函数add
double add(double d1,double d2){
    return d1+d2;
}
```

在上述代码定义了函数 add()，然后分别对其进行了 3 次重载处理，分别接受 int、double、string 共 3 种参数。在编译时会根据参数类型的不同对函数 add()进行解析。所以 add(i1,i2)将被编译为 add(int,int)，add(d1,d2)将被编译为 add(double,double)，add(s1,s2)将被编译为 add(string,string)。程序编译执行后的效果如图 15-7 所示。

图 15-7　执行后的效果

15.6　流的重载

视频讲解：视频\第 15 章\流的重载.mp4

在 C++程序中，流提取运算符“>>”和流插入运算符“<<”是 C++类库提供的 I/O 操作符。系统预定义了输入流类 istream 和输出流类 ostream，cin 和 cout 分别是 istream 和 ostream 的对象。在 istream 头文件中已经对“>>”和“<<”进行了重载，使其能用于输入/输出标准类型的数据。如果是自定义类型就需要重载这两个运算符，以便它们能“输入/输出”该自定义类型的数据。

15.6.1　流插入重载

在 C++程序中，流插入运算符是<<，表示将右边的数据送到输出流 count 中，并输出相应的信息。当遇到自定义类型时，必须对该运算符进行重载，以便可以支持将自定义类型的数据插入输出流的能力。使用流插入重载流的语法格式如下。

```
ostream &operator<<(ostream &,自定义类&);
```

当使用上述格式表示重载时，返回值必须是 ostream 型，第一个参数也必须是 ostream 型，第二个参数是自定义类型。上述形式的重载只能定义为友元和普通函数，而不能定义为类的成员函数。下面的实例演示了在 C++程序中实现流插入重载功能的过程。

实例 15-8　实现流插入重载功能

源码路径：daima\15\15-8（Visual C++版和 Visual Studio 版）

本实例的实现文件为 liu.cpp，具体实现代码如下。

```
class JiLei;                                        //定义类JiLei
ostream& operator <<(ostream& output,JiLei & date);
class JiLei{                                        //日期类
public:
   JiLei(int y=2011,int m=9,int d=10);          //声明带默认参数的构造函数
   JiLei operator +(const int &i);              //声明加运算重载
   friend ostream &operator <<(ostream& output,JiLei & date);//友元
public:
    int year,month,day;
};
//实现day属性的加运算
JiLei JiLei::operator +(const int &i){
   JiLei cd;
   cd.year=year;
   cd.month=month;
   cd.day=day+i;
   return cd;

}
//流输出
ostream& operator <<(ostream& output,JiLei & date){
   string str;
   char ch[10];
   str.assign(itoa(date.year,ch,10));
   str.append("/");
   str.append(itoa(date.month,ch,10));
   str.append("/");
   str.append(itoa(date.day,ch,10));
   return output<<str<<endl;
}
JiLei::JiLei(int y,int m,int d){                    //实现构造函数JiLei
   year=y;
   month=m;
   day=d;
}
int main(void){
   JiLei date(2012,9,9);                            //赋值3个参数：2012,9,9
   cout << "时间："<<date;                          //重载的输出流
   date = date + 10;                                //重载加运算
   cout << "时间：" << date;                        //重载的输出流
   return 0;
}
```

在上述代码中定义了类 CDate，并重载了它的输出流。编译执行后的效果如图 15-8 所示。

图 15-8　执行后的效果

15.6.2 流提取重载

在 C++程序中，流提取运算符是>>，功能是将左边的输入流中的数据传送给右边的变量。使用流提取运算符的语法格式如下。

```
istream &operator<<(istream &,自定义类&);
```

在使用上述格式表示重载时，返回值必须是 istream 型，第一个参数也必须是 istream 型，

第二个参数是自定义类型。上述形式的重载只能定义为友元和普通函数，而不能定义为类的成员函数。下面的实例演示了使用流提取运算符的过程。

实例 15-9　使用流提取运算符

源码路径：daima\15\15-9（Visual C++版和 Visual Studio 版）

本实例的实现文件为 liutiqu.cpp，具体实现代码如下。

```
class JiLei;      //定义类JiLei
istream &operator >>(istream & input,JiLei & date);      //使用流提取运算符
ostream& operator <<(ostream& output,JiLei & date);      //流插入重载流
class JiLei{
public:
   JiLei(int y=2008,int m=9,int d=10);
   JiLei operator +(const int &i);
   friend ostream &operator <<(ostream& output,JiLei & date);   //流输出重载
   friend istream &operator >>(istream & input,JiLei & date);   //流输入重载
private:
    int year,month,day;
};
JiLei JiLei::operator +(const int &i){
   JiLei cd;
   cd.year=year;
   cd.month=month;
   cd.day=day+i;
   return cd;
}
//流输入重载
istream &operator >>(istream & input,JiLei & date){

   string str;
   int index[2]={-1,-1};
   input>>str;
   index[0]=str.find("/",0);                            //年月的分隔标记
   if (index[0]>=0){
       date.year=atoi(str.substr(0,4).c_str());   //取年
       index[0]++;
       index[1]=str.find("/",index[0]);              //月日的分隔标记
       if (index[1]>index[0]){
           date.month=atoi(str.substr(index[0],index[1]).c_str());//取月
           index[1]++;
           date.day=atoi(str.substr(index[1],2).c_str());    //取日
       }
   }
   return input;
}
ostream& operator <<(ostream& output,JiLei & date){ //流输出重载
string str;
char ch[10];
str.assign(itoa(date.year,ch,10));
str.append("/");                          //年和月添加分隔符
str.append(itoa(date.month,ch,10));
str.append("/");                          //月和日添加分隔符
str.append(itoa(date.day,ch,10));
return output<<str<<endl;
}
JiLei::JiLei(int y,int m,int d){      //实现构造函数JiLei
```

```
    year=y;
    month=m;
    day=d;
}
int main(void){
    JiLei date(2009,9,9);
    cin>>date;                    //流输入重载
    cout<<date;                   //流输出重载
    return 0;
}
```

上述实例是对实例 15-8 的扩充，在此加入了输入流的重载操作。当重载输入流时，程序从命令行读入一个日期字符串，并以“/”作为分隔符。执行后可以先输入字符，按下回车键后将输出日期字符串。程序编译执行后的效果如图 15-9 所示。

图 15-9 执行效果

15.7 覆 盖

视频讲解：视频\第 15 章\覆盖.mp4

在 C++程序中，覆盖（overriding）是指派生类（derived class）提供了与基类（Base Class）中相同名字和签名的虚函数。此处有两个概念，一个是覆盖仅发生在继承关系中，这与重载产生作用的范围不同。另一个是覆盖只能针对父类的虚函数，不是实函数也不是纯虚函数。

15.7.1 覆盖函数

覆盖、重载和虚函数是 C++多态中的重要知识体系，这三者的基本特点如下。

（1）虚函数：是子类与父类的垂直关系，函数名和参数列表完全相同，且父类中的虚函数必须用 virtual 来修饰。

（2）重载：是同一类中同名方法之间的水平关系，在同一个命名空间内，这些函数只是名字相同，参数类型和个数都不相同。

（3）覆盖：是子类和父类的函数具有相同的名字。无论参数是否相同，也无论是否含有 virtual，只要子类与父类具有相同的名字，父类的成员就会被覆盖。

重载是根据实参类型和个数来决定调用哪个函数，虚函数是根据对象类型的不同而调用不同的函数，覆盖则是调用本地成员。下面通过一个实例演示在 C++程序中使用覆盖函数的过程。

实例 15-10 使用覆盖函数

源码路径：daima\15\15-10（Visual C++版和 Visual Studio 版）

本实例的实现文件为 fugai.cpp，具体实现代码如下。

```
#include "stdafx.h"
#include <iostream.h>
class A{                      //定义基类A
public:
    void fun1(char *str);     //声明构造函数fun1
    virtual void fun2();      //声明虚函数fun2
};
void A::fun2(){               //实现函数fun2
    cout<<"in A"<<endl;
}
void A::fun1(char *str){      //实现函数fun1
```

```
    cout<<"in A,str="<<str<<endl;;
}
class B:public A{              //定义子类B，公有派生
public:
    void fun1(char *str);      //声明覆盖基类函数fun1
    void fun1(int x);          //声明覆盖基类函数fun1，同时也水平重载
    void fun2();               //声明继承基类的虚函数fun2
    void fun3();               //声明函数fun3
};
void B::fun3(){                //实现类B中的函数fun3
    A::fun1("继承与 B");//调用基类的函数，该函数被子类覆盖
}
void B::fun2(){                //实现类B中的函数fun2
    cout<<"in B"<<endl;
}
void B::fun1(char *str){  //实现类B中的函数fun1，参数是*str
    cout<<"in B,str="<<str<<endl;
}
void B::fun1(int x) {      //实现类B中的函数fun1，参数是x
    cout<<"in B,x="<<x<<endl;
}

int main(void){
    A a;                       //A实例a
    B b;                       //B实例b
    a.fun1("继承与 a");        //调用a的函数fun1
    b.fun1("继承与 b");        //调用b的函数fun1
    b.fun1(100);               //调用b的函数fun1
    a.fun2();                  //调用a的函数fun2
    b.fun2();                  //调用b的函数fun2
    b.A::fun1("继承与 a.B");//调用基类的被覆盖的函数fun1
    b.fun3();                  //调用b的函数fun3
    return 0;

}
```

在上述代码中定义了 A 和 B 两个类，B 继承于 A。其中 B 的函数 fun1()覆盖了 A 的同名函数。类 A 的两个同名函数 fun1()相互重载。类 B 的函数 fun2()继承了类 A 的虚函数 fun2()。类 B 的函数 fun3()给出了调用被覆盖的父函数的一种方法。在输出语句中，给出了另外一种调用覆盖函数的方法。程序编译执行后的效果如图 15-10 所示。

```
C:\WINDOWS\system32\cmd.exe
in A,str=继承与 a
in B,str=继承与 b
in B,x=100
in A
in B
in A,str=继承与 a.B
in A,str=继承与 B
请按任意键继续. . .
```

图 15-10 执行后的效果

15.7.2 覆盖变量

在 C++程序中，除了可以覆盖函数外，还可以覆盖变量。具体做法是只需将子类中的变量和父类中的变量同名即可。下面的实例演示了在 C++程序中使用覆盖变量的过程。

实例 15-11 使用覆盖变量

源码路径： daima\15\15-11（Visual C++版和 Visual Studio 版）

本实例的实现文件为 bianliang.cpp，具体实现代码如下。

```
class A{              //基类
public:
    A();              //构造函数
    int x;            //定义变量x
```

```
    float xx;           //定义变量xx
};
A::A(){                 //实现函数A
    x=100;              //变量x赋值为100
}
class B:public A{       //定义子类B，公有继承
public:
    B();                //声明构造函数B
    int x;              //定义覆盖基类同名变量x
    int xx;             //定义覆盖基类同名变量xx
};
B::B(){                 //实现构造函数B
    x=10;               //子类变量x覆盖，重新赋值为10
    A::x=100;           //调用基类被覆盖的变量x，值为100
    xx=20;              //子类变量xx覆盖，重新赋值为20
    A::xx=40;           //调用基类被覆盖的变量xx，值为40
}
int main(void)
{
    A a;
    B b;
    cout << "老王：" << a.x <<"万元" << endl;
    cout << "老李：" << b.x  <<"万元" << endl;
    cout << "老张：" << b.A::x <<"万元" << endl;        //直接访问父类的变量
    cout << "老高：" << b.xx <<"万元" << endl;
    cout << "老马：" << b.A::xx <<"万元" << endl;       //直接访问父类的变量
    return 1;
}
```

在上述代码中定义了两个类 A 和 B，其中 B 继承与 A。其中 B 的变量 x 和 xx 分别覆盖了同名父类中的变量。可以通过类名限定来直接访问覆盖掉的父类变量。程序编译执行后的效果如图 15-11 所示。

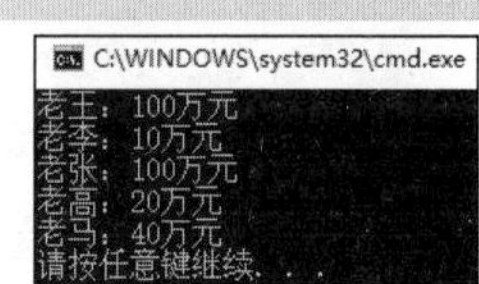

图 15-11　执行后的效果

15.8　技术解惑

15.8.1　重载、覆盖和隐藏的区别

这几个概念都有一个共同点，那就是函数名称相同，所以不免让人混淆。它们大致的区别如下。

1. 重载（overload）

必须在一个域中，函数名称相同但是函数参数不同，重载的作用就是同一个函数有不同的行为，因此不是在一个域中的函数是无法构成重载的，这是重载的重要特征。

2. 覆盖（override）

覆盖指的是派生类的虚拟函数覆盖了基类的名称相同且参数相同的函数，既然是与虚拟函数挂钩，说明了这是一个多态支持的特性，所谓的覆盖指的是用基类对象的指针或者引用时访问虚拟函数的时候，会根据实际的类型决定所调用的函数，因此此时派生类的成员函数可以“覆盖”基类的成员函数。

注意，唯有名称相同且参数相同，带有 virtual 关键字并且分别在派生类和基类的函数才能

构成虚拟函数，这也是派生类的重要特征。而且，由于是与多态挂钩的，所以只有在使用类对象指针或者引用的时候才能使用上。总之一句话：覆盖函数都是虚函数，反之不然。如果基类与继承类的函数名称，产生返回值都是一样的。如果返回值不同应该无法编译，如果基类用到了 virtual，那么无论继承类的实现中是否加入 virtual 这个关键字，还是会构成覆盖的关系。

3. 隐藏（hide）

隐藏指的是派生类的成员函数隐藏了基类函数的成员函数。隐藏一词可以这么理解：在调用一个类的成员函数的时候，编译器会沿着类的继承链逐级向上查找函数的定义，如果找到了就停止查找。所以如果一个派生类和一个基类都有同一个同名（暂且不论参数是否相同）的函数，而编译器最终选择了在派生类中的函数，那么就说这个派生类的成员函数“隐藏”了基类的成员函数，也就是说它阻止了编译器继续向上查找函数的定义。回到隐藏的定义中，前面已经说了有 virtual 关键字，并且分别位于派生类和基类的同名、同参数函数构成覆盖的关系，因此隐藏的关系只有如下的可能。

（1）必须分别位于派生类和基类中。

（2）必须同名。

（3）参数不同的时候本身已经不构成覆盖关系，所以此时是否是 virtual 函数已经不重要。当参数相同的时候就要看是否有 virtual 关键字，有的话就是覆盖关系，没有的话就是隐藏关系。

很多人分辨不清隐藏和覆盖的区别，因为它们都是发生在基类和派生类之中的。但是它们之间最为重要的区别就是：覆盖的函数是多态的，是存在于 vtbl 之中的函数才能构成“覆盖”的关系，而隐藏的函数都是一般的函数，不支持多态，在编译阶段就已经确定下来。

15.8.2　在重载运算符时要权衡实施的必要性

C++中预定义的运算符的操作对象只能是基本数据类型。但实际上，对于许多用户自定义类型（例如类），也需要类似的运算操作。这时就必须在 C++中重新定义这些运算符，赋予已有运算符新的功能，使它能够用于特定类型执行特定的操作。运算符重载的实质是函数重载，它提供了 C++的可扩展性，也是 C++ 最吸引人的特性之一。

一些编程语言没有运算符重载的特性，如 Java。这些语言的设计者认为：运算符重载会增加编程的复杂性；或者由于使用者能力的问题引起功能上的混淆；认为 a.add(b)比 a+b 更加面向对象（这个有点牵强）。无论如何，这些理由也从反面提醒我们：在重载运算符时要注意语义，权衡实施的必要性。

运算符重载是通过创建运算符函数实现的，运算符函数定义了重载的运算符将进行的操作。运算符函数的定义与其他函数的定义类似，唯一的区别是运算符函数的函数名是由关键字 operator 和其后要重载的运算符符号构成的。

15.8.3　为什么需要函数重载

试想，如果没有函数重载机制，如在 C 中，你必须要这样去做：为这个 print 函数取不同的名字，如 print_int、print_string。这里还只是两个的情况，如果是很多个的情况，就需要为实现同一个功能的函数取很多个名字，如加入打印 long 型、char*、各种类型的数组等。这样做很不友好!

类的构造函数与类名相同，也就是说：构造函数都同名。如果没有函数重载机制，要实例化不同的对象，那是相当的麻烦！操作符重载，本质上就是函数重载，它大大丰富了已有操作符的含义，方便使用，如“+”可用于连接字符串等。

15.8.4　重载函数的调用匹配

现在已经解决了重载函数命名冲突的问题，在定义完重载函数之后，用函数名调用时是如何去解析的呢？为了估计哪个重载函数最适合，需要依次按照下列规则来判断。

（1）精确匹配：参数匹配而不进行转换，或者只是进行微不足道的转换，如数组名到指针、函数名到指向函数的指针、T 到 const T。

（2）提升匹配：即整数提升（如 bool 到 int、char 到 int、short 到 int、float 到 double）。

（3）使用标准转换匹配：如 int 到 double、double 到 int、double 到 long double、Derived* 到 Base*、T*到 void*、int 到 unsigned int。

（4）使用用户自定义匹配。

（5）使用省略号匹配：类似 printf 中省略号参数。

如果在最高层有多个匹配函数被找到，调用将被拒绝（因为有歧义）。看下面的例子。

```
void print(int);
void print(const char*);
void print(double);
void print(long);
void print(char);

void h(char c,int i,short s, float f)
{
    print(c);//精确匹配，调用print(char)
    print(i);//精确匹配，调用print(int)
    print(s);//整数提升，调用print(int)
    print(f);//float到double的提升，调用print(double)
    print('a');//精确匹配，调用print(char)
    print(49);//精确匹配，调用print(int)
    print(0);//精确匹配，调用print(int)
    print("a");//精确匹配，调用print(const char*)
}
```

定义太少或太多的重载函数，都有可能导致模棱两可的情况出现。继续看下面的例子。

```
void f1(char);
void f1(long);

void f2(char*);
void f2(int*);

void k(int i)
{
      f1(i);//调用f1(char)?  f1(long)?
      f2(0);//调用f2(char*)? f2(int*)?
}
```

这时候编译器就会报错，将错误抛给用户自己来处理：通过显示类型转换来调用等（如 f2(static_cast<int *>(0)))。上面的例子只是一个参数的情况，下面再来看两个参数的情况。

```
int pow(int ,int);
double pow(double,double);

void g()
{
      double d=pow(2.0,2)//调用pow(int(2.0),2)? pow(2.0,double(2))?
}
```

15.8.5 另一种虚方法查找方案

在 C++应用中，还有一种虚方法查找方案是 C++开发者十分熟悉的，即基于绝对位置的定位技术。其查找表结构非常简单，仅仅是一个存放了方法地址的指针数组。表中的每一项不具有自描述性，只有编译器在编译时才知道它们究竟分别对应着哪一个方法，并且将对于方法的调用代码编译成一个紧凑的指针+偏移的调用的硬编码。这种查找表的最大特点就是高效率，基于这种查找表进行方法调用仅仅需要多进行一次数组内的随机访问操作。在我们所能想到的所有“增加一个间接层”的方案中，这种方案在效率上是最高的。但是使用这种方案有一个限定，就是要求所有同族多态对象具有完全一样的查找表。也就是说，必须确保所有实现了某个接口的对象的虚方法查找表的第 k 项都具有相同的语义。假设一个基类有 100 个可供改写的虚方法，那么它的虚方法查找表共有 100 项（实际上就是 100 个指向方法入口地址的指针）。而其所有派生类对象都必须有结构上完全相同、长度至少为 100 项的虚方法查找表。现在假设我们开发的一个派生类中只改写了基类的 5 个方法，那么这个派生类对象所共享的虚方法表仍然长达 100 项，只不过其中 95 项与其基类对象虚方法查找表中相应的项一模一样，只有 5 项具有实际意义，正是这 5 项的存在才使派生类的存在有了意义。

在这种情况下，该方法表的实际有效利用率只有可怜的 5%。总的来说，这一方案执行效率最优，但是并不适用于所有的场合。

15.8.6　两种重载方法的比较

一般说来，单目运算符最好被重载为成员，双目运算符最好被重载为友元函数，双目运算符被重载为友元函数比被重载为成员函数更方便。但是，有的双目运算符还是被重载为成员函数为好，例如赋值运算符。因为它如果被重载为友元函数，将出现与赋值语义不一致的地方。

15.9　课后练习

（1）编写一个 C++程序，要求在程序中使用构造方法。

（2）编写一个 C++程序，要求实现简单的汽车销售商场场景。

（3）编写一个 C++程序，要求使用复制构造函数的方式简化实例的创建工作。

（4）编写一个 C++程序，要求在类中实现事件功能。

第 16 章

使 用 模 板

模板是 C++语言的最重要特性之一，其功能是根据参数类型生成函数或类的机制。模板这一说法源于 20 世纪 90 年代的 ANSI/ISO C++ 标准，它是 C++的最大特性之一。通过使用模板，可以只设计一个类来处理多种类型的数据，而且不需要分别为每种类型创建类。这样就简化了编程效率，提高了代码的可维护性。本章将详细介绍 C++模板的基本知识，为读者步入本书后面知识的学习打下坚实的基础。

16.1 模板基础

视频讲解：视频\第 16 章\模板基础.mp4

模板是一种参数化的通用类或通用函数。在软件领域中，模板是一种重要的软件复用技术。因为 C++程序是由类和函数组成的，所以 C++中的模板被分为类模板和函数模板两种。比如要编写一个用于比较两个变量大小的函数，并返回其中较大的那个，如果不使用模板，则必须为每种类型都编写一个函数。例如下面的比较函数。

```
int zheng(int x, int y) {                //整型数的比较函数
    return (x>y?x:y);
}
float fudian(float x, float y) {         //浮点数的比较函数
    return (x>y?x:y);
}
char zifu(char x, char y) {              //字符的比较函数
    return (x>y?x:y);
}
int main(int argc, char* argv[]){
    int x1=7,y1=8;                       //变量x1赋值为7，变量y1赋值为8
    float x2=2.4,y2=4.5;                 //变量x2赋值为2.4，变量y2赋值为4.5
    char x3='h',y3='g';                  //变量x3赋值为h，变量y3赋值为g
    cout<<getmax(x1,y1)<<endl;
    cout<<getmax(x2,y2)<<endl;
    cout<<getmax(x3,y3)<<endl;
    return 0;
}
```

上述代码非常简单，3 个函数分别实现了整型数的比较、浮点数的比较和字符的比较。并且在上述代码中使用了重载技术，如果还需要比较其他类型的数据，也还需要继续编写重载函数。但是如果使用模板后，则只需定义一个函数即可。下面的实例演示了在 C++程序中使用模板的过程。

实例 16-1 使用模板

源码路径：daima\16\16-1（Visual C++版和 Visual Studio 版）

本实例的实现文件为 muban.cpp，具体实现代码如下。

```
template <class mytype>                  //定义通用类型mytype
mytype getmax (mytype x, mytype y){      //定义模板函数getmax
    return (x>y?x:y);
}
int main(void){
    int x=9000;                          //变量x赋值为9 000
    int y=40;                            //变量y赋值为40
    float a=4999.9;                      //变量a赋值为4 999.9
    float b=40.6;                        //变量b赋值为40.6
    cout << "新款iPhone顶配价格："<<getmax(x, y) << endl;        //调用函数getmax，参数为整数
    cout << "新款iPhone低配价格：" << getmax(a, b) << endl;      //调用函数getmax，参数为浮点数
    return 1;
}
```

在上述代码中，通过关键字 template 定义了一个通用数据类型的模板 mytype。在后面的函

数中，mytype 作为一个有效的数据类型，被用于定义 x 和 y 两个参数，并作为函数 getmax(x,y)的返回类型。执行后的效果如图 16-1 所示。

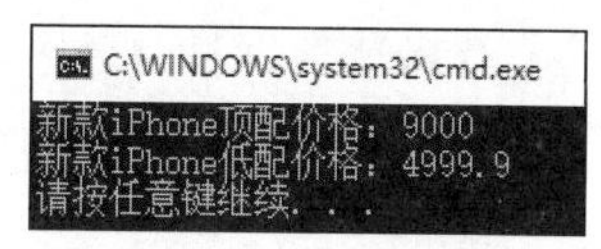

图 16-1 执行后的效果

注意：上面代码中的 mytype 并不代表任何具体的一个数据类型，只是在调用时用来决定参数类型的。所以在书写函数 getmax(x,y)时，不需要考虑参数的类型，而只考虑具体的实现代码。

16.2 类 模 板

视频讲解：视频\第 16 章\类模板.mp4

在 C++程序中，类模板是指类的模板，定义了一个具有相同的代码实现、具有不同类型的类簇。类模板定义了一个通用的数据类型，并用来修饰属性成员、成员函数的参数和返回值等需要类型说明的位置。

16.2.1 什么是类模板

C++语言具有适用于类的类似机制，类模板本身不是类，只是某种编译器用来生成类代码的类的“配方”。类模板如同后面讲解的函数模板，也是通过指定模板中尖括号之间的形参类型(举例是 T)，从而确定希望生成的类。以这种方式生成的类称作类模板的实例，根据模板创建类的过程称为实例化模板。具体说明如图 16-2 所示。

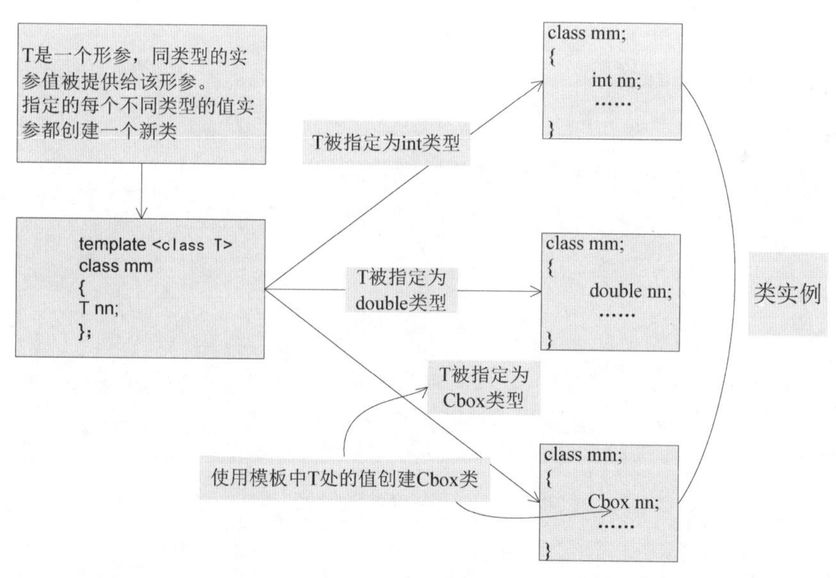

图 16-2 类模板说明

16.2.2 定义类模板

在 C++程序中，定义类模板的语法格式如下。

```
template <类型形参表>
class <类名> {
//类说明体
};
template <类型形参表>
```

```
<返回类型> <类名> <类型名表>::<成员函数1>（形参表）{
//成员函数定义体 }
template <类型形参表>
<返回类型> <类名> <类型名表>::<成员函数2>（形参表）{
 //成员函数定义体
}
```

类模板是一个类家族的抽象，它只是对类的描述，编译程序不为类模板（包括成员函数定义）创建程序代码，但是通过对类模板的实例化可以生成一个具体的类以及该具体类的对象。

16.2.3　使用类模板

不能直接在 C++程序中使用类模板，必须先实例化为相应的模板类，定义该模板类的对象后才能使用。建立类模板后，可用下列方式创建类模板的实例。

```
<类名> <类型实参表> <对象表>;
```

（1）<类型实参表>：应该与该类模板中的<类型形参表>匹配。

（2）<类型实参表>：是模板类（template class）。

（3）<对象表>：是定义该模板类的对象。

使用类模板可以说明和定义任何类型的类，这种类称为参数化的类。如果说类是对象的推广，那么类模板可以说是类的推广。

在 C++程序中，模板类是类模板实例化后的一个产物。举一个形象点的例子，如果把类模板比作一个做饼干的模子，那么模板类就是用这个模子做出来的饼干，至于这个饼干是什么味道的就要看在实例化时用的是什么材料了，可以做巧克力饼干，也可以做豆沙饼干，这些饼干除了材料不一样外，其他的东西都是一样的。下面的实例演示了在 C++程序中使用类模板的过程。

实例 16-2　使用类模板

源码路径：daima\16\16-2（Visual C++版和 Visual Studio 版）

本实例的实现文件为 leimuban.cpp，具体实现代码如下。

```
template <class MM>                        //定义模板MM
class Array{                               //定义类Array
private:
   MM *set;                                //用模板定义指针
   int n;                                  //定义变量n
public:
   Array(MM *data,int i);                  //用模板修饰参数
   ~Array(){}                              //声明析构
   void sort();                            //声明函数sort
   int seek(MM key);                       //声明函数seek
   MM sum();                               //用模板修饰返回值
   void show();
};
template <class MM>
Array<MM>::Array(MM *data,int i){          //实现构造
   set=data;                               //变量赋值
   n=i;                                    //变量赋值
}
//排序

template<class MM>
void Array<MM>::sort(){                    //实现排序函数sort
   int i,j;                                //定义变量i和j
```

```
    MM temp;                                //模板实例temp
    for(i=1;i<n;i++){                       //逐个比较，大数后移，每一轮都选出一个最小数
        for(j=n-1;j>=i;j--){
            if(set[j-1]>set[j]){            //将较大数后移
                //下面3行实现交换处理
                temp=set[j-1];
                set[j-1]=set[j];
                set[j]=temp;
            }
        }
    }
}
//查找数据
template <class MM>
int Array<MM>::seek(MM key){                //实现查找函数seek
    int i;                                  //定义变量i
    for(i=0;i<n;i++){                       //遍历输出key的位置
        if(set[i]==key){
            return i;
        }
    }
    return -1;                              //没有找到则返回-1
}
//定义数组求和
template<class MM>
MM Array<MM>::sum(){                        //实现数组求和函数sum
    MM s=0;                                 //模板实例s
    int i;                                  //定义变量i
    for(i=0;i<n;i++){
        s+=set[i];                          //计算数组成员的和
    }
    return s;
}
//显示数组数据
template<class MM>
void Array<MM>::show(){                     //实现显示函数show
    int i;
    for(i=0;i<n;i++){                       //遍历数组中的元素
        cout<<set[i]<<" ";                  //输出每一个元素
    }
    cout<<endl;
}
int  main(){
    cout << "---------------------------------------------" << endl;
    int x[10]={70,9,25,33,83,29,60,58,47,14}; //定义数组x并初始化10个值
    float y[5]={7.4,2.5,8.3,5.2,0.5}; //定义数组y并初始化5个值
    Array<int> array1(x,10);            //整型
    Array<float> array2(y,5);           //浮点型
    cout<<" array1[10]:"<<endl;
    cout<<" 原序列:"; array1.show();
    cout<<" 其中83在数组中的位置: "<<array1.seek(56)<<endl;//查找83 的位置
    array1.sort();                      //排序处理
    cout<<" 排序后: ";
    array1.show();
    cout<<" array2[5]:"<<endl;
    cout<<" 原序列:";
    array2.show();
```

```
    cout<<" 其中5.2在数组中的位置: "<<array2.seek(5.8)<<endl;    //查找5.2的位置
    array2.sort();                          //排序处理
    cout<<" 排序后:"; array2.show();
    return 0;
}
```

在上述代码中定义了一个类模板 template <class MM>，类型为 Array，用于对类型 MM 的数组进行排序、查找和求和处理，然后产生模板类 Array<int>和 Array<float>。程序编译执行后的效果如图 16-3 所示。

注意：在 C++程序中定义类模板时，可以使用多个参数，也可以为模板参数设置默认值，就像为函数参数设置默认值一样。

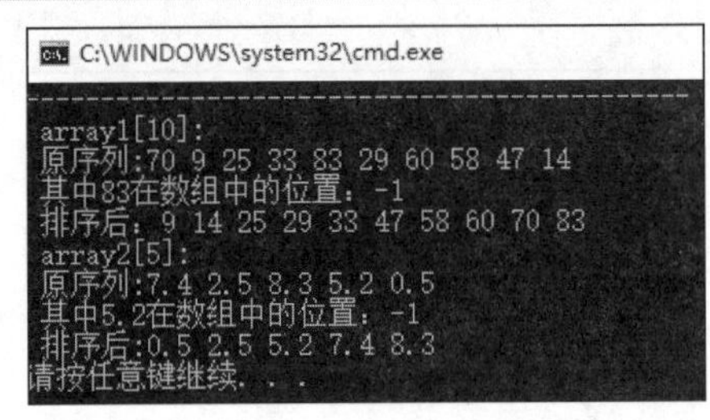

图 16-3　执行效果

16.2.4　类模板的派生

在 C++程序中，可以从类模板派生出新的类。既可以派生类模板，也可以派生非模板类。在 C++程序中，可以使用如下 3 种派生方法。

1. 从类模板派生类模板

可以从类模板派生出新的类模板，派生格式如下。

```
template <class T>
class base{
  ......
};
template <class T>
class derive:public base<T>{
  ......
};
```

与一般的类派生定义相似，只是在指出它的基类时要缀上模板参数，即 base<T>。

2. 从类模板派生非模板类

在 C++程序中可以从类模板派生出非模板类，在派生中作为非模板类的基类，必须是类模板实例化后的模板类，并且在定义派生类前不需要模板声明语句 template<class>。例如，在下面的代码中定义 derive 类时，base 已实例化成 int 型的模板类。

```
template <class T>
class base{
  ......
};
class derive:public base<int>{
  ......
};
```

16.2.5　类模板和模板类的区别

在 C++程序中，类模板是结构相似但不同的类的抽象，是描述性的，具体形式如下。

```
template<typename T> class 类模板名;
```

模板类是类模板铸造出来的类，是具体的类，是如结构等相似的类型；类模板只是一个抽象的描述，应用时在内存中是不占空间的，而模板类是一个具体的东西。类模板强调的是模板，例如，下面代码中的 A 就是一个模板类。

```
template<typename T>
class A
{};
```

模板类强调的是类，例如，下面代码中的 A<int>就是一个模板类，类模板的实例。

```
class A<int>
```

注意：在类定义体外定义成员函数时，若此成员函数中有模板参数存在，则除了需要与一般类的体外定义成员函数一样的定义外，还需在函数体外进行模板声明。例如：

```
template<class T>
Test<T>::Test(T k):i(k){n=k;cnt++;}
```

如果函数是以通用类型为返回类型，则要在函数名前的类名后缀上“<T>”（所有函数都要加“<T>”）。例如：

```
template<class T>
T Test<T>::operator+(T x){
return n + x;
}
```

在类定义体外初始化const成员和static成员变量的做法，与普通类体外初始化const成员和static成员变量的做法基本上是一样的，唯一的区别是需再对模板进行声明。例如：

```
template<class T>
int Test<T>::cnt=0;
template<class T>
Test<T>::Test(T k):i(k){n=k;cnt++;}
```

下面的实例演示了定制一个类模板的方法。

实例 16-3 定制一个类模板

源码路径：daima\16\16-3（Visual C++版和 Visual Studio 版）

实例文件的主要实现代码如下。

```
class Date{                                        //定义类Date
   int iMonth,iDay,iYear;                          //定义iMonth、iDay和iYear共3个int变量
   char Format[128];                               //变量Format
public:
   Date(int m=0,int d=0,int y=0){                  //实现构造
        iMonth=m;                                  //赋值iMonth
        iDay=d;                                    //赋值iDay
        iYear=y;                                   //赋值iYear
   }
   friend ostream& operator<<(ostream& os,const Date t){ //声明perator<<为类Date的友元函数
        cout << "Month: " << t.iMonth << ' ' ;     //输出Month的值
        cout << "Day: " << t.iDay<< ' ';           //输出Day的值
        cout << "Year: " << t.iYear<< ' ' ;        //输出Year的值
        return os;
   }
   void Display(){                                 //实现函数Display
        cout << "Month: " << iMonth;               //输出Month的值
        cout << "Day: " << iDay;                   //输出Day的值
        cout << "Year: " << iYear;                 //输出ear的值
        cout << endl;
   }
};

template <class T>
class Set{                               //定义模板类Set
   T t;                                  //模板实例t
   public:
        Set(T st) : t(st) {}             //构造函数Set，通过“:”符号实现简便的成员变量赋值
        void Display(){                  //实现函数Display
             cout << t << endl;          //输出t的值
```

```
        }
};
class Set<Date>{
   Date t;
public:
   Set(Date st): t(st){}

   void Display(){                              //实现Display函数
        cout << "Date :" << t << endl;          //输出Data
   }
};
void main(){
   Set<int> intset(123);                        //设置值为123
   Set<Date> dt =Date(1,2,3);                   //调用Data函数
   intset.Display();                            //调用Display函数
   dt.Display();                                //调用Display函数
}
```

在上述代码中，Set(T st) : t(st) {}等价于下面的代码。

```
set(data st){
    t = st;
}
```

执行后的效果如图 16-4 所示。

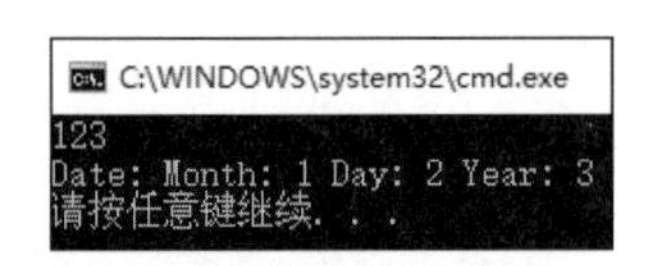

图 16-4　执行后的效果

16.3 函数模板

视频讲解：视频\第 16 章\函数模板.mp4

在 C++程序中，函数模板调用了一个函数簇，簇中所有的函数都具有相同的代码实现，但是具有不同的数据类型。即参数的类型、返回值的类型或函数体中使用的类型都是通用类型的函数，这就是函数模板。

16.3.1 定义函数模板

函数模板的声明是在关键字 template 后跟随一个或多个模板在尖括弧内的参数和原型。与普通函数相对，它通常是在一个转换单元里声明，而在另一个单元里定义。我们可以在某个头文件中定义模板。具体定义格式如下。

```
template <类型形式参数表> 返回类型 函数名(形式参数表){
  函数体
}
```

在使用上述格式时，需要注意以下 4 个方面。

(1) 关键字 template 总是放在模板的定义和声明的最前面。关键字后面是用逗号分隔的模板参数表。模板参数可以是一个模板类型参数，它代表一种类型；也可以是一个模板非类型参数，它代表一个常量表达式。

(2) 如果在全局域中声明了与模板参数同名的对象函数或类型，则该全局名将被隐藏。

（3）在函数模板定义中声明的对象或类型不能与模板参数同名；一个模板的定义和多个声明所使用的模板参数名无需相同；如果一个函数模板有一个以上的模板类型参数，则每个模板类型参数前面都必须有关键字 class 或 typename，即关键字 typename 和 class 可以混用。例如：

```
template <typename T, class U>
T minus( T*, U );
```

（4）如同非模板函数一样，函数模板也可以被声明为 inline 或 extern。应该把指示符放在模板参数表后面而不是关键字 template 前面，关键字跟在模板参数表之后。例如：

```
template <typename Type>
inline
Type min( Type, Type );
```

16.3.2　使用函数模板

在 C++程序中使用函数模板的标准库函数有很多，例如常见的绝对值函数、最大值函数、排序函数等。它们都可以针对不同数据类型的数据，对应出同名的多个函数重载。为了实现这些同名函数的重载，可以定义一个以参加操作的数据类型为模板参数的函数模板。下面的实例演示了在 C++程序中使用函数模板的过程。

实例 16-4　使用函数模板

源码路径：daima\16\16-4（Visual C++版和 Visual Studio 版）

本实例的实现文件为 hanshumuban.cpp，具体实现代码如下。

```
template <class Type>                    //定义模板Type
Type qiuhe(Type *array, int size){       //定义并实现模板函数qiuhe
   Type total=0;                         //用模板类型定义变量total
   for (int i=0; i<size; i++){
        total += array[i];//计算array的和

   }
   return total;
}
int main() {
   int array1[]={0,1, 2, 3, 4, 5, 6, 7, 8, 9};         //定义包含10个整数的数组array1
   //定义包含10个浮点数的数组array2
   float array2[]={0.1,1.1, 2.2, 3.3, 4.4, 5.5, 6.6, 7.7, 8.8, 9.9};
   int size1 = sizeof(array1) / sizeof(int);           //变量size1赋值
   int size2 = sizeof(array2) / sizeof(float);         //变量size2赋值
   cout << qiuhe(array1, size1) << endl; //整型参数，输出array1 内数据的和
   cout << "array2 内数据的和是: " << qiuhe(array2, size2) << endl;
   //参数为浮点型，输出array2 内数据的和
   return 1;
}
```

在上述代码中，定义了一个模板函数 qiuhe(Type *array, int size)，此函数能够实现数组内数据的求和处理。上面代码中分别使用这个函数计算了两个数组内数据的和，一个是整型数组，另一个是浮点型数组。程序编译执行后的效果如图 16-5 所示。

图 16-5　执行后的效果

16.3.3　模板实例化

在 C++程序中，模板是一个蓝图，它本身不是类或函数。编译器用模板产生指定的类或函数的特定类型版本。产生模板的特定类型实例的过程称为实例化。模板在使用时将进行实例化，类模板在引用实际模板类的类型时进行实例化，函数模板在调用它或用它对函数指针进行初始

化或赋值时实例化。

在 C++程序中，模板实例化的目的是生成采用特定模板参数组合的具体类或函数（实例）。例如，编译器生成一个采用 Array<int> 的类，另外生成一个采用 Array<double> 的类。通过用模板参数替换模板类定义中的模板参数，可以定义这些新的类。

1. 隐式模板实例化

在 C++程序中，使用模板函数或模板类时需要实例。如果这种实例还不存在，则编译器隐式地实例化模板参数组合的模板。

2. 显式模板实例化

编译器仅仅是为实际使用的那些模板参数组合而隐式地实例化模板，该方法不适用于构造提供模板的库。在 C++程序中提供了显式实例化模板的功能，具体说明如下。

（1）模板函数的显式实例化。

在 C++程序中，要显式实例化模板函数，需要在 template 关键字后接函数的声明（不是定义），且函数标识符后接模板参数。例如：

```
template float twice<float>(float original);
```

当编译器可以推断出模板参数时，模板参数可以省略。例如：

```
template int twice(int original);
```

（2）模板类的显式实例化。

在 C++程序中，要显式实例化模板类，需要在 template 关键字后接类的声明（不是定义），且在类标识符后接模板参数。例如：

```
template class Array<char>;
template class String<19>;
```

在显式实例化类时，所有的类成员也必须实例化。

（3）模板类函数成员的显式实例化。

在 C++程序中，要显式实例化模板类函数成员，需要在 template 关键字后接函数的声明（不是定义），且在由模板类限定的函数标识符后接模板参数。例如：

```
template int Array<char>::GetSize();
template int String<19>::length();
```

（4）模板类静态数据成员的显式实例。

要显式实例化模板类静态数据成员，需要在 template 关键字后接成员的声明（不是定义），且在由模板类限定的成员标识符后接模板参数。例如：

```
template int String<19>::overflows;
```

下面的实例演示了使用重载函数模板计算字符串中最小值的方法。

实例 16-5　使用重载函数模板计算字符串中的最小值

源码路径：daima\16\16-5（Visual C++版和 Visual Studio 版）

本实例的主要实现代码如下。

```
template<class Type>                    //定义模板Type
Type min(Type a,Type b){                //定义模板函数min，功能是返回最小值
   if(a < b)                            //如果a小于b则返回a
       return a;
   else                                 //如果a不小于b则返回b
       return b;

}
char * min(char * a,char * b){          //重载函数模板
   if(strcmp(a,b))                      //如果a和b相等则返回b
       return b;
```

```
    else
        return a;            //如果a和b不相等则返回a
  }
  void main (){
    cout << "最便宜的价格：" << min(3999, 5999) << endl;//调用函数min返回最小值
    cout << "最便宜的颜色代号：" << min('w', 'b') << endl;//调用函数min返回最小值
    cout << "现在最便宜的型号：" << min("iPhone 7", "iPhone 7 plus") << endl;//调用函数min返
回最小值
  }
```

编译执行后的效果如图 16-6 所示。

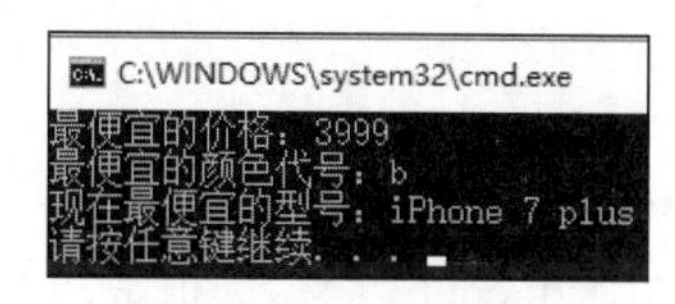

图 16-6 执行后的效果

16.3.4 模板组合

在 C++程序中可以使用嵌套模板，这种方式尤其适合于在通用数据结构上定义通用函数，这与在标准 C++库中的用法相同。例如，模板排序函数可以通过一个模板数组类进行声明。

```
template <class Elem> void sort(Array<Elem>);
```

并定义为如下的代码。

```
template <class Elem> void sort(Array<Elem> store)
  {int num_elems = store.GetSize();
   for (int i = 0; i < num_elems-1; i++)
     for (int j = i+1; j < num_elems; j++)
       if (store[j-1] > store[j])
         {Elem temp = store[j];
          store[j] = store[j-1];
          store[j-1] = temp;}}
```

上述示例定义了针对预先声明的 Array 类模板对象的排序函数。下面的示例说明了排序函数的实际用法。

```
Array<int> int_array(100);              //数组类型为ints
sort(int_array);
```

16.4 技术解惑

16.4.1 在函数模板中使用多个类型参数时要避免类型参数的二义性

与类模板一样，函数模板也允许有多个参数，并可以为模板参数设置默认值。但是需要注意，当在函数模板中使用多个类型参数时，一定要避免类型参数的二义性。下面通过一个具体实例演示 C++中函数模板的二义性，本实例的实现文件为 eryixing.cpp（源码路径：daima\16\eryixing），具体实现代码如下。

```
#include "stdafx.h"
#include <iostream>
template <class T>                          //模板
T max (T x, T y)
{
  if(x>y)
  {
```

```
        return x;
      }
      else
      {
        return y;
      }
    }
    int main ()
    {
      std::cout << "最大值是: " << max(200, 125);          //正确，用int替换T
      std::cout << "\n";
    //  std::cout << "最大值是: " << max(205.5, 300);       //错误，不知道用double还是int替换T
      std::cout << "\n";
      return 0;
    }
```

在上述代码中，如果使用语句“std::cout << "最大值是: " << max(205.5, 300);”，则会发生二义性错误。这是因为两个参数的类型不同，编译器无法判断使用什么样的参数类型来替换模板。程序编译执行后的效果如图 16-7 所示。

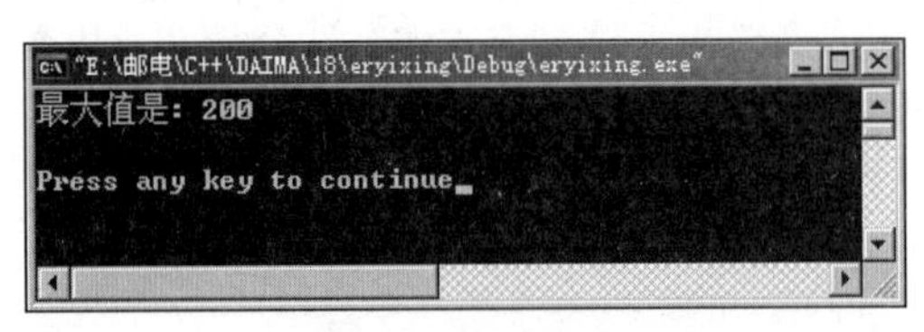

图 16-7　执行效果

为了解决上述的二义性问题，C++中采用了一种更为完整的调用模板的方法，格式如下。

```
function nam <types> (parameters);
```

采用上述方式后，上述实例中的“max(205.5, 300)”可以被写为“max<double>(205.5, 300)”，这样就显式指定了用 double 类型来替换模板 T，所以就避免了传递的二义性问题。

16.4.2　函数模板和模板函数的区别

函数模板是一种抽象函数定义，它代表一类同构函数。通过用户提供的具体参数，C++编译器在编译时能够将函数模板实例化，根据同一个模板创建出不同的具体函数，这些函数的不同之处主要在于函数内部一些数据类型的不同，而由模板创建的函数的使用方法与一般函数的使用方法相同。

函数模板的重点是模板，它表示的是一个模板，用来生产函数。例如前面例题的 max 是一个函数模板。而模板函数的重点是函数，它表示的是由一个模板生成的函数。例如 max<int>、max<float>等都是模板函数。

16.4.3　函数模板和类模板的区别

函数模板和类模板的区别如下。

（1）函数模板是一种抽象函数定义，它代表一类同构函数；类模板是一种更高层次的抽象的类定义。

（2）函数模板的实例化是由编译程序在处理函数调用时自动完成的；类模板的实例化必须由程序员在程序中显式地指定。

（3）类模板不能嵌套（局部类模板）。

（4）类模板中的静态成员仅属于实例化后的类（模板类），不同实例之间不存在共享。

16.4.4 仿函数的用处

仿函数这个词经常会出现在模板库里（比如 STL），那么什么是仿函数呢？顾名思义，仿函数就是能像函数一样工作的东西，请原谅作者用“东西”这样一个代词，下面作者将慢慢解释。

```
void dosome( int i )
```

这个 dosome 是一个函数，我们可以如下来使用它。

```
dosome(5);
```

那么，有什么东西可以像这样工作吗？

答案 1：重载了()操作符的对象，因此这里需要明确两点。

（1）仿函数不是函数，它是个类。

（2）仿函数重载了()运算符，使得它可以像函数那样调用。

```
struct DoSome
{
void operator()( int i );
}
DoSome dosome;
```

这里，类（对 C++来说，struct 与类是相同的）重载了()操作符，因此它的实例 dosome 可以用 dosome(5)，而与上面的函数调用一模一样，不是吗？所以 dosome 就是一个仿函数了。

答案 2：函数指针指向的对象。

```
typedef void( *DoSomePtr )( int );
typedef void( DoSome )( int );
DoSomePtr *ptr=&func;
DoSome& dosome=*ptr;
dosome(5); // 这里又与函数调用一模一样了
```

当然，“答案 3：成员函数指针指向的成员函数”就是意料之中的答案了。不管是对象还是函数指针等，它们都可以被作为参数传递，或者被作为变量保存。因此我们就可以把一个仿函数传递给一个函数，由这个函数根据需要来调用这个仿函数（有点类似回调）。

STL 模板库中，大量使用了这种技巧来实现库的“灵活”。如 for_each，它的源代码大致如下。

```
template< typename Iterator, typename Functor >
void for_each( Iterator begin, Iterator end, Fucntor func )
{
  for( ; begin!=end; begin++ )
  func( *begin );
}
```

这个 for 循环遍历了容器中的每一个元素，对每个元素调用了仿函数 func，这样就实现了对“每个元素做同样的事”这样一种编程思想。特别地，如果仿函数是一个对象，这个对象是可以有成员变量的，这就让仿函数有了“状态”，从而实现了更高的灵活性。

16.5 课后练习

（1）编写一个 C++程序，要求实现一个简单的模板。

（2）编写一个 C++程序，要求使用 vector 模板类实现。

（3）编写一个 C++程序，要求使用链表类模板实现。

第17章

异 常 处 理

在 C++语言中，异常处理是一种处理特殊状况的机制，例如除数为 0、数组越界、类型不兼容等问题都属于异常。异常处理是任何一门编程语言都必须面临的问题，它能关系到整个项目程序是否合理。本章将详细介绍 C++语言中异常处理的基本知识，为读者步入本书后面知识的学习打下基础。

17.1 什么是异常处理

视频讲解：视频\第 17 章\什么是异常处理.mp4

异常处理提供了处理程序运行时出现的任何意外或异常情况的方法。在 C++程序中，异常处理通常使用 try、catch 和 finally 关键字来尝试处理可能未成功，处理失败，以及在事后清理资源的操作。异常可以由公共语言运行库（CLR）、第三方库或使用关键字 throw 的应用程序代码生成。

在 C++语言中，异常处理的基本特点如下。

（1）当应用程序遇到异常情况（如被零除或内存不足）时，就会产生异常。

（2）发生异常时，控制流立即跳转到关联的异常处理程序（如果存在）。

（3）如果给定异常没有异常处理程序，则程序将停止执行，并显示一条错误信息。

（4）可能导致异常的操作通过 try 关键字来执行。

（5）异常处理程序是在异常发生时执行的代码块。在 C# 中，catch 关键字用于定义异常处理程序。

（6）程序可以使用 throw 关键字显式地引发异常。

（7）异常对象包含有关错误的详细信息，其中包括调用堆栈的状态以及有关错误的文本说明。

（8）即使引发了异常，finally 块中的代码也会执行，从而使程序可以释放资源。

在软件开发领域，异常处理在理论上有如下两种基本模型。

（1）一种称为“终止模型”(它是 Java 与 C++所支持的模型)，在这种模型中，设置假设错误性非常关键，这将导致程序无法返回到异常发生的地方继续执行。一旦异常被抛出就表明错误已无法挽回，也不能回来继续执行。

（2）另一种称为“恢复模型”，意思是异常处理程序的工作是修正错误，然后重新尝试调动出问题的方法，并认为第二次能成功。对于恢复模型来说，通常希望异常被处理之后能继续执行程序。在这种情况下，抛出异常更像是对方法的调用。也就是说，不是抛出异常，而是调用方法修正错误，或者把 try 块放在 while 循环里，这样就可以不断地进入 try 块，直到得到满意的结果。

注意：虽然恢复模型开始显得很吸引人，并且人们使用的操作系统也支持恢复模型的异常处理，但程序员们最终还是转向了使用类似“终止模型”的代码。因为处理程序必须关注异常抛出的地点，这势必要包含依赖于抛出位置的非通用性代码。这就增加了代码编写和维护的困难，对于异常可能会从许多地方抛出的大型程序来说更是如此。

17.2 C++的异常处理

视频讲解：视频\第 17 章\C++的异常处理.mp4

对于 C++语言的异常处理机制来说，这是一个用来有效地处理运行错误的非常强大且灵活的工具。C++异常处理机制提供了更多的弹性、安全性和稳固性，克服了传统方法所带来的问题。

17.2.1 使用 throw 抛出异常

在 C++程序中，使用关键字 try、throw、catch 实现异常抛出和处理工作。抛出异常即检测是否产生异常，如果检测到产生异常则抛出异常。使用 throw 语句的语法格式如下。

```
throw 表达式;
```

在上述格式中，如果在 try 语句块的程序段中（包括在其中调用的函数）发现了异常，且抛弃了该异常，则这个异常就可以被 try 语句块后的某个 catch 语句所捕获并处理，捕获和处理的条件是被抛弃异常的类型与 catch 语句的异常类型相匹配。由于 C++使用数据类型来区分不同的异常，因此在判断异常时，throw 语句中的表达式的值就没有实际意义，而表达式的类型就特别重要。throw 抛出的是一个异常对象，具体抛出的异常对象由 throw 后面的实际对象所决定。例如，在下面的代码中，exceptionClass 是一个类，它的构造函数以一个字符串作为参数，用来说明异常。也就是说，在 throw 的时候，C++的编译器先构造一个 ExceptionClass 的对象，让它作为 throw 的返回值——抛出去。

```
throw ExceptionClass("oh, shit! it's a exception!L ");
```

在 C++程序中，使用 throw 语句抛出异常的过程如下。

(1) 创建一个临时的异常对象。

(2) 将临时的异常复制到异常储存区。

(3) 调用析构函数销毁前面创建的临时对象，抛出异常存储区中的异常对象。

下面的实例演示了在 C++程序中使用 throw 抛出异常的过程。

实例 17-1　使用 throw 抛出异常

源码路径：daima\17\17-1（Visual C++版和 Visual Studio 版）

本实例的实现文件为 throw.cpp，主要实现代码如下。

```
int fun(void){              //实现函数fun
   throw "这是一个异常";     //抛出异常
   //thorw iVal;
   //throw class;

   return 0;
}
int main(int argc, char* argv[]){
   fun();                   //调用函数fun
   return 0;
}
```

本实例演示了使用 throw 抛出异常的过程，在控制台中输出了字符串“这是一个异常”，然后终止了程序的运行。如果去掉代码中的两行注释，则可以抛出一个整型变量 iVal 或一个类对象。本实例编译执行后的效果如图 17-1 所示。

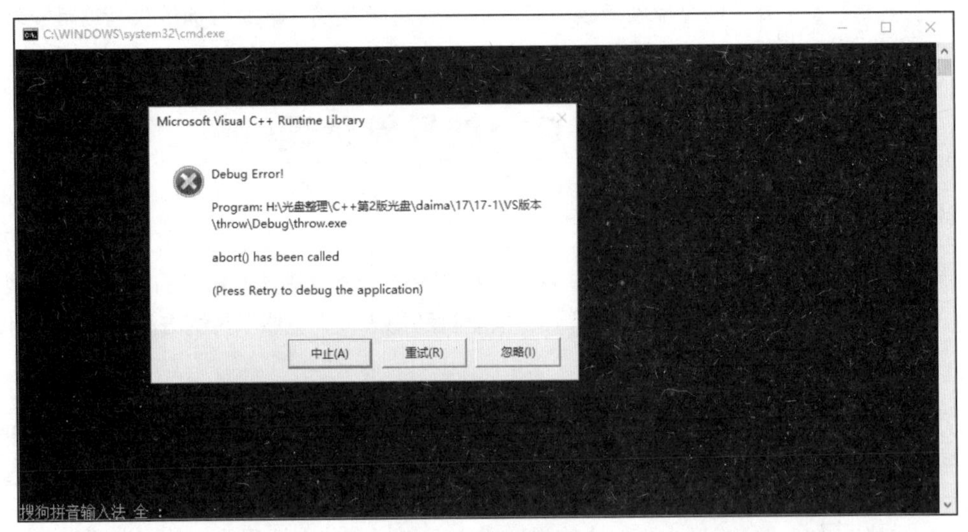

图 17-1　执行效果

17.2.2 使用 raise 抛出异常

在 C++程序中，虽然 raise 和 throw 类似，都能引发程序的中断，但是两者的处理方式不同。其中 raise 只是向程序发出一个信号，然后捕获信号并进行处理。使用 raise 的语法格式如下。

```
int raise (int sig);
```

在上述格式中，“sig”是一个整型信号值，如果产生异常则返回 0，否则返回一个非 0 值。预定义中的 sig 信号值有以下几种。

SIGABRT：异常中断，以代码 3 退出程序。

SIGFPE：浮点数错，导致程序中断。

SIGILL：非法指令导致程序中断。

SIGINT：Ctrl+C 命令中断，导致程序中断。

SIGEGV：非法的存储器访问，导致程序中断。

SIGERM：向程序发送终止请求，但是一般会忽略该信号。

下面的例子演示了在 C++程序中使用 raise 抛出异常的过程。

实例 17-2 使用 raise 抛出异常

源码路径：daima\17\17-2（Visual C++版和 Visual Studio 版）

本实例的实现文件为 traise.cpp，主要实现代码如下。

```
void mm(int sig);                          //声明信号处理函数mm
int main(int argc, char* argv[]){
   typedef void (*mmPointer)(int);         //函数指针
    mmPointer previousHandler;             //定义信号句柄
   //为信号SIGABRT注册信号处理函数
    previousHandler = signal(SIGABRT, mm);
//注册信号句柄
    raise(SIGABRT);                        //抛出异常
   return 0;
}
void mm(int sig){                          //实现异常处理函数
       cout << "价格" << sig <<"万元" << endl;
}
```

在上述代码中，使用函数 signal 为 SIGABRT 信号注册了处理函数 mm(int sig)。当函数 raise 发送 SIGABRT 信号时，系统将调用 mm(int sig)函数进行后续处理。执行效果如图 17-2 所示。

图 17-2 执行效果

17.2.3 使用 try catch 异常捕获

在 C++程序中，使用 try catch 语句的语法格式如下。

```
try{
  包含可能抛出异常的语句;
}
catch(类型名 [形参名]){ // 捕获特定类型的异常
}
catch(类型名 [形参名])
```

在 try 后面的大括号中，保存了有可能涉及异常的各种声明和调用之类的信息，如果有异常抛出，就会被异常处理器截获并捕捉，然后转给 catch 处理。在处理时先把异常类和 catch 后面小括号中的类进行比较，如果一致就转到后面的大括号中进行处理。例如，如下抛出异常的代码。

```
void f(){
  throw ExceptionClass("ya, J");
}
```

假设在类 ExceptionClass 中有一个成员函数 function()，当有异常时进行处理或进行相应的消息显示功能，那么就可以使用如下代码进行捕捉。

```
try{f()}catch(ExceptionClass e){e.function()};
```

像在上面程序中出现的一样，可以在 catch 后用 3 个点来代表所有异常，例如下面的代码。

```
try{
  f()
}
catch(…)
{}
```

这样就截断了所有出现的异常，有助于把所有没出现处理的异常屏蔽。在异常捕获之后可以再次抛出，此时用一个不带任何参数的 throw 语句即可，例如下面的代码。

```
try(f())catch(…){throw}
```

下面的例子演示了在 C++程序中使用 try catch 捕获异常的过程。

实例 17-3　使用 try catch 捕获异常

源码路径：daima\17\17-3（Visual C++版和 Visual Studio 版）

本实例的实现文件为 try-catch.cpp，主要实现代码如下。

```
int main(int argc, char* argv[]){
   try{

       //监控这段代码
       int x;                    //变量x
       cin>>x;                   //输入x的值
       throw x;                  //主动抛出异常
   }
   catch(int y) {                //捕获int异常
       cout<<" INT "<<y<<endl;
   }
   catch(char z) {               //捕获char异常
       cout<<" CHAR "<<z<<endl;
   }
   catch(…){                     //捕获默认异常
       cout<<" other exception "<<endl;
   }
   return 0;
}
```

在上述代码中，使用 try 控制从命令行读入一个整数，并作为异常抛出，然后使用 catch 捕获。因为抛出的是整数型，所以将被“catch(int y)”语句捕获。程序编译执行后的效果如图 17-3 所示。

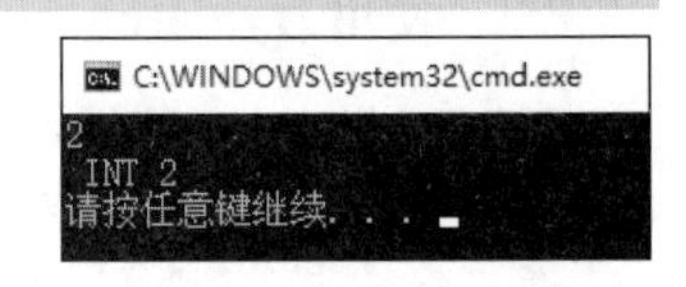

图 17-3　执行后的效果

在使用异常处理时还需要注意以下问题。

（1）C++只理会放在 try 语句块内受监控过程的异常，那些不受监控过程的异常，C++是不会处理的。

（2）在 try 语句块之后必须紧跟一个或多个 catch 语句块，以便对发生的异常进行处理。在 try 语句块出现之前，不能出现 catch 语句块。

（3）catch 语句的括号中只能有一个形参，但该形参是可选的，而形参的数据类型必须保留不能缺省，因为捕获是利用数据类型的匹配实现的。

（4）抛弃异常与处理异常可以放在不同的函数中。

（5）catch(…)语句可以捕获全部异常，因此，若使用这个语句，应将它放置在所有的catch语句之后。另外，为了增强程序的可读性，C++允许在函数的声明中注明函数可能抛弃的异常类型，其语法如下。

```
返回值类型  函数名（形参列表）throw（异常类型1，异常类型2，……）
```

例如，下面的函数声明称为异常接口声明。

```
double Div(double x, double y)throw(int);
```

17.2.4 异常处理中的构造和析构

在C++程序中，异常处理的真正能力不仅在于能处理各种不同类型的异常，而且具有在异常抛出前为构造的所有局部对象自动调用析构函数的能力。当在程序中找到一个匹配的catch异常处理后，如果catch()语句的异常类型声明是一个参数值，则其初始化方式是复制被抛弃的异常对象；如果catch()语句的异常类型声明是一个引用，则其初始化方式是使该引用指向异常对象。当catch()语句的异常类型参数被初始化后，便开始了栈的展开过程，包括从对应的try语句块开始到异常被抛弃之间对构造的所有自动对象进行析构（析构的顺序与构造的顺序相反），然后程序从最后一个catch处理之后开始恢复。

实例17-4　异常处理中的构造和析构

源码路径：daima\17\17-4（Visual C++版和Visual Studio版）

本实例的实现文件为xigou.cpp，主要实现代码如下。

```
class expt{              //定义类expt
public:                  //定义公有成员
    expt(){              //定义构造函数
        cout<<"structor of expt"<<endl;
    }
    ~expt(){             //定义析构函数
        cout<<"destructor of expt"<<endl;
    }
};
class demo{              //定义类demo
public:
    demo(){              //定义构造函数
        cout<<"structor of demo"<<endl;
    }
    ~demo(){             //定义析构函数
        cout<<"destructor of demo"<<endl;
    }
};
void fuc1(){             //定义函数
    int s=0;
    demo d;              //声明demo类的对象
    throw s;             //抛出异常
}
void fuc2(){
    expt e;              //声明expt类的对象
    fuc1();              //调用函数fuc1
}
void main(){
    try{                 //定义异常
        fuc2();          //调用函数
```

```
        }
        catch(int) {    //定义异常处理
            cout<<"catch int exception"<<endl;
        }
        cout<<"continue main()"<<endl;
    }
```

在上述代码中定义了 expt 和 demo 两个类，在函数 fuc2()中创建了 expt 的对象 e，在函数 fuc1()中创建了 demo 的对象 d，并抛出异常。在主函数 main()中，使用 try catch 语句捕获并处理异常。从运行结果可以看出，在抛弃异常前，创建了 e 和 d 两个对象，在抛弃异常后，这两个对象被按与创建的相反顺序调用析构函数销毁。本实例程序编译执行后的效果如图 17-4 所示。

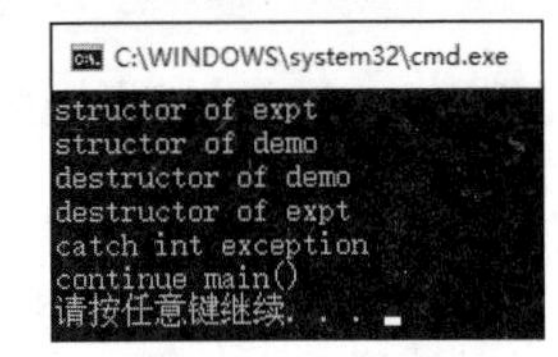

图 17-4 执行效果

17.3 C++的异常处理总结

视频讲解：视频\第 17 章\C++的异常处理总结.mp4

C++的异常处理机制是一个用来有效地处理运行错误的非常强大且灵活的工具，它提供了更多的弹性、安全性和稳固性，克服了传统方法所带来的问题。也就是说，C++中的异常处理机制是一种把控制权从异常发生的地点转移到一个匹配的处理函数或功能块的机制。其中，异常可以是内建数据类型变量，也可以是对象。

一般来说，异常处理机制包括以下 4 个部分。

（1）try 语句块：即一个定义异常的语句块。

（2）catch 语句块：即一个或多个与 try 语句块相关的处理，它们放在 catch 语句块中。

（3）throw 表达式：即抛出异常语句。

（4）异常本身。

根据前面所学可知，通常 try 语句块包含可能抛出异常的代码。例如，下列语句可能引发内存空间溢出的异常，就包含在 try 语句中。

```
try{
    int * p = new int[1000000];
}
```

在一个 try 语句块后面将跟有一个或多个 catch 语句，其中，每一个 catch 语句可以处理不同类型的异常。例如，在下面的演示代码中，catch 语句块仅仅被在 try 语句块中的 throw 表达式及函数所调用。

```
try{
    int * p = new int[1000000];
}
catch(std::bad_alloc& ){            //内存空间不够，分配内存失败
}
catch (std::bad_cast&){             //转型失败，分配内存失败
}
```

在下面的演示代码中，throw 表达式包括一个关键字 throw 及相关参数。

```
try{
    throw 5;
}
catch(int n){
}
```

需要注意的是，throw 表达式和返回语句很相似。此外，throw 语句可以没有操作数，其格式如下。

```
throw;
```

如果目前没有异常被处理，那么执行一个没有操作数的 throw 语句后，编译系统将调用 terminate()函数结束程序。

注意：当一个异常被抛出后，C++运行机制首先在当前的作用域寻找合适的处理 catch 语句块。如果不存在这样一个处理，则将离开当前的作用域，进入更外围的一层继续寻找。这个过程不断地进行下去直到合适的处理被找到为止。此时堆栈已经被解开，并且所有的局部对象被销毁。如果始终都没有找到合适的处理，那么程序将终止。

下面通过一个具体的实例，对本章的知识进行总结。

实例 17-5 求一元二次方程的实根

源码路径：daima\17\17-5（Visual C++版和 Visual Studio 版）

本实例的实现文件为 math.cpp，功能是解决数学问题：求一元二次方程的实根，要求加上异常处理，判断 b*b−4*a*c 是否大于 0，成立则求两个实根，否则要求重新输入。

解决上述问题的主要实现代码如下。

```
#include <math.h>                           //包含头文件
using namespace std;                        //使用命名空间
double sqrt_delta(double d){                //定义函数sqrt_delta
      if(d < 0)                             //如果d小于0
         throw 1;                           //抛出异常
      return sqrt(d);                       //返回平方根值
   }
   double delta(double a, double b, double c) {//实现函数delta
      double d = b * b - 4 * a * c;         //变量d赋值为一个表达式
      return sqrt_delta(d);                 //调用sqrt_delta()函数
   }
   void main() {
      cout << "编写一个程序，能够计算一元二次方程的实根。" << endl;
      double a, b, c;                       //定义a、b和c共3个变量
        cout << "请输入 a, b, c" << endl;
      cin >> a >> b >> c;                   //接收输入的a、b、c
      while(true) {                         //循环
            try{                            //定义异常
            double d = delta(a, b, c);  //调用函数
            cout << "x1: " << (d - b) / (2 * a);
            cout << endl;
            cout << "x2: " << -(b + d) / (2 * a);
            cout << endl;
            break;                          //跳出循环
         }
         catch(int) {                       //定义异常处理
            cout << "delta < 0, 请输入 a, b, c.";     //重新输入系数
            cin >> a >> b >> c;
         }
      }
   }
```

在上述代码中，实现了对于用户输入的一元二次方程系数的判断，由于只有方程的系数符合 b*b−4*a*c>0 的条件时才有实根，所以在上述代码中的函数 sqrt_delta 中包含了异常定义。在上述代码最后的 catch 语句块中包含了对该异常的处理。分别输入 1、6、−27 后的执行效果如图 17-5 所示。

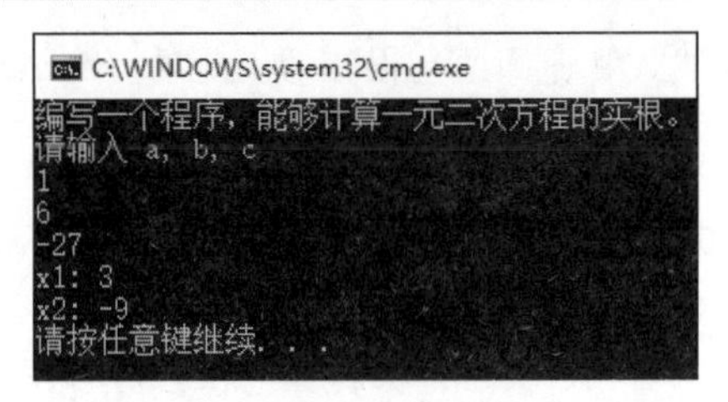

图 17-5　执行效果

17.4　技术解惑

17.4.1　编写软件的目标

编写软件的过程中不但要追求代码的正确性，更要关注程序的容错能力，在环境不正确或操作不当时不能死机，更不能造成灾难性后果。程序运行时有些错误是不可避免的，如内存不足、文件打开失败、数组下标溢出等，这时要力争做到排除错误并记录错误，但是同时要保证项目的正常运行。

传统做法是返回一个错误代码，调用者通过 if 等语句测试返回值来判断是否成功。这样做有几个缺点：首先，增加的条件语句可能会带来更多的错误；其次，条件语句是分支点，会增加测试难度。另外，构造函数没有返回值，返回错误代码是不可能的。

C++的异常机制为我们提供了更好的解决方法。异常处理的基本思想是：当出现错误时抛出一个异常，希望它的调用者能捕获并处理这个异常。如果调用者也不能处理这个异常，那么异常会传递给上级调用，直到被捕获处理为止。如果程序始终没有处理这个异常，最终它会被传到 C++运行环境，运行环境捕获后通常只是简单地终止这个程序。异常机制使得正常代码和错误处理代码清晰地划分开来，程序变得非常干净并且容易维护。

但是如何合理地使用异常机制来达到预期的效果呢？建议做到以下 3 点。

（1）在恰当的场合使用恰当的特性。

（2）正确地抛出异常。

（3）合理地处理异常。

异常机制是 C++崭新而高级的特性之一。与其他 C++特性一样，C++标准并没有规定应该如何实现异常机制，这依赖于具体的编译器。异常机制是有代价的，它会增加代码大小和运行开销。由此可以预见，随着嵌入式产业的飞速发展，在嵌入式领域 C++将有辉煌的前景。对 C++进行改造，使其适用于嵌入式环境，提高其可靠性，对于推动 C++在嵌入式领域的应用是很重要的。MISRA-C 已经在嵌入式 C 语言上取得了很大的成功，成为行业普遍认同和遵循的规范。

17.4.2　关于 C++关键字 new 的异常处理

在用 new 关键字开辟内存空间的时候，可以用“nothrow”参数来使开辟失败时不抛出异常，而是返回数字 0。这一点有时还是很有用的。在很多时候只需判断是否开辟成功就行，而不需要另外处理很多的语句时，就可以用这个参数来关闭抛出异常，从而极大地简化判断形式。例如，我们可以用类似下面的方式来做出判断。

```
……
int * temp = new(nothrow) int[10];
if(!temp)
{
     std::cout<<"Can't allocate memory!\n";
```

```
    }
    else
    {
        ……
    }
    ……
```

另外，题目这里的“将内存耗尽”，并不是说要真的将内存耗得一点不剩，那是非常困难的（不是说不会，而是说可能要等太长的时间）。

因为 new 开辟的内存是在堆中按块开辟的，即获得的是一段连续的空间，而不是像非线性链表那样的数据结构，所以只要让它每次开辟一块很大的内存就很容易出现“无法分配”的情况，如下。

```
int * temp = new(nothrow) int[900000000];
```

17.4.3 C++语言异常处理和结构化异常处理有什么区别

总的来说，结构化异常处理和异常处理之间的区别就是 Microsoft 对异常处理程序在实现上的不同。所谓的“普通”C++异常处理使用了 try、catch 和 throw 这 3 条附加的 C++语句。这些语句的作用是，当正在执行的程序出现异常情况时，允许一个程序（异常处理程序）试着找到该程序的一个安全出口。异常处理程序可以捕获任何数据类型上的异常情况，包括 C++类。这 3 条语句的实现是以针对异常处理的 ISO WG21/ANSI X3J16 C++标准为基础的，Microsoft C++支持基于这个标准的异常处理。注意，这个标准只适用于 C++，而不适用于 C。

结构化异常处理是 Microsoft C/C++编译程序的一种功能扩充，它的最大好处就是它对 C 和 C++都适用。Microsoft 的结构化异常处理使用了 try-except 和 try-finally 两种新的结构。这两种结构既不是 ANSI C++标准的子集，也不是它的父集，而是异常处理的另一种实现。try except 结构称为异常处理（exception handling），try-finally 结构称为终止处理（termination handling）。try except 语句允许应用程序检索发生异常情况时的机器状态，在向用户显示出错信息或者在调试程序它能带来很大的方便。在程序的正常执行被中断时，try-finally 语句使应用程序能确保去执行清理程序。尽管结构化异常处理有它的优点，但它也有缺点——它不是一种 ANSI 标准，因此，与使用 ANSI 异常处理的程序相比，使用结构化异常处理的程序的可移植性要差一些。如果要编写一个真正的 C++应用程序，那么最好使用 ANSI 异常处理（即使用 try、catch 和 throw 语句）。

17.4.4 C++抛出异常不捕获，程序的空间会释放吗

如果用 C++的异常机制，假设在某个地方抛出异常，然后不捕获程序就异常退出，程序占用的内存空间（包括栈、堆）会释放吗？还有一种情况，如果是发生空指针，或者读取数据越界，发生段错误，程序中断退出，程序的调用函数的栈空间会释放吗？申请的堆内存会释放吗？

当抛出异常的时候，将暂停当前函数的执行，开始查找匹配的 catch 子句。首先检查 throw 本身是否在 try 块内部，如果是，检查与该 try 相关的 catch 子句，看是否其中之一与被抛出对象相匹配。如果找到匹配的 catch，就处理异常；如果找不到，就退出当前函数（释放当前函数的内存并撤销局部对象），并且继续在调用函数中查找。如果对抛出异常函数的调用是在 try 块中，则检查与该 try 相关的 catch 子句。如果找到匹配的 catch，就处理异常；如果找不到匹配的 catch，调用函数也退出，并且继续在调用这个函数的函数中查找，这个过程称为“栈展开”。如果一个块直接分配资源，而且在释放资源之前发生异常，则在栈展开期间将不会释放该资源。

考虑的时候按照一个准则，就是堆资源是分配出来的，如果没有显示的释放是会一直在那里的，除非程序结束，操作系统会释放这个程序进程所占资源，栈则是在函数调用时保存函数

开始地址和参数的地方，函数调用结束后，会执行弹栈操作。如果出现访问错误或越界，之前申请的资源是不会自动释放的（除非程序退出），但是函数调用是已经结束的，所以会弹栈。

17.4.5　throw 抛出异常的特点

在 C++中，throw 抛出异常的特点如下。

（1）可以抛出根蒂根基数据类型异常，如 int 和 char 等。

（2）可以抛出错杂数据类型异常，如布局体（在 C++中布局体也是类）和类。

（3）C++的异常处理惩罚必须由调用者主动搜检。一旦抛出异常，而法度不捕获的话，那么 abort()函数就会被调用。

（4）可以在函数头后加 throw（[type-ID-list]）给出异常规格，声明其能抛出什么类型的异常。type-ID-list 是一个可选项，此中包含了一个或多个类型的名字，它们之间以逗号分隔。若是函数没有异常规格指定，则可以抛出随便率性类型的异常。

17.4.6　关于 C++异常处理的体会

C++自身有着很强的纠错能力，目前版本已建立了比较完善的异常处理机制。C++的异常情况无非两种：一种是语法错误，即程序中出现了错误的语句、函数、结构和类，致使编译程序无法进行；另一种是运行时发生的错误，一般与算法有关。

关于语法错误，不必多说，写代码时心细一点就能够解决。C++完善的报错机制能够让我们轻松地避免这些错误。然而，由于 C++软件本身的问题，有时提示的信息并不正确，比如在处理多文档结构程序时，假如遗漏了定义结构段最后的那个分号，系统的提示信息就会引导使用者进入 C++软件的内部进行调试。

运行时的错误也有很多种，常见的有文档打开失败、数组下标溢出、系统内存不足等。一旦出现这些问题，引发算法失效、程序运行时无故停止等故障也是常有的。这就需要我们在设计软件算法时要全面。比如针对文档打开失败的情况，保护的方法有很多种，最简单的就是使用“return”命令，强制退出程序。设计一些大型程序时，运行中一旦出现异常，应该能够跳过错误，继续运行。这就要用到释放资源、退栈等方法，这里不一一阐述。

面对以上情况，我们在编写程序时应做到以下 3 点。

（1）培养良好的程序书写习惯，这样能够有效地避免由于粗心大意造成的语法错误。

（2）注重程序设计的完善性和缜密性，在设计程序的思路时，应从大局着手，尽可能地考虑任何可能出现的异常情况，以便在前期的设计阶段就加以控制。比如针对数组下标溢出的情况，学习了指针之后，就可以运用动态数组的知识加以解决。

（3）要养成迅速运用新知识的能力，用新知识解决以往程序中的漏洞，这样许多运行时的错误能够避免。

17.4.7　慎用 catch(...)

C++的异常捕获提供了一个万能捕获器，就是 catch(...)，它可以捕获任意的异常。可以看出来，因为没有参数名，所以就没办法获取异常传递过来的内容。不过还有一个重要的问题，就是 catch(...)的位置问题。下面看一段代码。

```
try{
        cout<<"This an easy exception example."<<endl;
        throw 1;
    }catch(…){
        cout<<"Catched the exception."<<endl;
    }catch(int i){
```

```
        cout<<"Catched the exception: i = "<<i<<endl;
    }
```

上面的代码把catch(...)放到了catch(int i)之前，这样有什么问题呢？catch(int i)包含的异常处理块永远不会被执行。强悍一点的编译器会为我们指出错误，但是有些编译器就没这么强大了。所以，记住一条准则：catch(...)永远放到所有捕获catch处理的最后一个。

17.4.8 慎用继承体系里的类作为catch的参数

这个问题与上面的问题类似，也是catch的优先级问题。看下面的代码。

```
try{
        DerivedClass dc;
        cout<<"This an easy exception example."<<endl;
        throw dc;
    }catch(SuperClass s){
        cout<<"Catched the exception:SuperClass."<<endl;
    }catch(DerivedClass d){
        cout<<"Catched the exception:DerivedClass."<<endl;
    }
```

上面的代码中，我们抛出了DerivedClass类的对象，本以为会进入catch(DerivedClass d)的处理块，但是事实上它只调用了catch(SuperClass s)的处理块。这个代码编译器不会去检查，只能靠我们自己把握。记住一条准则：要把最高级别的父类放到最后一个catch里处理。

17.4.9 对象析构函数被调用的3种场合

对象析构函数什么时候会被调用呢？这里先说一下，有3种情况析构函数会被调用。先看我们熟悉的两种。

```
void func(){
    A a;
 }
```

第一种：上面的函数在调用时，函数完成调用后，会自动调用A的对象a的析构函数。

```
A *a = new A();
delete a;
```

第二种：显示的调用delete语句也会调用对象的析构函数。

第三种是什么呢？就是异常处理区域的throw语句。看下面的代码。

```
try{
       DerivedClass dc;
        cout<<"This an easy exception example."<<endl;
        throw dc;
    }
```

在上面的代码中，throw 语句实际上为我们调用了一次析构函数，尽管这个函数后面可能还有语句。实际上在抛出一个对象的时候，异常体系已经复制了一个tem_dc的对象。然后再调用DerivedClass的析构函数。所以，下面的代码让我们感到很恼怒。

```
try{
        DerivedClass *pDc = new DerivedClass();
        throw pDc;
    }
```

我们希望把pDc指向的对象t抛出来，实际上我们只是抛出了pDc这个指针，而这个对象早已经被析构掉。所以这里记住一条准则：尽量不要抛出指针和引用。

17.4.10 不要在异常处理体系中寄希望于类型转换

不要期望异常处理体系为我们完成类型转换。看下面的代码。

```
try{
        throw 'a';
    }catch(int ch){
        cout<<"this is a ch"<<endl;
    }
```

在平时写代码的时候，'a'是可以转换成 ASIC 码值的，但是这个时候就不行了，程序运行期是错误的。所以，记住一条准则：不要寄希望于 C++异常处理体系会帮你进行类型转换。

17.4.11　是否有 C++异常处理体系捕获不到的东西

有的，但也没有。什么意思呢？本来有的，但后来被解决了。看下面的代码。

```
class Test{
 private:
    int age;
 public:
    Test():age(initialze(1)){

    }
    int initialze(int i){
        if(i == 1){
            throw 1;
        }else{
            return 1;
        }
    }
 };
```

上面的代码中，构造函数在成员初始化列表中调用了可能抛出异常的 initialize 函数，这样的异常怎么捕获呢？看下面的代码。

```
Test()
    try:age(initialze(1)){
        {
            //函数体
        }
    }catch(int i){
        cout<<"exception"<<endl;
    }
```

17.4.12　set_unexpected 函数的用处

set_unexpected 函数的作用是设置默认异常处理函数。什么意思呢？看下面的代码即可了解。

```
void myFunc(){
    cout<<"set_unexpected Exception."<<endl;
    throw 0;
 }
 void fun(int x) throw(char)
 {
    throw 'a';
 }
 int main(){
    set_unexpected(myFunc);
    try{
        fun(1);
    }catch(int i){
        cout<<"int exception"<<endl;
```

```
    }
    system("pause");
    return 0;
}
```

从 main 开始看，我们注册了一个默认异常处理函数，这个函数会对异常进行一个修正。fun 函数里抛出 char 的异常，我们的语句是捕获不了的，所以经过默认处理函数修正之后，就可以用 catch(int i)捕获。不过，上面的代码是不能在 VS 上运行的，需要在 Linux 下运行。

17.4.13 不要让异常逃离析构函数

在 Effiective C++中有一条建议：不要让异常逃离析构函数。看下面的代码。

```
try{
        DerivedClass dc;
        cout<<"This an easy exception example."<<endl;
        throw dc;
    }catch(SuperClass s){
        cout<<"Catched the exception:SuperClass."<<endl;
    }catch(DerivedClass d){
        cout<<"Catched the exception:DerivedClass."<<endl;
    }
```

上面的代码抛出异常之后，会调用 DerivedClass 的析构函数。这样，如果析构函数再抛出异常，我们的捕获函数就不知道该如何处理了。也就是说，当同时出现两个 throw 抛出的异常之后，程序就会直接崩溃。所以，不要让异常逃离析构函数。

17.5 课后练习

（1）编写一个 C++程序，要求在 VC++中进行远程调试。
（2）编写一个 C++程序，要求利用简单断点进行程序调试。
（3）编写一个 C++程序，要求利用条件断点进行程序调试。
（4）编写一个 C++程序，要求利用数据断点进行程序调试。
（5）编写一个 C++程序，要求利用消息断点进行程序调试。
（6）编写一个 C++程序，要求利用 Watch 调试窗口查看对象信息。
（7）编写一个 C++程序，要求利用 Call Stack 窗口查看函数调用。

第 18 章

内 存 管 理

内存管理是在程序运行时对内存资源进行分配和使用的技术，其主要目的是对内存进行高效、快速地分配，并及时、有效地释放和回收。在计算机中，如果对内存使用不当，会带来很多问题，例如内存越界、内存泄露等。C++之所以长盛不衰，其在内存操作上的强大功能是一个不可忽视的因素。本章将详细介绍 C++内存管理的基本知识，为读者步入本书后面知识的学习打下基础。

18.1 内存分类

视频讲解：视频\第 18 章\内存分类.mp4

在 C++程序中，内存可以分为堆、栈和静态存储区 3 种。其中堆由程序动态申请和释放，栈和静态存储区由系统分配和释放。下面详细讲解这 3 种内存的知识。

1. 堆（heap）

在运行 C++程序时，系统会预留一块供动态分配用的“自由存储区”，这块存储区就是堆。堆需要显式进行分配，分配方法是调用 malloc()函数和 new 运算符，释放时则要调用对应的 free()函数和 delete 运算符。

2. 栈（stack）

在 C++程序中，栈根据先入先出的顺序进出内存空间，常用来保存函数中的临时变量以及函数调用时的现场（指函数返回点、参数等信息），函数执行结束时自动释放这些存储单元。栈不需要显式分配，申请和释放都由系统来维护。

3. 静态存储区

在 C++程序中，静态存储区是指在编译时就确定下来的，用于保存全局变量、常量以及 static 修饰的静态变量，这块内存在程序的整个运行期间都存在。这类变量在编译时就确定了所需内存空间的大小，由系统来管理和释放，不需要用户的干预。

例如，在下面的代码中，定义了 3 个变量，其中 x 是全局变量，y 是常量，z 是静态变量，它们都将被保存在静态存储区。而 a 和 b 是临时变量，它们将被保存在栈中。

```
int x;
int main(void){
    constint y=100;
    staticint z=100;
    int a;
    char b;
    ……
}
```

18.2 栈内存管理

视频讲解：视频\第 18 章\栈内存管理.mp4

在 C++程序中，栈内存分配运算内置于处理器的指令集中，虽然效率很高，但是分配的内存容量有限。在执行函数时，函数内局部变量的存储单元都能够在栈上创建，函数执行结束时这些存储单元会自动被释放。

18.2.1 申请栈内存

在 C++程序中，有两种实现栈内存管理的方法：一种是由系统根据需要自动分配，程序不能控制；另一种是用堆来模拟栈的操作。下面通过两段代码来演示栈空间是如何分配的。

第一段：

```
int fun(int x){
  if x>0 then
  fun(x--);
```

```
  cout<<"x="<<x<<endl;
  return 0;
}
```

在上述代码中，函数 fun 是递归函数，当从第 n 层进入第 n+1 层时就需要在栈上存储现场。当 x 为正数时就进入下一层递归，否则输出 x 的值，然后退到上一层。当每进入一层递归时，任何其他返回时要恢复的现场数据都将被保存在栈上，例如 x 的值、返回后继续执行的下一条指令的地址等。由于从内层递归返回外层后，原来的 x 的值还要使用，所以进入内层递归时，x 的值必须保存在栈上。当返回时，再依次从栈中取出。

第二段：将临时变量保存在栈中。

```
void main (){
  int a;
  float b;
  double c;
  char s[10];
  …
}
voidfunc(int x, int y){
  …
}
```

在上述代码中，函数 main()声明了 4 个临时变量，各个变量在编译时自动从栈上获得存储空间。各语句的含义如下。

int a：表示系统在栈上为整型变量 a 申请了 int 字节大小的内存存储单元。

float b：表示系统在栈上为浮点型变量 b 申请了 float 字节大小的内存存储单元。

double d：表示系统在栈上为双精度型变量 c 申请了 double 字节大小的内存存储单元。

char s[10]：表示系统在栈上为字符型数组 s 申请了 10 个 char 字节大小的内存存单元。

在函数 func 中的参数列表(int x, int y)，申请了两个形参变量。

int x：表示系统在栈上为形参 x 申请了 int 字节大小的内存存储单元。

int y：表示系统在栈上为形参 y 申请了 int 字节大小的内存存储单元。

18.2.2　使用栈内存

在 C++程序中，因为栈是由系统来管理的，所以不会直观地感觉到在使用栈，除非程序自己来模拟一个栈。例如，在下面的代码中，局部变量将自动从栈获得存储空间。

```
void main(){
  int a;                                          //在栈上分配空间
  int b;                                          //在栈上分配空间
  int c;                                          //在栈上分配空间
  a = 25;                                         //赋值
  b = 68;                                         //赋值
  c = a + b;                                      //使用 a、b对c赋值
  std::cout<<  "the value of a + b is : "  <<  c; //使用c
}
```

上述代码非常简单，一共定义了 3 个局部变量，都是从栈获得内存空间。上述每个变量的名字与一个栈上空间相对应。由于栈由系统来管理，因此在使用栈时，只需给出对应的变量名即可。下面的实例演示了定义 C++栈内存的具体过程。

实例 18-1　定义 C++栈内存

源码路径：daima\18\18-1（Visual C++版和 Visual Studio 版）

本实例的实现文件为 zhan.cpp，主要实现代码如下。

```
#include <malloc.h>
class zhan{                  //定义类zhan
public:
   zhan();                   //声明构造函数
   ~zhan();                  //声明析构函数
private:
   struct tagint{            //实现结构体
       int x;                //保存数据
       struct tagint *p;     //指向下一个节点
   } *value;
public:
   void push(int y);         //声明函数push实现压栈
   int pop();                //声明函数pop出栈
   int gettop();             //声明函数pop得到栈顶元素的值
};
zhan::zhan(){                //实现构造函数zhan
   value = (struct tagint *)malloc(sizeof(struct tagint));   //申请内存空间
   value->p = NULL;
}
 zhan::~zhan(){              //实现析构函数zhan    //释放
   struct tagint *st;        //结构体变量st
   st = value->p;
   while (st != NULL){
       value->p = st->p;     //指向下一个位置
       free(st);             //释放
       st = value->p;        //指向下一个位置

   }
   free(value);
}

//压栈
void zhan::push(int y){                 //实现压栈函数push
   struct tagint *st;
   st = (struct tagint *)malloc(sizeof(struct tagint)); //申请内存空间
   st->x = y;                           //赋值
   st->p = value->p;                    //指向当前链头
   value->p = st;                       //链到栈头
}
//得到栈顶元素的值
int zhan::gettop(){                     //实现函数gettop
   return value->p->x;                  //返回栈顶元素的值
}
//返回栈顶元素的值，同时删除栈顶
int zhan::pop(){                        //实现函数pop
   int y = value->p->x;                 //栈顶值
   struct tagint *st;
   st = value->p;                       //栈顶元素
   value->p = value->p->p;              //下一个元素成为栈顶
   free(st);                            //释放
   return y;                            //返回栈顶元素的值
}
void main(void){
   zhan it;
   it.push(88);                         //调用函数push
   it.push(99);                         //调用函数push
   cout << "A: "<<it.pop() << "分" << endl;
   cout << "B: "<<it.gettop() << "分" << endl;
}
```

上述实例代码是一个简单的用链模拟栈的类，从它使用内存的方式来看不是栈空间，而是动态分配空间。它用一个链来模拟一个先进后出的栈，用函数 push()模拟压栈，用函数 gettop()模拟取栈顶元素，通过函数 pop()在取栈顶元素的同时删除当前栈顶。这个例子演示了栈的基本操作原理，可以使读者对栈的使用有一个直观的理解。编译执行后效果如图 18-1 所示。

图 18-1　执行后的效果

18.2.3　释放栈内存

在 C++程序中，栈空间在不使用时要及时释放。由于栈一般是系统在管理，所以栈的释放不用程序员来处理。当结束某个变量的生命期时，系统会自动释放该变量所占用的空间。如果是从内层递归返回，系统会自动释放内层递归所申请的空间，弹出上层递归保留的变量和一些其他的参数。这些处理都在系统内进行，编写程序时不需要考虑。

例如在实例 18-1 中，因为栈是模拟的，所以分配和释放都要由程序本身来处理。因为该模拟栈的空间释放是在析构函数内完成的，所以必须释放所有栈空间，否则会浪费内存。其中的 value 不是栈的节点，而是保存了指向栈顶的指针，也必须释放，否则也会浪费内存。

18.2.4　改变内存大小

在 C++程序中，可以用库函数 alloca()改变栈上分配的内存大小，其语法格式如下。

```
void *alloca(size_t size);
```

上述函数的功能是在调用它的函数的栈空间中分配一个 size 字节大小的空间，当调用 alloca()函数返回或退出时，alloca()在栈中分配的空间被自动释放。当 alloca()函数执行成功时，它将返回一个指向所分配的栈空间起始地址的指针。

实例 18-2　改变 C++的内存大小

源码路径：daima\18\18-2（Visual C++版和 Visual Studio 版）

本实例的实现文件为 change.cpp，主要实现代码如下。

```
#include "stdafx.h"
#include<iostream>
//内存管理的库函数头文件
#include <malloc.h>
int main(int argc, char *argv[]){
    //在栈上，内存为10个int字节大小的内存存储单元
    int Array[10]={10,9,8,7,6,5,4,3,2,1};
    int i;                                      //在栈上
    int j;                                      //在栈上
    int *p;                                     //在栈上
    /*输出原来存储在栈上的数组中的10个元素 */
    std::cout << "输出原来存储在栈上的数组中的10个元素 " << "\n";
    for(i=0;i<10;i++) {
        std::cout << Array[i] << "\t";
    }
    std::cout <<  "\n";
    p = Array;                                  //指向Array数组在栈上的内存地址
    p = (int *) alloca(sizeof(int) * 12);  //修改所指向的Array数组在栈上的内存的大小，
    //增加2个int字节大小的内存存储单元。
    //此时的statckArray在栈上分配的内存为12个int字节大小的内存存储单元
    Array[10] = 99;                             /* 新增的第11个数组元素 */
    Array[11] = 100;                            /* 新增的第12个数组元素 */
    /*输出修改内存大小后的数组中的12个元素*/
```

```
    std::cout << "输出修改内存大小后的数组中的12个元素 " << "\n";
    for(j=0;j<12;j++) {
         std::cout << Array[j] << "\t";
    }
    return 0;
}
```

在上述实例代码中，首先用语句行 intstackArray[10]在栈上申请了一个 10 个 int 字节大小内存存储单元的栈数组，然后用 C++库函数 alloca()对 stackArray 在栈上的内存大小进行了修改，成为 12 个 int 字节大小的内存存储单元。这样增加了 2 个 int 字节大小的内存单元，从而实现了对栈数组 stackArray 动态地增加 2 个 int 型的数组元素，其值为 99 和 100。本实例编译执行后的效果如图 18-2 所示。

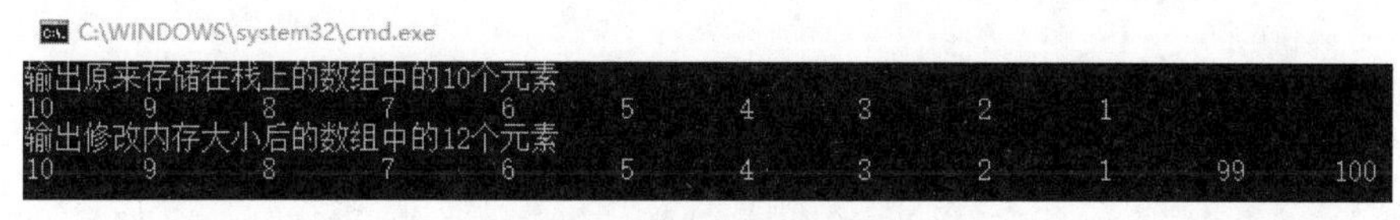

图 18-2　执行后的效果

注意：alloca()函数只能用于对栈内存大小的修改，不能用于在堆上的操作。alloca()函数分配的内存不需要程序员来释放，它是由系统在程序或调用它的函数运行结束后自动释放的。

18.3　堆内存管理

视频讲解：视频\第 18 章\堆内存管理.mp4

在 C++程序中，在运行堆内存时实现动态分配工作，对应的分配函数是 malloc()和运算符 new，相应地，释放函数是 free()，释放运算符是 delete。因此，堆内存的生存期由程序本身来控制，使用上很灵活，但是问题也最多。

18.3.1　申请堆内存

在 C++程序中，有两种申请堆内存的方式，分别是分配函数 malloc()和分配运算符 new。下面将详细讲解这两种申请堆内存方式的知识。

1. 使用 malloc()函数

在 C++程序中，使用 malloc()函数的语法格式如下。

```
void *malloc(int size);
```

该函数向系统申请 size 个字节的内存空间，返回类型是 void 型指针。在实际使用时，必须强制转换为需要的类型。

2. 使用 new 运算符

在 C++程序中，new 是一个运算符，可以在编译时分配内存空间，具体语法格式如下。

```
pointer=new type[n];
```

其中，pointer 是 type 型指针，type[n]表示要分配 n 个 type 型的内存空间。如果分配只有一个 type 型内存空间，则不需要加“[n]”。下面的代码演示了堆内存的分配方法。

```
int *p1,*p2;                            //整型指针
  p1=(int *)malloc(2*sizeof(int));      //分配2个int型的内存空间
  P2=new int[2];                        //分配2个int型的内存空间
```

在上述代码中，用两种方法给指针 p1 和 p2 分配内存空间。两种方法效果是一样的，都是

动态分配 2 个字节的空间。所不同的是，malloc()是一个函数，而 new 是一个运算符。

18.3.2　使用堆内存

在 C++程序中，因为堆实现了内存的动态申请，所以在使用上比较灵活、方便。本节用一个动态一维数组来说明堆的使用方法。下面的实例演示了改变 C++内存的大小的过程。

实例 18-3　改变 C++内存的大小

源码路径：daima\18\18-3（Visual C++版和 Visual Studio 版）

本实例的实现文件为 dui.cpp，主要实现代码如下。

```
int main(){
    int size;                  //定义变量size
    cout << "请输入数组的维数：";
    cin>>size;                 //获取输入的size值
    int *p;                    //指针p
    if (size%2==0)             //如果size能够被2整除
        p=new int[size];       //创建数组，用new在堆上申请size个int字节大小的内存单元
    else                       //如果size不能够被2整除
        p=(int*)malloc(size*sizeof(int)); //用malloc在堆上申请size个字节的空间
    for(inti=0; i<size; i++){
        p[i] = i * 2;                       //以数组方式对每个内存存储单元进行初始化
    }
    for(int j=0; j < size; j++){
        cout<< "第" << j << "个数组元素：";  //循环输出各个数组元素
            cout<<  *p++ ;                  //以指针方式将内存存储单元中的值输出
        cout<< "\n";
    }
    return 0;
}
```

在上述实例代码中，分别用 new 和 malloc()两种方式实现了一个动态数组，该数组的大小在运行时根据使用者的输入来决定。因此只要堆空间允许，就可以在任何时候申请任何大小的空间。在申请内存后，就可以像使用数组或指针那样来使用。示例中在赋值时使用了数组形式，输出时使用了指针形式。输入数字 3 后的执行效果如图 18-3 所示。

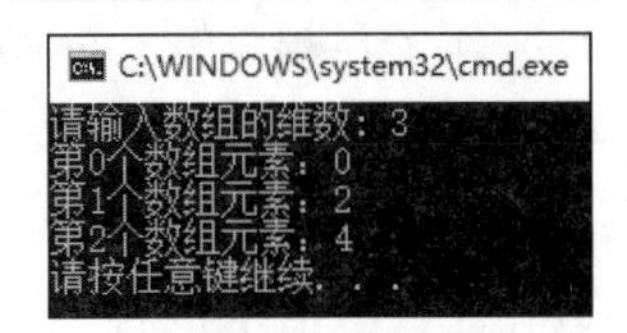

图 18-3　执行效果

18.3.3　释放堆内存

在 C++程序中，由于系统不负责堆内存块的释放，所以它的释放必须由程序本身来控制。如果没有正常释放堆内存，将引起内存泄露问题。与 malloc()函数相对应的释放函数为 free()，具体语法格式如下。

```
void free(void *pointer);
```

函数 free()可以释放 pointer 指针所指向的内存，与 new 对应的释放函数如下。

```
delete [] pointer;
```

函数 free()能够释放指针 pointer 指向的一块内存，如果 pointer 不是数组，则不需要加“[]”。在前面的实例中，对堆内存的使用都是不安全的，因为都缺少了释放操作。下面的实例是在实例 18-3 的基础上加入了释放操作。

实例 18-4　添加释放操作

源码路径：daima\18\18-4（Visual C++版和 Visual Studio 版）

本实例的实现文件为 release.cpp，主要实现代码如下。

```
int main(){
    int size;
    cout << "请输入数组的维数: ";
    cin>>size;
    int *p =0;
    if (size%2==0)
        p=new int[size];
//用new在堆上申请size个int字节大小的内存单元
    else
        p=(int*)malloc(size*sizeof(int)); //用malloc在堆上申请size个字节的空间
    for(inti=0; i<size; i++){
        p[i] = i * 2;              //以数组方式对每个内存存储单元进行初始化
    }

    for(int j=0; j < size; j++){
         cout<< "第" << j << "个数组元素: ";
         cout<< *p++ ;             //以指针方式将内存存储单元中的值输出
         cout<< "\n";
    }
    if (size%2==0)
         delete [] (p-size);   //与new对应的释放操作
    else
         free(p-size);             //与malloc对应的释放操作
    p=NULL;

    return 0;
}
```

本实例与实例 18-3 相比，区别在于加入了最后的释放操作。如果不加该操作，由 new 和 malloc()申请的内存就没有得到释放。因此程序运行结束后，这些内存就没有被系统收回，导致产生内存泄露，而且堆内存会越来越少。输入数字 7 后的执行效果如图 18-4 所示。

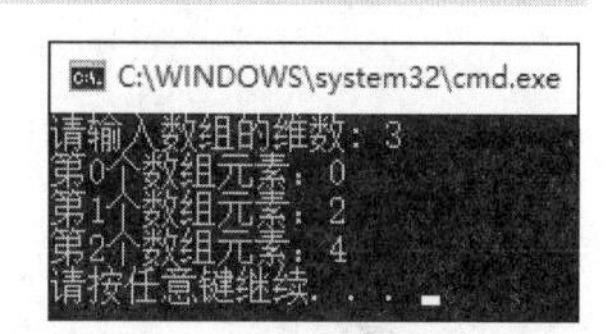

图 18-4　执行效果

18.3.4　改变内存大小

当 C++的堆被分配后，有时会发生内存不够用的情况，这时就需要一种自动分配的机制。C++语言中的函数 realloc()可以实现内存的动态缩放功能，该函数的语法原型如下。

```
void *realloc(void *mem_address, unsigned intnewsize);
```

函数 realloc()能够设置 mem_address 所指内存块的大小为 newsize 长度。如果重新分配成功，则返回指向被分配内存的指针，否则返回空指针为 NULL。与 malloc()和 new 一样，当不再使用时，也应该使用 free()和 delete 将内存块释放。

与 malloc()和 new 不同的是，函数 realloc()是在原有内存基础上修改了内存块的范围，既可以对原有内存进行扩大，也可以进行缩小。但无论怎么修改，原有内存的内容不会改变。

在 C++程序中，究竟如何实现新内存的申请呢？不同的情况需要区别对待，具体来说有如下两种情形。

（1）第一种情形：在 C++程序中，当新申请的内存块大于原有内存时，系统一般会进行如下两种处理方式。

① 如果有足够空间用于扩大 mem_address 指向的内存块，则在原有内存后追加额外内存，并返回 mem_address，这样得到的是一块连续的内存。

② 如果原来的内存块后面没有足够的空闲空间用来分配，那么从堆中另外找一块 newsize

大小的内存，并把原来内存空间中的内容复制到新空间中。这样，返回的内存地址不再是原来内存块的地址，因为数据已经被移动。

（2）第二种情形：在 C++程序中，当新申请的内存块小于原有内存时，系统会直接在原有内存上分配。例如，下面的实例演示了二次内存分配的具体过程。

实例 18-5　演示二次内存分配的具体过程

源码路径：daima\18\18-5（Visual C++版和 Visual Studio 版）

本实例的实现文件为 second.cpp，主要实现代码如下。

```
#include <malloc.h>                                //内存管理的库函数
int main(intargc, char *argv[]){
   int  *p;
   inti;
//在堆上分配内存单元
   p = (int *)malloc(sizeof(int) *4);             //分配4个int单位的内存空间
   for(int i=0;i<4;++i) {
       p[i] = i + 1;                              //初始化p的各个值
   }
   for(i=0;i<3;i++) {                             //如果i小于3
       std::cout<< p[i] << "\t";                  //循环输出p的值
   }
   std::cout<< "\n";                              //换行
   p = (int *) realloc(p, sizeof(int) *8);        //修改内存的大小
   for(int j=4;j<8;++j)  {
       p[j] = j + 1;                              //初始化j的各个值
   }
   for(i=0;i<8;i++) {                             //如果j小于8
   //循环输出p的值
       std::cout<< p[i] << "\t";   ;
   }
   std::cout<< "\n";
   free(p);
   return 0;
}
```

在上述代码中，首先用 malloc()函数分配了 4 个 int 单位的内存空间，然后用 realloc()将空间扩大为 8 个。当使用函数 realloc()重新分配空间时，不会破坏原有空间的内容。本实例执行后的效果如图 18-5 所示。

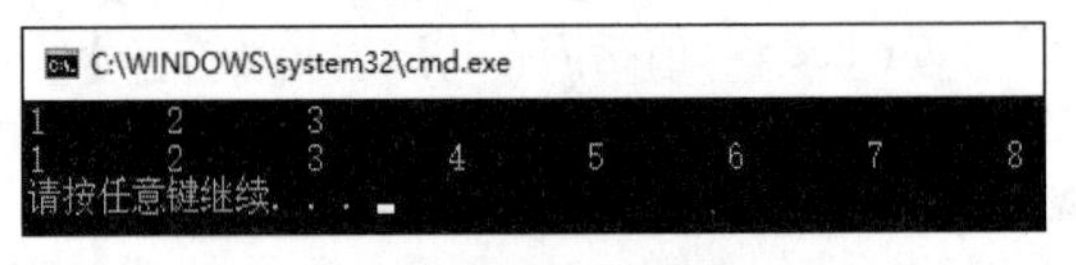

图 18-5　执行后的效果

18.4　技术解惑

18.4.1　堆和栈的区别

堆和栈的主要区别有以下几点。

1. 管理方式不同

对于栈来讲，是由编译器自动管理，不用我们手工控制；对于堆来说，释放工作由程序员

控制，容易产生内存泄露。

2. 空间大小不同

一般来讲，在 32 位系统下，堆内存可以达到 4 吉字节的空间，从这个角度来看堆内存几乎是没有什么限制的。但是对于栈来讲，一般是有一定的空间大小的。

打开工程，菜单操作 Project→Setting→Link，在 Category 中选中 Output，然后在 Reserve 中设定堆 1 栈的最大值和 commit。

注意：reserve 最小值为 4 个字节；commit 保留在虚拟内存的页文件里面，它设置得较大会使栈开辟较大的值，可能增加内存的开销和启动时间。

3. 能否产生碎片不同

对于堆来讲，频繁地 new/delete 势必会造成内存空间的不连续，从而造成大量的碎片，使程序效率降低。对于栈来讲，则不会存在这个问题，因为栈是先进后出的队列，它们是如此的一一对应，以至于永远都不可能有一个内存块从栈中间弹出，在它弹出之前，在它上面的后进的栈内容已经被弹出。详细内容可以参考数据结构，这里不再讨论。

4. 生长方向不同

对于堆来讲，生长方向是向上的，也就是向着内存地址增加的方向增长；对于栈来讲，它的生长方向是向下的，是向着内存地址减小的方向增长。

5. 分配方式不同

堆都是动态分配的，没有静态分配的堆。栈有两种分配方式，即静态分配和动态分配。静态分配是编译器完成的，比如局部变量的分配。动态分配由 alloca 函数进行分配，但是栈的动态分配和堆是不同的，是由编译器进行释放，不用我们手工实现。

6. 分配效率不同

栈是机器系统提供的数据结构，计算机会在底层对栈提供支持，分配专门的寄存器存放栈的地址，压栈出栈都有专门的指令执行，这就决定了栈的效率比较高。堆则是 C/C++函数库提供的，它的机制是很复杂的，例如，为了分配一块内存，库函数会按照一定的算法（具体算法可以参考数据结构/操作系统）在堆内存中搜索可用的足够大小的空间，如果没有足够大小的空间（可能是由于内存碎片太多），就有可能调用系统功能去增加程序数据段的内存空间，这样就有机会分到足够大小的内存，然后进行返回。显然，堆的效率比栈要低得多。

由此可以看到，堆和栈相比，由于大量 new/delete 的使用，容易造成大量的内存碎片；由于没有专门的系统支持，效率很低；由于可能引发用户态和核心态的切换、内存的申请，代价变得更加昂贵。所以栈在程序中是应用最广泛的，就算是函数的调用也利用栈去完成，函数调用过程中的参数、返回地址、EBP 和局部变量都采用栈的方式存放。所以，推荐尽量用栈，而不是用堆。

虽然栈有如此众多的好处，但是由于与堆相比不是那么灵活，有时候分配大量的内存空间，还是用堆好一些。无论是堆还是栈，都要防止越界现象的发生（除非是故意使其越界），因为越界的结果或是程序崩溃，或是摧毁程序的堆、栈结构。

18.4.2 常见的内存错误及其对策

发生内存错误是件非常麻烦的事情。编译器不能自动发现这些错误，通常是在程序运行时才能捕捉到。而这些错误大多没有明显的症状，时隐时现，增加了改错的难度。常见的内存错误及其对策如下。

（1）内存分配未成功，却使用了它。

编程新手常犯这种错误，因为他们没有意识到内存分配会不成功。常用解决办法是，在使用内存之前检查指针是否为 NULL。如果指针 p 是函数的参数，那么在函数的入口处用 assert(p!=NULL)进行检查。如果是用 malloc 或 new 来申请内存，应该用 if(p==NULL) 或 if(p!=NULL)进行防错处理。

（2）内存分配虽然成功，但是尚未初始化就引用它。

犯这种错误主要有两个原因：一是没有初始化的观念；二是误以为内存的缺省初值全为 0，导致引用初值错误（例如数组）。内存的缺省初值究竟是什么并没有统一的标准，尽管有些时候为零值，我们宁可信其无不可信其有。所以无论用何种方式创建数组，都不能忘记赋初值，即便是赋零值也不可省略，不要嫌麻烦。

（3）内存分配成功并且已经初始化，但操作越过内存的边界。

例如，在使用数组时经常发生下标“多 1”或者“少 1”的操作。特别是在 for 循环语句中，循环次数很容易搞错，导致数组操作越界。

（4）忘记释放内存，造成内存泄露。

含有这种错误的函数每被调用一次就丢失一块内存。刚开始时系统的内存充足，我们看不到错误。终有一次程序突然死掉，系统出现提示“内存耗尽”。动态内存的申请与释放必须配对，程序中 malloc 与 free 的使用次数一定要相同，否则肯定有错误（new/delete 同理）。

18.4.3　防止发生溢出错误

如果在栈上申请的内存大于栈上所有剩余的内存空间，系统将提示栈溢出的错误。例如下面的代码用指针来模拟的链栈。

```
class intstack
 {
 private:
     struct tagint
     {
         int x;
         int *p;
     } value;
 public:
     void push(int y);
     int pop();
 }
```

在上述代码中，该类用堆模拟了一个先进后出的栈。其中，结构体 struct tagint 实现了一个链栈，它的内存空间实际上来自于堆，而函数 push()和 pop()则负责对该栈进行操作。push()是压栈，即写数据进栈，而 pop()是从栈内弹出数据，同时释放申请的空间。

18.5　课后练习

（1）编写一个 C++程序，要求利用 Memory 窗口查看内存信息。

（2）编写一个 C++程序，要求利用 Variables 窗口查看变量信息。

（3）编写一个 C++程序，要求利用 Registers 窗口查看 CPU 寄存器信息。

第19章

预 处 理

预处理是指在执行某个操作之前所进行的一些准备工作。预处理是C++语言的一个重要功能，由专门的预处理程序完成。通过合理的预处理功能，可以使项目程序更加便于阅读、修改和调试。本章将详细介绍C++语言中预处理的基本知识，为读者步入本书后面知识的学习打下基础。

19.1 预处理基础

视频讲解：视频\第 19 章\预处理基础.mp4

在工业制造领域中，预处理（Pre-Treatment）指的是在混凝、沉淀、过滤、消毒等工艺前所设置的处理工序。在程序设计领域，预处理是在程序源代码被编译之前，由预处理器（Preprocessor）对程序源代码进行的处理。虽然这个过程会解析程序的源代码，但是会把源代码分割或处理成为特定的符号用来支持宏调用。本节将详细讲解预处理的基础知识。

19.1.1 什么是预处理

在学习 C++预处理之前，先讲解如下两个概念。

1. 预处理器（Preprocessor）

预处理器是一个文本处理程序，它在程序编译的第一个阶段处理源代码的文本。当然，预处理器不只是编译之前才被调用处理源代码，它也可以被其他程序单独地调用以实现文本的处理。

2. 预处理指令

预处理指令，比如#define 和#ifdef，一般用来使源代码在不同的执行环境中被方便地修改或者编译。源代码中这些指令会告诉预处理器执行特定的操作，比如告诉预处理器在源代码中替换特定字符等。

19.1.2 C++中的预处理

在 C++程序中，预处理器的主要作用是把通过预处理的内建功能对一个资源进行等价替换。在 C++程序中，预处理命令共同的语法规则如下。

（1）所有的预处理命令在程序中都是以“#”来引导，如“#include "stdio.h"”。

（2）每一条预处理命令必须单独占用一行，如“#include "stdio.h" #include <stdlib.h>”是不允许的。

（3）预处理命令后不加分号，如“#include "stdio.h";”是非法的。

（4）预处理命令一行写不下，可以续行，但需要加续行符“\”。

在 C++程序中，主要有以下 4 种最为常见的预处理。

（1）文件包含：#include 是一种最为常见的预处理，主要是作为文件的引用组合源程序正文。

（2）条件编译：#if、#ifndef、#ifdef、#endif、#undef 等也是比较常见的预处理，主要用于在编译时进行有选择的挑选，注释掉一些指定的代码，以达到版本控制、防止对文件重复包含的功能。

（3）布局控制：#pragma，这也是应用预处理的一个重要原因，主要功能是为编译程序提供非常规的控制流信息。

（4）宏替换：#define，这是最常见的用法，可以定义符号常量、函数功能、重新命名、字符串的拼接等各种功能。

下面详细介绍这 4 种预处理命令的基本知识和具体用法。

1. 文件包含

在 C++程序中，文件包含是指一个源文件可以将另一个源文件的全部内容包含进来。文件包含处理命令有如下两种格式。

```
#include "包含文件名"
#include <包含文件名>
```

上述两种格式的具体区别如下。

（1）使用双引号：系统首先到当前目录下查找被包含文件，如果没找到，再到系统指定的“包含文件目录”（由用户在配置环境时设置）中查找。

（2）使用尖括号：直接到系统指定的“包含文件目录”中查找。一般地说，使用双引号比较保险。

在 C++程序中，文件包含的优点如下。

一个大程序，通常分为多个模块，并由多名程序员分别编程。有了文件包含处理功能，就可以将多个模块共用的数据（如符号常量和数据结构）或函数集中到一个单独的文件中。这样，凡是要使用其中数据或调用其中函数的程序员，只要使用文件包含处理功能，将所需文件包含进来即可，不必再重复定义它们，从而减少重复劳动。

在 C++程序中，在使用文件包含时需要注意以下 4 点。

（1）编译预处理时，预处理程序将查找指定的被包含文件，并将其复制到#include 命令出现的位置上。

（2）常用在文件头部的被包含文件，称为“标题文件”或“头部文件”，常以“h”（head）作为后缀，简称头文件。在头文件中，除可包含宏定义外，还可包含外部变量定义、结构类型定义等。

（3）一条包含命令只能指定一个被包含文件。如果要包含 n 个文件，则要使用 n 条包含命令。

（4）文件包含可以嵌套，即被包含文件中又包含另一个文件。

2. 条件编译

在 C++程序中，条件编译可有效地提高程序的可移植性，并广泛地应用于商业软件中，为一个程序提供各种不同的版本。C++中的条件编译有 3 种形式，具体说明如下。

（1）第一种形式，具体格式如下。

```
#ifdef 标识符
    程序段1
#else
    程序段2
#endif
```

上述格式的功能是，如果标识符已被 #define 命令定义过则对程序段 1 进行编译，否则对程序段 2 进行编译。如果没有程序段 2（它为空），本格式中的#else 可以没有，即可以写为如下格式。

```
#ifdef 标识符
程序段 #endif
```

（2）第二种形式，具体格式如下。

```
#ifndef 标识符
    程序段1
#else
    程序段2
#endif
```

与第一种形式的区别是将“ifdef”改为“ifndef”。这种形式的功能是，如果标识符未被#define 命令定义过则对程序段 1 进行编译，否则对程序段 2 进行编译。这与第一种形式的功能正相反。

（3）第三种形式，具体格式如下。

```
#if 常量表达式
    程序段1
```

```
#else
   程序段2
#endif
```

上述格式的功能是，如常量表达式的值为真（非 0），则对程序段 1 进行编译，否则对程序段 2 进行编译。因此可以使程序在不同条件下，完成不同的功能。例如：

```
#if  ( !defined(_MSC_VER) && !defined(__cdecl) )
#define __cdecl
#endif
```

这里涉及 defined()，用于判断括号中的变量是否被定义。我们在写条件编译语句时一般写成如下形式。

```
#ifndef _INC_STDIO
#define _INC_STDIO常量
#endif
```

当然这里的名字不合适，只是表意一下。但在很多程序的源代码中，只定义了标识符而没有定义常量（value），就像前面程序中的：

```
#ifndef _INC_STDIO
#define _INC_STDIO
```

由此可以得出的结论是：_INC_STDIO 只是一个标识符，可以不定义值，这个标识符可以用来控制程序的流程。如果没有定义标识符 XXX，则定义标识符 XXX。在 C++程序中，条件编译允许只编译源程序中满足条件的程序段，使生成的目标程序较短，从而减少内存的开销并提高程序的效率。下面的实例演示了使用条件编译的具体过程。

实例 19-1　使用条件编译计算圆的面积

源码路径：daima\19\19-1（Visual C++版和 Visual Studio 版）

本实例的实现文件为 bianyi.cpp，具体实现代码如下。

```
#define R 1                  //宏定义R为1
int main(int argc, char *argv[]){
   float c, r, s;            //定义3个变量
   scanf_s("%f", &c);        //获取输入的值
#if R                        //值为真时
   r = 3.14159*c*c;          //设置面积计算表达式
   printf("这个圆的面积是：%f\n", r);
#else                        //值为否时
   s = c*c;                  //计算c的平方
   printf("area of square is: %f\n", s);
#en
}
```

在上述代码中，采用了 C++语言第三种形式的条件编译方式。在程序第一行宏定义中，定义 R 为 1，因此在条件编译时，常量表达式的值为真，所以计算并输出圆面积。执行后先输入圆的整数，按下回车键后会计算并显示对应圆的面积，如图 19-1 所示。

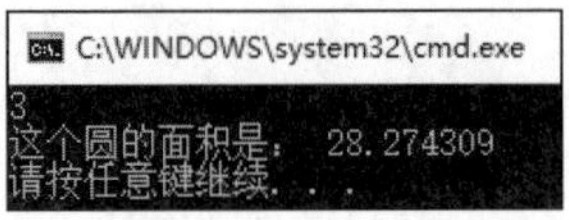

图 19-1　执行效果

注意：上面介绍的条件编译当然也可以用条件语句来实现。但是用条件语句将对整个源程序进行编译，生成的目标代码程序很长，而采用条件编译，则根据条件只编译其中的程序段 1 或程序段 2，生成的目标程序较短。如果条件选择的程序段很长，采用条件编译的方法是十分必要的。

3. 布局控制

在 C++所有的预处理指令中，#Pragma 指令可能是最复杂的，它的作用是设定编译器的状态或者指示编译器完成一些特定的动作。#Pragma 指令对每个编译器给出了一个方法，在保持

与C和C++语言完全兼容的情况下，给出主机或操作系统专有的特征。依据定义，编译指示是机器或操作系统专有的，且对于每个编译器都是不同的。在C++程序中，使用#Pragma指令的格式如下。

```
#Pragma Para
```

在上述格式中，Para为参数，下面是一些常用的参数。

（1）message参数：能够在编译信息输出窗口中输出相应的信息，这对于源代码信息的控制是非常重要的。其使用方法如下。

```
#Pragma message("消息文本")
```

当编译器遇到这条指令时就在编译输出窗口将消息文本打印出来。当在程序中定义了许多宏来控制源代码版本的时候，我们自己有可能都会忘记有没有正确地设置这些宏，此时我们可以用这条指令在编译的时候就进行检查。假设希望判断自己有没有在源代码的什么地方定义了_X86这个宏，可以用下面的方法实现。

```
#ifdef _X86
#Pragma message("_X86 macro activated!")
#endif
```

当定义了_X86这个宏以后，应用程序在编译时就会在编译输出窗口里显示“_X86 macro activated!”。这样开发者就不会因为不记得自己定义的一些特定的宏而抓耳挠腮了。

（2）code_seg参数：能够设置程序中函数代码存放的代码段，当我们开发驱动程序的时候就会使用到它，具体使用格式如下。

```
#pragma code_seg( ["section-name"[,"section-class"] ] )
```

（3）#pragma once参数（比较常用）：只要在头文件的最开始加入这条指令，就能够保证头文件被编译一次。这条指令实际上在VC6中就已经有了，但是考虑到兼容性并没有太多地使用它。

（4）#pragma hdrstop参数：表示预编译头文件到此为止，后面的头文件不进行预编译。BCB可以预编译头文件以加快链接的速度，但如果所有头文件都进行预编译又可能占用太多磁盘空间，所以使用这个选项排除一些头文件。

有时单元之间有依赖关系，比如单元A依赖单元B，所以单元B要先于单元A编译。我们可以用#pragma startup指定编译优先级，如果使用了#pragma package(smart_init)，BCB就会根据优先级的大小先后编译。

（5）#pragma resource"*.dfm"表示把*.dfm文件中的资源加入工程。*.dfm中包括窗体外观的定义。

（6）#pragma warning(disable : 4507 34; once : 4385; error : 164)等价于：

```
#pragma warning(disable:4507 34)         //不显示4507和34号警告信息
#pragma warning(once:4385)               //4385号警告信息仅报告一次
#pragma warning(error:164)               //把164号警告信息作为一个错误
```

同时这个pragma warning也支持如下格式。

```
#pragma warning( push [ ,n ] )
#pragma warning( pop )
```

上面的n代表一个警告等级(1～4)。

#pragma warning(push)：保存所有警告信息的现有警告状态。

#pragma warning(push, n)：保存所有警告信息的现有警告状态，并把全局警告等级设定为n。

#pragma warning(pop)：向栈中弹出最后一个警告信息，在入栈和出栈之间所做的一切改动取消。例如：

```
#pragma warning( push )
```

```
#pragma warning( disable : 4705 )
#pragma warning( disable : 4706 )
#pragma warning( disable : 4707 )
//......
#pragma warning( pop )
```

在这段代码的最后，重新保存所有的警告信息(包括 4705、4706 和 4707)。

（7）pragma comment(...)参数：该指令将一个注释记录放入一个对象文件或可执行文件中。例如常用的 lib 关键字可以帮我们链入一个库文件。

下面的实例演示了实现局控制的具体过程。

实例 19-2　实现局控制

源码路径：daima\19\19-2（Visual C++版和 Visual Studio 版）

本实例的实现文件为 buju.cpp，具体实现代码如下。

```
int main(int argc, char* argv[]){
   int a;                            //定义变量a
   float x;                          //定义变量x
   double y;                         //定义变量y
   //#pragma warning(disable:244)  //屏蔽244警告
   //#pragma warning(once:244)     //仅警告一次
   //#pragma warning(error:244)    //作为错误处理
   cin>>a;

   cin>>x;
   cin>>y;
   a=x;
   x=y;
   return 0;
}
```

在上述代码中展示了 3 种使用 Pragma 的方式，输入 3 个数字后的执行后的效果如图 19-2 所示。

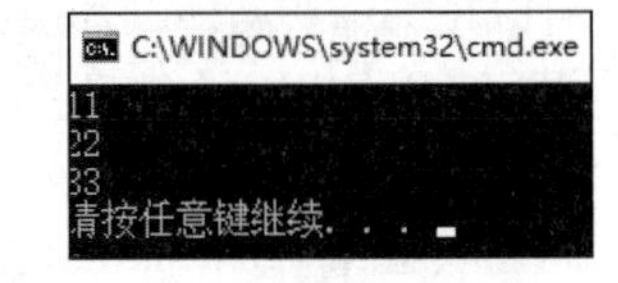

图 19-2　执行后的效果

4. 宏替换

在 C++语言中，允许用一个标识符来表示一个字符串，这称为“宏”，被定义为“宏”的标识符称为“宏名”。在编译预处理时，对程序中所有出现的“宏名”都用宏定义中的字符串代换，这称为“宏替换”或“宏展开”。宏定义是由源程序中的宏定义命令完成的。在预编译处理时，对程序中任何出现的“宏名”都用宏定义中的字符串替换，这称为宏替换或宏展开。

在 C++语言中，使用宏的语法格式如下。

```
#define 宏名 字符串
```

“宏替换”或“宏展开”是由预处理程序自动完成的。在 C++程序中，“宏”分为有参数和无参数两种，下面详细讲解这两种宏。

（1）带参宏定义。

在 C++程序中，使用带参宏定义的语法格式如下。

```
#define 宏名(形参表) 语言符号字符串
```

字符串中包含在括号中所指定的参数，如：

```
#define S(a,b) a*b
Area = S(3,2);
```

下面讲解带参宏的调用和宏展开，其调用格式如下。

```
宏名(实参表)
```

宏展开即用宏调用提供的实参字符串，直接置换宏定义命令行中相应形参字符串，非形参字符保持不变。

在 C++程序中使用带参宏定义时，应该注意以下 3 点。

① 定义有参宏时，宏名与左圆括号之间不能留有空格。否则，C 编译系统将空格以后的所有字符均作为替代字符串，而将该宏视为无参宏。

② 有参宏的展开只是将实参作为字符串，简单地置换形参字符串，而不进行任何语法检查。在定义有参宏时，在所有形参和整个字符串外，均加一对圆括号。

③ 虽然有参宏与有参函数确实有相似之处，但不同之处更多，主要有以下几个方面。

- 调用有参函数时，是先求出实参的值，然后再复制一份给形参。展开有参宏时，只是将实参简单地置换形参。
- 在有参函数中，形参是有类型的，所以要求实参的类型与其一致；在有参宏中，形参是没有类型信息的，因此用于置换的实参什么类型都可以。有时，可利用有参宏的这一特性，实现通用函数功能。
- 使用有参函数，无论调用多少次，都不会使目标程序增大，但每次调用都要占用系统时间进行调用现场保护和现场恢复；使用有参宏，由于宏展开是在编译时进行的，所以不占运行时间，但是每引用一次，都会使目标程序增大一次。

（2）不带参宏定义。

在 C++语言中，定义无参宏定义的语法格式如下。

```
#define 标识符 语言符号字符串
```

其中，“define”为宏定义命令；“标识符”为所定义的宏名，通常用大写字母表示，以便与变量区别；“语言符号字符串”可以是常数、表达式、格式串等。

在 C++程序中，使用宏定义的优点如下。

① 提高源程序的可维护性。

② 提高源程序的可移植性。

③ 减少源程序中重复书写字符串的工作量。

在使用宏定义时要遵循如下规则。

① 宏名一般用大写字母表示，以示与变量区别。但这并非是规定。

② 宏定义不是 C 语句，所以不能在行尾加分号。否则，宏展开时，会将分号作为字符串的一个字符用于替换宏名。

③ 在宏展开时，预处理程序仅以按宏定义简单替换宏名，而不进行任何检查。如果有错误，只能由编译程序在编译宏展开后的源程序时发现。

④ 宏定义命令#define 出现在函数的外部，宏名的有效范围是从定义命令之后，到本文件结束。通常，宏定义命令放在文件开头处。

⑤ 在进行宏定义时，可以引用已定义的宏名。

⑥ 对双引号引起来的字符串内的字符，即使与宏名同名，也不进行宏展开。

⑦ 可以用＃undef 命令终止宏定义的作用域。

5. 其他预编译指令

在 C++程序中，除了上面所介绍的常用的编译指令外，还有#line、#error、#pragma 等 3 种不太常用的编译命令。

（1）#line。

在 C++程序中，使用#line 的语法如下。

```
#line number filename
```

例如：

```
#line 30 a.h
```

其中，文件名 a.h 可以省略不写。

这条指令可以改变当前的行号和文件名，例如上一条预处理指令就可以改变当前的行号为 30，文件名是 a.h。初看起来似乎没有什么用，不过，它还是有点用的，那就是用在编译器的编写中，我们知道编译器对 C++源码编译过程中会产生一些中间文件，通过这条指令，可以保证文件名是固定的，不会被这些中间文件代替，有利于进行分析。

（2）#error。

在 C++程序中，使用#error 语法如下。

```
#error info
```

例如：

```
#ifndef UNIX
#error This software requires the UNIX OS.
#endif
```

这条指令主要是给出错误信息，上面的例子就是，如果没有在 UNIX 环境下，就会输出 This software requires the UNIX OS.，然后诱发编译器终止。所以总的来说，这条指令的目的就是在程序崩溃之前能够给出一定的信息。

（3）预定义标识符。

为了处理一些有用的信息，预处理定义了一些预处理标识符，虽然各种编译器的预处理标识符不尽相同，但是它们都会处理下面的 4 种。

_ _FILE_ _：正在编译的文件的名字。

_ _LINE_ _：正在编译的文件的行号。

_ _DATE_ _：编译时刻的日期字符串，例如“25 Dec 2000”。

_ _TIME_ _：编译时刻的时间字符串，例如“12:30:55”。

例如：

```
cout<<"The file is :"<<_FILE_"<<"! The lines is:"<<_LINE_<<endl;
```

19.2 使用宏时的常见陷阱

视频讲解：视频\第 19 章\使用宏时的常见陷阱.mp4

下面演示如何写一个简单的预处理宏 max()，这个宏有两个参数，比较并返回其中较大的一个值。在写这样一个宏时，容易犯哪些错误呢?

（1）忘记为参数加上括号。

看下面的代码：

```
#define max(a, b) a < b ? b : a
max(i += 2, j)
```

展开后是：

```
i += 2 < j ? j : i += 2
```

考虑运算符优先级和语言规则，实际上是：

```
i += ((2 < j) ? j : i += 2)
```

这种错误可能需要长时间的调试才可以发现。

（2）忘记为整个展开式加上括号。

看下面的代码：

```
#define max(a, b) (a) < (b) ? (b) : (a)
m = max(j, k) + 42;
```

展开后为：

```
m = (j) < (k) ? (j) : (k) + 42;
```

考虑运算符优先级和语言规则，实际上是：

```
m = ((j) < (k)) ? (j) : ((k) + 42);
```

如果 j >= k, m 被赋值 k+42，正确；如果 j < k, m 被赋值 j，则是错误的。如果给展开式加上括号，就解决了这个问题。

（3）多参数运算。

看下面的代码：

```
#define max(a, b) ((a) < (b) ? (b) : (a))
max(++j, k);
```

如果++j 的结果大于 k，j 会递增两次，这可能不是程序员希望的：

```
((++j) < (k) ? (k) : (++j))
```

类似地：

```
max(f(), pi)
```

展开后：

```
((f()) < (pi) ? (pi) : (f()))
```

如果 f()的结果大于等于 pi，f()会执行两次，这绝对缺乏效率，而且可能是错误的。

（4）名字冲突。

宏只是执行文本替换，而不管文本在哪里，这意味着只要使用宏，就要小心对这些宏命名。具体来说，这个 max 宏最大的问题是，极有可能会与标准的 max()函数模板冲突。

看下面的代码：

```
#define max(a,b) ((a) < (b) ? (b) : (a))
#include <algorithm>                  // 冲突!
```

在<algorithm>中，有如下代码：

```
template<typename T> const T&
max(const T& a, const T& b);
```

宏将它替换为如下，将无法编译：

```
template<typename T> const T&
((const T& a) < (const T& b) ? (const T& b) : (const T& a));
```

所以，我们尽量避免命名的冲突，想出一个不平常的、难以拼写的名字，这样才能最大可能地避免与其他名字空间冲突。

（5）宏不能递归。

（6）宏没有地址。

可能得到任何自由函数或成员函数的指针，但不可能得到一个宏的指针，因为宏没有地址。宏之所以没有地址，原因很显然——宏不是代码，宏不会以自身的形式存在，因为它是一种被美化了的文本替换规则。

（7）宏有碍调试。

在编译器看到代码之前，宏就会修改相应的代码，因而它会改变变量名称和其他名称。此外，在调试阶段，无法跟踪到宏的内部。

19.3 技术解惑

19.3.1 预处理的未来

C++并没有为#include 提供替代形式，但是 namespace 提供了一种作用域机制，它能以某种方式支持组合，利用它可以改善#include 的行为方式，但是我们还是无法取代#include。

#progma 应该算是一个可有可无的预处理指令，按照 C++之父 Bjarne 的话说："#progma 被过分地经常用于将语言语义的变形隐藏到编译系统里，或者被用于提供带有特殊语义和笨拙语法的语言扩充中。"

对于#ifdef，我们仍然束手无策，就算我们利用 if 语句和常量表达式，仍然不足以替代它，因为一个 if 语句的正文必须在语法上正确，满足类检查，即使它处在一个绝不会被执行的分支里面。

19.3.2 两者的意义

1. 用<iostream>还是<iostream.h>

作者建议使用<iostream>，而不是<iostream.h>，为什么呢？首先，.h 格式的头文件早在 1998 年 9 月份就被标准委员会抛弃了，我们应该紧跟标准，以适合时代的发展。其次，iostream.h 只支持窄字符集，iostream 则支持窄/宽字符集。还有，标准对 iostream 进行了很多的改动，接口和实现都有了变化。最后，iostream 组件全部放入 namespace std 中，防止了名字污染。

2. <io.h>和"io.h"有什么区别

其实它们唯一的区别就是搜索路径不同。

#include <io.h>：编译器从标准库路径开始搜索。

#include "io.h"：编译器从用户的工作路径开始搜索。

19.3.3 一个初学者的问题

看下面的代码。

```
#include <stdio.h>
#define CHANGE 1
main()
{int c;
 while((c=getchar()!='\n'))
{     #if CHANGE
          if((c>='a'&&c<='x')||(c>='A'&&c<='X'))
          c+=2;
          else if(c=='y'||c=='Y'||c=='z'||c=='Z')
          c=c-24;
          #endif
      putchar(c);
}
 putchar("\n");
}
```

将上述代码编译到 VC 6.0 环境中会出现如下错误。

```
cpp(6) : error C2014: preprocessor command must start as first nonwhite space
```

错误提示已经说得很清楚了，预处理必须是作为（一行当中）第一个非空白符号。需要将如下代码中的"{"和后面的"#if"换行，其实这是不良编程习惯造成的错误。

```
{     #if CHANGE
```

19.4 课后练习

（1）编写一个 C++程序，要求使用#define 实现最简单的宏定义。

（2）编写一个 C++程序，要求使用##运算符把参数连接到一起。

（3）编写一个 C++程序，要求使用#define 实现求最大值和最小值的宏。

第 20 章

错误和调试

作为一名程序员，工作和学习中都会编写大量的程序项目，不可避免会出现错误。出现错误后，我们要想法解决，具体的解决方法涉及程序调试相关的问题。本章将详细介绍 C++错误和调试的基本知识。

20.1　什么是错误

视频讲解：视频\第 21 章\什么是错误.mp4

20.1.1　Bug 的由来

所谓程序中的错误，即 Bug（漏洞）。Bug 本意是臭虫、缺陷、损坏等。现在人们将在计算机系统或程序中，隐藏着的一些未被发现的缺陷或问题统称为 Bug（漏洞）。

与 Bug 相对应，人们将发现 Bug 并加以纠正的过程叫作“Debug”，意即“捉虫子”或“杀虫子”。遗憾的是，在中文里面，至今仍没有与“Bug”准确对应的词汇，于是只能直接引用 Bug 一词。虽然也有人使用“臭虫”一词替代 Bug，但容易产生歧义，所以推广不开。

Bug 的创始人 Grace Murray Hopper，是一位计算机专家，也是最早将人类语言融入到计算机程序的人之一。而代表计算机程序出错的 Bug 这名字，正是由她取的。1945 年的一天，她对 Harvard Mark II 设置好 17 000 个继电器进行编程后，她的工作却毁于一只飞进计算机造成短路的飞蛾。在报告中，她用胶条贴上飞蛾，并用 Bug 来表示“一个在计算机程序里的错误”。Bug 这个说法一直沿用到今天。

20.1.2　程序设计方面的解释

程序设计中所谓 Bug，是指计算机系统的硬件、系统软件（如操作系统）或应用软件（如文字处理软件）出错。

现在的软件复杂程度早已超出了一般人能控制的范围，如 Windows 7、Windows 10 这样的较成熟的操作系统也会不定期地公布其中的 Bug。如何减少以至消灭程序中的 Bug，一直是程序员所极为重视的课题。我们本章内容的目的就是：尽量消灭项目程序中的 Bug。

20.2　常见的错误分析

视频讲解：视频\第 20 章\常见的错误分析.mp4

在进行 C 语言开发时，不可避免地会出现不同的错误。在一般情况下，C++语言错误主要分为以下 4 大类。

1. 语法错误

对于这种错误，用编译器很容易解决。所以，改错题的第一步是先编译，解决这类语法错误。下面是 C++语言中常见的语法错误。

（1）丢失分号，或分号误写成逗号。

（2）关键字拼写错误。如本来小写变成大写。

（3）语句格式错误。例如 for 语句中多写或者少写分号。

（4）表达式声明错误。例如少了（）。

（5）函数类型说明错误。与 main（）函数中不一致。

（6）函数形参类型声明错误。例如少了*等。

（7）运算符书写错误。例如“/”写成了“\”。

实例 20-1 演示 C++程序的语法错误

源码路径：daima\20\20-1（Visual C++版和 Visual Studio 版）

本实例的实现文件为 ceshi.cpp，具体实现代码如下。

```
#include "stdafx.h"

#include <iostream.h>
int main(int argc, char* argv[])
{
    int data;
    cout<<"请输入:"<<end;   //关键字错误
    cin<<data;              //流符号错误
    cout<<data              //语法错误
    data=data-(data*3;      //语法错误
    return 0;
}
```

将上述代码编译执行后，显示如下错误信息。

```
--------------------Configuration: ceshi - Win32 Debug--------------------
Compiling…
StdAfx.cpp
Compiling…
ceshi.cpp
E:\邮电\c++\daima\23\ceshi\ceshi.cpp(9) : error C2065: 'end' : undeclared identifier
E:\邮电\c++\daima\23\ceshi\ceshi.cpp(10) : error C2676: binary '<<' : 'class
istream_withassign' does not define this operator or a conversion to a type acceptable to the
predefined operator
E:\邮电\c++\daima\23\ceshi\ceshi.cpp(12) : error C2146: syntax error : missing ';' before
identifier 'data'
E:\邮电\c++\daima\23\ceshi\ceshi.cpp(12) : error C2143: syntax error : missing ')' before
';'
Error executing cl.exe.
ceshi.exe - 4 error(s), 0 warning(s)
```

上述信息是 Visual C++ 6.0 的错误提示信息，从结果可以看出本段代码有 4 处错误。

（1）第 9 行关键字“end”书写错误，应该写为“end1”。

（2）第 10 行错用了“<<”，输入流应该使用“>>”。

（3）第 12 行缺少“;”，实际上是第 11 行缺少分号，造成第 11、12 两行连到一起了。

（4）第 12 行括号不全，应该在 3 后面加上“)”。

2. 逻辑错误（语义错误）

这与实现程序功能紧密相关，一般不能用编译器发现。对于逻辑错误可以按下面的步骤进行查找。

（1）先读需求，看清需求的功能要求。

（2）通读程序，看懂程序中算法的实现方法。

（3）细看程序，发现常见错误点。

下面列出了一些常见逻辑错误以供参考。

（1）变量初值错误。

（2）循环次数不对。

（3）下标越界。

（4）运算类型不匹配。

具体来说，在编写程序时常见的错误如下。

（1）忘记定义变量。

（2）输入/输出数据的类型与所用格式说明符不一致。

（3）未注意 int 型数据的数值范围，例如 int 型数据的数值范围是−32 768～32 768，程序中的变量值不能超出这个范围，否则会发生错误。

（4）输入变量时忘记使用地址符。

（5）输入时数据的组织和需要不符。

（6）误把“=”作为“等于”比较符。

“=”为赋值运算符。

“==”为比较运算符。

（7）语句后面漏分号，如下。

```
{
  t=a;
  a=b;
  b=t
}
```

（8）不该加分号的地方加了分号。

（9）对应该有大括号的复合语句，忘记加大括号，如下。

```
sum=0;
i=1;
while(i<=100)
sum=sum 1;
i ;
```

（10）括号不配对，如下。

```
while((c=getchar()!='#')
putchar(c);
```

（11）在用标识时，忘记了大写字母和小写字母的区别，如下。

```
int a,b,c;
a=2;
b=3;
C=A B;
```

（12）引用数组元素时误用圆括号。

（13）在定义数组时，将定义的“元素个数”误认为是“可使用的最大下标值”。

（14）对二维或多维数组的定义和引用的方法不对。

（15）误以为数组名代表数组中全部元素。

（16）混淆字符数组与字符指针的区别。

（17）在引用指针变量之前没有对它赋予确定的值。

（18）switch 语句的各分支中漏写 break 语句，混淆字符和字符串的表示形式，如下。

```
char sex;
sex="M";
```

（19）使用自加（++）和自减（−−）运算符时出现错误。

（20）所调用的函数在调用语句之后才定义，而又在调用前未加说明。

（21）误认为形参值的改变会影响实参的值。

（22）函数的实参与形参类型不一致，如下。

```
fun(float x,float y)
main() {
int a=3,b=4;
c=fun(a,b);
}
```

（23）不同类型的指针混用。

（24）没有注意函数参数的求值顺序。

（25）混淆数组名和指针变量的区别。

（26）使用文档时忘记打开，用只读方式打开，却试图向该文档输出数据。

在使用编译器进行代码调试运行时，如果出现错误，编译器会输出对应的提示，读者可以根据输出的提示来解决问题。常见的错误提示有以下 3 种。

（1）变量未定义。

错误提示如下。

```
error c:\exam\31010001\prog.c 3:undefined symbol "a" in function main
```

错误原因：标志符 a 在使用之前未经定义。

错误说明：在程序第 3 行出现的变量。

（2）漏写分号。

错误提示如下。

```
error c:\exam\31010001\prog.c 11: statement missing ; in function main
```

错误原因：main 函数中某些语句后缺少分号。

错误说明：在程序第 11 行的语句缺少分号，通过 tc 对出错行的定位功能能很快找到出错代码。

（3）for 循环错误。

错误提示如下。

```
error c:\exam\31010001\prog.c 39;for statement missing ;in function readdat
```

错误原因：在函数 readdat 中 for 语句缺少分号。

错误说明：for 语句后的 3 条表达式应该用 2 个分号隔开，2 个分号在任何时候缺一不可。若忘记或错写成两个逗号都会出现该错误。

3. 链接错误

如果 C++程序在链接时，不能在所有的库和目标文件内找到所引用的函数、变量或标识符，将产生此错误。一般来说，发生错误的原因是所引用的函数、变量不存在，拼写不正确或者使用错误。下面以工程内链接和连接库链接两种方式讨论错误出现的原因和解决错误的方法。

第一种：工程内链接。

（1）工程内函数或变量不存在。

① 只声明没定义。

② 声明和定义的函数参数列表不一致。

③ 函数或变量拼写错误。

（2）函数或变量所在的文件没有被正确编译。

① 所在的文件没有被添加到工程中。

② 函数或变量的定义放在头文件，但是该头文件并没有被任何一个.cpp 文件引用。这种情况只会出现入口函数的链接错误。

③ 预处理宏或条件编译导致函数或变量没有被正确编译。

④ 如果是内联（inline）函数，必须在需要用到它的每个编译单位里定义，因此定义只能放在头文件中，不能放在.cpp 文件中。

第二种：连接库链接。

（1）链接的函数或变量没有被正确导出。

① 类或函数没有用__declspec（dllexport）导出。

② 类或函数没有用模块定义文件 def 导出。

③ def 文件没有被正确地添加到工程中。

④ 函数或变量的拼写错误导致没法正确地导出。

（2）找不到链接的库文件

① 工程设置中 Linker→General→Additional Library Directories。

② 工程设置中 Linker→Input→Additional Dependencies。

③ Tools→Options→Projects→VC++ Directories→Library files。

④ 使用 pragma comment（lib，"XXX.lib"）。

⑤ 如果没有设置库文件和路径，可以通过设置工程依赖解决。

（3）错误的调用方式。

① C 和 C++函数名扩展没有被正确地使用（C 一般为_function 形式，C++一般为: ?function@@YAPAU 形式）。

② extern“C”的使用不正确。

③ 函数参数调用方式不一致（__cdecl、__stdcall、__fastcall 等）。

（4）如果链接错误的是 CRT 库，则可以：

① 试试忽略该 CRT 库。

② 改变运行时库（Runtime Library）链接方式，使用 DLL 或者静态库方式。

③ 如果忽略了某 CRT 库，检查运行时库（Runtime Library），并保持调用的一致性。

（5）如果链接错误的是入口函数，则可以：

① 检查 Linker→System→SubSystem，是 win32 还是 console。

② 检查 Linker→Advanced→Entry Point，是否使用了自定义的入口函数。

③ 检查是否入口函数放在头文件中，但头文件没有被正确编译。

实例 20-2 演示 C++的链接错误

源码路径：daima\20\20-2（Visual C++版和 Visual Studio 版）

实例的实现文件为 lianjie.cpp，具体实现代码如下。

```
#include "stdafx.h"
#include <iostream.h>
extern int x;              //外部变量
int fun(float y);          //本地函数
int main(int argc, char* argv[]){

    x=1;
    cout<<x<<endl;
    fun(x);
    return 0;
}
int fun(int y)
{
    return y*2;
}
```

将上述代码编译执行后，会显示如下错误信息。

```
--------------------Configuration: lianjie - Win32 Debug--------------------
Compiling…
StdAfx.cpp
Compiling…
lianjie.cpp
```

```
    E:\邮电\c++\daima\23\lianjie\lianjie.cpp(13) : warning C4244: 'argument' : conversion from
'int' to 'float', possible loss of data
    Linking…
    lianjie.obj : error LNK2001: unresolved external symbol "int __cdecl fun(float)"
(?fun@@YAHM@Z)
    lianjie.obj : error LNK2001: unresolved external symbol "int x" (?x@@3HA)
    Debug/lianjie.exe : fatal error LNK1120: 2 unresolved externals
    Error executing link.exe.
    lianjie.exe - 3 error(s), 1 warning(s)
```

上述信息是 VC++ 6.0 的错误提示信息，从结果可以看出有一个数据转换警告，其他都通过了编译，并有 3 处链接错误。

（1）fun()函数找不到：因为声明的 fun()函数为浮点型，但是定义时却使用了整型，所以链接程序找不到参数为浮点型 fun()函数。

（2）声明了外部变量 x，但没有找到定义它的库文件。

（3）有两个无法找到的外部引用，所以不能链接为可知性程序。

注意：理论上可以把所有的 C++代码都写到一个.cpp 文件中，但这样不利于维护。所以 C++语言采用的是分开编译并链接的方式，即可以把代码写在多个.cpp 文件中分别编译，最后用链接器链接而成。

20.3 程序调试常见错误

视频讲解：视频\第 20 章\程序调试常见错误.mp4

随着诸如代码重构和单元测试等方法引入实践，调试技能渐渐弱化，甚至有人主张废除调试器。这是有道理的，原因在于使用调试的代价太大，特别是调试系统集成之后的 Bug，为解决一个 Bug 花费几天甚至数周时间并非罕见。这些难以定位的 Bug 基本上可以归为内存错误和并发问题两类，其中又以内存错误最为普遍，即使是久经沙场的“老手”，有时也难免落入陷阱。了解这些常见的错误，在编程时就可以加以注意，把出错的概率降到最低，节省大量时间。下面列举一些常见的内存错误。

1. 内存泄露

我们都知道，在堆上分配的内存，如果不再使用，就应该把它释放，以便后面其他地方可以重用。在 C/C++中，内存管理器不会自动回收不再使用的内存。如果我们忘记释放不再使用的内存，这些内存就不能被重用，就会造成所谓的内存泄露。

把内存泄露列为首位，倒并不是因为它有多么严重的后果，而因为它是最为常见的一类错误。一两处内存泄露通常不至于让程序崩溃，也不会出现逻辑上的错误，加上进程退出时，系统会自动释放该进程所有相关的内存，所以内存泄露的后果相对来说还是比较温和的。当然，量变会产生质变，一旦内存泄露过多以至于耗尽内存，后续内存分配将失败，程序可能因此而崩溃。现在的 PC 内存够大，加上进程有独立的内存空间，所以对于一些小程序来说，内存泄露已经不是太大的威胁。但对于大型软件，特别是长时间运行的软件或者嵌入式系统来说，内存泄露仍然是致命的因素之一。

不管在什么情况下，采取比较谨慎的态度，杜绝内存泄露的出现，都是可取的。相反，认为内存有的是，对内存泄露放任自流都不是负责的。尽管一些工具可以帮助我们检查内存泄露问题，但还是应该在编程时就仔细一点，及早排除这类错误，工具只是用作验证的手段。

2. 内存越界访问

内存越界访问有两种。一种是读越界，即读了不属于自己的数据，如果所读的内存地址是无效的，程序立刻就崩溃了。如果所读内存地址是有效的，在读的时候不会出问题，但由于读到的数据是随机的，它会产生不可预料的后果。另一种是写越界，又叫缓冲区溢出。所写入的数据对别人来说是随机的，它也会产生不可预料的后果。

内存越界访问造成的后果非常严重，是程序稳定性的致命威胁之一。更麻烦的是，它造成的后果是随机的，表现出来的症状和时机也是随机的，让 Bug 的现象和本质看似没有什么联系，这给 Bug 的定位带来极大的困难。

一些工具可以帮助我们检查内存越界访问的问题，但也不能太依赖于工具。内存越界访问通常是动态出现的，即依赖于测试数据，在极端的情况下才会出现，除非精心设计测试数据，否则工具也无能为力。工具本身也有一些限制，甚至在一些大型项目中，工具变得完全不可用。比较保险的方法还是在编程时就小心，特别是对于外部传入的参数要仔细检查。

3. 野指针

野指针是指那些已经释放的内存指针。当调用 free(p)时，你真正清楚这个动作背后的内容吗？你会说 p 指向的内存已经被释放。没错，p 本身有变化吗？答案是 p 本身没有变化。它指向的内存仍然是有效的，你可以继续读写 p 指向的内存。

释放的内存会被内存管理器重新分配。此时，野指针指向的内存已经被赋予新的意义。对野指针指向内存的访问，无论是有意还是无意的，都会付出巨大代价，因为它造成的后果如同越界访问一样，是不可预料的。

释放内存后立即把对应指针置为空值，是避免野指针常用的方法。这个方法简单有效，只是要注意，指针是从函数外层传入的，在函数内把指针置为空值，对外层的指针没有影响。比如，在析构函数里把 this 指针置为空值，没有任何效果，这时应该在函数外层把指针置为空值。

4. 访问空指针

空指针在 C/C++中占有特殊的地址，通常用来判断一个指针的有效性。空指针一般定义为 0。现代操作系统都会保留从 0 开始的一块内存，至于这块内存有多大，视不同的操作系统而定。一旦程序试图访问这块内存，系统就会触发一个异常。

操作系统为什么要保留一块内存，而不是仅仅保留 1 个字节的内存呢？原因是：一般内存管理是按页进行管理的，无法单纯保留 1 个字节，至少要保留一个页面。保留一块内存也有额外的好处，可以检查诸如 p=NULL、p[1]之类的内存错误。

在访问指针指向的内存时，要确保指针不是空指针。访问空指针指向的内存，通常会导致程序崩溃或者不可预料的错误。

5. 引用未初始化的变量

未初始化变量的内容是随机的，使用这些数据会造成不可预料的后果，调试这样的 Bug 也是非常困难的。对于态度严谨的程序员来说，防止这类 Bug 非常容易。在声明变量时就对它进行初始化，是一个编程的好习惯。另外，也要重视编译器的警告信息，发现有引用未初始化的变量，立即修改过来。

6. 不清楚指针运算

对于一些新手来说，指针常常让他们犯糊涂，如下。

```
int *p = …; p+1;
```

上述代码等价于下面的代码吗？

```
(size_t)p + 1;
```

对于上述问题，老手自然清楚，但新手可能就搞不清了。事实上如下。

```
p+n;
```

等于以下代码。

```
(size_t)p + n * sizeof(*p);
```

指针是C/C++中最有力的武器，功能非常强大，无论是变量指针还是函数指针，我们都应该掌握得非常熟练。只要有不确定的地方，就应该立即写个小程序验证一下。对每一个细节都了然于胸，在编程时会省下不少时间。

7. 结构的成员顺序变化引发的错误

在初始化一个结构时，老手可能很少像新手那样一个成员一个成员地为结构初始化，而是采用快捷方式，如下。

```
struct s
{
    int  l;
    char* p;
};
int main(int argc, char* argv[])
{
    struct s s1 = {4, "abcd"};
    return 0;
}
```

以上这种方式是非常危险的，原因在于对结构的内存布局做了假设。如果这个结构是第三方提供的，它很可能调整结构中成员的相对位置。而这样的调整往往不会在文档中说明，我们自然很少去关注。如果调整的两个成员具有相同数据类型，编译时不会有任何警告，但程序的逻辑上可能相距十万八千里。

正确的初始化方法如下（一个成员一个成员地初始化也可以）。

```
struct s
{
     int  l;
     char* p;
  };
int main(int argc, char* argv[])
{
  struct s s1 = {.l=4, .p = "abcd"};
  struct s s2 = {l:4, p:"abcd"};
  return 0;
}
```

8. 结构的大小变化引发的错误

看下面的例子。

```
struct base
{
    int n;
};
struct s
{
    struct base b;
    int m;
};
```

上述代码在OOP中可以认为第二个结构继承了第一结构，这有什么问题吗？当然没有，这是C语言中实现继承的基本手法。

现在假设第一个结构是第三方提供的，第二个结构是我们自己的。第三方提供的库是以DLL方式分发的，DLL最大好处在于可以独立替换。但随着软件的进化，问题可能就来了。

当第三方在第一个结构中增加了一个新的成员int k，编译好后把DLL给我们，我们直接给了客户。程序加载时不会有任何问题，但运行逻辑可能完全改变！原因是两个结构的内存布局出现了重叠。解决这类错误的唯一办法就是全部重写相关的代码。

9. 分配/释放不配对

我们知道，malloc 要与 free 配对使用，new 要与 delete/delete[]配对使用，重载了类 new 操作，应该同时重载类的 delete/delete[]操作。

有时候两个代码看起来都是调用 free 函数，但实际上却调用了不同的实现。比如在 Win32 下，调试版与发布版、单线程与多线程是不同的运行时库，不同的运行时库使用的是不同的内存管理器。如果链接错了库，程序可能崩溃，原因在于在一个内存管理器中分配的内存，在另外一个内存管理器中释放时出现了问题。

10. 返回指向临时变量的指针

栈里面的变量都是临时的，当前函数执行完成时，相关的临时变量和参数都被清除。不能把指向这些临时变量的指针返回给调用者，这样的指针指向的数据是随机的，会给程序造成不可预料的后果。例如下面的错误例子。

```
char* get_str(void)
{
    char str[] = {"abcd"};
    return str;
}
int main(int argc, char* argv[])
{
    char* p = get_str();
    printf("%s\n", p);
    return 0;
}
```

下面的代码则没有问题。

```
char* get_str(void)
{
    char* str = {"abcd"};
    return str;
}
int main(int argc, char* argv[])
{
    char* p = get_str();
    printf("%s\n", p);
    return 0;
}
```

11. 试图修改常量

在函数参数前加上 const 修饰符，只是给编译器做类型检查用的，编译器禁止修改这样的变量。

而全局常量和字符串用强制类型转换绕过去，运行时仍然会出错。原因在于它们是放在常量区里面的，而常量区内存页面是不能修改的。试图对它们修改会引发内存错误。例如，下面的程序在运行时会出错。

```
int main(int argc, char* argv[])
{
    char* p = "abcd";
    *p = '1';
    return 0;
}
```

12. 误解传值与传引用

在 C/C++中，参数默认传递方式是传值的，即在参数入栈时被复制一份。在函数里修改这些参数，不会影响外面的调用者，如下。

```
#include <stdlib.h>
#include <stdio.h>
void get_str(char* p)
{
    p = malloc(sizeof("abcd"));
    strcpy(p, "abcd");
    return;
}
int main(int argc, char* argv[])
{
    char* p = NULL;
    get_str(p);
    printf("p=%p\n", p);
    return 0;
}
```

在上述 main 函数里，p 的值仍然是空值。

13. 重名符号

无论是函数名还是变量名，如果在不同的作用范围内重名，自然没有问题。但如果两个符号的作用域有交集，如全局变量和局部变量、全局变量与全局变量之间，重名的现象一定要坚决避免。gcc 有一些隐式规则来决定处理同名变量的方式，编译时可能没有任何警告和错误，但结果通常并非我们所期望的。

14. 栈溢出

在前面关于堆栈的一节讲过，在 PC 上，普通线程的栈空间也有十几兆字节，通常够用了，定义大一点的临时变量不会有什么问题。但在一些嵌入式中，线程的栈空间可能只 5KB 大小，甚至小到只有 256B。在这样的平台中，栈溢出是最常见的错误之一。在编程时应该清楚自己平台的限制，避免栈溢出的可能。

15. 误用 sizeof

尽管 C/C++通常是按值传递参数，但数组则是例外。在传递数组参数时，数组退化为指针（即按引用传递），用 sizeof 是无法取得数组大小的。从下面的代码中可以看出。

```
void test(char str[20])
{
    printf("test:size=%d\n", sizeof(str));
}
int main(int argc, char* argv[])
{
    char str[20];
    test(str);
    printf("main:size=%d\n",sizeof(str));
    return 0;
}
test:size=4
main:size=20
```

16. 字节对齐

字节对齐的主要目的是提高内存访问的效率。但在有的平台（如 ARM 7）上，就不仅是效率问题了，如果不对齐，得到的数据会是错误的。所幸的是，大多数情况下，编译会保证全局变量和临时变量按正确的方式对齐。内存管理器会保证动态内存按正确的方式对齐。要注意的是，在不同类型的变量之间转换时要小心，如把 char*强制转换为 int*时就需要格外小心。

另外，字节对齐也会造成结构大小的变化，在程序内部用 sizeof 来取得结构的大小，这就足够了。若数据要在不同的机器间传递，则在通信协议中要规定对齐的方式，避免对齐方式不一致引发的问题。

17. 字节顺序

字节顺序历来是设计跨平台软件时头疼的问题。字节顺序是关于数据在物理内存中的布局的问题，最常见的字节顺序有大端模式与小端模式两种。

（1）大端模式是高位字节数据存放在低地址处，低位字节数据存放在高地址处。

（2）小端模式指低位字节数据存放在内存低地址处，高位字节数据存放在内存高地址处。

举例如下。

```
long n = 0x11223344
```

大端模式和小端模式下的字节说明如表 20-1 所示。

表 20-1　大端模式和小端模式下的字节说明

模　式	第 1 字节	第 2 字节	第 3 字节	第 4 字节
大端模式	0x11	0x22	0x33	0x44
小端模式	0x44	0x33	0x22	0x11

在普通软件中，字节顺序问题并不引人注目。但在开发与网络通信和数据交换有关的软件时，字节顺序问题就要特殊注意。

20.4　C++编程中的调试技巧

视频讲解：视频\第 20 章\C++编程中的调试技巧.mp4

前面讲解了 C++中的常见错误，从本节开始，将讲解 C++编程中的调试技巧。

20.4.1　调试标记

使用预处理#define 定义一个或多个调试标记，在代码中对调试部分使用#ifdef 和#endif 进行管理。当程序最终调试完成后，只需要使用#undef 标记，调试代码就会消失。常用的调试标记为 DEBUG，语句格式如下。

```
#define DEBUG
#ifdef DEBUG
调试代码
#endif
```

20.4.2　运行期间调试标记

在程序运行期间打开和关闭调试标记。通过设置一个调试 bool 标记可以实现。这对命令行运行的程序更为方便。例如下面的代码。

```
#include<iostream>
#include <string>
using namespace std;
bool debug =false;
int main(int argc,char*argv[])
{
   for(int i=0;i<argc;i++)
      if(string(argv[i])=="--debug=on")
            debug = true;
```

```
    bool go=true;
    while(go){
   if(debug)
    {
    调试代码
    }else {}
}
}
```

20.4.3　把变量和表达式转换成字符串

可以使用字符串运算符来实现转换输出定义。

```
#define PR(x)
cout<<#x"="<<x<<''''\n''''
```

20.4.4　C++语言的 assert()

该宏在<assert>中，当使用 assert 时，给它一个参数，即一个判读为真的表达式。预处理器产生测试该断言的代码，如果断言不为真，则发出一个错误信息告诉断言是什么，程序会终止。看下面的代码。

```
#include< assert>
using namsapce std;
int main()
{
    int i=100;
    assert(i!=100);
}
```

当调试完毕后，在#include<assert>前加入#define NDEBUG 即可消除宏产生的代码。

20.5　技术解惑

20.5.1　编写规范易懂的代码

现阶段软件开发，都要依靠团队的合作。程序员一方面要依赖大量其他程序员完成的代码，另一方面又提供大量代码给其他人使用。代码实际上具备了两个要素：首先是可靠地提供某种功能，其次是清楚地表达作者的思想。任何交流都必须有一定的规范才能进行，体现在代码中就是规范易懂。另外，规范易懂的代码才是可重复使用的，规范的代码具有更长的寿命和更好的可维护性，也更方便后期的扩展。

1. 好代码的几个特征

好的代码都具有以下几个共同的特征。

（1）良好的命名：好的变量名和函数名，能让阅读代码的人立即知道该变量或者函数的作用，很容易就能理解程序的大概结构和功能。

（2）一致性：一致性带来更好的程序，一致的代码缩进风格能够显示出代码的结构，采用何种缩进风格并不重要，实际上，特定的代码风格远没有一致地使用它们重要。

（3）注释：注释是帮助程序读者的一种手段，好的注释是简洁地点明程序的突出特征，帮助别人理解程序；但如果注释只是说明代码已经讲明的事情，或者与代码矛盾，或者以精心编排的形式迷惑干扰读者，那则是帮倒忙。

2. 养成好习惯

前面已经提过，特定的代码风格远没有一致地使用它们重要，所以把过多的精力放到 A or B

的选择上是浪费时间。如何书写规范易懂的代码，如何养成良好的习惯，下面是一些提示。

（1）按照匈牙利命名法给变量和函数命名。

（2）遵循国际流行的代码风格。

（3）写代码的同时就遵循命名规范和书写风格，千万不能事后补救。

（4）利用工具（Parasoft C++ Test）检查自己的代码，评估自己是否形成了良好的习惯。

（5）坚持不懈直到养成习惯。

20.5.2 编写安全可靠的代码

在大型应用软件系统中，各个代码片段共同构成完整的系统，代码间的交互非常频繁，程序崩溃往往并不在错误发生的时候就发生，而是延迟一段时间，经过数个函数之间的中转后才发生，此时定位和查找错误非常费时费力，如何才能及时反映程序中的错误，如何在代码中避免一些幼稚的语义错误呢？一个函数往往会被其他程序员拿来使用，但是他如何正确使用其他人编写的函数呢？下面的内容能够（部分）帮助读者解决这些问题。

1. 契约编程

契约编程（Design by Contract）的思想在 C++之父 Bjarne 的《C++程序设计语言》中提到过，《面向对象软件构造》则以大篇幅阐释了契约编程，现在越来越多的软件开发人员认识到契约编程的重要性，并逐步在实际工作中采用契约编程。

对契约编程简单的解释是：对实现的代码块（函数、类）通过规定调用条件（约束）和输出结果，在功能的实现者和调用者之间定义契约。

具体到我们的工作就是，开发人员应该对完成的每个函数和类定义契约。契约编程看似平淡无奇，对程序开发没有什么具体的帮助，但实际上，契约编程在开发阶段就能够保证软件的可靠性和安全性。

在实际工作中，有时候我们需要使用其他程序员提供的模块，但并不知道如何调用，也不知道传入的参数是否合法，甚至对于功能模块的处理结果也不敢相信。这些本来应该很明显的信息因为模块提供者没有显式地提供，造成了调用者只能忐忑不安地摸着石头过河，浪费了大量时间，而且为了让自己的代码更安全可靠，在代码中要进行大量的判断和假设，造成代码结构的破坏和执行效率的损失，最后，调用者依然不能确保自己的调用是正确的。

而契约编程通过严格规定函数（或类）的行为，在功能提供者和调用者之间明确了相互的权利和义务，可以避免上述情况的发生，保证代码质量和软件质量。

2. 主动调试

主动调试指在写代码的时候，通过加入适量的调试代码，帮助我们在软件错误发生的时候迅速弹出消息框，告知开发人员错误发生的地点，并中止程序。这些调试代码只在 Debug 版中有效，当经过充分测试，发布 Release 版程序的时候这些调试代码自动失效。

主动调试和契约编程相辅相成，共同保证软件开发的质量。契约编程相当于经济生活中签订的各种合同，主动调试相当于某方不遵守合同时采取的法律惩罚措施。

各种开发语言和开发工具都提供这些调试语句，标准 C++提供了 assert 函数，MFC 提供了 ASSERT 调试宏帮助我们进行主动调试。在实际工作中，建议统一使用 MFC 的 ASSERT 调试宏。

（1）参数检查。

对于编写的函数，除了应明确指定契约外，在函数开始处应该对传入的参数进行检查，确保非法参数传入时立即报告错误信息，如下。

```
BOOL GetPathItem ( int i , LPTSTR szItem , int iLen )
{
ASSERT ( i > 0 ) ;
ASSERT ( NULL != szItem ) ;
ASSERT ( ( iLen > 0 ) && ( iLen < MAX_PATH ) ) ;
ASSERT ( FALSE == IsBadWriteStringPtr ( szItem , iLen ) ) ;
}
```

对指针的检查尤其要注意，通常程序员会如下进行检查。

```
BOOL EnumerateListItems ( PFNELCALLBACK pfnCallback )
{
ASSERT ( NULL != pfnCallback ) ;
}
```

这样的检查只能够排除指针为空的情况，但是如果指针指向的是非法地址，或者指针指向的对象并不是我们需要的类型，上面的例子就没有办法检查出来，而是统统认为是正确的。完整的检查应该如下。

```
BOOL EnumerateListItems ( PFNELCALLBACK pfnCallback )
{
ASSERT ( FALSE == IsBadCodePtr ( pfnCallback ) ) ;
}
```

（2）内部检查。

恰当地在代码中使用 ASSERT，对 Bug 检测和提高调试效率有极大的帮助。下面举个简单的例子加以说明。

```
switch( nType )
{
case GK_ENTITY_POINT:
break;
case GK_ENTITY_PLINE:
break;
default:
ASSERT( 0 );
}
```

在上面的例子中，switch 语句仅仅处理了 GK_ENTITY_POINT 和 GK_ENTITY_PLINE 两种情况，应该是系统中当时只需要处理这两种情况，但是如果后期系统需要处理更多的情况，而此时上面这部分代码又没有及时更新，或者是因为开发人员一时疏忽遗漏，一个可能导致系统错误或者崩溃的 Bug 就出现了，而使用 ASSERT 可以及时提醒开发人员疏忽之处，尽可能快地消灭这个 Bug。

还有一些情况，在开发人员编写代码时，如果能够确信在某一点出现情况 A 就是错误的，那么就可以在该处加上 ASSERT，排除情况 A。

综上所述，恰当、灵活地使用 ASSERT 进行主动调试，能够极大提高程序的稳定性和安全性，减少调试时间，提高工作效率。

（3）有用的代码风格。

一些好的代码风格也能够帮助我们避免一些幼稚、低级的错误，而这种错误又是很难检测到的。由于 C++语言简洁灵活的特性，有时候输入错一个字符或者少输入一个字符，都有可能造成极大的灾难，而这种错误并不是随着我们的编程水平和经验的提高就能逐步避免的。

比如，程序员经常将等于逻辑判断符==误输入成赋值运算符=，对于这种情况，作者的习惯是，对于逻辑判断，将常量置于==的左边，如果误输入了=，那么编译的时候编译器就会报错。

```
if( INT_MAX == i )
```

20.5.3　Visual C++调试技术

Visual C++调试器可以称得上是 Windows 平台下最好的 C/C++调试器之一，而且 Visual C++调试器还可以调试用其他语言，如 Java 编写的程序，可谓功能强大。

尽管 Visual C++调试器具有如此大的威力，但它也只能帮助我们发现一些隐藏的逻辑错误，对于程序设计和结构的缺陷是无能为力的。

程序员最常用到的 Visual C++调试技术有设置断点、跟踪调用堆栈和反汇编调试，其他编译器功能均为调试中的辅助工具，因为反汇编调试需要程序员具备汇编语言知识和语言底层结构，这里不再介绍。

1. 调试的先决条件

专业调试者有一个共同的特点，即他们同时也是优秀的开发者。显然，如果不是一名优秀的开发者，那么也不可能成为调试专家。以下是要成为一名高水平的，至少是合格的调试者或者开发者所需要精通的领域。

（1）了解项目：对项目的了解，是防范用户界面、逻辑及性能方面错误的第一要素。了解各种功能如何在各种源文件里实现，以及在哪里实现，我们就能够缩小查找范围，很快找出问题所在。

（2）掌握语言：掌握项目所使用的语言，调试者（开发者）既要知道如何使用这些语言进行编程，还要知道这些语言在后台做些什么。

（3）掌握技术：要解决棘手的问题，第一个重要步骤就是抓住所用技术的要领，这并不意味着我们必须对所用技术的一切细节都一清二楚，而是说应该对所使用的技术有一个大概的了解，而且更重要的是，当需要更详细的信息时，应该确切知道在哪儿查找。

（4）了解操作系统和 CPU：任何项目都实际运行在特定的操作系统和特定的 CPU 下，对操作系统了解越多，对查找错误帮助越大。

无论从事什么工作，只要是经常从事技术工作的人，都必须不断地学习以跟上技术的发展。经常阅读优秀的技术书籍和杂志，多动手编写一些实用程序，阅读其他优秀开发者的代码，进行一些反汇编工作，都会有效帮助我们提高开发和调试水平。

2. 调试过程

确定一个适用于解决所有错误的调试过程有一定的难度，但 John Robbins 提出的如下调试过程应该说是最实用的。

（1）复制错误。

（2）描述错误。

（3）始终假定错误是自己的问题。

（4）分解并解决错误。

（5）进行有创见的思考。

（6）使用调试辅助工具。

（7）开始调试工作。

（8）校验错误已被更正。

（9）学习和交流。

对错误进行描述有助于改正错误，同时能够得到其他人的帮助。逐步缩小问题范围、排除不存在错误的代码段，直到找到问题所在，是解决所有问题的普遍适用方法。有些奇怪的错误需要我们把视线从代码堆转移到诸如操作系统、硬件环境等其他方面。善用各种调试辅助工具能够节省大量的时间，而且某些工具本身就不会给我们犯一些错误的机会。当我们解决了一个 Bug 后，停下来思考一下，是什么导致了这样的错误，以后如何避免。

注意：读者要记住调试器仅仅是个工具，我们让它做什么它就只做什么，真正的调试器是我们自己脑子中的调试思想。

3. 断点及其用法。

在 Visual C++调试器中，在源代码行中设置一个断点很简单。只需要打开源文件，将光标放在希望设置断点的代码行上，按 F9 快捷键就可以，再次按 F9 快捷键就会取消断点。当运行该代码行的代码时，调试器将在所设置的位置处停止。这种简单的位置断点的功能极其强大。据统计，只需要单独使用这种断点，就可以解决 99.46%的调试问题。

如果程序并不是每次运行到断点处都会发生错误，那么不停地在调试器和应用程序之间穿梭很快就会让人厌倦，这时高级断点就派上了用场。从本质上来讲，高级断点允许我们将某些智慧写入到断点中，让调试器在执行到断点处时，只有当程序内部状态符合我们指定的条件时才在断点处中断程序运行，并切换到调试器中。

按 Alt+F9 快捷键弹出 Breakpoints 对话框，该对话框分为 Location、Data 和 Messages 共 3 页，分别对应 3 种断点。

（1）位置断点：我们通常使用的简单断点均为位置断点，我们还可以设置断点在某个二进制地址或任何函数上，并通过指定各种限定条件来增强位置断点的功能。

（2）表达式和变量断点：调试器会让程序一直运行，直到满足所设的条件或者指定数据更改为止。在 Intel CPU 上，这两种断点都尽可能通过 CPU 的特定调试寄存器使用一个硬件断点，如果能够使用调试寄存器，那么程序将能够全速运行，否则调试器将单步执行每个汇编指令，并每步都检查条件，程序的运行速度将极其缓慢甚至无法运行。

（3）Windows 消息断点：使用消息断点，可以让调试器在窗口过程接收到一个特定的 Windows 消息时中断。消息断点适用于 C SDK 类型的程序，对于使用 MFC 等 C++类库的程序（应该是绝大多数）来说，消息断点并不实用，我们可以变通地使用位置断点来达到同样效果。

各种高级断点的设置在 MSDN 中有详细的介绍，可以在 Visual C++子集下搜索主题 Using Breakpoints：Additional Information 并阅读相关内容。

4. 调用堆栈

有时候我们并不清楚应该在哪里设置断点，只知道程序正在运行就突然崩溃了，这时候如何定位到出错地点呢？这时的选择就是查看调用堆栈，调用堆栈可以帮助我们确定某一特定时刻程序中各个函数之间的相互调用关系。

方法是当程序执行到某断点处或者程序崩溃，控制权转到调试器后，按 Alt+7 快捷键，弹出 Call Stack 窗口，我们可以看到当前函数调用情况，当前函数在最上面，下面的函数依次调用其上面的函数。在 Call Stack 窗口的弹出菜单上选择 Parameter Values 和 Parameter Types，可以显示各个函数的参数类型和传入值。

5. 使用跟踪工具

有些时候，我们希望了解程序中不同函数之间的协作关系，或者由于文档的缺失，希望能够确认函数在不同情况下被调用时的传入参数值。这时使用断点功能就过于麻烦，而调用堆栈只能查看当前函数的被调用情况，一种较好的方法则是使用 TRACE 宏以及相对应的工具。

程序（Debug 版）运行中，一旦运行到 TRACE 宏，就会向当前 Windows 系统的调试器输出 TRACE 宏内指定的字符串并显示出来，当在 Visual C++环境中调试运行（按 F5 键）程序时，可以在 Output 窗口的 Debug 页看到 TRACE 宏的输出内容。实际上，TRACE 宏是封装了 Windows API 函数 OutputDebugString 的功能，有些辅助工具可以在不“惊动”Visual C++调试器的前提下，拦截程序中 TRACE 宏的输出内容。

使用 TRACE 宏，我们可以轻松了解程序中各个函数之间的相互协作关系以及被调用的先后顺序和时间，进一步说，我们能够完全掌握程序的执行流程。

注意：TRACE 宏会对程序效率有所影响，所以，当前不用的 TRACE 宏最好删除或者注释掉。

20.5.4 常见的非语法错误

1. 未声明标志符

这类错误通常与头文件有关，通过#include 正确的头文件就可以解决。深层的原因是一个变量、函数或者类都必须先声明才能使用，只要声明出现在使用之前，错误就能得到解决，无论该声明是放置在某个头文件然后被#include 进来还是直接在.cpp 文件中写的都可以。不过自己在.cpp 中直接声明容易产生不一致，通常我们是把声明放到头文件中。那么怎么知道一个函数或者类在哪个头文件中呢？作者一直采用的方法是用 Find in Files 这个功能，VC 的 IDE 中有，UltraEdit 也有。如果不知道在哪些目录中寻找，可以先找一下哪些目录中有*.h 文件，它们都是“可疑目标”。

2. 已经声明过了

这类错误与重复包含头文件有关，也有可能是不同的头文件却定义了同一个名字，也就是常说的名字冲突。重复包含的问题好解决，观察一下有经验的人写的头文件中的前几行就知道怎么做了（#ifndef...#define...）。名字冲突则比较麻烦，我们可以修改自己的代码，使两个不同的头文件不在一个.cpp 文件中被包含。

3. 未解决的外部符号

这是一个链接错误，某个符号虽然有声明，但是找不到定义。有可能我们忘记把定义所在的.cpp 文件放在工程中编译，也有可能我们用到了 template，而 template 的实现却写在了.cpp 文件中。也可能那个定义在 lib 中，我们需要找到相应的 lib，然后加入到工程中来。还有一种可能是定义与声明的约定不一样，例如 C 文件中定义了某个函数，在.cpp 文件中使用的话，如果没有在定义前加上 extern“C”，那么就会出这个错。

第 21 章

初入江湖——图书借阅系统的实现过程

经过前面知识的学习，我们了解了 C++技术的基本知识，相信大家都已经摩拳擦掌，迫不及待地想投入实战项目中来。不要着急，本节安排读者通过一个简单的实例先来检验自己的水平。结果并不重要，希望读者仔细品味开发的过程，理解面向对象编程的思想。

21.1　项 目 要 求

C++是一门基于面向对象的高级语言，面向对象强调把整个系统划分为很多细小的模块，每个模块由多个函数构成，这些函数能够实现某些具体的功能。本项目要求通过面向对象的思想，实现一个简单的图书管理系统。

首先看项目要求定义什么样的系统，完成什么样的功能，这是程序设计的第一步。一个图书管理系统，使用者包括图书管理员和借阅者。管理员是系统的操作用户，负责图书的日常管理和维护。管理员需要掌握图书的借出、还入、添加新书、查询记录、删除记录等信息。

借阅者是系统的服务对象，整个系统是为借阅者服务的，为了确保系统用户的合法性，使用了会员机制。管理人员可以利用系统管理会员的综合情况，包括会员注册、会员注销、查询会员是否存在、图书借阅等操作。

根据上述项目要求，我们明白了需要做的事情，这样对整个项目就有了大体的了解。

21.2　需 求 分 析

需求分析是整个项目的关键，通过需求分析，可以明确要解决什么样的问题。经过 21.1 节的内容分析，整个项目分为如下两个模块。

1. 图书管理

图书管理模块包括如下处理。

（1）图书录入：录入新的图书数据。

（2）修改：修改已经录入的数据。

（3）查询：根据图书信息查询图书信息。

（4）删除：删除某个图书信息。

（5）借阅：借出图书，确保有库存才借出，同时要减少库存，并在会员信息中进行更新处理。

（6）返还：返回图书，同时增加库存，删除会员中的相关信息。

2. 会员管理

会员管理模块包括如下处理。

（1）会员注册：注册新的用户，不能重复信息。

（2）注销：删除某名会员的信息。

（3）查询：根据资料查询某名会员用户。

整个系统设置一名会员只能同时借阅两本书。

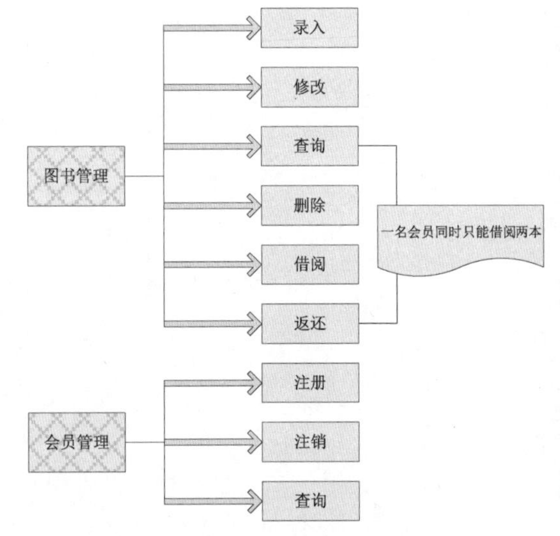

图 21-1　图书借阅系统模块的具体结构

图书借阅系统模块的具体结构如图 21-1 所示。

21.3　系统具体实现

经过前面的内容介绍，了解了整个系统的要求和需求分析，此时读者在脑海中应该有了一个清晰的认识。从本节内容开始，将介绍整个项目的具体实现过程。下面首先介绍系统需要的数据结构。

21.3.1 数据结构设计

从前面介绍的系统需求看，本系统中需要用到图书数据和会员用户数据两大类数据。在本项目中，将使用 C++的结构体来实现这两个大类。下面分别介绍这两个大类的具体实现。

1. 系统图书数据结构

在文件 datainfo.h 中定义了系统图书的数据结构，具体代码如下。

```
/*
图书的数据结构
*/
typedef struct bookshuju{
   char isbn[12];                    //ISBN 12B
   char name[20];                    //书名 20B
   char publisher[20];               //出版社 20B
   char author[20];                  //作者 20B
   short ver;                        //版次
   float price;                      //价格
   short count;                      //库存
}BOOK;
```

2. 系统会员用户数据结构

在文件 datainfo.h 中定义了系统会员用户的数据结构，具体代码如下。

```
/*
会员的数据结构
*/
typedef struct huiyuanshuju{
   char name[20];  //会员名 20B
   char address[20];//住址 20B
   short borrow;//借阅数
   char isbn1[12];                  //第一本的isbn 12B
   char isbn2[12];                  //第二本的isbn 12B
   char isbn3[12];                  //第三本的isbn 12B
}MEMBER;
```

上述两段代码是用两个结构体实现的,分别包含了图书的基本信息和会员用户的基本信息。

21.3.2 系统主文件 rent.cpp

系统主文件 rent.cpp 的功能是，显示整个系统的主菜单，获取用户的输入，并管理数据文件。它整个菜单的操作都是通过调用函数实现的，其具体实现代码如下。

```
#include "stdafx.h"
#include <iostream>
#include "tou\mainfunction.h"
int main(void)
{
    short selected=0;
    short selectedsub=0;
    //显示欢迎信息
    showwelcome();
    do{
        selected=showmenu();
        do{
```

```
            selectedsub=showsubmenu(selected);
            callsubtask(selectedsub);
        }while(selectedsub!=_QUIT_);
    }while(selected!=_QUIT_);
    return 0;
}
```

在上述代码中，通过 do…while 语句循环显示了各个菜单命令，具体功能是通过函数 showmenu()实现的。上述文件直接调用了预先定义的处理函数，具体来说，菜单处理文件在文件 mainfunction.h 中进行预先定义。所以在上述文件中只需使用#include "tou\mainfunction.h"进行调用即可。

21.3.3　菜单处理文件 mainfunction.h

菜单处理文件 mainfunction.h 用于实现系统主文件所需要的处理函数，具体代码如下。

```
#ifndef MAINFUNCTION_H_INCLUDED
#define MAINFUNCTION_H_INCLUDED
#define _QUIT_ 0
/*
显示欢迎信息
*/
void showwelcome(void);
/*
显示菜单项，返回选择的菜单
*/
short showmenu(void);
/*
显示子菜单项
*/
short showsubmenu(short menu);
/*
功能调用函数，依据菜单选择调用相应的功能函数
*/
void callsubtask(short selected);
#endif // MAINFUNCTION_H_INCLUDED
```

从上述代码可以看出，文件 mainfunction.h 也是调用了其他文件，并没有定义实现某个具体功能的函数。

21.3.4　函数定义文件 subfunction.h

函数定义文件 subfunction.h 是本实例的函数说明文件，在里面给出了系统中所用到的 18 个函数的具体定义，其具体实现代码如下。

```
#ifndef SUBFUNCTION_H_INCLUDED
#define SUBFUNCTION_H_INCLUDED
#include "..\tou\datainfo.h"
void mmbook(void);
void listmember(void);
/*
1.录入图书
*/
int inputbook(void);
/*
2.删除图书
*/
```

```
int deletebook(void);
/*
3.查询图书
*/
int searchbook(void);
/*
4.修改图书
*/
int modifybook(void);
/*
5.借阅图书
*/
int lendbook(void);
/*
6.归还图书
*/
int returnbook(void);
/*
7.注册会员
*/
int inputmember(void);
/*
8.注销会员
*/
int deletemember(void);
/*
9.查询会员
*/
int searchmember(void);
/*
10.修改会员
*/
int modifymember(void);
BOOK findbook(char *ISBN);
int removebook(char*ISBN);
MEMBER findmember(char *name);
int removemember(char *name);
int memberborrow(MEMBER member);
int lendbook(BOOK book);
#endif // SUBFUNCTION_H_INCLUDED
```

21.3.5 菜单处理实现文件 mainfunction.cpp

菜单处理实现文件 mainfunction.cpp 的功能是，给出菜单处理函数的具体实现过程。本文件中定义了以下 4 个函数。

（1）函数 showwelcome(void)：显示系统的欢迎界面。

（2）函数 showmenu(void)：显示系统主菜单项。

（3）函数 showsubmenu(short menu)：显示系统子菜单项。

（4）函数 callsubtask(short selected)：调用某个处理函数。

上述处理函数的具体运作流程如图 21-2 所示。

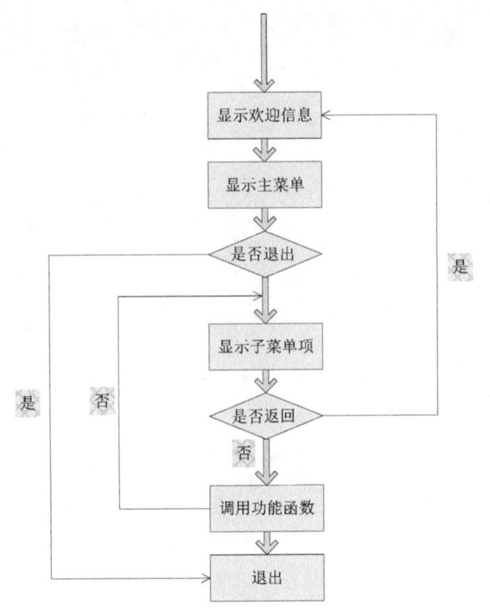

图 21-2　运作流程

文件 mainfunction.cpp 的具体实现代码如下。

```
#include "stdafx.h"
#include <iostream>
#include "..\tou\mainfunction.h"
#include "..\tou\subfunction.h"
using namespace std;
/*
```

显示欢迎信息。

```
*/
void showwelcome(void)
{
    cout<<"**********************************"<<endl;
    cout<<"*欢迎使用BookManager图书管理系统*"<<endl;
    cout<<"*           版本：alpha           *"<<endl;
    cout<<"**********************************"<<endl;
}
/*
```

显示菜单项，返回选择的菜单。

```
*/
short showmenu(void)
{
    short selected=0;
    //选择模块
    cout<<"请选择你要使用的模块："<<endl;
    cout<<"1--图书维护"<<endl;
    cout<<"2--图书借阅"<<endl;
    cout<<"3--会员维护"<<endl;
    cout<<"0--退出"<<endl;
    cout<<"请选择：";
    cin>>selected;
    while(selected>3||selected<0)
    {
        cout<<"选择错误！请重选:";
        cin>>selected;
```

```
    }
    return selected;
}
/*
```

显示子菜单项。

```
*/
short showsubmenu(short menu)
{
    int selected=0;
    switch(menu)
    {
        case 1:
            cout<<"图书维护"<<endl;
            cout<<"请选择你要执行的功能："<<endl;
            cout<<"1--录入"<<endl;
            cout<<"2--删除"<<endl;
            cout<<"3--查询"<<endl;
            cout<<"4--修改"<<endl;
            cout<<"5--列表"<<endl;
            cout<<"0--退出"<<endl;
            cout<<"请选择：";
            cin>>selected;
            while(selected>5||selected<0)
            {
                cout<<"选择错误！请重选:";
                cin>>selected;
            }
            break;
        case 2:
            cout<<"图书借阅"<<endl;
            cout<<"请选择你要执行的功能："<<endl;
            cout<<"1--借阅"<<endl;
            cout<<"2--返还"<<endl;
            cout<<"0--退出"<<endl;
            cout<<"请选择：";
            cin>>selected;
            while(selected>2||selected<0)
            {
                cout<<"选择错误！请重选:";
                cin>>selected;
            }
            if (selected!=_QUIT_)
                selected+=5;
            break;
        case 3:
            cout<<"会员维护"<<endl;
            cout<<"请选择你要执行的功能："<<endl;
            cout<<"1--注册"<<endl;
            cout<<"2--注销"<<endl;
            cout<<"3--查询"<<endl;
            cout<<"4--修改"<<endl;
            cout<<"5--列表"<<endl;
            cout<<"0--退出"<<endl;
            cout<<"请选择：";
            cin>>selected;
            while(selected>5||selected<0)
            {
```

```
                cout<<"选择错误！请重选：";
                cin>>selected;
            }
            if (selected!=_QUIT_)
                selected+=7;
            break;
        default:
            selected=_QUIT_;
    }
    return selected;
}
/*
```

功能调用函数，依据菜单选择调用相应的功能函数。

```
*/
void callsubtask(short selected)
{
    int rtn;
    switch(selected)
    {
        case 1:
            rtn=inputbook();
            break;
        case 2:
            rtn=deletebook();
            break;
        case 3:
            rtn=searchbook();
            break;
        case 4:
            rtn=modifybook();
            break;
    case 5:
            mmbook();
            break;
        case 6:
            rtn=lendbook();
            break;
        case 7:
            rtn=returnbook();
            break;
        case 8:
            rtn=inputmember();
            break;
        case 9:
            rtn=deletemember();
            break;
        case 10:
            rtn=searchmember();
            break;
        case 11:
            rtn=modifymember();
            break;
        case 12:
            listmember();
            break;
    }
}
```

21.3.6 功能函数实现文件 subfunction.cpp

功能函数实现文件 subfunction.cpp 的功能是，给出系统各个功能函数的具体实现过程。本文件中定义了以下 3 类函数。

（1）图书信息处理。

（2）图书借阅处理。

（3）会员用户信息处理。

下面分别介绍上述功能模块的具体实现过程。

1. 图书信息处理

图书信息处理模块的功能是实现图书信息的日常维护处理，由如下函数构成。

（1）函数 mmbook(void)：列表显示系统内的图书信息。

（2）函数 inputbook(void)：添加新的图书信息。

（3）函数 findbook(char *ISBN)：显示查询系统内的图书信息。

（4）函数 deletebook(void)：用于删除某条图书信息。

（5）函数 searchbook(void)：查询处理函数，检索指定参数的图书信息。

（6）函数 modifybook(void)：修改系统内已经存在的图书信息。

其中图书添加处理的流程如图 21-3 所示。

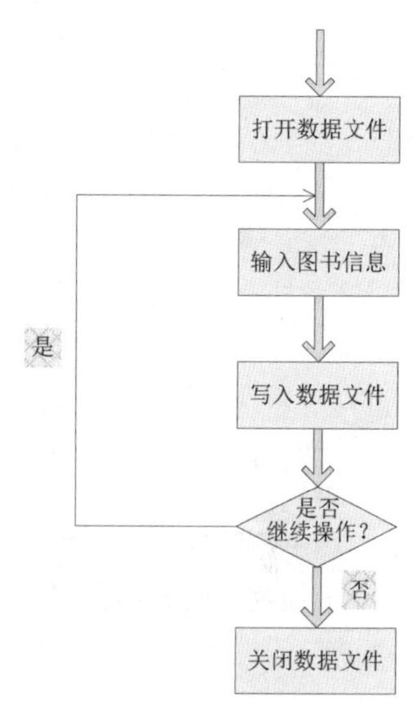

图 21-3 图书添加处理的流程

上述功能的具体实现代码如下。

```
/*
1. 录入图书
*/
int inputbook(void)
{
    int rtn=1;
    BOOK book;
    char check='n';
    FILE *fp;
    fp=fopen(_DATA_FILE_,"ab");/*以追加方式打开文件*/
    if(fp==NULL)
      fp=fopen(_DATA_FILE_,"wb"); /*以写方式打开文件*/
    if (fp==NULL)
        rtn=0;
    else
    {
        do{
            cout<<"录入图书"<<endl;
            cout<<"ISBN--";
            cin>>book.isbn;
            cout<<"书名--";
            cin>>book.name;
            cout<<"出版社--";
            cin>>book.publisher;
            cout<<"作者--";
```

```
            cin>>book.author;
            cout<<"版次--";
            cin>>book.ver;
            cout<<"价格--";
            cin>>book.price;
            cout<<"库存--";
            cin>>book.count;
            cout<<"确认保存(y/n):";
            cin>>check;
            if (check='Y')
            {
                fwrite(&book,sizeof(book),1,fp);/*块写*/
            }
            cout<<"继续录入吗? (y/n)";
            cin>>check;
        }while(check!='n');
    }
    fclose(fp);
    return rtn;
}
```

图书删除处理的流程如图 21-4 所示。

上述功能的具体实现代码如下。

```
/*
2. 删除图书
*/
int deletebook(void)
{
    char check='n';
    int rtn=1;
    char ISBN[12];
    BOOK book;
    do{
        cout<<"请输入ISBN: ";
        cin>>ISBN;
        book=findbook(ISBN);
        if(book.count==-1)
        {
            rtn=0;
            cout<<"没有找到! "<<endl;
        }
        else
        {
            rtn=removebook(ISBN);
            if (rtn==0)
                cout<<"删除失败!"<<endl;
        }
        cout<<"继续吗? (y/n)";
        cin>>check;
    }while(check!='n');
    return rtn;
}
```

图书查询处理的流程如图 21-5 所示。

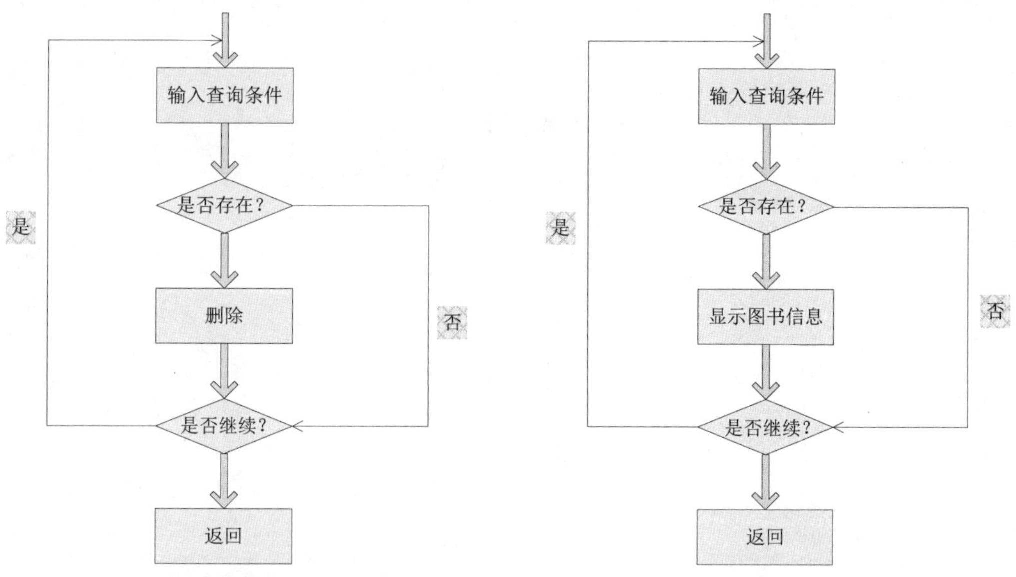

图 21-4 图书删除处理的流程

图 21-5 图书查询处理的流程

上述功能的具体实现代码如下。

```
/*
查询图书
*/
BOOK findbook(char *ISBN)
{
    BOOK book;
    bool found=false;
    FILE *fp;
    fp=fopen(_DATA_FILE_,"rb");/*以读方式打开文件*/
    book.count=-1;
    if(fp!=NULL)
    {
        //fseek(fp,0,SEEK_SET);
        fread(&book,sizeof(book),1,fp);
        while(!feof(fp))
        {
            if (!strcmp(book.isbn,ISBN))
            {
               found=true;
               break;
            }
            fread(&book,sizeof(book),1,fp);
        }
        if (!found)
          book.count=-1;
        fclose(fp);
    }
    return book;
}
int removebook(char *ISBN)
{
    BOOK book;
```

```
    FILE *fp;
    FILE *temp;
    temp=fopen(_TEMP_FILE_,"w");/*以写方式打开文件*/
    fp=fopen(_DATA_FILE_,"rb");/*以读方式打开文件*/
    if(fp!=NULL)
    {
        fread(&book,sizeof(book),1,fp);
        while(!feof(fp))
        {
            if (strcmp(book.isbn,ISBN))
            {
               fwrite(&book,sizeof(book),1,temp);/*块写*/
            }
            fread(&book,sizeof(book),1,fp);
        }
        fclose(fp);
        fclose(temp);
        remove(_DATA_FILE_);
        rename(_TEMP_FILE_,_DATA_FILE_);
    }
    return 1;
}
/*
3. 查询图书
*/
int searchbook(void)
{
    char ISBN[12];
    int rtn=0;
    BOOK book;
    char check='n';
    do{
        cout<<"请输入ISBN: ";
        cin>>ISBN;
        book=findbook(ISBN);
        if (book.count==-1)
            cout<<"没找到"<<endl;
        else
        {
            cout<<"ISBN="<<book.isbn<<endl;
            cout<<"name="<<book.name<<endl;
            cout<<"publisher="<<book.publisher<<endl;
            cout<<"author="<<book.author<<endl;
            cout<<"ver="<<book.ver<<endl;
            cout<<"price="<<book.price<<endl;
            cout<<"count="<<book.count<<endl;
        }
        cout<<"继续查询吗? (y/n)";
        cin>>check;
    }while(check!='n');
    return rtn;
}
```

图书修改处理的流程如图 21-6 所示。

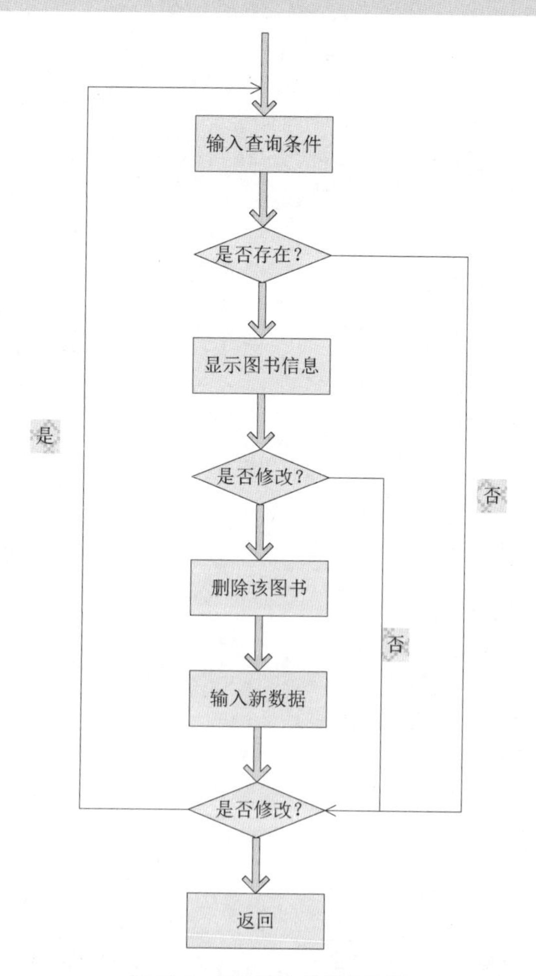

图 21-6 图书修改处理的流程

上述功能的具体实现代码如下。

```
/*
4. 修改图书
*/
int modifybook(void)
{
    cout<<"修改图书"<<endl;

    char ISBN[12];
    int rtn=0;
    BOOK book;
    char check='n';
    do{
        cout<<"请输入ISBN: ";
        cin>>ISBN;
        book=findbook(ISBN);
        if (book.count==-1)
            cout<<"没找到"<<endl;
        else
        {
```

```
            cout<<"ISBN="<<book.isbn<<endl;
            cout<<"name="<<book.name<<endl;
            cout<<"publisher="<<book.publisher<<endl;
            cout<<"author="<<book.author<<endl;
            cout<<"ver="<<book.ver<<endl;
            cout<<"price="<<book.price<<endl;
            cout<<"count="<<book.count<<endl;
            cout<<"修改吗？(y/n)";
            cin>>check;
            if (check == 'y')
            {
                removebook(ISBN);
                inputbook();
            }
        }
        cout<<"继续吗？(y/n)";
        cin>>check;
    }while(check!='n');
    return rtn;
}
```

函数 mmbook(void)的具体实现代码如下。

```
#include "stdafx.h"
#include <iostream>
#include "..\tou\subfunction.h"
using namespace std;
const char *_DATA_FILE_ ="book.dat";
const char *_TEMP_FILE_="book.tmp";
const char *_MEMBER_FILE_ ="member.dat";
void mmbook(void)
{
    FILE *fp;
    BOOK bk;
    fp=fopen(_DATA_FILE_,"rb");
   cout<<"ISBN   name   publisher    author   ver   price   count"<<endl;
   fread(&bk,sizeof(bk),1,fp);
    while(!feof(fp))
    {
        cout<<bk.isbn<<"  "<<bk.name<<"  "<<bk.publisher<<"  "<<bk.author<<"
"<<bk.ver<<"  "<<bk.price<<"
                "<<bk.count<<endl;
        fread(&bk,sizeof(bk),1,fp);
    }
    fclose(fp);
}
```

2. 图书借阅处理

图书借阅处理模块的功能是实现图书的借出和归还处理，由如下函数构成。

（1）函数 lendbook(void)：图书借出处理。

（2）函数 returnbook(void)：图书归还处理。

图书借阅处理的流程如图 21-7 所示。

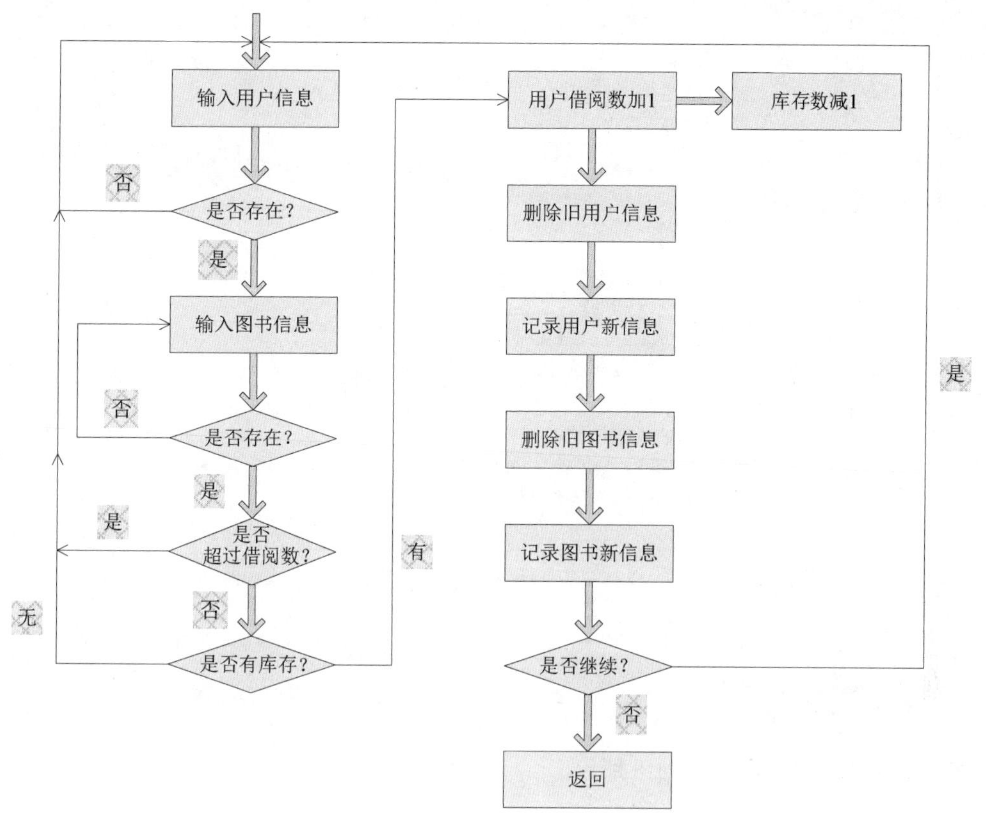

图 21-7　图书借阅处理的流程

上述功能的具体实现代码如下。

```
/*
5. 借阅图书
*/
int lendbook(void)
{
    cout<<"借阅图书"<<endl;
   char ISBN[12];
   char name[20];
   MEMBER member;
   BOOK book;
   cout<<"输入图书ISBN: ";
   cin>>ISBN;
   cout<<"输入借阅者姓名: ";
   cin>>name;
   book=findbook(ISBN);
   if (book.count==-1)
        cout<<"图书不存在! "<<endl;
   else
   {
        member=findmember(name);
        if (member.borrow==-1)
            cout<<"会员不存在"<<endl;
        else
        {
            if (member.borrow>3)
                cout<<"借阅超限，不能再借."<<endl;
```

```
            else
            {
                if (book.count==0)
                    cout<<"书已借完!"<<endl;
                else
                {
                    member.borrow++;
                    book.count--;
                    if (member.isbn1[0]=='\0')
                        strcpy(member.isbn1,book.isbn);
                    else if(member.isbn2[0]=='\0')
                        strcpy(member.isbn2,book.isbn);
                    else
                        strcpy(member.isbn3,book.isbn);
                    removemember(member.name);
                    memberborrow(member);
                    removebook(book.isbn);
                    lendbook(book);
                }
            }
        }
    }
    return 0;
}
```

图书归还处理的流程如图 21-8 所示。

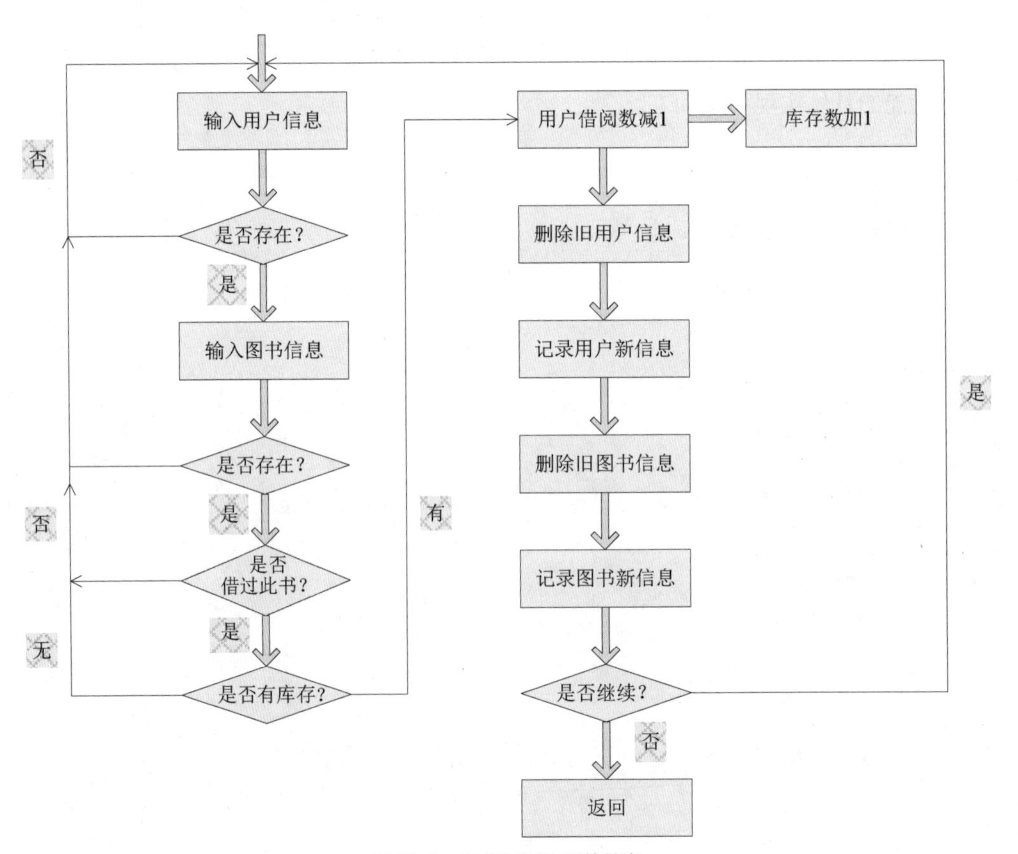

图 21-8　图书归还处理的流程

上述功能的具体实现代码如下。

```
/*
6. 归还图书
*/
int returnbook(void)
{
    cout<<"归还图书"<<endl;
   char ISBN[12];
   char name[20];
   MEMBER member;
   BOOK book;
   bool ok=false;
   cout<<"输入图书ISBN: ";
   cin>>ISBN;
   cout<<"输入借阅者姓名: ";
   cin>>name;
   book=findbook(ISBN);
   if (book.count==-1)
       cout<<"图书不存在! "<<endl;
   else
   {
       member=findmember(name);
       if (member.borrow==-1)
           cout<<"会员不存在"<<endl;
       else
       {
           if (!strcmp(member.isbn1,book.isbn))
           {
               member.isbn1[0]='\0';
               ok=true;
           }
           else if(!strcmp(member.isbn2,book.isbn))
           {
               member.isbn2[0]='\0';
               ok=true;
           }
           else if(!strcmp(member.isbn3,book.isbn))
           {
               member.isbn3[0]='\0';
               ok=true;
           }
           else
               cout<<"该会员没有借该书."<<endl;
           if (ok)
           {
               member.borrow--;
               book.count++;
               removemember(member.name);
               memberborrow(member);
               removebook(book.isbn);
               lendbook(book);
           }
       }
   }
   return 0;
}
```

3. 会员用户信息处理

会员用户信息处理模块的功能是，实现对会员用户信息的列举、注册、查询、修改和删除等操作，由如下函数构成。

（1）函数 listmember(void)：列表显示系统内的会员信息，具体代码如下。

```
void listmember(void)
{
    FILE *fp;
    MEMBER member;
    fp=fopen(_MEMBER_FILE_,"rb");
   cout<<"姓名   地址   借阅数    isbn1    isbn2    isbn3"<<endl;
   fread(&member,sizeof(member),1,fp);
    while(!feof(fp))
    {
         cout<<member.name<<"  "<<member.address<<"  "<<member.borrow<<"  "<<member.
         isbn1<<"  "<<member.
         isbn2<<"  "<<member.isbn3<<endl;
       fread(&member,sizeof(member),1,fp);
    }
    fclose(fp);
}
```

（2）函数 inputmember(void)：会员注册处理函数。具体运作流程如图 21-9 所示。

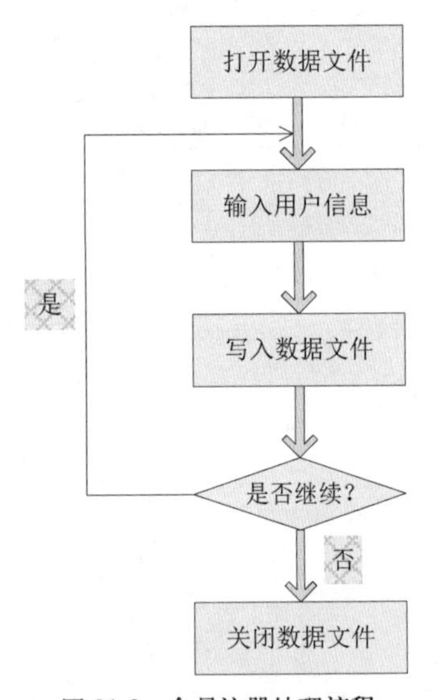

图 21-9　会员注册处理流程

函数 inputmember(void)的具体实现代码如下。

```
/*
7. 注册会员
*/
int inputmember(void)
{
    cout<<"注册会员"<<endl;
   int rtn=1;
    MEMBER member;
    char check='n';
    FILE *fp;
    fp=fopen(_MEMBER_FILE_,"ab");/*以追加方式打开文件*/
    if(fp==NULL)
```

```
        fp=fopen(_MEMBER_FILE_,"wb"); /*以写方式打开文件*/
    if (fp==NULL)
        rtn=0;
    else
    {
        do{
            cout<<"录入会员"<<endl;
            cout<<"姓名--";
            cin>>member.name;
            cout<<"地址--";
            cin>>member.address;
            member.borrow=0;
            member.isbn1[0]='\0';
            member.isbn2[0]='\0';
            member.isbn3[0]='\0';
            cout<<"确认保存(y/n):";
            cin>>check;
            if (check='Y')
            {
                fwrite(&member,sizeof(member),1,fp);/*块写*/
            }
            cout<<"继续录入吗? (y/n)";
            cin>>check;
        }while(check!='n');
    }
    fclose(fp);
    return rtn;
    return 0;
}
```

（3）函数 deletemember(void)：会员注销处理函数。具体运作流程如图 21-10 所示。

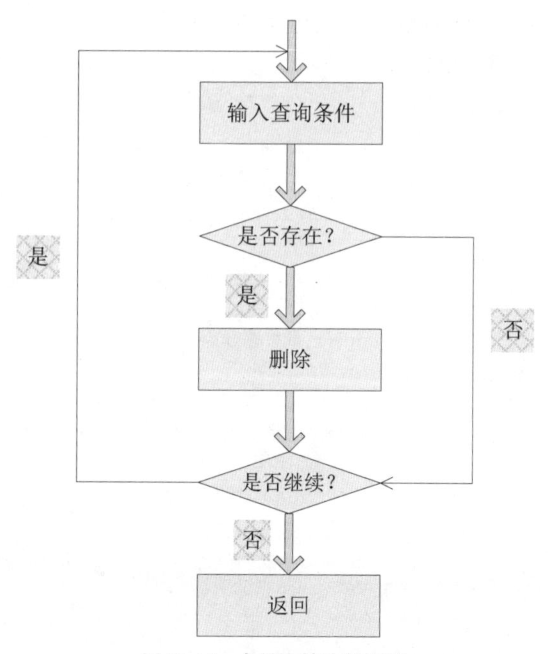

图 21-10 会员注销处理流程

函数 deletemember(void)的具体实现代码如下。

```
/*
8. 注销会员
```

```
*/
int deletemember(void)
{
    cout<<"注销会员"<<endl;
    char check='n';
    int rtn=1;
    char name[20];
    MEMBER member;
    do{
        cout<<"请输入姓名：";
        cin>>name;
        member=findmember(name);
        if(member.borrow==-1)
        {
            rtn=0;
            cout<<"没有找到！"<<endl;
        }
        else
        {
            rtn=removemember(name);
            if (rtn==0)
                cout<<"删除失败!"<<endl;
        }
        cout<<"继续吗？(y/n)";
        cin>>check;
    }while(check!='n');
    return rtn;
}
```

（4）函数 searchmember(void)：会员用户查询处理函数。

（5）函数 findmember(char *name)：显示出找到的信息。

上述功能的具体运作流程如图 21-11 所示。

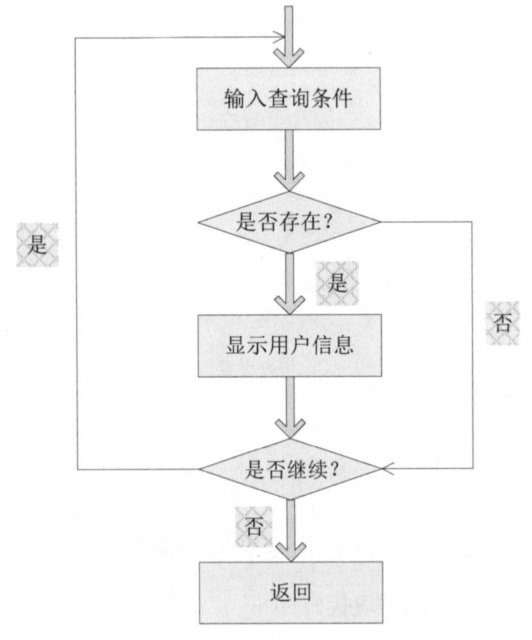

图 21-11　用户查询处理流程

上述功能的具体实现代码如下。

```
/*
9. 查询会员
*/
int searchmember(void)
{
    cout<<"查询会员"<<endl;
    char name[20];
    int rtn=0;
    MEMBER member;
    char check='n';
    do{
        cout<<"请输入姓名：";
        cin>>name;
        member=findmember(name);
        if (member.borrow==-1)
            cout<<"没找到"<<endl;
        else
        {
            cout<<"姓名   地址   借阅数    isbn1   isbn2   isbn3"<<endl;
            cout<<member.name<<"  "<<member.address<<"  "<<member.borrow<<"  "<<member.isbn1
            <<"  "<<member.isbn2<<"  "<<member.isbn3<<endl;
        }
        cout<<"继续查询吗？(y/n)";
        cin>>check;
    }while(check!='n');
    return rtn;
}
MEMBER findmember(char *name)
{
    MEMBER member;
    bool found=false;
    FILE *fp;
    fp=fopen(_MEMBER_FILE_,"rb");/*以读方式打开文件*/
    member.borrow=-1;
    if(fp!=NULL)
    {
        fread(&member,sizeof(member),1,fp);
        while(!feof(fp))
        {
            if (!strcmp(member.name,name))
            {
               found=true;
               break;
            }
            fread(&member,sizeof(member),1,fp);
        }
        if (!found)
          member.borrow=-1;
        fclose(fp);
    }
    return member;
}
int removemember(char *name)
{
    MEMBER member;
```

```
    FILE *fp;
    FILE *temp;
    temp=fopen(_TEMP_FILE_,"w");/*以写方式打开文件*/
    fp=fopen(_MEMBER_FILE_,"rb");/*以读方式打开文件*/
    if(fp!=NULL)
    {
        fread(&member,sizeof(member),1,fp);
        while(!feof(fp))
        {
            if (strcmp(member.name,name))
            {
               fwrite(&member,sizeof(member),1,temp);/*块写*/
            }
            fread(&member,sizeof(member),1,fp);
        }
        fclose(fp);
        fclose(temp);
        remove(_MEMBER_FILE_);
        rename(_TEMP_FILE_,_MEMBER_FILE_);
    }
    return 1;
}
int memberborrow(MEMBER member)
{
   int rtn=1;
    FILE *fp;
    fp=fopen(_MEMBER_FILE_,"ab");/*以追加方式打开文件*/
    if(fp==NULL)
      fp=fopen(_MEMBER_FILE_,"wb"); /*以写方式打开文件*/
    if (fp==NULL)
        rtn=0;
    else
    {
       fwrite(&member,sizeof(member),1,fp);/*块写*/
    }
    fclose(fp);
    return rtn;
    return 0;
}
int lendbook(BOOK book)
{
    int rtn=1;
    FILE *fp;
    fp=fopen(_DATA_FILE_,"ab");/*以追加方式打开文件*/
    if(fp==NULL)
      fp=fopen(_DATA_FILE_,"wb"); /*以写方式打开文件*/
    if (fp==NULL)
        rtn=0;
    else
    {
        fwrite(&book,sizeof(book),1,fp);/*块写*/
    }
    fclose(fp);
    return rtn;
}
```

（6）函数 modifymember(void)：会员用户修改处理函数。具体运作流程如图 21-12 所示。

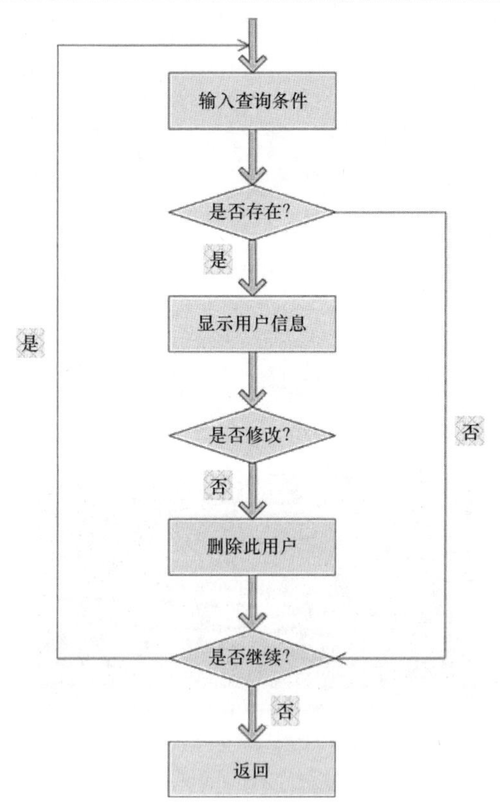

图 21-12 会员修改处理流程

函数 modifymember(void)的具体实现代码如下。

```
/*
10. 修改会员
*/
int modifymember(void)
{
    cout<<"修改会员"<<endl;

    char name[20];
    int rtn=0;
    MEMBER member;
    char check='n';
    do{
        cout<<"请输入姓名: ";
        cin>>name;
        member=findmember(name);
        if (member.borrow==-1)
            cout<<"没找到"<<endl;
        else
        {
            cout<<"姓名="<<member.name<<endl;
            cout<<"地址="<<member.address<<endl;
            cout<<"借阅数="<<member.borrow<<endl;
            cout<<"ISBN1="<<member.isbn1<<endl;
            cout<<"ISBN2="<<member.isbn2<<endl;
            cout<<"ISBN3="<<member.isbn3<<endl;
            cout<<"修改吗? (y/n)";
```

```
            cin>>check;
            if (check == 'y')
            {
                removemember(name);
                inputmember();
            }
        }
        cout<<"继续吗? (y/n)";
        cin>>check;
    }while(check!='n');
    return rtn;
}
```

至此，整个项目的主要文件代码编写完毕。在 Visual C++ 6.0 中编译执行后，初始界面会显示系统的主菜单，具体效果如图 21-13 所示。

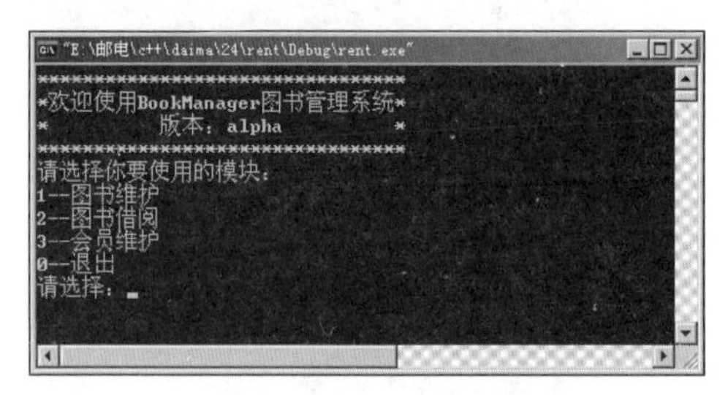

图 21-13　系统主菜单

根据对应提示输入数字，会显示出对应的子菜单。例如输入“1”，则显示“图书维护”的子菜单项，如图 21-14 所示。

还可以继续选择操作，例如接着上述操作，输入“1”，可以完成“录入图书”操作。具体效果如图 21-15 所示。

图 21-14　“图书维护”二级子菜单

图 21-15　“录入图书”三级子菜单

读者可以继续根据控制台提示进行操作，完成需要的功能。为了节省本书篇幅，在此不再做详细的介绍。

第 22 章

开始闯关——C++实现网络应用项目

上一章内容带领读者了解了一个 C++项目的实现流程，本章将引导读者实现一个网络应用项目，详细讲解 C++网络应用的具体实现流程。希望通过本章内容的学习，读者的水平得到进一步提高，能够将学习到的知识迅速融合到现实应用当中。

22.1　项 目 要 求

视频讲解：视频\第 22 章\项目要求.mp4

本项目要求实现一个基本客户机/服务器的应用案例，实现基本的客户机/服务器通信功能。下面我们先了解一下客户机/服务器的基本知识。

22.1.1　客户机/服务器模式介绍

客户机/服务器系统（Client/Server system）简称 C/S 系统，是一类按新的应用模式运行的分布式计算机系统。在这个应用模式中，用户只关心能否完整地解决自己的应用问题，而不关心这些应用问题由系统中哪台或哪几台计算机来完成。在 C/S 系统中，能为应用提供服务（如文件服务、打印服务、复制服务、图像服务、通信管理服务等）的计算机或处理器，当被请求服务时就成为服务器。一台计算机可能提供多种服务，一个服务也可能要由多台计算机组合完成。与服务器相对，提出服务请求的计算机或处理器在当时就是客户机。从客户应用角度看，这个应用的一部分工作在客户机上完成，其他部分的工作则在（一个或多个）服务器上完成。

C/S 系统最重要的特征是：它不是一个主从环境，而是一个平等的环境，即 C/S 系统中各计算机在不同的场合既可能是客户机，也可能是服务器。进入 20 世纪 90 年代，C/S 系统迅速流行的原因，在于它有很多优点：用户使用简单，直观；编程、调试和维护费用低；系统内部负荷可以做到比较均衡，资源利用率较高；允许在一个客户机上运行不同计算机平台上的多种应用；系统易于扩展，可用性较好，对用户需求变化适应性好。

C/S 系统的使用依赖于若干 20 世纪 90 年代才成熟的技术：首先，由于以一系列标准为基础的开放式系统原则被普遍接受，为各种客户机、服务器之间提供中间件成为可能；其次，CASE 工具、视窗技术、面向对象技术、分布式数据库技术等的成熟，为 C/S 系统环境下的编程、调试、运行提供了良好的条件；最后，性能价格比迅速提高的计算机为开销大的分布式操作系统提供了可接受的运行条件，使得分布式逻辑处理、分布式服务器等应用模式得以实现。

C/S 系统已广泛用于中小型工商企业，由于通信技术的进展，C/S 系统在地域上可有较大的跨度。图 22-1 显示了一个学校的客户机/服务器构成模式。

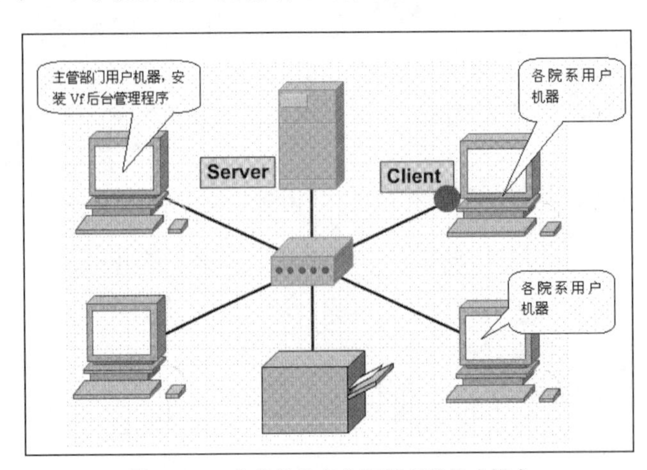

图 22-1　一个学校的客户机/服务器构成模式

图 22-1 中的“Server”就是服务器，“各院系用户机器”就是客户机。本项目的要求是：通过 C++编写一个项目程序，能够实现服务器和客户端数据的传输处理。

22.1.2 客户机/服务器模式的运作流程

在 TCP/IP 网络中，两个进程间的相互作用的主机模式是客户机/服务器模式（Client/Server model）。该模式的建立基于以下两点。

（1）非对等作用。

（2）通信完全是异步的。

客户机/服务器模式在操作过程中采取的是主动请示方式，下面介绍具体的运作流程。

首先服务器方要先启动，并根据请示提供相应服务，具体过程如下。

（1）打开一通信通道并告知本地主机，它愿意在某一个公认地址上接收客户请求。

（2）等待客户请求到达该端口。

（3）接收到重复服务请求，处理该请求并发送应答信号。

（4）返回第(2)步，等待另一客户请求。

（5）关闭服务器。

客户方的具体运作流程如下。

（1）打开一通信通道，并连接到服务器所在主机的特定端口。

（2）向服务器发送服务请求报文，等待并接收应答；继续提出请求……

（3）请求结束后关闭通信通道并终止。

22.2 实现原理

视频讲解：视频\第 22 章\实现原理.mp4

在 C++中是通过 WinSocket 来实现网络项目的。WinSocket 是一个网络编程接口，能够实现网络项目所需要的功能。本节将详细讲解 WinSocket 接口的基本知识。

22.2.1 什么是 Winsocket 编程接口

Windows 下网络编程的规范——Windows Socket 是 Windows 下得到广泛应用的、开放的、支持多种协议的网络编程接口。从 1991 年的 1.0 版到 1995 年的 2.0.8 版，经过不断完善并在 Intel、Microsoft、Sun、SGI、Informix、Novell 等公司的全力支持下，已成为 Windows 网络编程的事实上的标准。

通信的基础是套接口（Socket），一个套接口是通信的一端。在这一端上我们可以找到与其对应的一个名字。一个正在被使用的套接口都有它的类型和与其相关的进程。套接口存在于通信域中。通信域是为了处理一般的线程通过套接口通信而引进的一种抽象概念。套接口通常与同一个域中的套接口交换数据（数据交换也可能穿越域的界限，但这时一定要执行某种解释程序）。Windows Sockets 规范支持单一的通信域，即 Internet 域。

数据报套接口可以用来向许多系统支持的网络发送广播数据包。要实现这种功能，网络本身必须支持广播功能，因为系统软件并不提供对广播功能的任何模拟。广播信息将给网络造成极重的负担，因为它们要求网络上的每台主机都为它们服务，所以发送广播数据包的能力被限制于那些用显式标记了允许广播的套接口中。

22.2.2 Winsocket 中的函数

在 C++项目中实现网络编程项目需要使用 Winsocket，Winsocket 的核心是它的各个函数。

Winsocket 通过本身的函数来实现具体的网络功能。下面详细讲解 Winsocket 中常用函数的基本知识。

1. WSA Startup

WSA Startup 函数是一个库连接函数，用于连接 Winsocket2 的支持库。具体格式如下。

```
int WSAStartup(WORD wVersionRequested,LPWSADATA lpWSAData );
```

各个参数的具体说明如下。

（1）wVersionRequested：Windows Socket API 提供的调用方可使用的最高版本号。高位字节指出副版本（修正）号，低位字节指明主版本号。

（2）lpWSAData：出参，指向 WSADATA 数据结构的指针，用来接收 Windows Socket 执行的数据。如果返回值为 0，则表示成功。

要得到错误码，应调用 WSAGetLastError。下面是可能出现的错误值列表。

WSASYSNOTREADY ：基础网络子系统没有准备好网络通信。

WSAVERNOTSUPPORTED：Windows Socket 版本不支持。

WSAEINPROGRESS：应用程序指出的 Winsocket 版本不被该 DLL 支持。

WSAEPROCLIM：Windows Socket 支持的任务数到达上线。

WSAEFAULT lpWSAData：不是一个有效指针。

通常情况下一个应用程序 WSAStartup 函数发生错误，不能通过调用 WSAGetLastError 函数得到确切的错误码。

2. WSAStartup 函数

此函数的使用格式如下。

```
int WSAStartup(
  WORD wVersionRequested,
  LPWSADATA lpWSAData
);
```

使用 Socket 的程序在使用 Socket 之前必须调用 WSAStartup 函数。该函数的第一个参数指明程序请求使用的 Socket 版本，其中高位字节指明副版本，低位字节指明主版本；操作系统利用第二个参数返回请求的 Socket 的版本信息。当一个应用程序调用 WSAStartup 函数时，操作系统根据请求的 Socket 版本来搜索相应的 Socket 库，然后绑定找到的 Socket 库到该应用程序中。以后应用程序就可以调用所请求的 Socket 库中的其他 Socket 函数。该函数执行成功后返回 0。

假如一个程序要使用 2.1 版本的 Socket，则程序代码如下。

```
wVersionRequested = MAKEWORD( 2, 1 );
err = WSAStartup( wVersionRequested, &wsaData );
```

3. WSACleanup 函数

此函数的使用格式如下。

```
int WSACleanup (void);
```

应用程序在完成对请求的 Socket 库的使用后，要调用 WSACleanup 函数来解除与 Socket 库的绑定，并且释放 Socket 库所占用的系统资源。

4. Socket 函数

此函数的使用格式如下。

```
SOCKET socket(
      int af,
      int type,
      int protocol
    );
```

应用程序调用 Socket 函数来创建一个能够进行网络通信的套接字。第一个参数指定应用程序使用的通信协议的协议族，对于 TCP/IP 协议族，该参数为 PF_INET；第二个参数指定要创建的套接字类型，流套接字类型为 SOCK_STREAM，数据报套接字类型为 SOCK_DGRAM；第三个参数指定应用程序所使用的通信协议。该函数如果调用成功就返回新创建的套接字的描述符，如果失败就返回 INVALID_SOCKET。套接字描述符是一个整数类型的值。每个进程的进程空间里都有一个套接字描述符表，表中存放着套接字描述符和套接字数据结构的对应关系。该表中有一个字段存放新创建的套接字的描述符，另一个字段存放套接字数据结构的地址，因此根据套接字描述符就可以找到其对应的套接字数据结构。每个进程在自己的进程空间里都有一个套接字描述符表，但是套接字数据结构都是在操作系统的内核缓冲里。下面是一个创建流套接字的例子。

```
struct protoent *ppe;
ppe=getprotobyname("tcp");
SOCKET ListenSocket=socket(PF_INET,SOCK_STREAM,ppe-&gt;p_proto);
```

5. closesocket 函数

此函数的使用格式如下。

```
int closesocket(
  SOCKET s
 );
```

closesocket 函数用来关闭一个描述符为 s 的套接字。由于每个进程中都有一个套接字描述符表，表中的每个套接字描述符都对应了一个位于操作系统缓冲区中的套接字数据结构，因此有可能存在几个套接字描述符指向同一个套接字数据结构。套接字数据结构中专门有一个字段存放该结构的被引用次数，即有多少个套接字描述符指向该结构。当调用 closesocket 函数时，操作系统先检查套接字数据结构中的该字段的值，如果为 1，表明只有一个套接字描述符指向它，因此操作系统就先把 s 在套接字描述符表中对应的那条表项清除，并且释放 s 对应的套接字数据结构；如果该字段大于 1，那么操作系统仅仅清除 s 在套接字描述符表中的对应表项，并且把 s 对应的套接字数据结构的引用次数减 1。

closesocket 函数如果执行成功就返回 0，否则返回 SOCKET_ERROR。

6. send 函数

此函数的使用格式如下。

```
int send(
  SOCKET s,
  const char FAR *buf,
  int len,
  int flags
 );
```

不论是客户还是服务器应用程序都用 send 函数来向 TCP 连接的另一端发送数据。客户程序一般用 send 函数向服务器发送请求，而服务器则通常用 send 函数来向客户程序发送应答。该函数的第一个参数指定发送端套接字描述符，第二个参数指明一个存放应用程序要发送数据的缓冲区，第三个参数指明实际要发送的数据的字节数，第四个参数一般置 0。这里只描述同步 Socket 的 send 函数的执行流程。当调用该函数时，send 先比较待发送数据的长度 len 和套接字 s 的发送缓冲区的长度，如果 len 大于 s 的发送缓冲区的长度，该函数返回 SOCKET_ERROR；如果 len 小于或者等于 s 的发送缓冲区的长度，那么 send 先检查协议是否正在发送 s 的发送缓冲中的数据，如果是就等待协议把数据发送完，如果协议还没有开始发送 s 的发送缓冲中的数据或者 s 的发送缓冲中没有数据，那么 send 就比较 s 的发送缓冲区的剩余空间和 len，如果 len 大于剩余空间大小，send 就一直等待协议把 s 的发送缓冲中的数据发送完，如果 len 小于剩余空间大小，send 就仅仅把 buf 中的数据复制到剩余空间里（注意并不是 send 把 s 的发送缓冲中的数据传到连接的另一端，而是协议传的，send 仅仅是把 buf 中的数据复制到 s 的发送缓冲区的剩余空间里）。如果 send 函数复制数据成功，就返回实际复制的字节数，如果 send 在复制数据时出现错误，那么 send 就返回 SOCKET_ERROR；如果 send 在等待协议传送数据时网络断开的话，那么 send 函数也返回 SOCKET_ERROR。要注意，send 函数把 buf 中的数据成功复制到 s 的发送缓冲的剩余空间里后它就返回了，但是此时这些数据并不一定立即被传到连接的另一端。如果协议在后续的传送过程中出现网络错误，那么下一个 Socket 函数就会返回 SOCKET_ERROR（每一个除 send 外的 Socket 函数在执行的最开始总要先等待套接字的发送缓冲中的数据被协议传送完毕才能继续，如果在等待时出现网络错误，那么该 Socket 函数就返回 SOCKET_ERROR）。

注意：在 UNIX 系统下，如果 send 在等待协议传送数据时网络断开，调用 send 的进程会接收到一个 SIGPIPE 信号，进程对该信号的默认处理是进程终止。

7. recv 函数

此函数的使用格式如下。

```
int recv(
  SOCKET s,
  char FAR *buf,
  int len,
  int flags
);
```

不论是客户还是服务器应用程序都用 recv 函数从 TCP 连接的另一端接收数据。该函数的第一个参数指定接收端套接字描述符；第二个参数指明一个缓冲区，该缓冲区用来存放 recv 函数接收到的数据；第三个参数指明 buf 的长度；第四个参数一般置 0。这里只描述同步 Socket 的 recv 函数的执行流程。当应用程序调用 recv 函数时，recv 先等待 s 的发送缓冲中的数据被协议传送完毕，如果协议在传送 s 的发送缓冲中的数据时出现网络错误，那么 recv 函数返回 SOCKET_ERROR，如果 s 的发送缓冲中没有数据或者数据被协议成功发送完毕后，recv 先检查套接字 s 的接收缓冲区，如果 s 接收缓冲区中没有数据或者协议正在接收数据，那么 recv 就一直等待，直到协议把数据接收完毕。当协议把数据接收完毕，recv 函数就把 s 的接收缓冲中的数据复制到 buf 中（注意，协议接收到的数据可能大于 buf 的长度，所以在这种情况下要调用几次 recv 函数才能把 s 的接收缓冲中的数据复制完。recv 函数仅仅是复制数据，真正的接收数据是由协议来完成的），recv 函数返回其实际复制的字节数。如果 recv 在复制时出错，那么它返回 SOCKET_ERROR；如果 recv 函数在等待协议接收数据时网络中断，那么它返回 0。

注意：在 UNIX 系统下，如果 recv 函数在等待协议接收数据时网络断开，那么调用 recv 的进程会接收到一个 SIGPIPE 信号，进程对该信号的默认处理是进程终止。

8. bind 函数

此函数的使用格式如下。

```
int bind(
   SOCKET s,
   const struct sockaddr FAR *name,
   int namelen
 );
```

当创建了一个 Socket 以后，套接字数据结构中有一个默认的 IP 地址和默认的端口号。一个服务程序必须调用 bind 函数来给其绑定一个 IP 地址和一个特定的端口号。客户程序一般不必调用 bind 函数来为其 Socket 绑定 IP 地址和端口号。该函数的第一个参数指定待绑定的 Socket 描述符；第二个参数指定一个 sockaddr 结构，该结构是如下定义的。

```
struct sockaddr {
```

```
    u_short sa_family;
  char sa_data[14];
  };
```

sa_family 指定地址族，对于 TCP/IP 协议族的套接字，给其置 AF_INET。当对 TCP/IP 协议族的套接字进行绑定时，我们通常使用另一个地址结构。

```
struct sockaddr_in {
  short    sin_family;
  u_short sin_port;
  struct   in_addr sin_addr;
    char     sin_zero[8];
    };
```

其中，sin_family 置 AF_INET；sin_port 指明端口号；sin_addr 结构体中只有唯一的字段 s_addr，表示 IP 地址，该字段是一个整数，一般用函数 inet_addr()把字符串形式的 IP 地址转换成 unsigned long 型的整数值后再置给 s_addr。有的服务器是多宿主机，至少有两个网卡，那么运行在这样的服务器上的服务程序在为其 Socket 绑定 IP 地址时可以把 htonl(INADDR_ANY)置给 s_addr，这样做的好处是不论哪个网段上的客户程序都能与该服务程序通信；如果只给运行在多宿主机上的服务程序的 Socket 绑定一个固定的 IP 地址，那么就只有与该 IP 地址处于同一个网段上的客户程序才能与该服务程序通信。我们用 0 来填充 sin_zero 数组，目的是让 sockaddr_in 结构的大小与 sockaddr 结构的大小一致。下面是一个 bind 函数调用的例子。

```
struct sockaddr_in saddr;
saddr.sin_family = AF_INET;
saddr.sin_port = htons(8888);
saddr.sin_addr.s_addr = htonl(INADDR_ANY);
bind(ListenSocket,(struct sockaddr *)&saddr,sizeof(saddr));
```

9. listen 函数

此函数的使用格式如下。

```
int listen( SOCKET s, int backlog );
```

服务程序可以调用 listen 函数使其流套接字 s 处于监听状态。处于监听状态的流套接字 s 将维护一个客户连接请求队列，该队列最多容纳 backlog 个客户连接请求。如果该函数执行成功，则返回 0；如果执行失败，则返回 SOCKET_ERROR。

10. accept 函数

此函数的使用格式如下。

```
SOCKET accept(
  SOCKET s,
  struct sockaddr FAR *addr,
  int FAR *addrlen
);
```

服务程序调用 accept 函数从处于监听状态的流套接字 s 的客户连接请求队列中取出排在最前的一个客户请求，并且创建一个新的套接字来与客户套接字创建连接通道，如果连接成功，就返回新创建的套接字的描述符，以后与客户套接字交换数据的是新创建的套接字；如果失败就返回 INVALID_SOCKET。该函数的第一个参数指定处于监听状态的流套接字，操作系统利用第二个参数来返回新创建的套接字的地址结构，操作系统利用第三个参数来返回新创建的套接字的地址结构的长度。下面是一个调用 accept 的例子。

```
struct sockaddr_in ServerSocketAddr;
int addrlen;
addrlen=sizeof(ServerSocketAddr);
ServerSocket=accept(ListenSocket,(struct sockaddr *)&ServerSocketAddr,&addrlen);
```

11. connect 函数

此函数的使用格式如下。

```
int connect(
  SOCKET s,
  const struct sockaddr FAR *name,
  int namelen
);
```

客户程序调用 connect 函数来使客户 Socket s 与监听在 name 所指定的计算机的特定端口上的服务 Socket 进行连接。如果连接成功，connect 返回 0；如果失败，则返回 SOCKET_ERROR。下面是一个例子。

```
struct sockaddr_in daddr;
memset((void *)&daddr,0,sizeof(daddr));
daddr.sin_family=AF_INET;
daddr.sin_port=htons(8888);
daddr.sin_addr.s_addr=inet_addr("133.197.22.4");
connect(ClientSocket,(struct sockaddr *)&daddr,sizeof(daddr));
```

22.3 具体实现

视频讲解：视频\第 22 章\具体实现.mp4

经过前面两节的介绍，我们了解了 WinSocket 编程的基本知识。从本节开始，将介绍整个项目的具体实现过程，首先介绍系统需要的数据结构。本项目客户端的操作流程如图 22-2 所示，服务器端的操作流程如图 22-3 所示。

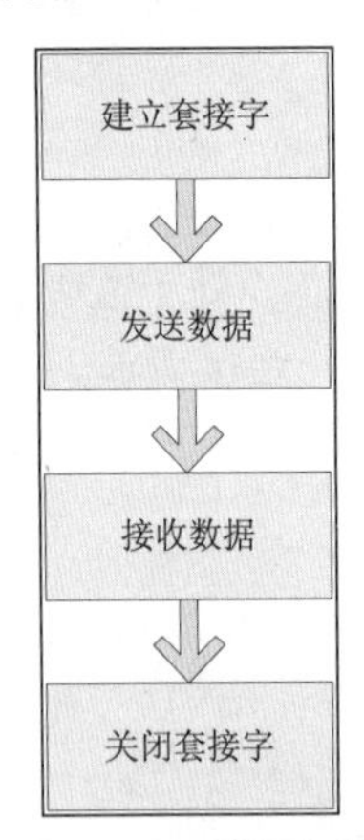

图 22-2　客户端操作流程

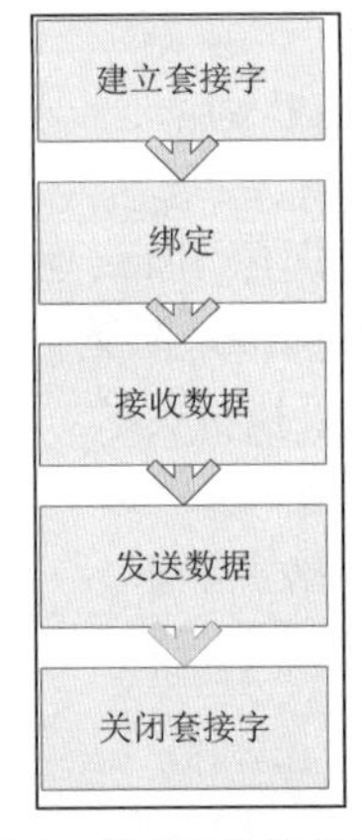

图 22-3　服务器端操作流程

下面详细介绍本项目的编码实现过程。

22.3.1　客户端和服务器端的公用文件

客户端和服务器端都公用了 Socket 操作封装类，它们两者有很少的差别。下面先介绍类的具体实现。

1. 自定义的 Socket 操作封装类头文件

本实例的 Socket 操作封装类头文件是 MySocket.h。为了实现系统的结构化设计，提高系统的可重用性，通常会将套接字封装成一个单独的类，这便于对通信操作的扩展。在本项目中，将套接字操作封装为类 CMySocket，具体代码如下。

```
#if !defined(AFX_MYSOCKET_H__7E7116CE_86A9_4092_B51D_21485FBBD78A__INCLUDED_)
#define AFX_MYSOCKET_H__7E7116CE_86A9_4092_B51D_21485FBBD78A__INCLUDED_
#if _MSC_VER > 1000
#pragma once
#endif // _MSC_VER > 1000
#pragma comment(lib, "ws2_32.lib")           //引入WinSocket链接库支持
#include "windows.h"
#include <winsock.h>                         //WinSock API头文件
#include <string>
        /**
         * 消息结构
         *
         * @author qgj
         * @version ver0.1
         * @since 2009
         */
typedef struct tagMessage
{
   /**
    * 消息类型
    */
   int type;                                 //消息类型
   /**
    * 消息体
    */
   char info[256];                           //消息内容
   /**
    * 用户名
    */
   char name[256];                           //用户名
   /**
    * 发送到
    */
   char toname[256];                         //接收方用户名
}message;                                    //消息结构体
class CMySocket
{
public:
   void reciveinfo(char *info);
   bool run(int msg_type,char * user,char * info,char * touser); //开始运行
   bool CloseWinSocket();                    //中止Windows Sockets DLL的使用
   bool InitWinSock();                       //初始化WinSocket
   CMySocket();
   virtual~CMySocket();
private:
   SOCKET sock;                              //套接字
};
#endif // !defined(AFX_MYSOCKET_H__7E7116CE_86A9_4092_B51D_21485FBBD78A__INCLUDED_)
```

在上述代码中，函数 InitWinSock()用于初始化 WinSock 套接字，函数 CloseWinSocket()用于关闭套接字，结构体 tagMessage 用于发送数据，sock 是连接所使用的套接字。

2. 自定义的 Socket 操作封装类的实现文件

Socket 操作封装类的实现文件是 MySocket.cpp，其中定义了自己的套接字操作扩展类。具体实现代码如下。

```
#include "stdafx.h"
#include "MySocket.h"
CMySocket::CMySocket()
{
```

```
}
CMySocket::~CMySocket()
{

}
//初始化WinSocket
bool CMySocket::InitWinSock()
{
   WSADATA wsaData;
   bool bRtn=false;
   if (WSAStartup(MAKEWORD(2, 2), &wsaData) == 0)    //建立与WinSockDLL的连接
   {
        sock=socket(AF_INET,SOCK_DGRAM,0);
        //建立数据报套接字，套接字采用ARPA Internet地址格式，协议为TCP
        if (sock!=INVALID_SOCKET)
        {
            sockaddr_in sockaddr;
            sockaddr.sin_addr.S_un.S_addr = INADDR_ANY;    //自动分配地址
            sockaddr.sin_family = AF_INET;                 //地址格式
            sockaddr.sin_port = htons(0);                  //端口
            //将本地地址绑定到socket描述字
            if (bind(sock, (struct sockaddr*)&sockaddr, sizeof(sockaddr)) == 0)
                bRtn=true;
        }
   }
   return bRtn;
}
//关闭WinSocket
bool CMySocket::CloseWinSocket()
{
   bool bRtn=false;
   if (closesocket(sock)==0)                               //关闭套接字
        if (WSACleanup()==0)    //中止Windows Sockets DLL的使用
            bRtn=true;
   return bRtn;
}
//开始
bool CMySocket::run(int msg_type,char * user,char * info,char * touser)
{
   bool bRtn=false;
   int addr_len =sizeof(struct sockaddr_in);
   message receivebuffer;
   message sendbuffer;
   memset(&receivebuffer,0,sizeof(message));              //清零
   char serverIP[20]="127.0.0.1";                         //服务器IP
   sockaddr_in server;
   server.sin_addr.S_un.S_addr = inet_addr(serverIP);     //服务器IP
   server.sin_family = AF_INET;                           //服务器IP地址格式
   server.sin_port = htons(6000);                         //服务器端口
   sendbuffer.type=msg_type;
   strncpy(sendbuffer.info, info, 256);
   strncpy(sendbuffer.name, user, 256);
   strncpy(sendbuffer.toname,touser,256);
   sendto(sock, (const char*)&sendbuffer, sizeof(sendbuffer), 0, (const sockaddr*)
   &server,addr_len);
   return bRtn;
}
//接收消息
void CMySocket::reciveinfo(char *info)
```

```
{
  sockaddr_in from;
  int addr_len =sizeof(struct sockaddr_in);
  message receivebuffer;
  memset(&receivebuffer,0,sizeof(message));              //清零处理
//获取远程主机经指定的socket传来的数据,
recvfrom(sock, (char *)&receivebuffer, sizeof(message), 0, (sockaddr *)&from, &addr_len);
  strcpy(info,receivebuffer.info);
}
```

在上述代码中，CMySocket对WinSocket2接口进行了封装。其中，函数InitWinSock()用于初始化套接字，函数CloseWinSocket()用于关闭套接字，函数reciveinfo(char *info)用于接收传递的信息。

22.3.2 实现服务器端

本项目使用了数据包套接方式，所以发送和接收函数都要使用sendto和recvfrom。服务器端共有5个实现文件，具体说明如下。

1. 预编译头文件StdAfx.h

预编译头文件StdAfx.h是Visual C++ 6.0自动生成的文件，此文件经常保存不常改动的代码。本项目的预编译头文件的实现代码如下。

```
#if !defined(AFX_STDAFX_H__01B73616_BC86_461A_ADAC_5FD2C17EE998__INCLUDED_)
#define AFX_STDAFX_H__01B73616_BC86_461A_ADAC_5FD2C17EE998__INCLUDED_
#if _MSC_VER > 1000
#pragma once
#endif // _MSC_VER > 1000
#define WIN32_LEAN_AND_MEAN       // Exclude rarely-used stuff from Windows headers
#include <iostream>
using namespace std;
#endif // !defined(AFX_STDAFX_H__01B73616_BC86_461A_ADAC_5FD2C17EE998__INCLUDED_)
```

2. 预编译头文件的实现文件

预编译头文件的实现文件StdAfx.cpp的实现代码如下。

```
#include "stdafx.h"
```

3. 系统主文件

系统主文件main.cpp是系统运行后首先执行的文件，用于建立和启动服务器。具体实现代码如下。

```
#include "stdafx.h"
#include "MySocket.h"
int main(int argc, char* argv[])
{
  CMySocket mySocket;
  if (mySocket.InitWinSock())
  {
      cout<<"建立与WinSockDLL的连接成功! "<<endl;
      mySocket.run();
  }
  if (mySocket.CloseWinSocket())
      cout<<"断开与WinSockDLL的连接成功! "<<endl;

  return 0;
}
```

在上述代码中，首先调用CMySocket类的InitWinSock()函数来初始化套接字，然后调用run来启动服务器，等待来自客户端的数据。

除了上述3个文件外，服务器端还有文件MySocket.h和MySocket.cpp，这两个文件的具体实现已经在前面的内容中进行了介绍。

22.3.3　实现客户端

本项目的客户端共有 5 个实现文件，具体说明如下。

（1）预编译头文件 StdAfx.h。

（2）预编译头文件的实现文件 StdAfx.cpp。

（3）主文件 main.cpp。

（4）自定义的 Scoket 操作封装类的头文件 MySocket.h。

（5）自定义的 Scoket 操作封装类的实现文件 MySocket.cpp。

1. 客户端的公用文件

本项目中客户端和服务器端的公用文件基本类似，差别仅在于一方提出请求，另一方给予应答。所以在此只需对那个服务器的 run 函数进行修改即可实现一个客户端程序。具体实现代码如下。

```
//开始
bool CMySocket::run(int msg_type,char * user,char * info,char * touser)
{
   bool bRtn=false;
   int addr_len =sizeof(struct sockaddr_in);
   message receivebuffer;
   message sendbuffer;
   memset(&receivebuffer,0,sizeof(message));                   //清零
   char serverIP[20]="127.0.0.1";                              //服务器IP
   sockaddr_in server;
   server.sin_addr.S_un.S_addr = inet_addr(serverIP);     //服务器IP
   server.sin_family = AF_INET;                                //服务器IP地址格式
   server.sin_port = htons(6000);                              //服务器端口
   sendbuffer.type=msg_type;
   strncpy(sendbuffer.info, info, 256);
   strncpy(sendbuffer.name, user, 256);
   strncpy(sendbuffer.toname,touser,256);
   sendto(sock, (const char*)&sendbuffer, sizeof(sendbuffer), 0, (const sockaddr*)
   &server,addr_len);
   return bRtn;
}
```

上述函数用于向服务器端发送信息，参数 msg_type 表示发送消息的类型，user 表示用户名，info 表示消息内容。

2. 客户端主文件

客户端主文件 main.cpp 是系统的主文件，用于实现和服务器端的通信。具体实现代码如下。

```
#include "stdafx.h"
#include "MySocket.h"
int main(int argc, char* argv[])
{
   CMySocket mySocket;
   int msg_type;
   char user[256];                              //本地用户名
   char touser[256];                            //远程用户名
   char info[256];                              //消息
   if (mySocket.InitWinSock())
   {
       cout<<"建立与WinSockDLL的连接成功！"<<endl;
       cout<<"消息类型：";
       cin>>msg_type;
       while(msg_type!=0)
       {
           if (msg_type!=3)
```

```
            {
                cout<<"用户名: ";
                cin>>user;
                strcpy(touser,user);
            }
            else
            {
                cout<<"远端用户名: ";
                cin>>touser;
            }
            cout<<"消息: ";
            cin>>info;
            mySocket.run(msg_type,user,info,touser);
            mySocket.reciveinfo(info);
            cout<<"接收到消息: "<<info<<endl;
            mySocket.reciveinfo(info);
            cout<<"接收到消息: "<<info<<endl;
            mySocket.reciveinfo(info);
            cout<<"接收到消息: "<<info<<endl;
            cout<<"------------------------------------------"<<endl;
            cout<<"消息类型(1:注册, 2: 注销, 3: 消息, 0:退出): ";
            cin>>msg_type;
        }
    }
    if (mySocket.CloseWinSocket())
        cout<<"断开与WinSockDLL的连接成功! "<<endl;
    return 0;
}
```

此文件从命令行依次输入信息的类型、用户名和信息内容。这样就可以发送给服务器端，当不再发送时，输入 0 字符，结束操作。

至此，整个项目设计完毕。运行服务器端，如图 22-4 所示。

客户端运行后的效果如图 22-5 所示。

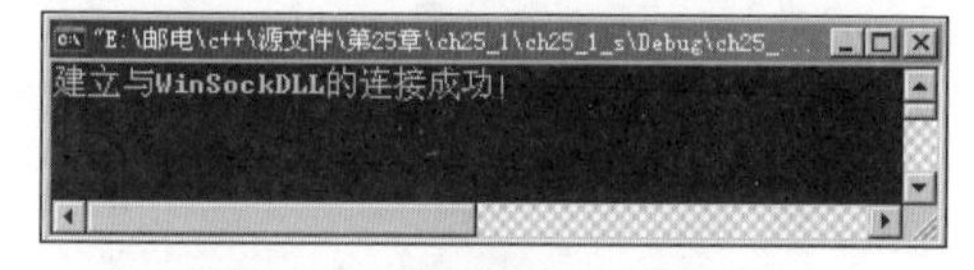

图 22-4 服务器端运行界面

图 22-5 客户端运行界面

这样即可在客户端操作，输入传递的信息，如图 22-6 所示。

客户端向服务器端成功传输数据后，同时在服务器端也会显示发送的信息，如图 22-7 所示。

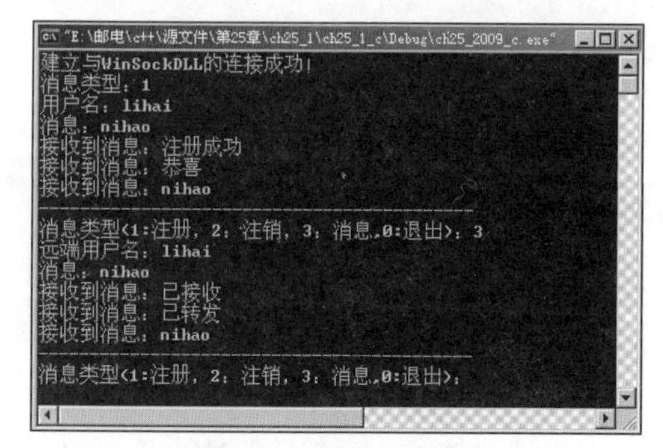

图 22-6 客户端发送信息

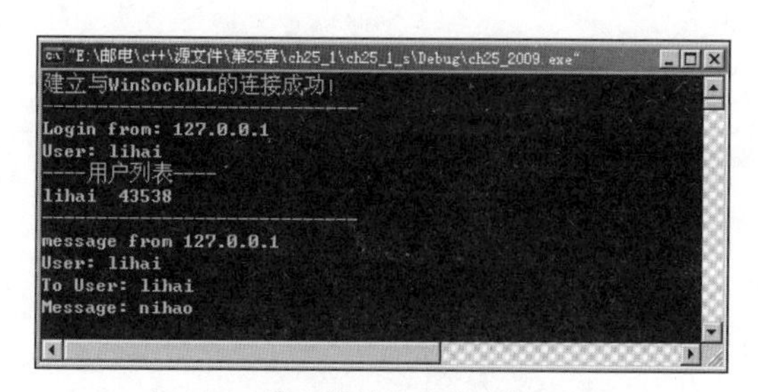

图 22-7 服务器端显示传递的信息

第 23 章

开始闯关——C++实现游戏项目

在上一章中我们了解了一个 C++网络项目的实现流程，本章将介绍使用 C++开发一个简单游戏的方法，并详细介绍其具体的实现流程。

23.1 计算机游戏基础

视频讲解：视频\第 23 章\计算机游戏基础.mp4

计算机游戏经过多年的发展，已经成为影响公众生活、改变公众娱乐方式的重要产业。过去，人们主要是借助电影、电视、音乐等方式来娱乐。而今天，以游戏为代表的电子娱乐正在成为主流娱乐方式。游戏也正在迅速成长为一个庞大的产业。Microsoft Direct X（SDK）是一个基于 COM 技术的多媒体应用程序开发工具包。本章将详细介绍游戏设计基本概念和 Direct X 的构架，包括 DirectDraw、Direct 3D、DirectSound，并在 Visual C++ 6.0 环境下使用 Direct X（SDK）开发多媒体游戏。

23.1.1 游戏的基本流程

一个游戏基本上是一个连续的循环，它完成逻辑动作，并在屏幕上产生一个图像，通常是 30 幅图或更多。具体流程如下。

（1）初始化。

在这一步中，游戏运行的初始化操作与其他 Windows 应用程序一样，如内存单元配置、资源采集、安装数据等。

（2）进入游戏循环。

在这一步中，代码运行进入游戏主循环，此时各种游戏动作和情节开始运行，直到用户退出游戏主循环。

（3）获取玩家的输入信息。

在这一步中，处理玩家的输入信息并将其储存到缓存以备下一步人工智能和游戏逻辑使用。

（4）执行人工智能和游戏逻辑。

这部分包括游戏代码的主体部分，执行人工智能、物理系统和常规的游戏逻辑，其结果产生下一帧屏幕图像。

（5）渲染下一帧图像。

本步中，用户输入、游戏的人工智能和逻辑执行的结果，用来产生游戏的下一帧动画。这个动画的图像通常放在后备的缓存区内，因此无法看到它被渲染的过程。随后该图像被迅速复制到显示区中。

（6）同步显示。

使用定时器和等待函数确保游戏与最大帧速同步，通常认为 30 FPS 是可以接受的最低速率，而大多数动作游戏玩家将图形调整为不低于 60 FPS。

（7）循环。

返回到游戏循环的入口，并重新执行以上步骤。

（8）关闭。

这一步结束游戏，表示用户结束主体操作或游戏循环，系统在结束前释放所有资源、刷新系统并返回操作系统。

23.1.2 游戏元素

游戏中的元素包含界面（图像）、操作界面、声音、游戏性。

（1）界面（图像）。

当玩家在进行游戏时，界面（图像）的风格和具体形式将在第一时间告诉玩家游戏的大致轮廓。这其中主要包括两点。

① 图形技术：2D 图形技术，3D 图形技术。

② 游戏视角：第一人称视角，第三人称视角，俯视角，等轴斜视角，平面横向视角。

（2）操作界面。

操作界面是玩家和游戏间联系的纽带。良好的操作界面可以提高游戏的品质。其具体表现如下。

① 输入设备：键盘、操纵杆和游戏手柄。

② 控制键：任何界面系统都包括若干控制键。每个键都有它独特的功能。控制键越多，游戏就越难以掌握。因此简化和优化操作是游戏性的保障。

③ 键位的可设置：现实情况复杂多变，玩家口味各不相同。如果游戏有很多选项，允许玩家自己来调整以适应实际情况，就比固定参数、不可调整的做法要好得多。

④ 操作界面：界面就是游戏如何处理玩家输入的。

（3）声音。

声音在游戏中用来给予听觉上的反馈，例如音效、背景音乐、对话等，在游戏中使用高品质的音乐能够增强游戏的表现力。

（4）游戏性。

游戏性不仅体现在单机上玩家与计算机的对抗中，也体现在多人游戏中两个或更多个人进行的竞争中。游戏性体现了一种游戏与玩家的交互，良好的游戏性是游戏具有可玩度的前提。游戏性常表现在游戏的平衡性、游戏的可操作性等方面。

23.1.3　游戏层次

游戏系统可分为游戏层、引擎层、系统层 3 个层次，如图 23-1 所示。

图 23-1　游戏系统

23.2　项 目 分 析

视频讲解：视频\第 23 章\项目分析.mp4

本项目将实现一个简单的飞机模型游戏。飞机游戏也是一种常见的小游戏。当然，它的常见并不像扫雷或俄罗斯方块游戏一样玩法单一，它有许多不同的玩法规则，我们之所以要做这个游戏，是因为各种游戏还是有很多共同的地方，这种游戏对于我们的学习有帮助。

23.2.1　游戏的角色

飞机游戏的主角当然是飞机。飞机分成两方：玩者一方（分为单人和双人，这里只是实现游戏的单人版，双人版就作为读者的练习题）和计算机一方。我们称为正方和反方。

（1）正方：具有生命力（本游戏设置为5），有火力（本游戏包括单火力、双火力和强火力3种），生命力每次被炸毁就减一，而当火力值大于5时，生命力和火力强度同增。而火力开始是0，表示单火力，之后，每次添加一个火力值就加一。

（2）反方：由计算机按时、随机地产生飞机，按时地发射子弹，按时地移动子弹的位置（游戏的实现，往往就是因为要实现计算机的这些按时的“智能”操作）。

（3）火力：之所以把火力作为一个角色，是因为它的存在是独立的；它的作用又是为正方服务的，它的产生也是我们对程序的专门设置而实现的。

（4）背景：把背景作为一个角色，确实有一点不大合理，但是，每个人做事都是有原因的。在这里把它提出来，只是为了强调它的作用。我们将要实现的是动态的背景，我们必须利用背景的移动来映射飞机的前进飞行。

23.2.2 游戏界面表现

本游戏界面表现是全屏，支持多种分辨率。由于位图的限制，我们不可能画那么多的位图，也不可能利用放大缩小位图的方法，这样会产生严重的闪烁。我们可以利用留空白的方法，首先制造最基本的位图，宽800像素，然后利用获取屏幕大小的函数取得屏幕分辨率的大小，再把位图显示在屏幕的中间。

背景位图的显示，由于我们的背景位图大小是有限制的，高度不可以大于2 000。但是，我们要的是连续不断地显示背景，不能只是背景位图显示完了再重新从头显示，这样会产生背景不连续的效果。

23.3 具体实现

视频讲解：视频\第23章\具体实现.mp4

经过前面的介绍，我们了解了C++游戏项目的基本实现流程。本节将详细讲解本项目的具体实现过程。

23.3.1 实现相关位图

位图是游戏编程中必不可少的元素，本项目实例的位图说明如下。

（1）背景位图：800×600　　IDB_BITMAP1。

（2）我方飞机：50×50　　IDB_BITMAP2。

（3）敌方飞机：50×50　　IDB_BITMAP3。

（4）我方子弹：50×50　　IDB_BITMAP4。

（5）对方子弹：50×50　　IDB_BITMAP6。

（6）炸毁飞机：60×60　　IDB_BITMAP5（为了更好显示爆炸效果）。

（7）火力位图：50×50　　IDB_BITMAP7。

23.3.2 变量与函数

因为本实例只有单人版游戏，而敌机又只是在固定位置，所以我们不用建立那么多的类，只需添加一个类即可。当然，如果希望实现双人游戏，或者希望改进游戏，实现敌机移动，最好还是添加新类。具体实现流程如下。

（1）既然是游戏，添加类名为CGame。添加一个新类后，必须把所有的变量和函数都添加到这个类里面。具体代码如下。

```
//显示信息
void DrawMessage(CDC*pDC,int width,int height);
//火力位图是否出现
void FireOutIf();
//子弹移动
void shotmove();
//敌机发射子弹
void Enemyshot();
//敌机出现
void Enemyplaneout();
//我方射击
void Shot();
//设置透明位图
void TransparentBitmap(HDC hdc, HBITMAP hBitmap,
                                short xStart, short yStart, short xadd,short yadd,
                                   COLORREF cTransparentColor);
//透明色
   COLORREF cTransparentColor;
//飞机爆炸位图
CBitmap enemydead;
//敌机子弹位图
CBitmap bmenemyshot;
//敌机位图
CBitmap enemy;
//我方子弹
CBitmap bmshot;
//我方飞机
CBitmap plane;
//我方飞机数量
short numplane;
//背景数组
int back[15][12];
//飞机出现位置
int xStart,yStart;
//火力位图
CBitmap bmfire;
//火力位置
CPoint pointfire;
//是否出现
bool iffire;
//火力强度
int fire;
```

（2）添加变量。因为是全屏实现，所以添加如下变量。

```
CmainFrame:
    CRect m_FullScreenRect;//全屏显示时的窗口位置
    void OnFullScreen();
```

但是，View()函数的变量并不是那么简单。由于我们需要适应多种分辨率的显示，需要让背景位图移动，所以要添加较多的变量。具体代码如下。

```
class CMy6_1View :
          //暂停
```

```
            bool bPause;
            //屏幕宽度
            int width;
            //屏幕高度
            int height;
            //类CGame
            CGame game;
            //背景位图移动大小：10
            int goup;
            //背景位图
            CBitmap backmap;
```

（3）添加下面的 3 个函数。

```
afx_msg int OnCreate(LPCREATESTRUCT lpCreateStruct);
afx_msg void OnTimer(UINT nIDEvent);
afx_msg void OnKeyDown(UINT nChar, UINT nRepCnt, UINT nFlags);
```

23.3.3 实现全屏

定义函数，实现全屏效果显示。具体代码如下。

```
BOOL CMainFrame::PreCreateWindow(CREATESTRUCT& cs)
{
    if( !CFrameWnd::PreCreateWindow(cs) )
        return FALSE;
    // TODO: Modify the Window class or styles here by modifying
    //  the CREATESTRUCT cs
    cs.style=WS_POPUPWINDOW;
    //设置为屏幕大小
    cs.cx=::GetSystemMetrics(SM_CXSCREEN);
    cs.cy=::GetSystemMetrics(SM_CYSCREEN);
    return TRUE;
}
```

23.3.4 类初始化

在此需要对两个类进行初始化处理，分别是 CMy6_1View 和 CGame()。初始化类 CMy6_1View 的具体实现代码如下。

```
  CMy6_1View::CMy6_1View()
{
    // TODO: add construction code here
    backmap.LoadBitmap(IDB_BITMAP1);
    //开始背景位图的位置
    goup=1000;
    //是否暂停
    bPause=true;
}
```

初始化类 CGame()的具体实现代码如下。

```
  CGame::CGame()
{
    int i,j;
    plane.LoadBitmap(IDB_BITMAP2);
    bmshot.LoadBitmap(IDB_BITMAP4);
    enemy.LoadBitmap(IDB_BITMAP3);
    enemydead.LoadBitmap(IDB_BITMAP5);
    bmenemyshot.LoadBitmap(IDB_BITMAP6);
    bmfire.LoadBitmap(IDB_BITMAP7);
    //设置透明色
```

```
        cTransparentColor=RGB(192,192,192);
        //我方飞机数量5
        numplane=5;
        //飞机开始出现位置
        xStart=5;
        yStart=10;
        //火力没有出现
        iffire=false;
        //火力强度
        fire=0;
        //数组为0
        for(i=0;i<15;i++)
              for(j=0;j<12;j++)
                    back[i][j]=0;
    }
```

23.3.5　实现具体显示界面

本模块是整个项目的核心，功能是将各个游戏元素显示出来。首先，为了适应多屏幕的显示，我们必须获取屏幕的高度和宽度；而由于这个高度和宽度在别的地方也要用到，必须设置为全局变量。通过高度才能充分地显示位图，通过宽度才能使位图显示在屏幕中间。

接着是显示背景，背景的高度是 2 000，远远大于屏幕的高度，但是背景的宽度是有限的，我们必须确定位图显示的起点（(width-800)/2,0）。宽度是 800，高度是 height，而我们将要显示的是一张很长的位图。对于位图，应该从位图的哪里开始显示呢？另外，如果位图到了尽头，又怎样才能让它实现头尾相接而连续地显示呢？一个办法就是同时显示两张背景位图，让它们头接尾地出现，当一张出现空白时我们看到的将是另外一张而不是空白。

在具体实现上，依然利用实现透明背景位图的显示函数，但并没有在 Game 类里面建立一个专门的函数来显示。

通过一个背景数组，可以显示出对应的几种位图，我们利用的是给数组赋值的方法，不同的值表示不同的位图。对应关系如下。

（1）我方子弹：2。

（2）敌方飞机：3。

（3）敌机子弹（向左下角）：4。

（4）敌机子弹（向正下方）：5。

（5）敌机子弹（向右下角）：6。

（6）敌机炸毁：7。

（7）我机炸毁：8。

注意：敌机子弹的不同的值是为了飞机下一次下移的需要，我方飞机和火力分别用一个点表示。

本模块的具体实现代码如下。

```
    void CMy6_1View::OnDraw(CDC* pDC)
    {
        int i,j;
        CMy6_1Doc* pDoc = GetDocument();
        ASSERT_VALID(pDoc);
        // TODO: add draw code for native data here
        CRect WindowRect;
        GetWindowRect(&WindowRect);
        //屏幕宽度
        width=WindowRect.right-WindowRect.left;
```

```
    //屏幕高度
    height=WindowRect.bottom-WindowRect.top;
    CDC Dc;
     if(Dc.CreateCompatibleDC(pDC)==FALSE)
          AfxMessageBox("Can't create DC");
    //在不同位置显示位图
   Dc.SelectObject(backmap);
    //显示两张位图使它们连接
    pDC->BitBlt((width-800)/2,0,800,height,&Dc,0,goup-2000,SRCCOPY);
    pDC->BitBlt((width-800)/2,0,800,height,&Dc,0,goup,SRCCOPY);
    CClientDC dc(this);
    //显示
    //检查背景数组
    for(i=0;i<15;i++)
          for(j=0;j<12;j++)
          {
                //显示我方子弹
                if(game.back[i][j]==2)
                      //利用透明显示函数
                      game.TransparentBitmap(dc.GetSafeHdc(), game.bmshot,(width-800)/
                      2+i*50+20,j*height/
                            600*50, 0,0, game.cTransparentColor);
                //显示敌机
                if(game.back[i][j]==3)
                      game.TransparentBitmap(dc.GetSafeHdc(), game.enemy,(width-800)/
                      2+i*50+20,j*height/
                            600*50, 0,0, game.cTransparentColor);
                //飞机炸毁
                if(game.back[i][j]==7||game.back[i][j]==8)
                      game.TransparentBitmap(dc.GetSafeHdc(), game.enemydead, (width-
                      800)/2+i*50+ 20,
                            j*height/600*50, 0,0, game.cTransparentColor);
                //敌机子弹
                if((game.back[i][j]==5)||(game.back[i][j]==4)||(game.back[i][j]==6))
                      game.TransparentBitmap(dc.GetSafeHdc(),game.bmenemyshot, (width-
                      800)/2+i*50+ 20,
                            j*height/600*50, 0,0, game.cTransparent Color);
          }
          //显示火力位图
   game.TransparentBitmap(dc.GetSafeHdc(), game.bmfire,(width-800)/2+game. pointfire.
   x*50+20,  game.pointfire.y*
        height/600*50, 0,0, game.cTransparentColor);
   //显示我方飞机
   game.TransparentBitmap(dc.GetSafeHdc(), game.plane,(width-800)/2+game.xStart*50+20,
   game.yStart*height/600*50, 0,0, game.cTransparentColor);
   //显示信息
   game.DrawMessage(pDC,width,height);
   //信息的飞机位图
   game.TransparentBitmap(dc.GetSafeHdc(), game.plane,(width-800)/2+20,  height-80,
   0,0, game.cTransparentColor);
   //信息的火力位图
   game.TransparentBitmap(dc.GetSafeHdc(), game.bmfire,(width-800)/2+800-120,
   height-80, 0,0, game.cTransparent
        Color);
}
```

23.3.6　信息提示

本模块的功能是在游戏界面中显示对应的提示信息，具体实现代码如下。

```
void CGame::DrawMessage(CDC *pDC,int width,int height)
{
    int nOldDC=pDC->SaveDC();
    //设置字体
    CFont font;
    if(0==font.CreatePointFont(250,"Comic Sans MS"))
                              {
                                  AfxMessageBox("Can't Create Font");
                              }
    pDC->SelectObject(&font);
   //设置字体颜色及其背景颜色
    CString str;
    pDC->SetTextColor(RGB(0,10,244));
    pDC->SetBkColor(RGB(0,255,0));
   //输出数字
    str.Format("%d",numplane);
    pDC->TextOut((width-800)/2+70,height-80,str);
    str.Format("%d",fire);
    pDC->TextOut((width-800)/2+800-70,height-80,str);
    pDC->TextOut((width-800)/2+200,height-40,"暂停:F3   退出:Esc");
    pDC->RestoreDC(nOldDC);
}
```

下面设置时间间隔。

```
int CMy6_1View::OnCreate(LPCREATESTRUCT lpCreateStruct)
{
    if (CView::OnCreate(lpCreateStruct) = = -1)
         return -1;

    // TODO: Add your specialized creation code here
    SetTimer(1,200,NULL);
    return 0;
}
```

23.3.7　与时间段相关的操作

这里的时间段有如下 3 个。

（1）第一点是移动背景位图。

（2）第二点是实现对方的智能操作。

（3）第三点是清理不该再出现的位图。

具体实现代码如下。

```
void CMy6_1View::OnTimer(UINT nIDEvent)
{
    // TODO: Add your message handler code here and/or call default
    int i,j;
    //背景位图下移
    goup- =10;
    //位图到了边界
    if(goup<0)
    //位图在开头
          goup=2000;
    //每100点，即两秒执行一次
    if(goup%100==0)
    {
```

```
            //出现敌机
            game.Enemyplaneout();
            //敌机发射
            game.Enemyshot();
        }
        if(goup%1100==0)
            //火力位图操作
            game.FireOutIf();
        //重画
        OnDraw(GetDC());
        //数组清空
        for(i=0;i<15;i++)
            for(j=0;j<12;j++)
                if(game.back[i][j]==2||game.back[i][j]==7||game.back[i][j]==8)
                    game.back[i][j]=0;
        //敌机子弹移动
        game.shotmove();
        CView::OnTimer(nIDEvent);
}
```

23.3.8 键盘操作

至此，在 View()类里面就只剩下一个函数，即实现键盘操作处理函数。该游戏用方向键来操作方向，用空格键来发射子弹，用 F3 键来实现暂停，用 Esc 键来实现退出功能。

用键盘操作必定改变位图显示，因此必须重画。而由于火力位图的更换时间较长，所以必须对其进行刷新。具体实现代码如下。

```
    void CMy6_1View::OnKeyDown(UINT nChar, UINT nRepCnt, UINT nFlags)
{
        // TODO: Add your message handler code here and/or call default
        switch(nChar)
        {
        case VK_F3:
            //是否暂停
            bPause=!bPause;
            //是，设置计时器
            if(bPause)
                SetTimer(1,200,NULL);
            //否，停止计时
            else
                KillTimer(1);
            break;
        //子弹按钮
        case VK_SPACE:
            //我方发射子弹
            game.Shot();
            break;
           //左移
        case VK_LEFT:
            //位置减1
            game.xStart--;
            //边界
            if(game.xStart<0)
                game.xStart=0;
            break;
            //道理同上
        case VK_RIGHT:
```

```
            game.xStart++;
            if(game.xStart>14)
                game.xStart=14;
            break;
        //上移
        case VK_UP:
            if(game.yStart>0)
                game.yStart--;
            break;
        //下移
        case VK_DOWN:
            if(game.yStart<10)
                game.yStart++;
            break;
        }
        //如果火力位图位置与我方飞机位置相同
        if((game.pointfire.x==game.xStart)&&(game.pointfire.y==game.yStart))
            {
            //火力位图消失
                game.iffire=false;
         if(game.fire>5)
                {
                    game.fire++;
                    game.numplane++;
                }
                else
                    game.fire++;
                //火力位图移动到看不到的地方
                game.pointfire.y=-1;
            }
        OnDraw(GetDC());
        CView::OnKeyDown(nChar, nRepCnt, nFlags);
}
```

另外还需要添加透明位图函数，具体代码如下。

```
    void CGame::TransparentBitmap(HDC hdc, HBITMAP hBitmap,
    short xStart, short yStart, short xadd,short yadd,
    COLORREF cTransparentColor){}
```

23.3.9 我方发射子弹

我方火力分 3 级，分别用 fire==0，1，>2 表示。分别有一、二、三线子弹射出，一线是向前，二线是向左上角和右上角，三线是上面两种的和。

在具体实现上，需要先检查，不出界则给背景数组赋值；如果是遇到敌机，赋值为 7，显示飞机炸毁位图，否则显示我方子弹位图。具体实现代码如下。

```
    //以2表示子弹
  void CGame::Shot()
  {
        int i;
        //火力0  一线火力
        if(fire==0)
            //从飞机前方到尽头
            for(i=0;i<yStart;i++)
            {
                //如果有敌机
                if(back[xStart][i]==3)
                    //敌机被炸位图
                    back[xStart][i]=7;
```

```
                else
                    //我方子弹位图
                    back[xStart][i]=2;
            }
            //火力1  二线火力
        if(fire==1)
        {
            for(i=1;i<=yStart;i++)
            {
                //如果不出界
                if((xStart-i)>=0)
                {
                    //左上角
                    if(back[xStart-i][yStart-i]==3)
                        back[xStart-i][yStart-i]=7;
                    else
                        back[xStart-i][yStart-i]=2;
                }
                //如果不出界
                if((xStart+i)<15)
                {
                    //右上角
                    if(back[xStart+i][yStart-i]==3)
                        back[xStart+i][yStart-i]=7;
                    else
                        back[xStart+i][yStart-i]=2;
                }
            }
        }
        //其他  三线火力
        if(fire>1)
        {
            for(i=1;i<=yStart;i++)
            {
                if((xStart-i)>=0)
                {
                    if(back[xStart-i][yStart-i]==3)
                        back[xStart-i][yStart-i]=7;
                    else
                        back[xStart-i][yStart-i]=2;
                }
                //正前方
                if(back[xStart][i]==3)
                    //敌机被炸位图
                    back[xStart][yStart-i]=7;
                else
                   back[xStart][yStart-i]=2;
                if((xStart+i)<15)
                {
                    if(back[xStart+i][yStart-i]==3)
                        back[xStart+i][yStart-i]=7;
                    else
                        back[xStart+i][yStart-i]=2;
                }

            }

        }
}
```

23.3.10　敌机出现

当敌机出现时，利用随机函数，让敌机在前面 3 排随意出现。其中，do-while 循环语句表示必定要产生一架敌机。具体实现代码如下。

```
void CGame::Enemyplaneout()
{
      int x,y;
      //初始化随机数种子
      srand(GetTickCount());
      //循环到飞机出现为止
    do
      {
            x=rand()%15;
            y=rand()%3;
            //如果位置空
            if(back[x][y]==0)
                  //显示敌机
                  back[x][y]=3;
      }while(back[x][y]==0);
}
```

23.3.11　敌机发射子弹

首先检查前面 3 排，如果有敌机且敌机的前面 3 个位置有不为零的，赋给相应的值。具体实现代码如下。

```
void CGame::Enemyshot()
{
      int i,j;
      for(i=0;i<15;i++)
            for(j=0;j<12;j++)
                  if(back[i][j]==3)
                  {
                        //如果左下方空
                        if(back[i-1][j+1]==0)
                              //数组赋值4，表示子弹向左下方移动
                              back[i-1][j+1]=4;
                        //如果下方空
                        if(back[i][j+1]==0)
                              //数组赋值5，表示子弹向下方移动
                              back[i][j+1]=5;
                        //如果右下方空
                        if(back[i+1][j+1]==0)
                              //数组赋值5，表示子弹向右下方移动
                              back[i+1][j+1]=6;
                  }
}
```

23.3.12　敌机子弹移动

由于游戏性质的规定，人必定是优先于计算机的。具体情况是，清除这一次背景数组的值，检查是否出界，否则赋相应的值。接着检查我方飞机是否被炸，并进行相应处理。具体实现代码如下。

```
void CGame::shotmove()
{
      int i,j;
      for(j=11;j>=0;j--)
```

```
            for(i=14;i>=0;i--)
            {
                    //数组赋值4，表示子弹向左下方移动
                    if(back[i][j]==4)
                    {
                            //清除数组
                            back[i][j]=0;
                            //如果不出界
                            if(i>0)
                                    //如果左下方空
                                    if(back[i-1][j+1]==0)
                                            //数组赋值4，表示子弹向左下方移动
                                            back[i-1][j+1]=4;
                    }
                    if(back[i][j]==5)
                    {
                            back[i][j]=0;
                            if(back[i][j+1]==0)
                                    back[i][j+1]=5;
                    }
                    if(back[i][j]==6)
                    {
                            back[i][j]=0;
                            if(i<14)
                                    if(back[i+1][j+1]==0)
                                            back[i+1][j+1]=6;
                    }
                    //如果有敌机或子弹
    if((back[xStart][yStart]==3)||(back[xStart][yStart]==4)||(back[xStart][yStart]==5)||
    (back[xStart][yStart]==6))
                    {
                            //数组赋值8，表示我方被炸
                            back[xStart][yStart]=8;
                            //飞机数量减1
                            numplane--;
                    }
                    //如果敌方子弹到达下方边界
                    if((back[i][11]==4)||(back[i][11]==5)||(back[i][11]==6))
                            //赋值0
                            back[i][11]=0;
            }
    }
```

23.3.13 火力实现

火力位图是定时地出现，位置当然是随机的。但是出现时必须先进行判断，如果已经出现，下移；如果没有出现，使其出现。而当它的位置与我方飞机位置相同时，我方火力增强，甚至生命力增强。具体实现代码如下。

```
//火力位图是否出现
void CGame::FireOutIf()
{
        //没有出现
        if(!iffire)
        {
                //随机位置
                pointfire.x=rand()%15;
```

```
            pointfire.y=rand()%8;
            //出现
            iffire=true;
        }
        //出现
        else
        {
            //如果与我方飞机位置相同
            if((pointfire.x==xStart)&&(pointfire.y==yStart))
            {
                //不出现
                iffire=false;
                //如果火力大于5
                if(fire>5)
                {
                    //火力加强
                    fire++;
                    //飞机数量加强
                    numplane++;
                }
                //否则
                else
                    //火力加强
                    fire++;
                //消失
                pointfire.y=-1;
            }
            else
            {
                //位置下移
                pointfire.y++;
                //出界
                if(pointfire.y>11)
                    //不出现
                    iffire=false;
            }
        }
}
```

至此，整个项目实例的主要部分介绍完毕，执行后的效果如图 23-2 所示。

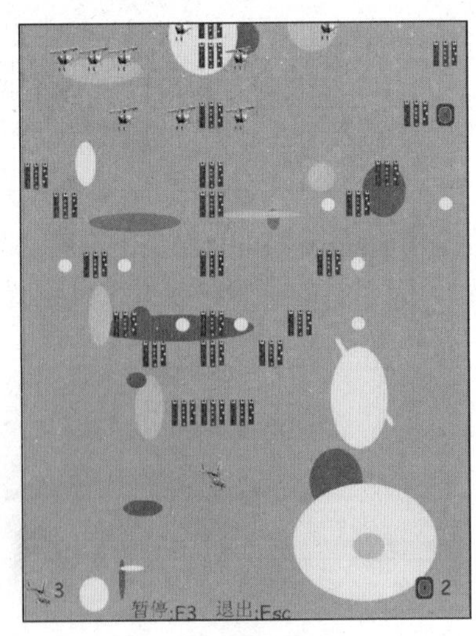

图 23-2　执行后的效果